Biologie des Menschen.

Biologie des Menschen.

Aus den wissenschaftlichen Ergebnissen der Medizin
für weitere Kreise dargestellt.

Bearbeitet von

Dr. **Leo Hess,** Prof. Dr. **Heinrich Joseph,** Dr. **Albert Müller,**
Dr. **Karl Rudinger,** Dr. **Paul Saxl,** Dr. **Max Schacherl.**

Herausgegeben von

Dr. **Paul Saxl** und Dr. **Karl Rudinger.**

Mit 62 Textfiguren.

Berlin.
Verlag von Julius Springer.
1910.

ISBN-13: 978-3-642-88917-2   e-ISBN-13: 978-3-642-90772-2
DOI: 10.1007/978-3-642-90772-2

Vorwort.

Dem vorliegenden Buche liegt der Versuch zugrunde, nach dem
großen Tatsachenmaterial, das die neuere medizinische Forschung
durch das intensive Studium der Lebensvorgänge am gesunden und
krankhaft veränderten Organismus zutage gefördert hat, eine Darstellung der Biologie des Menschen zu geben.

Unsere Mitarbeiter und wir waren bemüht, die Ausführungen
dieses Buches so zu halten, daß wir an die Leser keinerlei Voraussetzungen medizinischer Vorbildung stellen und daß somit die For-
schungsergebnisse der modernen Medizin, soweit sie in den Rahmen
dieses Buches eingefügt werden konnten, auch weiteren Kreisen zugänglich werden.

Im Interesse dieser allgemein verständlichen Darstellung mußten
wir natürlich viele Dinge bringen, die dem medizinisch Gebildeten
altbekannte Tatsachen sind. Andrerseits mußten wir auf die Bericht-
erstattung zahlreicher Einzelheiten, so verlockend auch deren Darstellung gewesen wäre, verzichten; zunächst dort, wo ihr Verständnis
eine tiefere medizinische Bildung voraussetzt; dann aber im Interesse
der geschlossenen Darstellung, die durch den gegebenen Umfang
dieses Buches eine räumliche Grenze fand. — Was uns vor Augen
schwebte, war, einen Überblick über die Lebensvorgänge im menschlichen Organismus zu geben.

In den ersten Kapiteln kommen die allgemeinen Bedingungen
des Lebens sowie die Vorgänge der Vererbung und Befruchtung zur
Sprache. Die folgenden speziellen Abschnitte sind den Leistungen
der einzelnen Organsysteme gewidmet. — Die Sinnesorgane fanden
vorderhand keine Besprechung. Vielleicht wird das späterhin nach-
geholt werden.

Die Anatomie wurde nur soweit in Kürze den einzelnen Abschnitten vorausgeschickt, als es zum Verständnis der Lebensvorgänge
erforderlich schien. Auf die Darstellung der Lebensvorgänge und insbesondere der physiologischen legten wir das Hauptgewicht; daneben
wurden in fast allen Kapiteln die pathologischen Vorgänge kurz

besprochen und in einem Kapitel in allgemein zusammenfassender Darstellung niedergelegt. — So wichtig es uns erschien, im Rahmen einer Biologie auch die Vorgänge im krankhaft veränderten Organismus zu besprechen, so sorgfältig haben wir uns vor der Gefahr gehütet, die Darstellung der krankhaften Vorgänge so zu gestalten, daß der Leser aus ihr eine Handhabe zur Beurteilung von Krankheiten im Einzelfalle gewinnen könnte, oder daß durch die Lektüre dieser Abschnitte hypochondrische Vorstellungen in ihm geweckt werden könnten.

Das Interesse, das die medizinische Forschung verdient, wird, so hoffen wir, auch diesem Buche zahlreiche Freunde zuführen.

Die Herausgeber.

Inhaltsübersicht.

Zehntes Kapitel.

Elftes Kapitel.

Zwölftes Kapitel.

Dreizehntes Kapitel.

Erstes Kapitel.

Allgemeines über die Bedingungen und Vorgänge des Lebens im menschlichen Körper.

Von Dr. **Paul Saxl.**

A. Der Aufbau des Organismus.

Gliederung im Aufbau des Körpers (Organsysteme, Organe, Gewebe und Zellen). Die Zelle und ihre Hauptbestandteile: Zelleib und Zellkern. Die Anordnung der Zellen zu Geweben (Epithel-, Drüsen-, Stütz-, Muskel- und Nervengewebe).

Der Bauplan des ganzen Organismus, die Anordnung und der Aufbau seiner einzelnen Teile sind der jeweilig zu leistenden Arbeit strenge angepaßt: So daß wir aus dem anatomischen Bau eines Organs auf die Art der Arbeit, die es zu verrichten hat, vielfach schon Rückschlüsse ziehen können. Eine Ausnahme hiervon bilden nur die rudimentären Organe, von denen späterhin die Rede sein soll.

Neben dieser in der anatomischen Anlage des Organismus überall zutage tretenden Zweckmäßigkeit macht sich noch das Prinzip strenger Arbeitsteilung allerorts geltend: Wie schon der Name Organismus besagt, besorgt der Körper höherer Tiere seine Arbeit mit Hilfe seiner Organe. Unter diese teilt er jene Funktionen auf, deren Zusammenarbeiten das Leben bedeutet.

Die meisten Organe lassen sich gruppenweise zu einem Organsystem zusammenfassen: So sprechen wir von dem Nervensystem (Gehirn, Rückenmark, peripheres und sympathisches Nervensystem), von dem Bewegungssystem (Knochen, Gelenke, Muskel), von einem Zirkulationsapparat (Herz, Blut- und Lymphgefäße), von einem Atmungssystem (Mund, Nase, Luftröhre, Kehlkopf, Lunge), vom Verdauungssystem (Mund, Speiseröhre, Magen, Darm, Leber, Bauchspeicheldrüse), vom Harnausscheidungssystem (Niere, Nierenleiter, Blase und deren Ausführungsgang) usw. usw.

Die Organsysteme teilen wieder ihre Arbeit unter die einzelnen Organe auf. So nimmt an der Verdauungsarbeit zunächst der Mund teil; ihm folgt der Magen mit einer ganz anderen Arbeitsleistung;

diesem der Darm usw. Jedes Organ leistet seine Arbeit für sich und dennoch arbeiten alle zusammen.

Die Organe sind demnach die Werkstätten, unter die der Organismus seine Arbeit aufteilt. Wie aber in jeder Werkstatt, so herrscht auch hier noch weitere Arbeitsteilung. Die Organe bauen sich aus den Zellgeweben und diese wieder aus Tausenden und Hunderttausenden von Zellen, den letzten Elementarbestandteilen des Organismus auf.

Trotz ihrer mikroskopischen Kleinheit bildet die Zelle eine geschlossene räumliche Einheit, wenn man will, ein kleinstes Lebewesen, das zwar losgelöst aus seinem Verbande nicht zu leben vermag, dennoch ein gewisses Eigenleben führt, sich ernähren und vermehren und eine spezifische Arbeit verrichten kann. Die Zelle ist die kleinste, räumlich begrenzte, anatomisch erkennbare Werkstatt, der der Organismus seine Arbeit zuteilt. — Da sich alle Organe aus ihren Zellen aufbauen, so wird der Körper höherer Tiere mit Recht als Zellenstaat bezeichnet, in dem eine strenge Arbeitsteilung die Arbeit unter die verschiedenen Zellgruppen, die Organe, aufteilt.

Neben den bis jetzt genannten Bestandteilen des Organismus, die eine ihnen eigentümliche und in gewisser Hinsicht unveränderliche Form haben, und die daher als die geformten Elemente des Organismus bezeichnet werden, finden wir eine Reihe von Flüssigkeiten, die wie das Blut und die Lymphe die Zu- und Abfuhr verschiedener Stoffe zu den Geweben besorgen, als Sekrete die Produkte der Drüsen an ihren Bestimmungsort führen, als Exkrete den Organismus verlassen.

Die Zelle. Bevor wir den Bau der Zelle selbst besprechen, wollen wir zunächst die Frage erörtern, welche Vorteile zieht der Organismus daraus, daß er ein Zellenstaat ist, welche Zwecke verfolgte die Natur mit dieser Zellorganisation?

Zunächst sei daran erinnert, daß die höheren Lebewesen als vielzellige Wesen von einzelligen abstammen: In unendlich langen Zeiträumen entwickelten sich aus den einzelligen Tieren, von denen heute noch ungezählte Arten leben, mehrzellige Wesen von immer höherer Organisation, bis endlich jene höheren Wesen entstanden, deren Körper ein Millionenstaat von Zellen ist. Während bei den einzelligen Wesen die eine Zelle der Träger des Lebens ist, wird das Lebensgeschäft bei den vielzelligen Individuen unter Millionen von Zellen aufgeteilt; diese Aufteilung der Lebensfunktionen wurde dadurch ermöglicht, daß die Zellen des Zellenstaates nicht mehr der Urzelle glichen, aus der sie entstanden sind. Es traten Differenzierungen (Ausbildung von Verschiedenheiten) unter den Zellen auf: Die Funktionen des Organismus wurden unter verschiedene Zellgruppen, die Organe, aufgeteilt, die durch Änderung ihres Baus und ihrer Anordnung befähigt wurden, diese Funktionen zu übernehmen. — In dieser Differenzierung der Zellen, die jeder Zelle eine spezifische Arbeitsleistung zuweist, die sie allein ausführen kann, während andere

Zellfunktionen anderen Zellen überlassen werden, liegt ein großer Vorteil für den Organismus: Es besteht eine ausgedehnte Arbeitsteilung, indem die verschiedenen Lebensfunktionen an die verschiedenen Organe aufgeteilt werden.

Immer bedeutet Teilung der Arbeit einen Fortschritt in der Natur: Denn die Arbeitsteilung geht einher mit fortschreitender Differenzierung und Ausbildung der Zelle für die Funktion, die sie zu erfüllen hat. Aber die Arbeitsteilung ist keineswegs der einzige Sinn des Aufbaus des Körpers aus Millionen von Zellen.

Die Zelle, dieser mikroskopisch kleine Baustein des Organismus, ist als Baustein sehr geeignet. Überall fügt sie sich leicht ein: Ihre Form ist biegsam und schmiegsam, und wird von der Umgebung leicht beeinflußt.

Eins muß aber ganz besonders betont werden: Stellen wir uns vor, daß ein Organ, z. B. die Leber, nicht aus Hunderttausenden und Millionen von Zellen aufgebaut wäre, sondern eine homogene Masse bilden würde, einen gleichartigen Körper: Wie schwer würden jene Substanzen eindringen, die die Leber zu verarbeiten hat. Es sei schon hier vorausgeschickt, daß die Oberfläche der Organe und Zellen der Ort ist, wo sich die Lebensvorgänge hauptsächlich abspielen, da ja die Nährstoffe usw. schwer in die Tiefe der in den Zellen enthaltenen lebendigen Substanz eindringen. Und daraus ist leicht ersichtlich, eine wie große Rolle dem Prinzip der Natur zufällt, die höheren Lebewesen aus Zellen aufzubauen: Jede Zelle ist eine kleine Masse lebendiger Substanz mit einer gewissen Oberfläche, die sie der Umgebung darbietet. Wird nun ein Organ, wie die Leber, aus Millionen von Zellen aufgebaut, so bedeutet das eine ungeheure Vermehrung der Oberfläche gegenüber dem Aufbau aus einer homogenen Masse. Und da die Oberfläche der lebendigen Substanz es ist, an der sich die meisten Lebensprozesse abspielen, so bedeutet demnach der Aufbau des Organismus aus Zellen eine ungeheure Vermehrung des Raumes für die Lebensvorgänge. —

Die Gemeinschaft, in denen jede Zelle des Organismus mit Millionen anderer Zellen lebt, bringt sie natürlich in Abhängigkeit von diesen. Denn da die Lebensgeschäfte des Körpers unter verschiedene Zellgruppen aufgeteilt sind, besteht eine ähnliche Abhängigkeit der Zelle vom Organismus wie die des einzelnen Bürgers vom Staate. Wie der Bürger außerhalb der staatlichen Gesellschaftsordnung sein Leben nur ganz kümmerlich fristen könnte, so geht auch die Zelle des tierischen Organismus, losgelöst aus dem Zellverbande, bald zugrunde. Man denke bloß an die weitgehende Spezialisierung der Lebensfunktionen: Der Magendarm besorgt die Nahrungsaufnahme; er und seine Anhangsdrüsen ihre Verarbeitung; die Nahrungsstoffe werden vom Blute den Zellen zugeführt, doch nur solange das Herz den Kreislauf des Blutes besorgt usw.

Trotz dieser großen Abhängigkeit der einzelnen Zelle von den anderen Zellgruppen hat sie doch keineswegs ihre Individualität als

Zelle ganz aufgegeben und lebt nur mehr der spezifischen Funktion, die sie im Organismus zu erfüllen hat. Noch immer hat die Zelle gewisse Funktionen mit jenen einzelligen Wesen gemeinsam, deren einzige Zelle der Träger aller Lebensfunktionen ist: Die Nahrung, die durch den Blutstrom den Zellen zugetragen wird, muß von jeder Zelle aufgenommen und verarbeitet werden. Und auch das Vermehrungsgeschäft kommt jeder einzelnen Zelle zu, solange der Organismus im Wachsen ist, oder auch dann, wenn einzelne Zellgruppen durch irgendwelche Schädigung zugrunde gehen und neue gebildet werden. Und endlich ist ja auch die spezifische Funktion, die jeder Zelle im Organismus zugewiesen ist, ein Ausdruck ihres Eigenlebens. Wenn die Muskelzelle sich kontrahiert (verkürzt), wenn die Drüsenzelle das Drüsensekret erzeugt, wenn die Leberzelle Hämoglobin zerstört, so ist das ebenso ein Ausdruck des Eigenlebens der Zelle, wie wenn sie ihren Stoffwechsel betreibt, wie wenn sie dem Vermehrungsgeschäft nachkommt. Es gehört zum Leben der Drüsenzelle, das Produkt zu erzeugen, das dem ganzen Organismus als Drüsensekret zugute kommt; und es gehört ebenso zum Eigenleben der Muskelzelle, sich auf gewisse Reize hin zu verkürzen: Ein Vorgang, der die Grundlage des Bewegungsmechanismus des Körpers ist. Die Zelle lebt also im Zellenstaate ihr eigenes Leben, und dieses kommt wieder dem Organismus zugute; ganz ähnlich dem Leben des Bürgers im Staate, dessen Arbeit zunächst seinen Lebensbedürfnissen gilt, fernerhin aber auch dem Staate zugute kommt, in dem er arbeitet; denn der Staat ist ja nur dadurch da, daß alle seine Bürger arbeiten.

Es wurde schon oben erwähnt, daß die vielzelligen Wesen von den einzelligen abstammen, und daß somit alle die vielen Zellen der höheren Tiere in der Zelle der einzelligen Wesen ihre Mutterzelle haben, aus der sie hervorgegangen sind. In der Abstammungsperiode hat sich das langsam vollzogen, was sich stets wieder aufs neue vollzieht, wenn aus dem einzelligen Ei durch Befruchtung mit der männlichen Samenzelle eine Zellteilung eintritt, die zu immer weiterer Vermehrung der Zellen führt, die in wenigen Minuten Hunderte von Zellen und schließlich alle die Millionen Zellen entstehen läßt, die das reife Individuum bilden. Im Mutterleibe vollzieht sich demnach der gleiche Prozeß wie in der Abstammungsgeschichte: Wie die Tierart Mensch in jahrtausendlanger Entwicklung aus einzelligen Wesen sich entwickelte, so entsteht auch das einzelne Individuum aus der einzelligen Eizelle. Diese, die bis dahin ebenso wie das einzellige Tier alleinige Trägerin der Zellfunktionen war, entwickelt sich zu einem Zellstaate, wo die einzelnen Zellen wohl auch noch gewisse allgemeine Zellfunktionen haben (z. B. Ernährung und Vermehrung), daneben aber auch ganz spezifische Funktionen, die ihnen zugewiesen werden (z. B. Drüsentätigkeit, Beweglichkeit, usw.).

Führte so die Arbeitsteilung unter den Zellen zu einer Differenzierung der Funktion, wobei aber doch gewisse Leistungen des

Zellebens bestehen blieben, so trat auch eine Differenzierung in Form und Größe der Zellen auf. Zellen derselben Funktion, z. B. die Leberzellen untereinander, ebenso die Knorpel-, die Knochen-, die Muskelzellen gleichen einander in Form und Größe. Aber Zellen verschiedener Funktion zeigen eine so bunte Mannigfaltigkeit, daß es weit über den Rahmen dieses Buches hinausginge, sich näher auf die Gestaltung dieser Zellen einzulassen. Nur einige biologisch besonders wichtige Tatsachen sollen hier Erwähnung finden.

Die Größe der Zellen schwankt in breiten Grenzen. Es gibt Zellen, deren kugelförmige Gestalt den Durchmesser von einigen Millimetern erlangt (die Eizelle.) Ja, die Muskelfasern erreichen — allerdings bei sehr geringer Dicke — eine Länge von 1 bis 2 Dezimetern; ebenso sind die Ausläufer der Ganglienzellen des Nervensystems zuweilen sehr lang. In der Regel aber sind die Zellen nur mit scharfer mikroskopischer Vergrößerung wahrnehmbar, ihr Durchmesser beträgt häufig nur einige Tausendstel Millimeter. Noch viel mehr Unterschiede als in der Größe zeigen die verschiedenen Zellarten des Organismus in der Form: Eine Knorpelzelle, eine Leberzelle, eine Muskelfaser sind ungemein verschiedene Gebilde. Diese Verschiedenheit der Form der Zelle, die im Organismus in größter Mannigfaltigkeit vorhanden ist, wird einerseits und hauptsächlich bedingt durch die Funktion der Zelle, der die Form strenge angepaßt ist, und ferner durch die Umgebung der Zelle, die natürlich bei der weichen Konsistenz auch bestimmend auf die Zellform wirken muß.

Diese Tatsache, daß Form und Funktion der Zelle einander angepaßt sind, verdient, daß wir einen Augenblick bei ihr verweilen. Denn nicht nur Form und Funktion der Zelle sind einander angepaßt, sondern wir finden in der Natur ganz allgemein, daß Form und Funktionen der Organismen und ihrer Organe einander angepaßt sind, und daß die Form der Organe bestimmend auf ihre Funktion, und umgekehrt die Funktion der Organe bestimmend auf ihre Form wirkt. Und wir können sowohl von der Entwicklung in der Abstammung, als auch von der Entwicklung im embryonalen Leben sagen: Immer bedingt die Form der Organe ihre Funktion, und immer wirkt die Funktion der Organe bestimmend auf ihre Form. Die Wechselwirkung beider ist einer der wichtigsten Faktoren der Entwicklung. Wählen wir aus Tausenden ein Beispiel heraus: Die Muskelzelle (vgl. Fig. 9) ist ein sehr langgedehnter, sehr dünner Faden. Sie verdankt ihre Form ihrem Zweck, durch Verkürzung ihres Zelleibes eine Bewegung auszuführen. Welche Zellform wäre für diesen Zweck geeigneter als die eines langen Fadens? Und andererseits konnte diese Organfunktion der Bewegung nur entstehen, da derartige Zellen bestanden. Ja, die Anpassung der Form an den Zweck geht noch weiter: Die Verkürzung der Muskelfasern wird durch lebhafte chemische Veränderungen in der Muskelsubstanz bedingt; diese Veränderungen sind Verbrennungsprozesse, die durch Sauerstoffzutritt bedingt werden; wie aber würde der Sauerstoffzutritt leichter ermöglicht, als durch die große Oberfläche eines dünnen Fadens?

Ein schönes Beispiel dafür, daß Formbildung und Arbeitsleistung der Zellen einander beeinflussen, liefern auch die weißen Blutkörperchen (Leukocyten) (vgl. Fig. 22). Im Gegensatz zu jenen Zellen, die festgelagert in den Geweben liegen und diesen ihren Platz nicht verändern können, sind die Zellen des Blutes, die roten und weißen Blutkörperchen, frei beweglich. Während aber die roten Blutkörperchen einfach durch den Blutstrom transportiert werden, ohne aktiv beweglich zu sein, kommt den weißen Blutkörperchen aktive Beweglichkeit zu. Gleich jenen einzelligen Wesen, den Amöben, deren Zelleib keine bestimmte Gestalt hat, sondern fußartige Fortsätze (Pseudopodien) aussenden kann, mit denen er sich auf der Unterlage fortbewegen oder seine Nahrung umgreifen kann, besitzen auch die weißen Blutkörperchen keine bestimmte festgefügte Gestalt, sondern können gleichfalls Pseudopodien aussenden, mit denen sie sich fortschieben, durch die Lücken der Gefäßwände und der Gewebe durchzwängen, Bakterien und andere Fremdkörper in ihren Leib hineinschieben und in diesem fortschaffen können.

Gleichfalls besonderes Interesse verdienen die sogenannten Flimmerzellen, Zellen, deren Oberfläche ganz oder teilweise einen Besatz von Flimmerhaaren besitzt (vgl. Fig. 4, a). Diese Flimmerhaare sind feinste Fortsätze, die der Zelleib gleich sehr feinen Wimpern vorstreckt. Die Zelle ist imstande, diese Flimmerhaare zu bewegen. Gewöhnlich geschehen diese Bewegungen rhythmisch und immer in einer Richtung von der Ruhelage weg und wieder in diese zurück; die Bewegung ist kontinuierlich und währt das ganze Leben hindurch ununterbrochen an. Verschiedene Körperstellen des Menschen sind mit solchen Flimmerzellen ausgestattet. So die Luftröhre, der Eileiter des weiblichen Genitals usw. Immer haben die Flimmerzellen die Aufgabe, Körper, die ihren Flimmerhaaren aufliegen, weiterzuschaffen: Diesen Flimmerhaaren, deren Bewegung im Mikroskop einem im Winde bewegten Ährenfelde gleicht, kommt in ihrer Bewegung eine nicht geringe Kraft zu. Sie können in der Richtung ihrer Bewegung kleinste korpuskuläre Elemente weiterschaffen: So ist die Richtung der Flimmerbewegung in der Luftröhre gegen den Kehlkopf gerichtet, wohin sie Fremdkörper schafft, um sie von dort durch den Hustenstoß in den Rachen befördern zu lassen. Die Flimmerbewegung im Eileiter des Weibes bahnt für die Eizelle den Weg aus dem Eierstock in die Gebärmutter.

Wir wenden uns nunmehr der inneren Organisation der Zelle zu: Der allgemeine Bauplan, wie ihn uns die mikroskopische Erforschung der Zellen gelehrt hat, weicht bei den hochdifferenzierten Zellen des vielzelligen Organismus nicht wesentlich von den einzelligen ab. Der Zellkern und der Zelleib (Protoplasma, Ursubstanz), in den er eingebettet liegt, sind die typischen Zellbestandteile der tierischen Zelle (siehe Figur 1). Neben diesen beiden Hauptbestandteilen kommen als nicht typisch, in verschiedener Weise auftretende andere Körnchen und Einschlüsse in der Zelle vor: Es sind dies Eiweiß-, Fett- und Stärkekörner, Pigmente (Farbstoffe), Schleimhäufchen usw.

Der Zellkern. Er ist bald kugelförmig, bald eiförmig, keulenförmig oder gebuchtet; er besteht in der Regel aus einem zusammenhängenden Stück, zuweilen aber auch aus vielen in der Zelle zerstreuten Stücken. Hier handelt es sich wohl um Degenerationsformen des Kernes. — Er ist in der Regel klein, so daß der Zelleib ihn an Masse übertrifft, zuweilen aber so groß, daß ihn nur ein schmaler Saum des Protoplasmas (Zelleibs) umgibt. Die Konsistenz des Zellkerns ist weich.

Was die chemische Zusammensetzung des Kerns anlangt, steht fest, daß der Kern keine einheitliche chemische Substanz ist. Er dürfte aus vielerlei Substanzen zusammengesetzt sein, von denen bis jetzt nur einige bekannt sind. Von ihnen soll dort die Rede sein, wo wir über die chemischen Eigenschaften der lebendigen Substanz sprechen werden. — Eine Eigenschaft kommt dem Kerne zu, die für die mikroskopische Erforschung der Zelle von besonderer Wichtigkeit ist: Der Zellkern hat eine große Affinität (chemisches Bindungsvermögen) zu bestimmten Farbstoffen (Karminfarbstoffen, Hämatoxylin usw.), durch die der Kern in der Zelle noch deutlicher sichtbar gemacht werden kann. Diese Färbbarkeit kommt zwar nur einem Teil der Kernsubstanz zu, während ein anderer Teil nicht färbbar ist. Im Mikroskop sieht aber nach entsprechender Behandlung mit den genannten Farbstoffen der Kern immer gefärbt aus.

Über die Funktion, die dem Kern in dem Zellhaushalte zukommt, ist nicht allzuviel bekannt. Sicher ist, daß nach Verletzung der Zelle ein Weiterleben der Zelle nur möglich ist, solange sie noch ein Stück Kern besitzt. Der Kern ist demnach ebenso ein unentbehrlicher Zellbestandteil wie der Zelleib, das Protoplasma. Es ist ferner bekannt, daß der Kern einen hervorragenden Anteil am Vermehrungsgeschäft der Zelle hat. Einzellige Wesen vermehren sich durch Teilung in zwei Hälften, wobei die Teilung der Zelle vom Kern ausgeht. Auch bei den höheren vielzelligen Wesen geht die Vermehrung der Zellen durch Zellteilung vor sich, die gleichfalls vom Kerne ausgeht.

Der Zelleib (Protoplasma, Zellplasma, Ursubstanz). Die Substanz des Zelleibes umschließt den Zellkern. Von ihren chemisch-physikalischen Eigenschaften soll späterhin die Rede sein. Es sei hier nur erwähnt, daß das Protoplasma ebenso wie der Kern kein chemisch einheitlicher Körper, sondern aus sehr vielen Stoffen zusammengesetzt ist. Für die Technik der Gewebsforschung (Histologie) ist von größter Bedeutung, daß auch das Protoplasma sowie der Kern eine gewisse Affinität zu Farbstoffen besitzt und sich mit ihnen färben läßt; da aber das Zellplasma sich leichter mit anderen Farbstoffen färben läßt als der Kern, gelingt es, im Mikroskop Zellkern und Zellplasma durch Färbungsunterschiede zur Darstellung zu bringen.

Das Protoplasma ist flüssigweich. In den Maschen dieses Wabennetzes sind häufig Eiweiß-, Pigment- (Farbstoff), Stärke-, Fettkörnchen usw. eingelagert.

Der Zelleib grenzt im menschlichen Körper mit seinem nackten Protoplasma an die ihm benachbarten Zellen. Einzelne Zellen besitzen eine dichtere Randschicht, die sie gegen die Umgebung begrenzt. Nur einige wenige Zellgruppen (z. B. die quergestreiften Muskeln) besitzen eine Membran, die sie einschließt.

Der größte Teil der Lebensvorgänge spielt sich im Protoplasma ab. Bevor wir aber auf diese eingehen, wollen wir den Aufbau des Organismus noch weiter verfolgen.

Die Zelle bildet, wie oben gesagt wurde, den letzten Baustein des Organismus. Sie ist das Baumaterial, aus dem er seine Gewebe und Organe aufbaut. — Gleichartige Zellen ordnen sich zum Zellgewebe an; diese gleichartige Zusammensetzung der Gewebe wird durch zwei Momente unterbrochen: Erstens produzieren die Zellen unter Umständen verschiedene Substanzen, die sich rings um die Zelle anhäufen und sogenannte Zwischensubstanzen bilden. Oder aber in das homogene Gewebe treten andere Gewebe wie Nerven, Gefäße oder Muskelfasern ein, die es versorgen.

Wir wollen die wichtigsten Gewebearten der Reihe nach kurz besprechen. Das Epithelgewebe (Fig. 1, 2, 3 u. 4) besteht aus den Epithelzellen, die, ganz dicht aneinandergereiht, Zelle an Zelle, meist

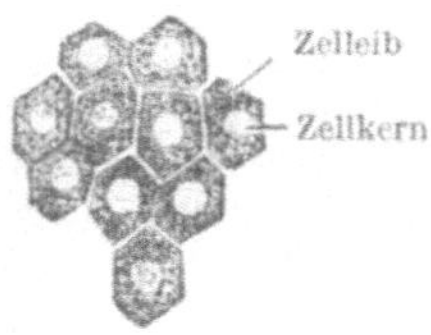

Fig. 1.

Epithelzellen (Pflasterzellen) in ihrem epithelialen Verbande. Aus der Netzhaut eines menschlichen Auges. (Nach Stöhr.)

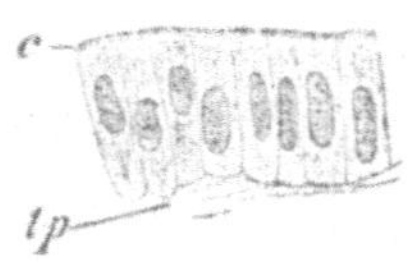

Fig. 2.

Einfaches Zylinderepithel. Die Zellen tragen an ihrer Oberseite einen schwachen Saum (c), an ihrer Unterseite sitzen sie einer Membran (tp) auf. Aus dem Darmepithel eines Menschen. (Nach Stöhr.)

die Deckschicht der Organe nach ihrer Oberfläche hin bilden. So ist die Haut von einer dichten Epithelschicht überzogen; die ganze Oberfläche der Schleimhäute trägt einen epithelialen Überzug. Die Epithelien säumen sozusagen die Oberfläche der Organe ein; man spricht daher auch von dem Epithelsaum. Auch dort, wo die Organe nicht direkt nach außen münden, sondern nach innen zu eine Lichtung besitzen, wie die Innenfläche der Blutgefäße und der Drüsenausführungsgänge usw., oder an einer Höhlenbildung teilnehmen, wie das Bauchfell, das die Auskleidung der Bauchhöhle besorgt, finden wir einen epithelialen Überzug.

Die Epithelzellen sind weiche, membranlose Zellen, die in ihrer Form infolge ihrer Weichheit von der Umgebung sehr beeinflußt werden und dadurch sehr mannigfaltige Gestalt haben. Als Haupt-

formen kann man die Pflaster- oder Plattenepithelien und die Zylinderepithelien nach der Gestalt der Zellen unterscheiden. Sowohl
Pflasterepithelien als die Zylinderepithelien können in einfacher oder
in übereinandergeschichteten Reihen den Epithelialsaum bilden. Man
spricht dann von einfachen und geschichteten Pflaster-, bzw. Zylinderepithelien. — Tragen die Epithelien Wimpern, so spricht man von
Flimmerepithelien (Fig. 4).

Die Funktion der Epithelzellen, die ihnen im Haushalte des
Organismus zufällt, ist zunächst die Bildung von glatten Oberflächen.
Diese ist insbesondere dort wichtig, wo flüssige Massen gleiten sollen:
wie in den Blutgefäßen, dem Magendarmtrakt, den Harnwegen usw. —
Gleichzeitig bilden die Epithelzellen als Deckschicht einen Schutz

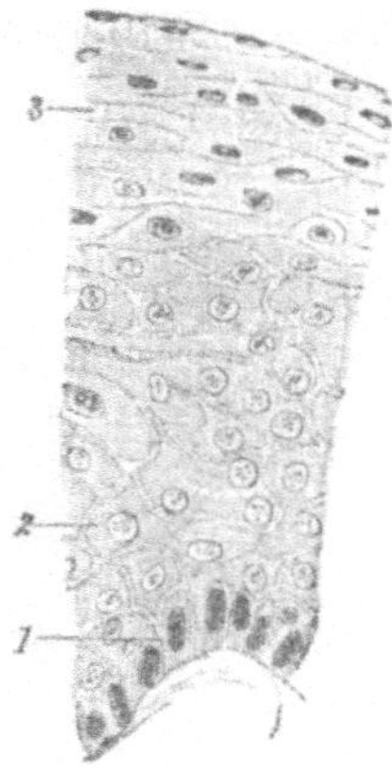

Fig. 3.

Geschichtetes Pflasterepithel aus
menschlicher Kehlkopfschleimhaut. Mehrere
Schichten von Epithelialzellen sind überein-
andergereiht. Die unterste Schichte (1) besteht aus zylindrischen Zellen, (2) aus polygonalen, (3) aus platten Zellen. (Nach Stöhr.)

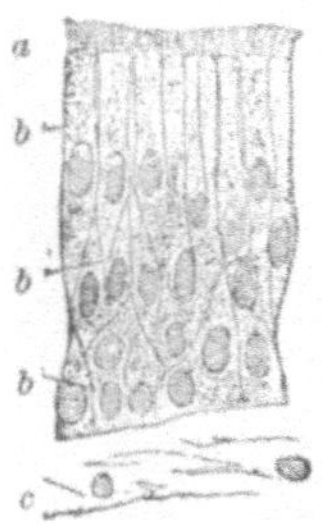

Fig. 4.

Mehrreihiges Flimmerepithel aus der
Nasenschleimhaut des Menschen. Geschich-
tete Epithelzellen (b) tragen den Flimmer-
saum (a); in (c) ruht die Epithelschichte auf
einer Bindegewebschicht. (Nach Stöhr.)

gegen das Eindringen von Fremdkörpern, Bakterien usw. Die dichte
Aneinanderreihung der Epithelzellen sowie ihre häufige Übereinander-
schichtung ermöglichen diese gegen Schädlichkeiten aller Art gerichtete
Schutzvorrichtung des Organismus.

Neben diesen im Organismus allgemein verbreiteten Epithelien
finden sich einzeln oder in Gruppen angeordnet epitheliale Zellen,
denen eine andere spezifische Funktion zukommt. Diese Zellen sind
die Drüsenzellen. Sie sind befähigt, Produkte in ihrem Körper zu
bilden und auszuscheiden, die entweder im Organismus noch weitere
Verwendung finden, — man spricht dann von Sekreten, — oder aber
Produkte, die aus dem Organismus hinausgeschafft werden sollen; diese
Absonderungsprodukte bezeichnet man als Exkrete. Se- und Exkrete
der Drüsenzelle sind als Stoffwechselprodukte der Zelle aufzufassen.

Es wird im folgenden vielfach von Se- und Exkreten die Rede

sein. Hier sei nur erwähnt, daß folgende Sekrete von den Drüsenzellen produziert werden: Schleim, Speichel, Magensaft, Darmsaft,
Galle, Pankreassaft, Tränenflüssigkeit, usw. Als Exkrete seien genannt: Harn, Schweiß, Bestandteile des Stuhles usw.

Einzeln stehende Drüsenzellen findet man allenthalben eingesprengt
unter die übrigen Epithelzellen. Besonders häufig finden sich schleimproduzierende Drüsenzellen in den Epithelien der Luft- und Verdauungswege, in etwas geringerer Menge in den Wandungen der Harn-
und Geschlechtswege. Nach diesem ihrem Gehalt an Schleim sezernierenden Drüsenzellen bezeichnet man die genannten Auskleidungen
von Organen als Schleimhäute.

Stehen die Drüsen nicht einzeln wie die in den Schleimhäuten
eingelagerten Drüsenzellen, sondern in dichten Haufen, die einen bestimmten gleich zu besprechenden Aufbau haben, so werden diese

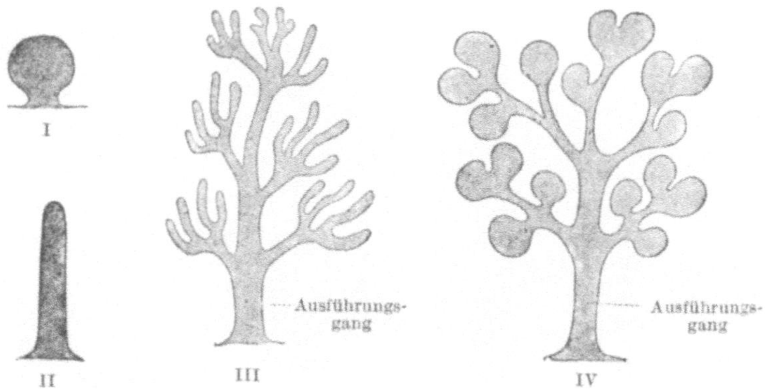

Fig. 5.

Drüsenschemata: I einfache Drüsenalveole; II einfacher Drüsentubulus; III zusammengesetzte tubulöse Drüse; IV zusammengesetzte alveoläre Drüse. (Nach Stöhr.)

Haufen von Drüsenzellen als Drüsen angesprochen. Dieser für die
Drüsen charakteristische Aufbau ist folgender: Die Drüsenzellen stehen
dicht gedrängt um einen oder mehrere kleinste Gänge angeordnet,
in die sie ihr Sekret absondern; falls mehrere Gänge vorhanden sind,
stehen sie untereinander in Verbindung, vereinigen sich miteinander
und führen das gebildete Sekret schließlich in den Ausführungsgang
der Drüse. So gelangt das Sekret der Drüsen nach außen. — In den
vorstehenden Abbildungen sind Gangsysteme von Drüsen abgebildet.
In der einen Gruppe der hier abgebildeten Drüsenschemen sind die
feinen Verzweigungen des Gangsystems gerade Schläuche, tubuli, in
der anderen Gruppe traubenförmige Ästchen, alveoli. Die erste
Gruppe von Drüsen werden als tubulöse, die zweite als alveoläre
Drüsen bezeichnet (Fig. 5).

Die Drüsenzellen werden gruppenweise von einer Membran umfaßt, in der die Blutgefäße und Nerven der Drüsen liegen. Die Blut-

zufuhr zu den Drüsen ist immer reichlich. Denn im Blute werden
den Drüsenzellen jene Substanzen zugeführt, aus denen sie das Drüsensekret produzieren. — Die Nerven, die zu den Drüsen führen, stellen
die Drüsentätigkeit unter den Einfluß des Nervensystems. Wir werden oft Gelegenheit haben, diese nervöse Beeinflussung der Drüsen
kennen zu lernen.

Einzelne Drüsen haben keinen Ausführungsgang. Dennoch sind
sie echte Drüsen, die Sekrete produzieren. Sie liefern dieses aber
nicht durch einen Ausführungsgang nach außen ab, sondern sezernieren ihr Sekret direkt in das Blut. Derartige Drüsen sind die
Schilddrüse, die Nebennieren, der Hirnanhang (Hypophyse) usw. Man

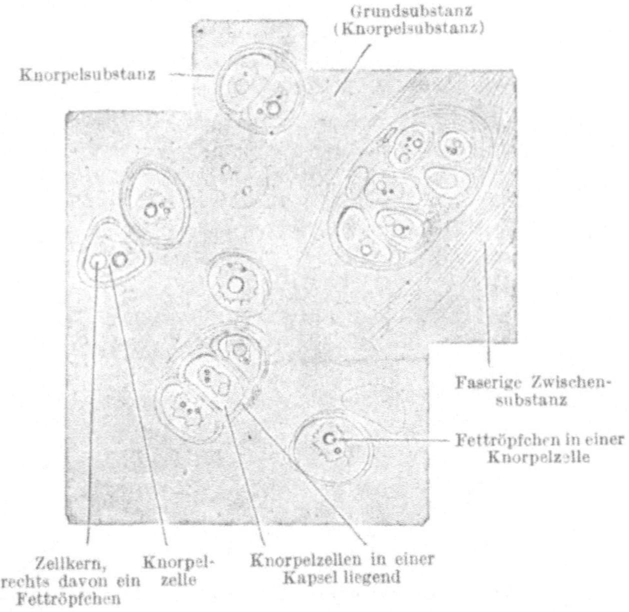

Fig. 6.
Stück eines Schnittes durch einen menschlichen Rippenknorpel. (Nach Stöhr.)

bezeichnet sie als Blutdrüsen und spricht von Drüsen mit innerer
Sekretion, im Gegensatz zu jenen Drüsen, deren Ausführungsgang
eine Sekretion nach außen ermöglicht. Einzelne Drüsen haben einen
Ausführungsgang und daher eine äußere Sekretion; daneben aber auch
eine innere Sekretion. So liefert die Bauchspeicheldrüse durch ihren
Ausführungsgang ein Sekret in den Darm (äußeres Sekret); gleichzeitig gibt sie aber auch ein inneres Sekret direkt an das Blut ab.
Von diesen Verhältnissen soll späterhin ausführlich gesprochen werden.
Eines sei hier noch bemerkt: Die Drüsenzellen haben in ihrer Anordnung und auch in ihrem Äußeren große Ähnlichkeit. Da aber
die Produkte ihres Zellebens, die Sekrete, so verschieden sind, dür-

fen wir wohl mit Recht annehmen, daß die Zellen, trotz ihres so ähnlichen Aussehens, große Differenzen in ihrer Protoplasmastruktur haben, die das Mikroskop nicht mehr erkennen läßt.

Das Stützgewebe. Während bei dem Epithel- und Drüsengewebe die Zellen die Hauptmasse der Gewebe bilden, treten diese beim Stützgewebe hinter jenen Substanzen zurück, die sie ringsum sich produzieren. Hier bilden demnach die um die Zellen herumliegenden Zwischensubstanzen (Interzellularsubstanzen) die Hauptmasse der Gewebe. So bilden die Knorpelzellen (Fig. 6, S. 11) ringsum sich die Grundmasse des Knorpelgewebes, die Knochenzellen (Fig. 7) die des Knochengewebes. Beim Knorpel-, sowie beim Knochengewebe kommt es ja nicht auf den Zellreichtum dieser Gewebe an; Knorpel

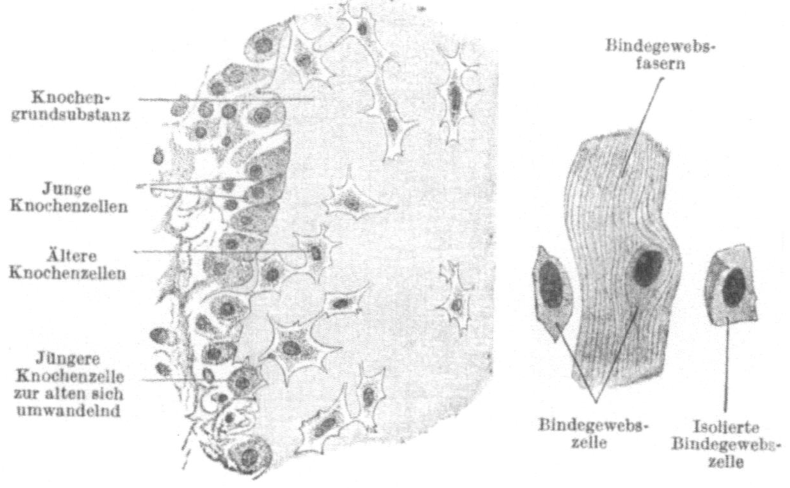

Fig. 7.

Fig. 8.

Knochenstück aus dem Oberarm eines vier Monate alten Embryos. (Nach Stöhr.)   Bindegewebsbündel. (Nach Stöhr.)

und Knochen müssen als Tragsäulen des Körpers feste Massen sein. Diese Herstellung fester Massen wird durch zellarme, an festen Stützsubstanzen reiche Gewebe am besten hergestellt. — Ferner gehört hierher das Bindegewebe (Fig. 8), gleichfalls ein zellarmes Gewebe, bei dem die produzierten Stützsubstanzen von weicherer Konsistenz sind als beim Knorpel und Knochen. Seine Aufgabe ist es, Kitt- und Stützsubstanz zu sein für Blutgefäße und Nerven, die sich in dieses einbetten, für kleine Drüsen, Muskeln usw. Es ist ein Ausfüllungs- und Umgrenzungsgewebe, eine allgemein in Verwendung stehende Kitt- und Stützsubstanz.

Findet sich Farbstoff (Pigment) in den Zellen des Bindegewebes, so wird dieses zum Pigmentgewebe; füllt Fett die Bindegewebszellen aus, so entsteht das Fettgewebe.

Das Muskelgewebe. Der Bau des Muskelgewebes ist seiner Funktion strenge angepaßt. Die Funktion der Muskelzellen ist es, durch Verkürzung ihres Leibes eine Bewegung auszulösen. Dementsprechend sind die Muskelzellen lange Fasern, die sich kontrahieren

Fig. 9.

Glatte Muskelfaser; in deren Mitte der Zellkern. (Nach Hager-Mez.)

können. In der Mitte des langgestreckten Zelleibes liegt der Zellkern. Wir unterscheiden nach Bau und Funktion drei Gruppen von Muskelgewebe. 1. Die glatten Muskeln (Fig. 9). Die Kontraktion der glatten Muskelfasern geschieht langsam und ist vom Willen nicht beeinflußbar. Sie findet sich sehr häufig in den Eingeweiden und in anderen inneren Organen, wo sie der Träger der Bewegung ist. 2. Die quergestreifte Muskulatur (Fig. 10). Im Gegensatz zur ersteren, deren mikroskopisches Bild eine glatte, homogene Masse zeigt, ist der Körper dieser Muskulatur quergestreift. Die Bewegung der quergestreiften Muskulatur geschieht rasch, blitzartig und ist dem Willen unterworfen. 3. Die Herzmuskulatur. Sie ist zwar quergestreift, weicht aber dennoch im Aussehen ihrer Muskelfasern stark von der übrigen quergestreiften Muskulatur ab. Ihre Bewegung geschieht dauernd rhythmisch und ist natürlich nicht vom Willen unmittelbar beeinflußbar.

Fig. 10.
Quergestreiftes
Muskelbündel.
(Nach Stöhr.)

Das Nervengewebe, sowie die Zellen, die im Blute vorkommen, die Blutzellen, sollen in folgenden Kapiteln besprochen werden.

Aus diesen Geweben bauen sich die Organe auf. Sie reihen sich aneinander und greifen ineinander, je nachdem es die Bedürfnisse der Organe erfordern. Bindegewebe, Nerven-, Muskel-, Drüsen- und Epithelgewebe werden herangezogen, die Organe zu formieren.

Der Bau der Organe wird, soweit es das Verständnis der folgenden Kapitel erfordert, in jedem einzelnen Kapitel besprochen werden.

B. Die chemisch-physikalischen Bedingungen der Lebensvorgänge.

Die chemischen Bausteine der lebendigen Substanz: Eiweißkörper, Kohlehydrate, Fette, Lipoide, Wasser und anorganische Bestandteile. Die chemisch-
physikalischen Umsetzungen im Organismus: Assimilation und Dissimilation.
Die fermentativen Vorgänge.

Es wurde im vorigen Kapitel ausgeführt, daß die Zelle der
letzte Baustein des lebenden Organismus ist. Aus den Ausführungen
dieses Abschnittes ging hervor, daß die Zelle keineswegs nur anatomisch der eigentliche Baustein des Körpers ist; daß wir sie allein
deswegen als Baustein bezeichnen, weil sie die kleinste anatomisch individualisierte Einheit des Körpers darstellt. Die Zelle stellt
nicht bloß eine anatomische Individualität dar. Dieser kleinsten
anatomischen Individualität kommt ein Eigenleben zu. Sie ist trotz
ihrer verschwindenden Kleinheit zu den höchsten Leistungen berufen.
Sie kann sich selbst ernähren; solange der Organismus wächst, vermehrt sie sich; und noch dazu kann sie eine spezifische Leistung
vollziehen, die dem Organismus zugute kommt. Aus dem Eigenleben
der Zelle zieht der Organismus den höchsten Vorteil. Er verteilt den
Lebensprozeß auf Millionen von Zellen; jede Zelle ist daher an der
Lebensarbeit beteiligt. Die Zellen stellen demnach die Träger des
Lebens dar: Die Zelle ist der Schauplatz, wo sich die Lebensvorgänge
abspielen.

Die Zelle muß sich selbst ernähren, d. h. sie muß die ihr vom
Blute aus dargebotene Nahrung in ihren Körper aufnehmen und
diese in ihr chemisches Gefüge aufnehmen; bevor dies geschieht,
muß die Zelle in der Regel die dargebotene Nahrung erst umwandeln. Dieses Geschäft der Nahrungsaufnahme, der Nahrungsumwand-
lung und Einverleibung in den eigenen Zelleib wird als Assimila-
tionsvorgang bezeichnet. Durch ihn gewinnt die Zelle jene Stoffe,
die sie zu ihrem Wiederaufbau, zu ihrem Wachstum und zur Bestreitung
ihrer Arbeit benötigt. Und da wir die Vermehrung der Zelle als ein
besonderes intensives Wachstum, das schließlich zu ihrer Zweiteilung
führt, auffassen können, schafft der Assimilationsprozeß auch das
Material für die Zellvermehrung herbei. Gleichzeitig mit dem Assi-
milationsvorgang geht die Dissimilation der Zellsubstanz einher,
bei welcher die in der Zelle aufgestapelten Substanzen zerfallen.
Dieser Zerfall geht unter Sauerstoffaufnahme vor sich; er ist demnach
ein Verbrennungsprozeß, der Verbrennung der Kohle vergleichbar, wo
ebenfalls unter Sauerstoffaufnahme organische Substanz verbrennt. —
Wie bei jeder Verbrennung wird auch bei dem Zerfall der lebendigen
Substanz unter Sauerstoffaufnahme Wärme frei.

Neben diesem Vorgange der Assimilierung und Dissimilierung
fallen den Zellen eine Reihe von Leistungen zu, die alle aufzuzählen
nicht leicht fiele. Es sei nur an die Kontraktionsfähigkeit der Muskelzelle erinnert, an die sekretorische Fähigkeit der Drüsenzelle, an die

Reizaufnahme und Reizleitung durch die Nervenfaser usw. Alle diese Lebenserscheinungen und Lebensäußerungen sind der Ausdruck chemisch-physikalischer Umlagerungen in der Zelle, die allerdings bis jetzt nur zum geringsten Teile bekannt sind.

Der chemische Aufbau der lebendigen Substanz. In letzter Hinsicht ist die lebendige Substanz der Zelle aufgebaut aus den Elementen: Kohlenstoff, Stickstoff, Wasserstoff, Sauerstoff, denen sich da und dort Schwefel, Phosphor, Chlor, Kalzium, Natrium, Magnesium, Eisen beigesellt. Neben diesen kommen in ganz geringen Mengen noch einige andere vor. Die lebendige Substanz setzt sich demnach aus einer Reihe von Elementen zusammen, die auch in der unbelebten Welt sehr häufig vorkommen.

Findet sich demnach bei Zerlegung der lebendigen Substanz in ihre Atome kein chemisches Element, das in der unbelebten Welt nicht vorkäme, so finden sich dennoch in der Anordnung der Atome dieser Substanzen große Unterschiede gegenüber der leblosen Welt. Es kommen in der lebendigen Substanz drei Gruppen von Substanzen vor, die in der unbelebten sich nirgends vorfinden. Es sind dies die Eiweißkörper, Fette und Kohlehydrate. Von diesen drei Gruppen sind die Eiweißkörper diejenigen, die in der lebendigen Substanz niemals fehlen. Die beiden anderen kommen häufig, aber nicht regelmäßig vor. Auch fällt dem lebendigen Organismus die Fähigkeit zu, sich aus Eiweißkörpern Fett und Kohlehydrate zu bilden, so daß im Bedarfsfalle diese Substanzen aus Eiweißkörpern entstehen können. — Die Eiweißkörper müssen demnach als diejenigen Substanzen bezeichnet werden, die die lebendige Substanz charakterisieren.

Die Eiweißkörper. Sie bilden nächst dem in ihr enthaltenen Wasser die Hauptmasse der lebendigen Substanz; sie sind sozusagen die Träger derselben. Sie bedingen die chemischen und physikalischen Eigenschaften, die die lebendige Substanz instand setzen, die Lebensarbeit zu vollziehen. Bevor wir des Näheren auf den Aufbau und die chemisch-physikalische Natur des Eiweißmoleküls eingehen, sei es gestattet, einige Bemerkungen allgemeiner Natur darüber zu machen, welche Eigenschaften der Eiweißkörper ihre hervorragende Stellung im Reiche des Lebendigen bedingen.

Die Eiweißkörper stellen eine große Gruppe chemischer Verbindungen dar, die alle aus den Atomen Stickstoff, Kohlenstoff, Sauerstoff, Wasserstoff zusammengesetzt sind; neben diesen typischen Bestandteilen der Eiweißkörper kommen noch Phosphor und Eisen in einzelnen Gruppen der Eiweißkörper vor. Der charakteristische Bestandteil der Eiweißkörper ist der Stickstoff. Nach ihrem Stickstoffgehalt werden die Eiweißkörper als das stickstoffhaltige Material der lebendigen Substanz den stickstofffreien Verbindungen, dem Fett und den Kohlehydraten, gegenübergestellt.

Die Anzahl der Atome, die das Eiweißmolekül bilden, ist eine außerordentlich hohe. Es ist als feststehend zu betrachten, daß das Eiweißmolekül aus Hunderten von Atomen zusammengesetzt ist.

Diese große Anzahl von Atomen, die das Eiweißmolekül aufbauen, geht einher mit einer großen Labilität dieser Atome. Während bei anderen chemischen Verbindungen ein festes Gefüge zwischen den einzelnen Atomen besteht, neigt das Eiweißmolekül stark zu chemischen Umsetzungen und Umwandlungen. Diese Labilität prädestiniert u. a. das Eiweiß zu jener „Lebenssubstanz“, die es vorstellt. Denn nur ein Körper mit starker Neigung zu chemischen Umsetzungen ist imstande, der Träger jener chemischen Vorgänge zu sein, die das Leben erfordert. — Andererseits erschwert diese Labilität des Eiweißmoleküls das Studium dieser Substanzen sehr. So kann es keine Frage sein, daß jene Eiweißkörper, die wir am toten Organismus vorfinden, andere sind als die, die im lebenden Organismus vorkommen. Unsere Kenntnis der Eiweißkörper erstreckt sich daher zunächst nur auf das tote Eiweiß. Hingegen erfahren wir über das lebendige Eiweis einiges aus dem Stoffwechsel. Die Kontrolle dessen, was als Nahrung eingeführt wird, und dessen, was als Abfallsprodukte und Schlacken den Körper verläßt, ermöglicht, über das Wesen und Schicksal des Eiweißes im Körper einigermaßen Kunde zu erhalten.

Aber nicht nur die chemische Labilität der Atome im Eiweißmolekül, auch die physikalischen Eigenschaften des Eiweißmoleküls prädestinieren es für seine hervorragende Stellung in der lebendigen Substanz. Die Eiweißkörper bilden in den Flüssigkeiten des Organismus keine echten Lösungen. Würden sie diese bilden, so würden sie leicht da und dort aufgelöst und weggeschwemmt werden. Die Eiweißkörper sind in den Flüssigkeiten des Körpers nicht etwa so gelöst, wie ein in Wasser lösliches Salz in diesem Lösungsmittel gelöst ist. Vielmehr bilden die Eiweißkörper in ihren Lösungsmitteln Suspensionen (Aufschwemmungen) feinster Partikelchen, die man im Ultramikroskop (nicht aber im gewöhnlichen Mikroskop) deutlich erkennen kann. Bei der Lösung eines Salzes zeigt das Ultramikroskop keinerlei Partikelchen mehr, das Salz ist wirklich aufgelöst worden. Die letztere Lösung ist demnach eine echte Lösung; sie wird auch als kristalloide Lösung bezeichnet, da es meist kristallisierbare Körper sind, die imstande sind, derartige echte Lösungen einzugehen. Die Eiweißkörper hingegen bilden mit ihren Lösungsmitteln Aufschwemmungen, feinste Suspensionen, die als kolloidale Lösungen bezeichnet werden. Die Körper, die einer kolloidalen Lösung fähig sind, bezeichnet man als Kolloide, die einer kristalloiden Lösung fähig sind, als Kristalloide. Der letzte Name rührt daher, daß man lange Zeit der Ansicht war, daß nur den Kristalloiden eine Kristallbildung zukommt; eine Meinung, die sich späterhin als unrichtig erwies, da auch einzelne Kolloide kristallisieren können (Hämoglobin).

Die kolloidalen Lösungen zeigen ein charakteristisches Verhalten gegenüber den kristalloiden Lösungen; diese Tatsache ist für den Organismus von fundamentaler Bedeutung. Haben wir eine Schicht

Wasser und eine Schicht einer kristalloiden Lösung, z. B. von Kochsalz, vor uns, und trennen wir diese beiden Schichten durch eine tierische oder pflanzliche Membran, z. B. durch eine Schweinsblase oder Pergamentpapier, so wandert das Kristalloid Kochsalz so lange in die Wasserschicht und umgekehrt so lange Wasser in die Kochsalzschicht, bis auf beiden Seiten der Membran dieselbe Kochsalz- und natürlich auch dieselbe Wasserkonzentration herrscht. Diesen Vorgang bezeichnet man als Diffusion, die Substanzen, die der Diffusion fähig sind, als diffusibel. Im Gegensatz zu den Kristalloiden sind die Kolloide nicht diffusibel; sie können durch Membranen nicht hindurchdiffundieren. — Diese Tatsache spielt im Organismus eine große Rolle. Die Zellen des menschlichen Körpers besitzen zwar, mit Ausnahme weniger Zellen, keine Membranen. Ihre Oberfläche wird ebenso wie ihr Inneres von Protoplasma gebildet, das zuweilen gegen die Randpartien der Zelle verdichtet ist. Dieses Protoplasma wirkt nun aber selbst wie eine tierische Membran, durch die wohl die Kristalloide diffundieren, Kolloide aber nicht diffundieren können.

Ferner spielt die Diffusionsfähigkeit, wie wir hören werden, bei der Aufnahme der Eiweißkörper im Darmkanal eine große Rolle. Die Eiweißkörper können ursprünglich nicht von der Darmwand aufgenommen werden, da sie als kolloide Körper in diese nicht hineindiffundieren können. Sie müssen vor ihrer Aufnahme in diffusible Produkte umgewandelt werden. Wie wir im folgenden hören werden, gibt es diffusible Abbauprodukte der Eiweißkörper; diese können durch die Zellwand diffundieren und auf diese Weise von der Darmwand aufgenommen werden. In diese diffusiblen Abbauprodukte werden die Eiweißkörper der Nahrung durch den Verdauungsprozeß übergeführt.

Noch eine andere physikalische Eigenschaft vieler Eiweißkörper soll hier erwähnt werden: das ist die Gerinnungs-(Koagulations-) fähigkeit derselben. Die Eiweißkörper können aus dem kolloidal gelösten Zustand in einen festeren übergehen. Dieser Vorgang der Gerinnung ist aus der Gerinnung der Milch bekannt, die sowohl im Magen, als auch außerhalb desselben stattfindet. Das früher gelöste Milcheiweiß (Kasein) geht in Flocken über. — Auch in Siedehitze können Eiweißkörper koaguliert werden. Das Hartkochen der Eier beruht auf einer durch Siedehitze herbeigeführten Gerinnung des Eiereiweißes.

Chemie der Eiweißkörper. Es wurde schon im Vorhergehenden erwähnt, daß es eine große Zahl verschiedener Eiweißkörper gibt. Das große Molekül, das bis zu Hunderten von Atomen umfassen kann, ist allen gemeinsam. Gemeinsam ist ferner allen Eiweißkörpern die Zusammensetzung aus den typischen Bestandteilen Kohlenstoff (C), Sauerstoff (O), Wasserstoff (H) und Stickstoff (N), denen sich als nicht typische Bestandteile Schwefel (S), Phosphor (P) und Eisen (Fe) anschließen. Aus diesen vier, bzw. sieben Elementen setzt sich das große Eiweißmolekül zusammen; die Zahl der Atome dieser

Elemente, die jeweilig in das Eiweißmolekül eintreten, ist bei den verschiedenen Eiweißkörpern sehr verschieden. Sie kennen zu lernen
war bei jenen Eiweißkörpern, deren Molekulargewicht bekannt ist,
keine schwierige Aufgabe. Viel schwieriger als die Zahl der verschiedenen Atome im Eiweißmolekül festzustellen, war es, die Anordnung derselben im Eiweißmolekül kennen zu lernen. Es ist selbstverständlich, daß die Anordnung, die sterische Konfiguration
vieler hunderter Atome in einem Molekül eine ungemein komplizierte ist. Das eingehende mühevolle Studium des Aufbaus des Eiweißmoleküls ist die Hauptaufgabe der Eiweißchemie.

Die Atome des Eiweißmoleküls sind zu Bausteinen angeordnet,
die sich in zwei Gruppen scheiden lassen: in die stickstoffhaltigen
und stickstofffreien Bausteine der Eiweißkörper. Die stickstoffhaltigen Bausteine des Eiweißmoleküls bilden den eigentlichen Haupt-
kern der Eiweißkörper, um den sich die stickstofffreien angliedern.
Die Zahl dieser Bausteine ist keine geringe. Nur die wichtigsten
sollen hier Erwähnung finden. — Es sei schon an dieser Stelle darauf
hingewiesen, daß die große Verschiedenheit der Art und der Menge der
Bausteine, die in das Eiweißmolekül eintreten, die ungemein große
Zahl der existierenden Eiweißkörper erklärt.

Der einfachste stickstoffhaltige Baustein des Eiweißes ist das
Ammoniak (NH_3):

$$NH_3 = N\genfrac{}{}{0pt}{}{\diagup H}{\diagdown H}\!-\!H$$

Alle Eiweißverbindungen können auf diese anorganische Verbindung
zurückgeführt werden. — Der nächst höhere stickstoffhaltige Baustein
des Eiweißes entsteht dadurch, daß ein Wasserstoffatom im Ammoniakmolekül durch eine Fettsäure[1]), bzw. durch ein Spaltungsprodukt
derselben, ein Fettsäureradikal ersetzt wird. So können Essigsäure,
Valeriansäure usw. in das Ammoniakmolekül eintreten. Es ist eine ganze
Reihe von Verbindungen bekannt, bei denen immer andere Fettsäuren
in das Ammoniakmolekül eintreten und ein H-Atom ersetzen:

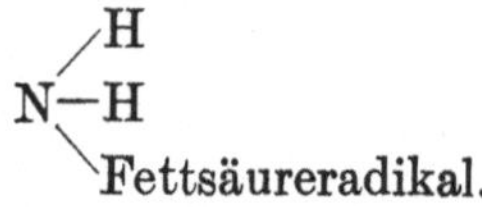

Diese Verbindungen sind die Aminosäuren. Ihnen fehlt noch
der eigentliche Eiweißcharakter. Sie sind nicht kolloidaler Natur,
sondern diffundieren durch tierische Membranen. Dennoch besitzen
sie schon insofern den Eiweißcharakter, als sie, in der Nahrung gegeben, den Eiweißbedarf der Tiere decken können. Sie können also

---

[1]) Die Fettsäuren sind organische Säuren, deren Namen daher rührt, daß
einzelne Körper dieser Gruppen in den Fetten vorkommen. Es gehören zu
ihnen: Essigsäure, Buttersäure usw.

im Tierkörper zum Wiederersatz zugrunde gegangener Eiweiße verwendet werden. — Es ist das große Verdienst der modernen Chemie, Aminosäuren im Laboratorium künstlich hergestellt zu haben. Ja, es gelang sogar Körper darzustellen, die aus mehreren solchen miteinander verkuppelten Aminosäuren bestehen. Diese Körper sind die Polypeptide. Derartige Verkuppelungen von Aminosäuren, Polypeptide kommen unzweifelhaft auch im Eiweißmolekül vor. So haben wir also in den Polypeptiden wieder eine höhere Stufe von Bausteinen des Eiweißmoleküls. Die nächst höhere Stufe stellen die Peptone dar, dann die Albumosen. Immer größer wird hier das Molekül, in welchem viele Aminosäuren miteinander verkuppelt sind; noch fehlt aber die kolloidale Natur. Diese tritt erst bei den echten nativen oder genuinen Eiweißkörpern auf. Diese echten Eiweißkörper (Proteine) können ihrerseits wieder mit anderen nicht eiweißartigen Körpern Verbindungen eingehen. Diese Verbindungen heißen Proteide. So verbindet sich im Hämoglobin, dem roten Blutfarbstoff, ein echter Eiweißkörper (das Globin) mit dem eisenhaltigen Hämatin. Eine andere Gruppe von Eiweißverbindungen sind die Nukleoproteide. Sie kommen besonders im Zellkern (Nukleus) vor.

Wie wir gehört haben, gibt es eine ganze Reihe von Aminosäuren; es sind ferner die Polypeptide, die Verkuppelungen der Aminosäuren darstellen, sehr verschieden nach Art und Menge der Aminosäuren, die sie zusammensetzen; noch verschiedener sind die Peptone, die sich aus den verschiedenen Polypeptiden aufbauen; noch mehr die Albumosen und die nativen Eiweißkörper selbst. Es ginge weit über den Rahmen dieses Buches hinaus, die große Zahl der Körper der Eiweißgruppe in ihren chemischen Eigenschaften näher zu charakterisieren. Wir haben hier die Hauptgruppe der Eiweißkörper erwähnt und haben so die wichtigsten Bausteine angeführt, die das Eiweißmolekül enthält, in die es sich jederzeit zerlegen läßt; und neben diesen wollen wir nur noch einige Substanzen nennen, die im Haushalte des Organismus eine besondere Rolle spielen.

Unsere volle Aufmerksamkeit verdienen jene Umwandlungen im Eiweißmolekül und jene Umsetzungen derselben, die während des Lebensprozesses auftreten. Wir erwähnten oben, daß das Eiweißmolekül der Träger des Lebensvorganges ist. Denn aus dem großen Atomkomplex, den das Eiweißmolekül darstellt, kann sich die Zelle alle die mannigfaltigen Atomgruppen heraussuchen, die sie zur Bestreitung ihrer Lebensfunktionen benötigt. Zu diesem Zwecke muß das Eiweißmolekül umgeformt, eventuell zerstückelt und wieder aufgebaut werden. Diese Umwandlungen und Umsetzungen der Eiweißkörper sollen in dem Kapitel, das sich mit der Verdauung und dem Stoffwechsel beschäftigt, des näheren besprochen werden. Hier wollen wir nur jene Gruppen von Eiweißkörpern und deren Abkömmlingen anführen, denen im Ablauf der Lebensvorgänge eine besondere Rolle zukommt.

Die Zerstückelung des in der Nahrung aufgenommenen Eiweißes geht im Magendarm vor sich; sie führt über die Albumosen und Peptone schließlich zu den Aminosäuren; aus diesen letzten stickstoffhaltigen Bausteinen des Eiweißes baut sich der Körper wieder genuines hochmolekulares Eiweiß auf, das überall an die Verwendungsstätte geschafft wird. — Hier wird es nun angesetzt oder zerstückelt; dabei treten Zerstückelungsprodukte auf, die der Organismus nicht weiter verwenden kann. Da sie nicht weiter verwendet werden und auch nicht in alle Ewigkeit weiter kreisen können, müssen sie ausgeschieden werden. Das geschieht fast ausschließlich durch den Harn. Die Niere, die den Harn erzeugt, kann aber keineswegs alle Körper ausscheiden, sondern nur ganz bestimmte, die als harnfähige Substanzen bezeichnet werden. Bevor also diese Substanzen ausgeschieden werden, müssen sie in den harnfähigen Zustand gebracht werden. — Es ist hier nicht der Ort, darauf einzugehen, an welchen Stellen des Körpers und in welcher Weise die Abfallprodukte des Eiweißes nach seiner Zersetzung in harnfähige Substanzen umgewandelt werden. Hier sollen diese Substanzen nur erwähnt werden;[1]) es erscheinen im Harn als stickstoffhaltige Abfallprodukte des Eiweißstoffwechsels: Harnstoff. Er ist der stickstoffreichste Bestandteil des Harns und unter den Stickstoffkörpern des Harnes kommt er in größter Menge vor. Es wird demnach in Form von Harnstoff die größte Menge der stickstoffhaltigen Schlacken des Eiweißabbaues entfernt. — Harnsäure und die Nukleinbasen. Sie stammen aus den oben erwähnten Nukleoproteiden, Eiweißkörpern, die fast ausschließlich in den Zellkernen vorkommen. — Kreatin und Kreatinin stammt vorwiegend aus der Muskelsubstanz. Ferner tritt Ammoniak in ansehnlicher Menge im Harne auf. Endlich noch einige andere stickstoffhaltige Substanzen, die hier nicht weiter Erwähnung finden können. Von den stickstofffreien Endprodukten der Eiweißzersetzung erwähnen wir die Schwefel-, Phosphor-, Oxal- und Kohlensäure.

Bevor wir die Besprechung der Eiweißkörper verlassen, müssen wir auf eine Erscheinung hinweisen, die unter allen chemischen Verbindungen nur den Eiweißkörpern zukommt. Es wurde bisher von den physikalischen und chemischen Eigenschaften des Eiweißes gesprochen. Das Verhalten der Eiweißkörper, das wir jetzt zu besprechen haben, zu erklären, reichen bis jetzt chemische und physikalische Kenntnisse und Vorstellungen nicht aus. Es werden diese gleich zu besprechenden Eigenschaften der Eiweißkörper als biologische bezeichnet; die Zukunft wird wohl über den Chemismus dieser Vorgänge Aufklärung bringen. Je weiter wir in den Aufbau des Eiweißmoleküls eindringen werden, um so klarer werden diese biologischen Eigenschaften der Eiweißkörper werden.

---

[1]) An dieser Stelle sei erwähnt, daß alle stickstoffhaltigen Bestandteile des Harns aus dem im Körper zersetzten Eiweiß abstammen; daneben treten auch stickstofffreie Bestandteile des Eiweißes als Schlacken der Eiweißzersetzung auf.

Sehr zahlreiche höhere Eiweißkörper, die wir mit unseren heutigen Methoden als chemisch identisch bezeichnen müssen, verhalten sich in gewisser Hinsicht different. Während andere Körper von der gleichen chemischen Beschaffenheit unter allen Umständen sich gleich verhalten, Kochsalz immer alle Eigenschaften des Kochsalzes besitzt, Kohlensäure die Eigenschaften der Kohlensäure, Traubenzucker die des Traubenzuckers — während es vollkommen gleichgültig ist, woher diese Substanzen gebildet wurden oder wo sie entstanden sind, verhalten sich die Eiweißkörper so, daß ihnen hierin eine völlige Sonderstellung zukommt: Eiweißkörper einer Tierart wirken nämlich giftig, wenn sie dem Individuum einer anderen Tierart wiederholt injiziert werden, während sie einem Individuum derselben Tierart injiziert nicht giftig wirken. Injizieren wir einem Kaninchen Blut, Milch oder einen Organbrei eines anderen Kaninchens, so wirkt dieses nicht giftig. Wohl aber werden dieselben Eiweißkörper einer anderen Tierart, z. B. einem Hund wiederholt injiziert, giftig auf diesen wirken. Es wird Fieber, Abmagerung auftreten und andere Zeichen der Vergiftung. Umgekehrt wieder sind die Eiweißkörper des Kaninchens giftig für den Hund, wenn sie diesem unter die Haut eingespritzt werden. — Jede Tierart besitzt daher ein arteigenes, für diese Tierart nicht giftiges Eiweiß, während dieses Eiweiß anderen Tierarten injiziert Vergiftungserscheinungen hervorruft. Dies trifft allerdings nur für das native, nicht geschädigte Eiweiß zu; aufgekochtes oder sonstwie geschädigtes Eiweiß zeigt dieses Verhalten nicht. — Demnach kommt den Eiweißkörpern jeder Tierart ein für diese Tierart arteigenes Verhalten zu. Es muß anders konstruiert sein als das jeder anderen Tierart.

Die Kohlehydrate. Sie sind im Bereich der lebendigen Substanz allgemein verbreitet; im Tierkörper kommt ihnen eine hervorragende Rolle zu; eine noch bedeutendere im pflanzlichen Organismus. Sie setzen sich nur aus den Elementen Kohlenstoff (C), Sauerstoff (O), Wasserstoff (H) zusammen. Sie enthalten, an Kohlenstoff gebunden, doppelt soviel Wasserstoff als Sauerstoff; das Verhältnis von H zu O ist demnach hier dasselbe wie im Wasser (H_2O); daher der Name dieser Körper: Kohlehydrate (Hydor, das Wasser). — In ihrem Gehalt an Kohlenstoff und in ihrer inneren Konfiguration sind die Körper dieser Gruppe sehr verschieden. Die größte Rolle spielen im Tierkörper die Hexosen $C_6H_{12}O_6$, welche im Molekül 6 Atome Kohlenstoff enthalten.

Die Hexosen enthalten entweder ein Molekül der Formel $C_6H_{12}O_6$ (Monosaccharide); oder zwei Moleküle $C_6H_{12}O_6$, aus denen ein Molekül H_2O ausgetreten ist (Disaccharide); oder mehrere Moleküle $C_6H_{12}O_6$, aus denen ebensoviele Moleküle H_2O ausgetreten sind (Polysaccharide).

Zu den Monosacchariden gehören: Der Traubenzucker (Dextrose, Glukose), der im tierischen Organismus weit verbreitet ist. Der Fruchtzucker (Fruktose, Lävulose), der in Pflanzensäften häufig vorkommt. Die Galaktose, die aus dem Polysaccharid Milchzucker, dem Zucker der Milch, stammt. Sie sind alle in Wasser leicht löslich, ziehen leicht Sauerstoff an und stellen daher ein gut verbrennliches Material dar. Sie haben alle die Formel $C_6H_{12}O_6$, unterscheiden sich aber durch ihre innere Konfiguration. — Die Monosaccharide besitzen optische Eigenschaften, indem sie die Polarisationsebene des Lichtes nach rechts oder links ablenken.

Den Monosacchariden kommt die Eigentümlichkeit zu, von niederen Organismen leicht angegriffen und vergoren zu werden. So wird der Traubenzucker vom Hefepilz zu Alkohol vergoren, wobei Kohlensäure frei wird:

$$2\,C_6H_{12}O_6 \;=\; 2\,C_5H_6OH \;+\; 2\,CO_2.$$
Traubenzucker   Alkohol   Kohlensäure

Dieser Prozeß wird bei der Alkoholgärung des Weines verwendet.

Der Milchsäurebazillus läßt den Traubenzucker in Milchsäure vergären:

$$C_6H_{12}O_6 \;=\; 2\,C_3H_6O_3.$$
Traubenzucker   Milchsäure

Bei Anwesenheit eines anderen Spaltpilzes, des Buttersäurebazillus, entsteht dann weiter aus der Milchsäure Buttersäure:

$$2\,C_3H_6O_3 \;=\; C_4H_8O_2 \;+\; 2\,CO_2 \;+\; 4\,H.$$
Milchsäure   Buttersäure   Kohlensäure   Wasserstoff

Die Disaccharide stellen in ihrem Molekül eine Vereinigung je zweier Moleküle von Monosacchariden dar, deren Zusammentreten unter Austritt von einem Molekül Wasser erfolgte. Ihre allgemeine Formel ist daher:

$$C_{12}H_{22}O_{11} \;=\; 2\cdot C_6H_{12}O_6 \;-\; H_2O.$$
Disaccharid   Monosaccharid   Wasser

Dabei können die beiden im Disaccharid miteinander verkuppelten Monosaccharide verschiedenen Arten von Monosacchariden angehören. So enthält:

1 Molekül des Disaccharids = je 1 Molekül des Monosaccharids

Rohrzucker	=	Traubenzucker + Fruchtzucker
Malzzucker	=	Traubenzucker + Traubenzucker
Milchzucker	=	Traubenzucker + Galaktose

Durch geeignete chemische Prozeduren können Monosaccharide wieder aus Polysachariden entstehen.

Die Polysaccharide enthalten im Molekül drei oder mehrere Moleküle Monosaccharide. Vielfach ist ihre chemische Konstitution noch nicht ganz aufgeklärt. Hierher gehören: die Stärke, die in den grünen Teilen der Pflanze außerordentlich verbreitet ist; das Glykogen oder tierische Stärke, das fast in allen tierischen Zellen, besonders aber in Leber und Muskel vorkommt; ferner die Zellulose, die vorwiegend die Zellmembranen der Pflanzenzellen bildet; im Holz kommt sie besonders reichlich vor.

Die Fette. Das Molekül der Neutralfette[1]) wird durch ein Molekül Glyzerin[2]) gebildet, das sich mit drei Molekülen Fettsäuren unter Wasseraustritt verbindet.

1 Molekül Neutralfett = 1 Molekül Glyzerin $+$ 3 Moleküle Fettsäuren — 3 Moleküle Wasser.

Die Fettsäuren der echten Fette sind die Ölsäure, Stearinsäure und Palmitinsäure. In einem Molekül Fett können entweder drei Moleküle derselben Fettsäure oder drei verschiedene Fettsäuren an das Glyzerin gebunden sein. Aus der verschiedenen Art der Fettsäure, die sich mit dem Glyzerin verbindet, erklärt sich die Verschiedenheit der Fette, die im Tier- und Pflanzenreich sehr verbreitete Körper sind.

Die Fette sind im Wasser unlöslich und schwimmen, da sie leichter als dieses sind, auf dem Wasser. Durch chemische Agenzien verschiedener Art können sie wieder unter Wasseraufnahme in Glyzerin und Fettsäuren gespalten werden. Verbinden sich dabei die freiwerdenden Fettsäuren mit den Erdalkalien Kalium und Natrium, so entstehen die Seifen (Kali-, Natronseife usw.).

Es sei an dieser Stelle noch einer Gruppe von Substanzen gedacht, die stickstoffhaltig ist, aber auch Glyzerin und Fettsäuren, ferner Phosphorsäure enthält. Es sind das die Lezithine. Sie gehören der großen Gruppe der Lipoide an, fettähnlicher Körper, die in allen Zellen vorkommen dürften.

Neben den organischen Bestandteilen der lebendigen Substanz — deren Hauptvertreter wir eben besprochen haben — konstituieren natürlich auch eine Menge anorganischer Bestandteile den Organismus. Hier ist vor allem Wasser zu nennen, das·überall in den Geweben in reichlichster Menge vorhanden ist und bis 70—80°/₀ des Gewichts der Organe ausmacht. Ferner zahlreiche Salze, die im Wasser gelöst, allgemein in den Geweben und Flüssigkeiten des Organismus verbreitet sind. Hier sind besonders zu nennen: Chlornatrium (Kochsalz), kohlensaures Natrium, ferner kohlensaure, phosphorsaure und schwefelsaure Salze von Natrium, Kalium, Kalzium usw. Ferner kommen auch freie Säuren (die Salzsäure des Magensaftes, Kohlensäure) und freies Alkali (Ammoniak) vor. Kohlensäure und Ammoniak kommen auch in Gasform vor.

An dieser Stelle möchten wir hervorheben, daß den anorganischen Bestandteilen der Nahrung, das Wasser mit eingeschlossen, keineswegs nur die Bedeutung zukommt, als Wiederersatz für zugrunde gegangenes anorganisches Körpermaterial zu dienen; und ferner, daß dem anorganischen Körpermaterial nicht nur die Funktion toter

---

[1]) Ihr Name rührt von ihrer neutralen Reaktion her.
[2]) Glyzerin ist ein mehrwertiger Alkohol.

Bausteine des Körpers zukommt, etwa wie Ziegelsteine das Haus aufbauen.

Es sei hier daran erinnert, daß überall, wo zwei Salzlösungen ungleicher Konzentration — es mag sich dabei um dasselbe Salz oder um verschiedene Salze handeln — miteinander in Berührung kommen, ein Austausch der Salze und des Wassers so lange stattfindet, bis beiderseits die gleiche Salz- und Wasserkonzentration herrscht. Man nennt diesen Vorgang, wie schon oben erwähnt wurde, Diffusion. Dabei können die Lösungen auch durch Membranen getrennt sein: die Diffusion findet dann durch die Membran statt. Nur wenn die Membran semipermeabel (s. u.) ist, findet bloß ein Durchtritt von Wasser, jedoch keiner von Salzen statt.

Die Diffusion, die zwischen Salzlösungen statthat, ist der Ausdruck von Druckdifferenzen in beiden Lösungen: Die moderne Physik brachte die Erkenntnis, daß ebenso, wie ein Gas einen Druck auf seine Begrenzungsfläche ausübt, auch Salzlösungen einen Druck auf ihre Begrenzungsflächen ausüben. Man nennt diesen in Lösungen herrschenden Druck osmotischen Druck. Herrscht nun in Lösungen ein verschiedener Druck, so findet ein Ausgleich statt; die in den Flüssigkeiten gelösten Bestandteile werden auf dem Wege der Diffusion ausgetauscht bis beiderseits gleicher Druck herrscht.

Wählen wir ein Beispiel aus dem tierischen Organismus. Rote Blutkörperchen behalten, wenn sie unter gewissen Vorsichtsmaßregeln aus dem Blute in $0,7^0/_0$ Kochsalzlösung gebracht werden, ihre Größe und Gestalt bei. Erhöht man die Konzentration der Kochsalzlösung, so schrumpfen die roten Blutkörperchen, indem sie Wasser an die höher konzentrierte Salzlösung abgeben; erniedrigt man die Konzentration unter $0,7^0/_0$, so quellen die roten Blutkörperchen durch Wasseraufnahme. Lösungen, zwischen denen keine osmotische Druckdifferenz besteht, nennt man isotonisch. Zwischen ihnen findet keine Diffusion statt. Die genannte $0,7^0/_0$ Kochsalzlösung ist für rote Blutkörperchen und für fast alle Zellen isotonisch. Sie entspricht auch der osmotischen Konzentration des Serums.

Der in Gasen herrschende Druck ist bei gleicher Temperatur und gleichem Volumen proportional den in diesem Gasvolumen enthaltenen Molekülen. Der in einer Salzlösung herrschende Druck ist — bei gleicher Temperatur und gleichen Volumen — auch proportional der Salzkonzentration, aber nicht vollkommen proportional der Menge der in der Lösung enthaltenen Salzmoleküle. Das hat seinen Grund darin, daß neben den Salzmolekülen, z. B. in einer Kochsalzlösung neben den Kochsalz-(NaCl-)Molekülen, noch feinste Partikelchen von Na und Cl vorhanden sind, die keine Moleküle, auch keine Atome, sondern noch kleinere Elemente sind. Man nennt sie Ionen. Den Vorgang, daß in jeder Salzlösung neben den ungespaltenen Molekülen eine derartige Aufspaltung in Ionen stattfindet, bezeichnet man als Dissoziation. Die Ionen besitzen eine elektrische Ladung; sie sind positiv oder negativ geladen; sie sind die Träger der Fähigkeit von Flüssigkeiten, den elektrischen Strom zu leiten. Ferner üben die Ionen einen osmotischen Druck aus und ihre Anwesenheit bedingt es, daß der osmotische Druck von Lösungen nicht direkt proportional ist den Molekülen, sondern den Molekülen des Salzes plus den Ionen, in die es zerfällt. Eine Hauptaufgabe der anorganischen Bestandteile des Körpers und der Nahrung ist es, die osmotischen Druckverhältnisse, die der Körper benötigt, immer wieder herzustellen.

Wir haben uns bisher, soweit es der Rahmen dieses Buches gestattet, mit der chemisch-physikalischen Struktur der lebendigen Substanz beschäftigt. Es soll nun unsere Aufgabe sein, die allgemeine Natur jener chemisch-physikalischen Umsetzungen kennen zu lernen, die zu vollziehen der lebendige Organismus befähigt ist und deren Ineinandergreifen das Leben bedingt. Es sei nochmals betont, daß wir uns an dieser Stelle nur mit der allgemeinen Natur dieser chemisch-physikalischen Vorgänge beschäftigen wollen; die Besprechung aller speziellen Vorgänge bleibt späteren Kapiteln vorbehalten.

Die Aufgaben der chemisch-physikalischen Vorgänge in der lebendigen Substanz bzw. in der Zelle lassen sich, wie schon oben erwähnt wurde, dahin zusammenfassen: Sie haben der Zelle die Stoffe zuzuführen, die sie zu ihrer Erhaltung, zu ihrem Wiederaufbau, zu ihrer spezifischen Arbeitsleistung benötigt (Assimilation); gleichzeitig gehen Abbauprozesse vor sich, deren Produkte in geeignete chemisch-physikalische Formen gebracht werden müssen, um weggeschafft zu werden (Dissimilation).

Die physikalische Beschaffenheit der lebendigen Substanz reguliert als solche die Aufnahme und Abgabe von Stoffen. Die Konsistenz des Zellprotoplasmas ist eine flüssig-weiche; dennoch können keineswegs alle Substanzen, die das Zellprotoplasma umspülen, in dasselbe eindringen. Sie werden dadurch daran verhindert, daß die Grenzflächen der Zelle ebenso wie die Zelle selbst aus Eiweißsubstanzen und demnach aus kolloidalem Material besteht. Würde die Zelle nicht ein Tröpfchen kolloidaler Substanz, sondern ein Tropfen einer Kochsalz- oder Zuckerlösung sein, so würden alle wasserlöslichen Substanzen der Umgebung in diese eindringen. Würde ein solcher Tropfen einer Kochsalz- oder Traubenzuckerlösung in einer Hülle von Papier oder Ton stecken, so würden gleichfalls alle Substanzen der umgebenden Flüssigkeit diese Hülle durchdringen und nach den Gesetzen der Diffusion so lange eindringen, bis die Konzentration der verschiedenen Substanz innerhalb und außerhalb der Tonhülle gleich geworden ist. — Die Zelle ist aber ein Tröpfchen kolloidaler Masse. Und kolloidale Substanzen gestatten nur die Diffusion bestimmter Substanzen, auf die sie eine auswählende Wirkung ausüben. Sie stellen eine halbdurchlässige (semipermeable) Membran dar, die nur für gewisse Substanzen durchlässig ist. Man stellt sich als Ursache dieser Undurchlässigkeit für bestimmte Substanzen vor, daß offenbar die semipermeable Membran imstande ist, bestimmte gelöste Substanzen oder deren Lösungsmittel zu binden, so daß aus diesem Grunde ein Vorüberwandern, eine Diffusion der betreffenden Substanzen unmöglich wird. — Es ist klar, daß diese Semipermeabilität der Zellmasse sowohl für die Einwanderung ins Zellinnere als auch für die Auswanderung nach außen von größter Bedeutung ist.

Reguliert demnach die Zelle durch ihre physikalische Beschaffenheit die Aufnahme und Abgabe von Stoffen, so müssen wir jetzt unsere Aufmerksamkeit der Frage zuwenden: Woher bezieht die Zelle das Material, das sie zu ihrem Aufbau, das sie zu ihrer Arbeit benötigt?

Bei einzelligen und den niedersten mehrzelligen Wesen fließt jeder Zelle ihr Nährmaterial zu. Sie muß dieses selbst in jene geeignete chemische und physikalische Form bringen, die es gestattet, daß sie die Nährstoffe in ihren Zelleib aufnehmen und daselbst verarbeiten kann. Anders bei den höheren vielzelligen Wesen. Bei diesen tritt eine Arbeitsteilung in dem Sinne auf, daß der Magendarmkanal die Aufnahme und Verarbeitung der Nahrung besorgt; im Magendarmkanal findet die Zerstückelung der aufgenommenen Nahrung in jene Bruchstücke statt, die in der Darmwand resorbiert werden können und nach ihrer Resorption einen Umbau in dem Sinne erfahren, daß nunmehr die aufgenommene Nahrung in den Blutkreislauf eintreten kann und hier den Zellen jene Substanzen zufließen, die sie für ihre Lebensgeschäfte benötigen.

Bei dieser Verarbeitung begegnen wir einem chemischen Vorgang von so allgemein großer Bedeutung, daß wir ihn ausführlich besprechen müssen. Es ist die Beteiligung der Fermente und Enzyme an chemischen Prozessen.

Die Fermente und Enzyme sind Körper von ungewöhnlich hoher chemischer Leistungsfähigkeit; ihre chemischen Leistungen spielen im Reiche des Lebendigen eine außerordentlich große Rolle. Die Herkunft der Fermente und Enzyme, sowie die Eigenart ihrer Arbeitsleistung verschafft ihnen eine Sonderstellung unter allen chemischen Agenzien.

Bevor wir über die Herkunft der Fermente und Enzyme, sowie über ihre chemisch-physikalischen Eigenschaften sprechen wollen, wenden wir uns dem Wesen jener chemischen Vorgänge zu, die durch die Fermente und Enzyme bewirkt werden. Wir wollen im folgenden die Bezeichnung Ferment und Enzym zunächst als gleichwertig benutzen.

Ein chemischer Vorgang, der durch ein Ferment hervorgerufen wird, wird als fermentativer Vorgang bezeichnet. So wird die Vergärung des Traubenzuckers in Alkohol durch das Ferment des Hefepilzes besorgt; der Eiweißabbau im Magen wird durch das Ferment Pepsin, das von der Darmwand erzeugt wird, der Eiweißabbau im Dünndarm durch das Ferment Trypsin, das von der Bauchspeicheldrüse in den Darm sezerniert wird, besorgt usw. Die Träger dieser chemischen Vorgänge sind die Fermente. Die Substanzen, die durch die Fermente chemisch verändert werden, bezeichnet man als das Substrat der Fermente. Die überwiegende Zahl der bis jetzt bekannten Fermente baut ihr Substrat zu einfacheren Verbindungen ab; nur eine kleine Gruppe von Fermenten bauen ihre Substrate zu höheren Verbindungen auf und bewirken demnach eine Synthese.

Der fermentative Vorgang unterscheidet sich von den übrigen chemischen Vorgängen zunächst dadurch, daß geringste Spuren des Fermentes genügen, große chemische Umsetzungen herbeizuführen und daß nach den größten Umsetzungen das Ferment noch immer in derselben Menge unverbraucht vorhanden ist, wie zu Beginn des chemischen Prozesses. An dem Vergleich eines gewöhnlichen chemischen Vorganges und eines fermentativen Vorganges werden diese Verhältnisse klar werden. Lassen wir z. B. Salzsäure auf kohlensauren Kalk einwirken, so wird die Kohlensäure als schwächere Säure durch die stärkere Salzsäure vertrieben; diese entweicht unter Aufbrausen; Chlorkalk bleibt zurück. Wenn wir eine bestimmte Menge Salzsäure auf den kohlensauren Kalk gießen, wird immer eine bestimmte Menge Kohlensäure frei. Dabei schwindet die Salzsäure durch Bildung der neuen chemischen Produkte, der Kohlensäure und des Chlorkalks; und um neue Kohlensäure und Chlorkalk zu gewinnen, müssen wir immer wieder neue Salzsäure zuführen, da die alte immer wieder zersetzt wird.

Anders der fermentative Vorgang. Lassen wir eine Spur Hefeenzym auf Traubenzucker einwirken, so wird aus diesem Alkohol gebildet. Wir nennen diesen Vorgang Alkoholgärung. Eine Spur Hefeenzym genügt, ungeheure Mengen Traubenzucker zu vergären. Und nach dieser Vergärung werden wir das Enzym genau so wiederfinden, wie zu Anfang des Prozesses. Wir können neue Mengen Traubenzucker zuführen und immer wieder wird die Spur Hefeenzym ihre Vergärungsarbeit leisten. Das Ferment schwindet demnach während der chemischen Prozesse nicht, die es besorgt. Wir sahen die Salzsäure verschwinden, wenn sie die Kohlensäure aus dem kohlensauren Kalk in Freiheit setzt. Das Hefeferment, das aus einem Körper (Traubenzucker) einen andern (Alkohol) bildet, schwindet nicht; es findet sich immer wieder unverändert vor. Und so verhalten sich alle Fermente. Sie führen die chemischen Reaktionen herbei; treten aber insofern nicht in dieselben ein, als sie selbst immer im wesentlichen unverändert bleiben.

Dadurch aber, daß das Ferment während der chemischen Vorgänge, die es hervorruft, nicht verändert wird, daß es in gleicher Menge und in unverändertem Zustande vor und nach dem chemischen Prozeß vorhanden ist, wird bedingt, daß kleinste Mengen des Fermentes genügen, große Substratmengen anzugreifen; Spuren von Fermenten genügen, große Substanzmengen chemisch zu verändern; und ebenso können Fermente in größter Verdünnung ihre Wirksamkeit ausüben, denn die Tätigkeit des Fermentes ist theoretisch unerschöpflich.

Eine weitere sehr wichtige Eigenschaft der Fermente ist es, in spezifischer Weise nur ein bestimmtes Substrat chemisch angreifen zu können, allen andern Substanzen gegenüber aber keine fermentativen Eigenschaften entwickeln zu können. Das Ferment verhält sich immer nur einem bestimmten chemischen Substrat gegenüber als Ferment; diesem ist seine fermentative Tätigkeit angepaßt; „in dieses eine chemische Substrat greift das Ferment ein wie der Schlüssel in das Schloß". So greifen stärkeverzuckernde Fermente nur die Stärke an, die sie in Zucker verwandeln; anderen Substanzen gegenüber haben sie keine fermentativen Eigenschaften. Das Hefeenzym vergärt nur Traubenzucker in Alkohol; die eiweißabbauenden Fermente greifen nur das Eiweiß an usw.

In praxi tritt allerdings schließlich eine Erschöpfung der Wirksamkeit des Fermentes ein und der fermentative Vorgang nimmt ein Ende. Diese Erschöpfung des Fermentes wird hauptsächlich dadurch herbeigeführt, daß die während des fermentativen Vorganges durch die Tätigkeit des Fermentes entstehenden Abbauprodukte des Substrates, hemmend auf den Fermentvorgang einwirken. Nach Wegschaffung dieser Abbauprodukte kann der fermentative Vorgang aufs neue ins Rollen gebracht werden.

Eine weitere Eigentümlichkeit der fermentativen Vorgänge ist, daß sie bei einer bestimmten, für die verschiedenen Fermente wechselnden, für jedes Ferment aber konstanten Temperatur am besten verlaufen. Man spricht von dem Temperaturoptimum der betreffenden Fermente. Es liegt für die meisten Fermente der Warmblüter bei 37°.

Ferner besitzen die Fermente in der Regel ein Optimum der chemischen Reaktion. Die einen wirken nur in saurer, die anderen nur in alkalischer Reaktion; und zwar liegt das Optimum ihrer Wirksamkeit bei einem ganz bestimmten Grade der Alkaleszenz, bzw. der Azidität. — Eine gewisse Salzkonzentration ist ebenfalls für die Fermente von Bedeutung. Über und unter dieser Konzentration werden sie geschädigt. — Für Gifte aller Art sind die Fermente sehr empfindlich. So wirkt Blausäure auf verschiedene Fermente schädigend ein. Als allgemeine Eigenschaft der Fermente werde auch erwähnt, daß die Produkte jener chemischen Reaktion, die sie hervorrufen, ihre Tätigkeit hemmen.

Wir wollen hier kurz die Frage nach dem Wesen des fermentativen Vorganges streifen. Was befähigt das Ferment zu dieser außerordentlichen chemischen Arbeitsleistung, die es hervorruft, ohne selbst verändert oder verbraucht zu werden? Wie haben wir uns chemisch-physikalisch den fermentativen Vorgang vorzustellen? — Nach heute vielfach anerkannten Anschauungen ist die Fermentwirkung eine Katalysatorenwirkung. Unter Katalysatoren versteht man allgemein Körper, durch deren Anwesenheit ein chemischer Prozeß beschleunigt wird, der ohne ihre Anwesenheit sehr langsam, ja zuweilen gar nicht merkbar verläuft. So wird H_2O_2 (Wasserstoffsuperoxyd) an der Luft sehr langsam in seine Komponenten H_2O und O zerlegt. Die Anwesenheit einer minimalen Spur von Platin in kolloidaler Form genügt, eine stürmische Zersetzung des Wasserstoffsuperoxyds herbeizuführen. Dabei wird auch hier — wie bei den Fermenten — das kolloidale Platin am Schlusse der Reaktion in unverändertem Zustande vorhanden sein. Wir wollen nicht weiter auf diese Analogie, die mehr als eine äußere Analogie ist, eingehen und hier nur eines Versuches gedenken, der in jüngster Zeit eine besonders schöne Parallelität zwischen anorganischem Katalysator und Fermentwirkung geliefert hat. Eine kolloidale Platinaufschwemmung (Platinmohr) ist, wie gesagt, imstande, H_2O_2 zu zersetzen. Das Optimum dieser Zersetzungsvermögen liegt bei 37^0. Stärkeres Erhitzen zerstört das katalytische Vermögen des Platinmohrs; ebenso der Zusatz einer Spur Blausäure. Das Metall Platin verhält sich demnach hier wie ein Ferment aus dem Tier oder Pflanzenreich; es hat ein Optimum der Temperatur. Hitze und Blausäure schädigen es.

Woher stammen nun die Fermente und Enzyme? Schon oben erwähnten wir, daß sie ausschließlich dem Reiche der Lebewesen angehören, daß sie immer pflanzlichen oder tierischen Ursprungs sind. Die Zelle ist die Produktionsstätte der Fermente. Die in der Zelle entstandenen Fermente können entweder an diese gebunden sein (intrazelluläre Fermente); oder sie können von ihr ausgeschieden, sezerniert werden (extrazelluläre Fermente). Über die Bildung der intrazellulären Fermente innerhalb der Zelle ist wenig bekannt; die Bildung der extrazellulären Fermente und ihre Ausscheidung läßt sich in den Drüsenzellen insoweit verfolgen, als hier die Fermente sozusagen die wichtigsten Bestandteile des Drüsensekrets sind.

Wir haben die Namen Ferment und Enzym bisher als gleichwertig gebraucht. Bis vor einiger Zeit machte man aber einen recht scharfen Unterschied zwischen diesen beiden Gruppen. Man verstand unter Fermenten organisierte Gebilde, also Lebewesen, die als Träger fermentativer Vorgänge aufgefaßt wurden: so die Hefezelle als Träger der Alkoholgärung, den Milchsäurebazillus als Träger der Milchsäuregärung usw. Hier kommen demnach (einzelligen) Lebewesen fermentative Eigenschaften zu. Unter Enzymen hingegen verstand man Fermente, die zwar ebenfalls von einer Zelle produziert werden, die sich aber von der Zelle trennen lassen und in den Flüssigkeiten des Körpers sowie im Wasser löslich sind. Diese Unterscheidung läßt sich nach neueren Forschungen nicht recht aufrecht erhalten. Es gelang z. B., aus den Hefezellen, indem man eine Aufschwemmung von Hefe durch ein sehr dichtes Filter (Buchnersche Presse) durchpresste, ein Enzym darzustellen, welches ebenso, wie die Hefezelle die Alkoholgärung besorgt. Wohl gelang es nicht, aus allen Zellen und organisierten Gebilden (es handelt sich immer um einzellige Wesen), denen fermentative Eigenschaften zukommen, die Enzyme darzustellen, und es mag als dahingestellt bleiben, ob es nicht einige fermentative Vorgänge gibt, die sich von der Zelle nicht trennen lassen, also Fermente im engeren Sinne des Wortes sind. Dem modernen wissenschaftlichen Sprachgebrauch folgend, wollen wir aber auch im folgenden die Namen Ferment und Enzym als gleichwertig gebrauchen; wo sich die Fermente von der Zelle nicht trennen lassen, wollen wir von intrazellulären oder ungelösten Fermenten sprechen, hingegen jene Fermente, die sich von der Zelle trennen lassen, als gelöste oder extrazelluläre bezeichnen.

Häufig findet die Produktion von Fermenten so statt, daß dieses als Vorstufe des ausgebildeten Ferments (Proferment, inaktives Ferment, Zymogen) die Zelle verläßt. Das Proferment ist noch nicht wirksam und wird est fern von der Zelle an der Stelle seiner Verwendung zum definitiven Ferment aktiviert (wirksam gemacht). Diese Aktivierung findet durch sehr mannigfaltige Stoffe statt. So wird das Pepsinzymogen, das in den Magendrüsen erzeugt wird, von der Salzsäure des Magensaftes aktiviert. Das Trypsinogen der Bauchspeicheldrüse wird im Darminhalt durch die Enterokinose der Dünndarmschleimhaut aktiviert usw.

Über die molekulare und atomistische Zusammensetzung der Fermente ist wenig bekannt. Ihre Reindarstellung ist bis jetzt nur ungenügend gelungen. Allem Anschein nach sind die Fermente Eiweißkörper; wenigstens haben sie sehr viele Eigenschaften, vor allem die kolloidale Natur mit den Eiweißkörpern gemeinsam. Jedenfalls sind die Fermente hoch-zusammengesetzte organische Verbindungen.

Die Fermente sind im Bereich des Organismus ungemein weit verbreitet. Wir finden sie im Magendarmkanal, wo sie von den Drüsen der Schleimhaut sezerniert werden, der aufgenommenen Nahrung sich beimischen und diese bis zu ihren einfachsten chemischen Bausteinen abbauen. Wir finden die verschiedensten Fermente in den Zellen, wo sie die Lebensgeschäfte der Zellen besorgen; wir finden sie endlich in allen Säften des Köpers, wohin sie auch teilweise aus der Zelle und aus dem Darm verschleppt werden, ohne daß ihnen eine bestimmte Funktion zukäme.

Wir gruppieren hier die Fermente, soweit sie im menschlichen Organismus vorkommen, nach den von ihnen zu leistenden Aufgaben:

I. Eiweißspaltende Fermente (proteolytische Fermente). Die fermentative Aufspaltung des Eiweißes (Proteolyse) findet unter Wasseraufnahme statt; ein derartiger unter Wasseraufnahme stattfindender chemischer Abbauprozess heißt allgemein: hydrolytischer Vorgang. Die Aufspaltung geschieht stufenweise und macht zuweilen bei bestimmten Stufen halt.

1. Das Pepsin des Mageninhalts. Es wird von den Drüsen der Magenschleimhaut als das Proferment Pepsinogen produziert; dieses wird durch die Salzsäure des Magensaftes aktiviert. Pepsin ist nur bei saurer Reaktion aktiv. Es greift die hohen Eiweißkörper an und baut sie zu Peptonen ab.

2. Das Trypsin des Dünndarminhalts. Es wird von der Bauchspeicheldrüse sezerniert und in den obersten Anteil des Darmes geleitet.

Es wird als Proferment (Trypsinogen) sezerniert und erst im Darm durch die Enterokinase, ein von der Dünndarmschleimhaut sezerniertes Ferment, aktiviert. Es entfaltet seine Wirksamkeit bei alkalischer Reaktion. Diese wird ihm durch den Darmsaft geboten. Es greift die hohen Eisweißkörper an und baut sie bis zu ihren Endprodukten (Aminosäuren) ab.

3. Das Erepsin des Dünndarminhalts. Es wird von den Zellen der Darmschleimhaut produziert. Es dürfte ein intrazelluläres Ferment sein, das sich von den Zellen nicht trennen läßt. Es entfaltet ebenfalls seine Tätigkeit bei alkalischer Reaktion, die es im Darminhalte vorfindet. Es greift nur Peptone an und baut sie zu Aminosäuren ab.

4. Die intrazellulären proteolytischen Fermente. Es gibt innerhalb der Zelle Fermente, die das Eiweiß der Zelle selbst unter Umständen angreifen können. So beobachtet man, daß in einem Organ, das einem frisch getöteten Tiere entnommen wird, ein Eiweißzerfall stattfindet, der dem zerfallenden Zelleiweiß entspricht. Diese nach dem Tode eintretende Selbsverdauung des Zelleiweißes bezeichnet man als Autolyse. Ein überlebender Zellbrei eines Organs kann auch andere Eiweißkörper angreifen. Diesen Vorgang bezeichnet man als Heterolyse. Diese und andere Beobachtungen an absterbenden und überlebenden Organen führten zu der Erkenntnis, daß innerhalb der Zelle proteolytische Fermente existieren, die sich von ihr nicht trennen lassen.

II. Stärkeverzuckernde Fermente (diastatische Fermente). Eine Reihe von Fermenten führen Stärke, die wie oben ausgeführt wurde, ein Polysaccharid ist, in das Disaccharid Maltose über, welche ihrerseits wieder durch andere Fermente in Traubenzucker übergeführt wird. Diesen Vorgang der Stärkeverzuckerung bezeichnet man als diastatischen (amylolytischen) Vorgang. Er ist ebenfalls ein hydrolytischer Prozeß, der demnach unter Wasseraufnahme stattfindet.

Die Stärke, die wir mit der Nahrung aufnehmen, wird durch die Diastase, die im Mundspeichel und im Darmsaft (diese stammt aus der Bauchspeicheldrüse) enthalten ist, in Maltose übergeführt. Im Darmsaft findet sich ein Ferment, das aus der Darmschleimhaut stammt, und Maltose in Traubenzucker überführt.

III. Invertierende Fermente. Sie zerlegen das Dissacharid Rohrzucker in seine Monosaccharide Traubenzucker und Fruchtzucker. Ein solches Ferment findet sich ebenfalls im Dünndarm.

IV. Fettspaltende Fermente (lipolytische Fermente). Sie spalten Fett unter Wasseraufnahme in seine Komponenten, in Fettsäuren und Glyzerin. Dieser Vorgang, der demnach ebenfalls ein hydrolytischer ist, wird als Lipolyse bezeichnet. Lipasen finden sich im Magen, wo sie von der Magenwand, und im Darm, wohin sie von der Bauchspeicheldrüse erzeugt werden.

V. Die sauerstoffübertragenden Fermente (Oxydasen). Wie wir bereits früher gehört haben und gleich im folgenden ausführlicher besprechen wollen, finden überall in den Geweben Verbrennungen von Substanzen statt, die als Brennmaterial dienen. Diese Verbrennungen sind Oxydationsvorgänge, d. h. Vorgänge, bei denen Sauerstoff in die Substanzen eintritt und durch seine Affinität zu den Bestandteilen der verbrennbaren (oxydationsfähigen) Körper sie in Zerstückelungsprodukte abbaut.

Der zur Verbrennung dieser Substanzen notwendige Sauerstoff muß aber in geeigneter (aktiver) Form auf die oxydierbaren Körper übertragen werden. Das besorgen die Oxydasen. Eine Oxydase besonderer Natur ist das Hämoglobin, der rote Farbstoff des Blutes. Er ist der Überträger des Sauerstoffs, der im Blute enthalten ist. Es sind noch eine Reihe von Oxydasen bekannt, auf deren spezielles Verhalten wir des näheren nicht eingehen können.

VI. Die synthetischen Fermente. Die unter I—IV genannten Fermente besorgen den Abbau von Substanzen. Die Oxydasen (V) besorgen weder den Abbau noch den Aufbau von Substanzen. Endlich gibt es auch Fermente, die aus niederen Substanzen höhere aufbauen, also eine Synthese vollziehen. Da über sie zu wenig bekannt ist, wollen wir sie nur im allgemeinen erwähnt haben. —

Wir kehren nunmehr zu jener Stelle unserer Besprechung der allgemeinen Lebensfunktionen der Zelle zurück, wo wir abschweifen mußten, um eine ausführlichere Darstellung der fermentativen Vorgänge zu geben.

Wir erwähnten dort, daß die Zelle jenes Nährmaterial, das sie zu ihren Lebens- und Arbeitsfunktionen benötigt, aus dem Darmkanal bezieht; hier wird die als Speise aufgenommene Nahrung in ihre chemischen Bruchstücke zerlegt; diese werden von der Darmwand aufgenommen und fließen von da aus der Zelle zu.

Alle speziellen Erörterungen, in welcher Weise der Darm die Speisen verarbeitet, aufnimmt und der Zelle zuführt, ferner darüber, in welcher chemischen Form die Nahrungsmittel der Zelle zufließen, bleiben einem späteren Kapitel vorbehalten. Hier soll nur allgemein erörtert werden, was die Zelle mit diesem ihr zugeführten Nährmaterial beginnen kann und muß.

Die Zelle leistet Arbeit. Sie erhält sich selbst und hat außerdem eine bestimmte spezifische Leistung zu erfüllen. Die Muskelzelle kann sich verkürzen, die Drüsenzelle erzeugt ihr Sekret usw. Wie jede Maschine bedarf die Zelle einer treibenden Kraft; sie bedarf gewisser Spannkräfte, die sie in andere umsetzen kann.

Die Zelle bezieht ihre Spannkräfte aus dem ihr zugeführten Nährmaterial. Die der Zelle zur Verfügung stehenden Nährstoffe (Eiweiß, Kohlehydrate, Fette) sind hoch zusammengesetzte Substanzen, die der Oxydation, der Verbrennung, fähig sind, d. h. sie können unter Sauerstoffaufnahme in Spaltungsprodukte zerfallen. Bei diesem Zerfall werden Spannkräfte frei, so wie bei der Verbrennung der Kohle Wärme und Licht frei werden usw. Es werden demnach in der Zelle Eiweiß, Kohlehydrate und Fette oxydiert, wobei Kohlehydrate und Fette bis zu Ende oxydiert werden und aus ihnen schließlich Kohlensäure (CO_2) und Wasser entstehen, bei den Eiweißkörpern hingegen auch ein stickstoffhaltiger Rest entstehen muß.

So bedarf die Zelle zur Bestreitung ihrer Lebensarbeit jener oxydierbaren Substanzen, durch deren Oxydation Spannkräfte frei werden, die sich in andere umsetzen können.

Als oxydierbares Material stehen der Zelle Eiweiß, Kohlehydrate und Fette zur Verfügung. Diese können in der Zelle bereits deponiert sein oder fließen ihr erst mit der Nahrung zu. Der Sauerstoff, der zu den Oxydationen benötigt wird, ist überall in den Geweben im Überschuß vorhanden; er kommt dahin aus dem Blute. Dieser Sauerstoff muß, wie wir oben ausführten, durch Fermente aktiviert werden, um die oxydierbaren Substanzen anzugreifen. Diese Aktivierung und Übertragung des Sauerstoffs auf die zu verbrennenden Substanzen besorgen die Oxydasen.

Als Endprodukte der Verbrennung treten Kohlensäure und Wasser auf, die als solche durch die Lunge, die Niere, die Haut ausgeschieden werden; ferner stickstoffhaltige Schlacken der Eiweißkörper, die zunächst in harnfähige Substanzen umgewandelt werden müssen, bevor sie durch die Niere den Körper verlassen.

Zweites Kapitel

Über einige Fragen aus dem Gebiete der Zeugung und Vererbung.

Von Dr. Heinrich Joseph.

Einleitung. Der Vererbungsbegriff. Die Spezifität. Wachstum und Vermehrung. Fortpflanzungszellen und Befruchtung. Das Wesen der Befruchtung, Bedeutung des Zellkernes. Die vererbbaren Eigenschaften. Die Vererbung von pathologischen Zuständen. Rudimentäre Organe. Die Bedeutung der Befruchtung, resp. der geschlechtlichen Fortpflanzung. Inzucht und Bastardierung. Geschlechtsbestimmung.

Dem Verständnisse des Lebens näherzukommen, ist nicht bloß das Streben und die Aufgabe der reinen Naturwissenschaft, sondern muß auch die Grundlage sein für die Beurteilung und Erkenntnis der abweichenden, der sog. pathologischen Vorgänge im Organismus; demnach muß die Lehre vom Leben als Fundament für die Heilkunde betrachtet werden, und keine der zahlreichen Erscheinungen des organischen Seins ist so unbedeutend, daß sie nicht zum Ausgangspunkt irgendwelcher für den menschlichen Organismus bedeutungsvollen Erkenntnis werden könnte. Zahllose derartige Beziehungen bestehen schon und werden von der Praxis ausgenutzt, zahllose harren noch ihrer Anwendbarkeit. Unsere Aufgabe soll es hier sein, nur ein Gebiet biologischen Geschehens in seinen Grundzügen und seinen wichtigsten Problemen vorzuführen, ein Gebiet, das mit Recht zu den bevorzugtesten in der Wissenschaft vom Leben gehört, und dessen Wichtigkeit für das menschliche Individuum und die menschliche Gesellschaft keiner besonderen Beweisführung bedarf, wir können dasselbe durch die Worte „Zeugung und Vererbung" charakterisieren.

So wie die moderne Naturwissenschaft überhaupt die Welt und ihre Bewohner nicht als etwas nur Bestehendes und allezeit Unveränderliches, sondern als etwas Gewordenes betrachtet und betrachten muß, so kann sich auch die Heilkunde als ein vornehmer Teil der Naturwissenschaft diesem Standpunkte nicht verschließen, kann nicht den fertigen menschlichen (oder tierischen) Organismus allein zum Gegenstande ihres Studiums machen, sondern muß ihn in Beziehung bringen zu seiner Vergangenheit, nicht bloß zu seiner individuellen, sondern zu der seines ganzen Stammes, seiner ganzen Art, sowie zu seiner Umgebung, wenn sie nicht auf ein tieferes Verständnis verzichten will.

Schon die alltägliche Erfahrung lehrt ja, wie wichtig das Verhältnis des Individuums zu seinen mittelbaren und unmittelbaren Vorfahren für sein leibliches und geistiges Wohlergehen ist; und bedenkt man, wie kompliziert und vielfach noch ganz geheimnisvoll die Vorgänge der Zeugung neuen Lebens und die damit zusammenhängenden Erscheinungen sind, und wie sehr sie andererseits bestimmend sind für den weiteren Lebensablauf, so begreifen wir nicht nur das Interesse, das die theoretische Wissenschaft an der Lösung hierhergehöriger Fragen nimmt, sondern auch — trotz teilweise noch sehr mangelhafter Erkenntnisse und sehr fraglicher praktischer Anwendbarkeit derselben — die Wichtigkeit und den mächtigen Reiz, den die Beschäftigung mit solchen Problemen und die Kenntnisnahme ihrer Lösungsversuche für den Heilkundigen hat.

Wir werden aber auch weiterhin einsehen — und vor allem für die Heilkunde gilt dies in hervorragendstem Maße —, daß den Beziehungen eines Organismus zu seiner Umgebung, und zwar zu seinesgleichen, zu anderen Organismen und zur unbelebten Natur, in ihren mannigfaltigen Zusammenhängen nachgegangen werden muß, weil sich auch aus Erkenntnissen in dieser Richtung vielfache Nutzanwendung für das individuelle und soziale Wohl, abgesehen von dem jeder Erkenntnis innewohnenden Wissenschaftswert, ergeben müssen.

Wir wollen uns hier mit einigen Fragestellungen und Forschungserfolgen auf dem Gebiete der Lehre von der Zeugung und Vererbung befassen.

Sehr vielfältig sind die Mittel, mit welchen die exakte Wissenschaft sich ihren Weg zu bahnen sucht, verschiedenartig nach dem Zeitalter der Forschung und nach persönlicher Neigung oder Überzeugung der Forschenden. Während die älteren Perioden der Biologie durch das Vorherrschen der rein beschreibenden oder deskriptiven Methode gekennzeichnet sind, hat die neuere Zeit ein allmähliches Erstarken der experimentellen Richtung erlebt. Zu ungleicher Zeit auf verschiedenen Gebieten der Biologie zur Geltung gekommen, in manchen jetzt fast schon alleinherrschend, in manchen sich erst langsam einbürgernd, hat diese Methode die Aufgabe, uns über die bloße Kenntnis der körperlichen Beschaffenheit der Untersuchungsobjekte hinauszuführen zu einem Verständnis der in diesen waltenden Kräfte; die Physiologie war wohl die erste unter den biologischen Disziplinen, die sich in methodischer Weise des Experiments bediente, um die Funktionen des menschlichen und tierischen Körpers zu analysieren, in neuerer Zeit aber sucht man auch den Gesetzen

3*

der Formbildung, der Vererbung usw. auf experimentellem Wege näherzutreten. Eine ungeheure Menge von auf verschiedene Arten gewonnenen Tatsachen liegt bereits vor; vielfach noch ohne Zusammenhang, bedürfen sie der schöpferischen Phantasie, um in Form von Hypothesen und Theorieen zu einem einheitlichen Ganzen vereinigt zu werden, das aber oft nur für den Augenblick, oft vielleicht nur den betreffenden Forscher selbst befriedigend, durch neue Tatsachen und Ermittlungen binnen kurzem als ungültig erkannt sein kann. Ein Zustand, wie der eben angedeutete, herrscht gerade bezüglich jener Fragen, die Laien und Forscher in gleicher Weise fesselt, in der Frage nach den feineren und letzten Ursachen der Vererbung. So wird es also nichts Ganzes, nichts Abschließendes sein, was dem Leser hier geboten werden kann, und vielfach wird auch Raummangel und allzu große Kompliziertheit der Fragen ein näheres Eingehen verbieten.

Versuchen wir zunächst, uns überhaupt darüber klar zu werden, was wir unter Vererbung zu verstehen haben. Wir sehen, daß die Kinder den Eltern in einem gewissen Grade gleichen, wir sehen, daß sich in den einzelnen Generationen der Charakter der betreffenden Tier- und Pflanzenart erhält, wir können mit Sicherheit voraussagen, daß aus einem von einer Henne gelegten Ei ein Hühnerküchlein auskriechen wird, sobald die erforderlichen Brütbedingungen erfüllt werden; und alle diese Erscheinungen sind Folgen jenes Vermögens, das jedem Lebendigen innewohnt, und welches wir als Vererbungsvermögen bezeichnen. Die Vererbung können wir demnach im allgemeinen bezeichnen als die Erscheinung, daß die Eigenschaften der Eltern in den Kindern wiederkehren; und da wir weiterhin sehen werden, daß der Zusammenhang zwischen Eltern und Kind ein materieller ist, daß das Kind, nichts weiter ist, als ein Stück der Mutter, bzw. des Vaters, so folgt mit Notwendigkeit, daß es eben jenes kleine unscheinbare Stückchen beim Zeugungsakte sich vom Elternkörper ablösender lebender Masse ist, in welchem alle diese Fähigkeiten schlummern, die zur vollen Entfaltung der Eigenschaften benötigt werden. Eine der wichtigsten Fragen der Vererbungslehre ist demnach die: In welcher Weise sind alle die Mannigfaltigkeiten des entwickelten Wesens in dem winzigen Keim gegeben, was regelt die Aufeinanderfolge, was bestimmt den Ort ihrer Entfaltung? Es ist dies die schwierigste von einer Lösung derzeit noch weit entfernte Frage des ganzen Gebietes, eine Frage, die zu ihrer Lösung eines unermeßlichen Materials von festgestellten Tatsachen bedarf. Alle Lösungsversuche sind bisher bloße Hypothese geblieben, und daraus erklärt sich auch die große, oft grundsätzliche Differenz zwischen den einzelnen aufgestellten Lehren.

Einige der wichtigsten, hier ausführlicher zu behandelnden Fragen der Vererbungslehre sind folgende: Auf welchem Wege geht die Vererbung vonstatten? Was wird vererbt?

Welche Eigenschaften der Eltern darf man bei den Kindern wiedererwarten?

Erinnern wir uns einmal einer alltäglichen Erkenntnis. Das Ei einer bestimmten Tierart liefert immer wieder nur ein Tier der gleichen Art. Niemals liefert etwa ein Hühnerei eine Ente, oder umgekehrt, auch dann selbstverständlich nicht, wenn das Ei seiner Mutter sofort entzogen und einer fremden zur Bebrütung untergeschoben wird. Die sog. Arteigenheit oder Spezifität liegt bereits im Ei fest und unabänderlich begründet. Dabei sind selbst gewiegte Kenner nicht imstande, trotz genauester Untersuchung im äußeren oder im inneren Bau zweier Eier beispielsweise von gewissen nahe miteinander verwandten Arten Unterschiede nachzuweisen. Es müssen also Unterschiede feinerer Art sein, als es die sind, die bisher unserer Erkenntnis zugänglich waren.

Schon lange Zeit hatte man die Überzeugung, daß diese Unterschiede chemischer Natur seien. Nun ist es bekanntlich der Chemie ein leichtes, Körper der unbelebten Natur stofflich zu analysieren und so von einander zu unterscheiden. Anders in der belebten Welt. Hier handelt es sich um viel kompliziertere chemische Verbindungen, die der Untersuchung fast unzugänglich sind. Dies gilt in erster Linie von der eigentlich lebendigen Substanz. Diese ist so empfindlich, daß sie dem Untersucher gewissermaßen unter der Hand auseinanderbröckelt, so daß er nur mehr leblose Trümmer in der Hand behält. Und gerade der ihm unbekannte Zusammenhang der letzteren im lebenden Körper, sowie die Kenntnis gewisser bei diesem Zerfall verlorengehender Eigenschaften sind, wenn auch nicht als der Schlüssel, so doch als ein wichtiges Hilfsmittel zur Erkenntnis des Lebens anzusehen. Diese Trümmer der lebenden Substanz sind die sog. Eiweißkörper. Schon diese müssen einen chemischen Bau haben, der weit über unsere Vorstellungen hinausgeht, so daß wir ihn nicht charakterisieren können. Dennoch ist es schon gelungen, in gewissem Grade Unterschiede zwischen den Eiweißkörpern verschiedener größerer Tiergruppen und zwischen denen verschiedener Organe festzustellen. Andererseits zeigen die Eiweißkörper der entsprechenden (homologen) Teile verschiedener Tiere auch gewisse Übereinstimmungen. So hat der bekannte Farbstoff des Blutes, das Hämoglobin, bei allen höheren Tieren einen bestimmten Gehalt an Eisen, der den anderen Eiweißstoffen abgeht, das Eiweiß des Nervensystems enthält bei allen Phosphor usw., aber allen diesen Eiweißstoffen wohnt gleichzeitig ihre Arteigenheit inne, so daß man beispielsweise das Hämoglobin verschiedener Tiere an der Kristallform erkennen kann. Diese Arteigenheit ist nun ganz sicher chemischer Natur, wenn auch die Unterschiede im streng chemischen Sinne nicht oder nur ausnahmsweise nachweisbar sind und vor allem häufig die einander entsprechenden Eiweißarten näher verwandter Arten sich vollkommen gleich zu verhalten scheinen. Und doch konnte man auf einem anderen, der Methode nach wenigstens nicht chemischen Wege die Unterscheidung bewirken und feststellen, daß die Ähnlichkeit des Verhaltens der Eiweißkörper proportional ist der Verwandtschaft der untersuchten Tiere. Dieses Hilfsmittel ist die meist als „biologische Reaktion" bezeichnete Erscheinung.

Spritzt man z. B. einem Kaninchen Hundeblut, oder, besser noch, das bloße Blutserum des Hundes in die Blutbahn, so zeigt nach einiger Zeit das Blut bzw. das Serum des betreffenden Kaninchens eine neue Eigenschaft, die ihm bisher fehlte. Mit Hundeblutserum zusammengebracht, bewirkt es in demselben einen starken Niederschlag, desgleichen einen wenn auch etwas schwächeren im Serum des Fuchses, einen noch schwächeren im Serum der Katze usf. Dieser Versuch, der in mannigfaltiger Weise an den verschiedensten Vertretern der höheren und niederen Tierwelt angestellt wurde, ergab immer das gleiche eindeutige Resultat: Ein mit dem Serum einer Art A behandeltes Tier gewinnt die Eigenschaft, bei Vermischung seines Serums mit A-Serum einen starken, mit dem Serum verwandter Tiere einen schwächeren Niederschlag zu geben, der mit immer geringer werdender Verwandtschaft auch geringer wird und in einer gewissen systematischen Entfernung gar nicht mehr auftritt. Da diese Erscheinung nur durch die materielle Beschaffenheit der in Betracht kommenden Substanzen bewirkt werden kann, so ist damit bewiesen, daß jeder Tierart eine besondere chemische Eigenart zukommt, was ja von Anfang an wahrscheinlich war. Die Lehre von der sog. Artspezifität, die bisher durch die Tatsachen der Entwicklung und des Baues begründet war, erhält hierdurch eine neue, entscheidende Bekräftigung. Diese Spezifität betrifft nicht nur die Bestandteile des erwachsenen Körpers, sie gilt in gleicher Weise auch von den Jugendstadien und von den Eiern. Auch diese kann man mittels der Niederschlagsreaktion unterscheiden.

Es liegt demnach nichts näher, als in der bereits im Ei gegebenen chemischen Eigenart der Organismen den Grund für die Fähigkeit der Entwicklung nach bestimmter Richtung, somit der Vererbung zu erblicken. Dies ist eine so selbstverständliche Folgerung, daß sie als unumstößlich gelten kann. Unsere totale Unkenntnis über den wahren chemischen Aufbau der lebendigen Substanz (zu welcher auch noch die Ungewißheit über die Verhältnisse des unseren Mikroskopen nicht mehr zugänglichen feinsten anatomischen Baues kommt) verhindert aber ein tieferes Eindringen in das Geheimnis der Vererbung, wie überhaupt in das des Lebens. Und so erklärt es sich auch, daß die heute existierenden Vererbungshypothesen vielfach mit Konstruktionen arbeiten müssen, die sich freilich so viel als möglich auf den tatsächlich erhobenen Befunden aufbauen. Einige von diesen Tatsachen wollen wir im folgenden kennen lernen.

In einem vorangegangenen Kapitel haben wir die Erscheinung

erwähnt gefunden, daß alles Lebendige in seinem Bau zurückgeführt werden kann auf die Zelle, die in mannigfacher spezieller Ausbildung — bedingt durch die Arbeitsteilung oder Differenzierung — doch überall die gleichen Organisationsgrundzüge aufweisend, den Körper aller Pflanzen und Tiere zusammensetzt. Es ist ferner eine allbekannte Wahrheit, daß die Anzahl der Zellen in einem Organismus eine sehr verschiedene sein kann, wobei selbstverständlich nicht nur die Größe des betreffenden Wesens, sondern auch die Größe der dasselbe zusammensetzenden Zellen maßgebend ist. Während nach oben hin die Anzahl der ein Individuum zusammensetzenden Zellen, praktisch genommen wenigstens, unbegrenzt ist und nach Millionen und Billionen zählen mag, ist die unterste Grenze leicht und sicher festzustellen und von besonderer theoretischer Bedeutung, wir sehen nämlich bei einer Unzahl von Lebewesen die überhaupt mögliche Mindestzahl, die Einzahl der Zelle verwirklicht, so daß sich in diesen Fällen der Begriff des Individuums mit dem der Zelle deckt. Während wir sehen, daß im vielzelligen Organismus für jede Funktion eine in spezieller Weise ausgebildete Zellart vorhanden ist, muß die einzige Zelle jener einfachsten Wesen (Einzellige, auch Protisten genannt und in die beiden Abteilungen der Protozoen oder einzellige Tiere und Protophyten oder einzellige Pflanzen zerlegbar) sämtlichen für deren Leben erforderlichen Funktionen vorstehen und zeigt uns also bei größtmöglichster Einfachheit nach der Seite der Zusammensetzung des Organismus, auf der anderen Seite eine Vielseitigkeit der Funktion, die freilich in umgekehrtem Verhältnis steht zu der Vollkommenheit derselben, wie wir sie in den höheren Organismen durch die einseitige Anpassung der Zellen an eine oder wenige Tätigkeiten erreicht sehen.

So ist es neben den anderen Aufgaben, die der Protistenzelle zufallen, auch die der Fortpflanzung, die wir hier in einer relativ einfachen Form durchgeführt finden.

Das Wachstum eines jeden Organismus ist in allererster Linie durch die Vermehrung seiner Zellen bedingt, die wieder unter dem Bilde der sog. „Zellteilung" erfolgt. Wir werden einige Einzelheiten dieses interessanten und wichtigen Vorganges bei anderer Gelegenheit noch zu erwähnen haben. Hier sei nur bemerkt, daß die wesentlichen Teile der Zelle bei diesem Akte gleichfalls geteilt werden. Man kann den Vorgang in vereinfachter Weise so darstellen, daß sich nach vorangegangenem Wachstum, das schließlich eine gewisse obere Grenze überschritten hat, zuerst der Zellkern in zwei Stücke teilt und darauf der Zelleib in entsprechender Weise in zwei Teile zerschnürt. Auf diese Weise ist die ursprünglich vorhandene — die Mutterzelle — in zwei Tochterzellen übergegangen. Man kann den ganzen Prozeß so auffassen, daß man dem Wachstum über ein gewisses, für die betreffende Zelle charakteristisches Größenmaß die Rolle einer die Teilung bewirkenden Ursache zuschreibt, oder: „die Vermehrung der Zelle ist eine Folge des Wachstums über das individuelle Maß hinaus.“

Erinnern wir uns nach dieser Erkenntnis wieder des Satzes, daß es Organismen gibt, deren Körper bloß durch eine einzige Zelle repräsentiert wird, so ergibt sich ohne weiteres der Schluß, daß bei diesen einzelligen Wesen die Zellteilung einer Vermehrung der Individualität, d. i. also dem Fortpflanzungsprozeß entspricht. Hier ist es Zeit, bereits dem Vererbungsproblem näherzutreten. Nehmen wir einen einzelligen Organismus von größtmöglicher Einfachheit

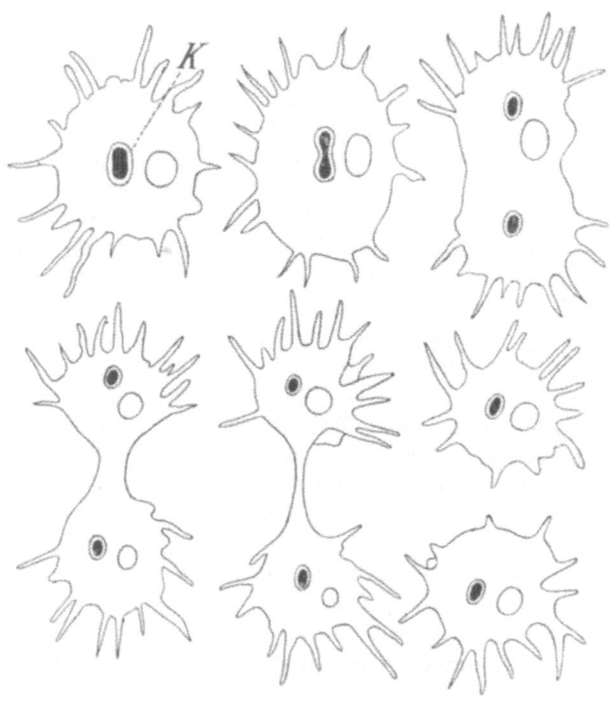

Fig. 11.

Teilung einer Amöbe nach F. E. Schulze. Der Kern dunkel, die kontraktile Blase
hell gezeichnet.

an, bei welchem alle Teile des Zelleibes gleich ausgebildet und gleich befähigt sind — und es gibt solche Organismen —, so ist leicht einzusehen, daß, wenn eine Zellteilung eingetreten ist, die beiden Tochterzellen oder besser Tochterindividuen alle Eigenschaften des Muttertieres aufweisen müssen (höchstens mit Ausnahme der Größe, deren Unterschied alsbald durch Nahrungsaufnahme und Wachstum ausgeglichen wird) und auf diese Weise eine Übertragung der Eigenschaften auf direktestem und einfachstem Wege erfolgt ist; in diesem Falle erscheint der Vererbungsvorgang, abgesehen von den allgemeinen Problemen des Lebens, die seine Grundlage bilden, für sich allein betrachtet als gar kein Problem, sondern nur als die selbstverständliche Folge der abgelaufenen Prozesse. In der Fig. 11 sehen wir den Teilungsvorgang eines solchen einfachen tierischen Organismus, einer sog. Amöbe dargestellt. Indem sich der mit lappigen, der Nahrungsaufnahme und der Bewegung dienenden Fortsätzen versehene Zelleib, der darin enthaltene Zellkern und die eigentümliche kontraktile Blase (Vakuole), die der Ausscheidung dient, teilen, entstehen zwei Tochtertiere von untereinander gleicher Beschaffenheit, die auch sämtliche Eigenschaften des Muttertieres aufweisen.

Einen anderen Anschein gewinnt die Sache jedoch, wenn wir die Fortpflanzungserscheinungen anderer Formen betrachten. Es gibt zahlreiche einzellige Organismen, deren Körper mehr oder weniger differenziert ist, z. B. in der Weise, um nur einen Punkt zu erwähnen, daß ein Vorderende und ein Hinterende ausgebildet sind, die sich durch Bau und Tätigkeit unterscheiden, und zwar oft in einem außerordentlich hohen Grade. Teilt sich so ein Wesen quer auf seine Längsrichtung, so ist es im einfachsten Falle zur Herstellung zweier neuer, vollständiger Tochterindividuen erforderlich, daß sich am hinteren Ende des vorderen Teilstückes, welches das Vorderende des Mutterindividuums übernommen hat, ein neues Hinterende mit den für dasselbe charakteristischen Organen bilde, und Entsprechendes gilt für das Vorderende des hinteren Tochterstückes. Tatsächlich spielen sich solche Vorgänge ab, sei es, daß noch bevor der Teilungsprozeß des ursprünglichen Wesens sichtbar wird, sich die Neubildung der für die Tochtertiere erforderlichen Teile in der Mitte des Muttertieres einleitet oder sogar sehr weit fortschreitet, oder aber daß die Zerteilung wirklich zuerst auftritt und die Neubildung später erfolgt. Ersterer Vorgang ist z. B. unser den sog. Infusorien unter natürlichen Verhältnissen sehr verbreitet und wohl der häufigere Fall; letzterer läßt sich leicht künstlich auslösen, indem man ein normales Tier einfach zerschneidet, ein Experiment, das in mannigfaltiger Form mit Erfolg angestellt werden kann. Fig. 12, S. 42, zeigt uns ein komplizierteres Infusor im normalen und im Teilungszustande. Das Tier besitzt am Vorderende eine einseitig angeordnete dichte Reihe kräftiger Wimperbildungen, an deren hinterem Ende eine Mundöffnung liegt, die dem Beschauer zugewandte, als Bauchfläche bezeichnete Seite trägt eine größere Zahl gesetzmäßig angeordneter Borsten und Hakengebilde, die durch ihre Bewegung ein Umherlaufen des Tieres auf fester Unterlage gestatten. Rechts ist ein Individuum in fortgeschrittenem Teilungsstadium abgebildet. Man sieht, wie die Organe und deren Anordnung sich zum größten Teile bereits verdoppelt haben, trotzdem von einer Trennung der Tochterindividuen noch keine Rede ist.

In der nächstfolgenden Abbildung (Fig. 13, S. 43) hingegen ist der Effekt einer künstlichen Teilung eines anderen Infusors (des Trompetentierchens oder Stentor) dargesteilt. Jedes der Teilstücke, sofern es nur einen Teil des hier perlschnurförmigen Kernes erhält, ergänzt sich nach einiger zu einem vollständigen Individuum.

Es kommt endlich sehr häufig vor, daß von einem einzelligen Tier sich entweder ein winziges, ganz unansehnliches Stück loslöst, eine sog. Knospe, oder daß die Zelle gleichzeitig in eine sehr große Anzahl kleiner Stücke zerfällt, die dem Muttertiere oft gar nicht gleichen und die sich dennoch nach einiger Zeit zu einem vollkommenen Wesen wieder entwickeln können.

In allen diesen Fällen tritt die Vererbung bereits deutlicher in Erscheinung, und zwar in der Form, daß nicht wie im ersten Falle

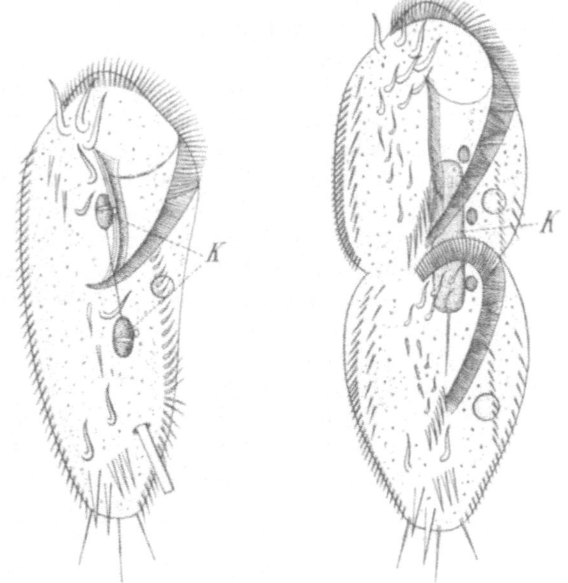

Fig. 12.

Ein Muscheltierchen, Stylonychia mytilus, zu den Infusorien gehörig, links normal, rechts in Teilung. (Nach Stein.)

der einfachen Teilung die Eigenschaften der Mutter direkt auf die Tochterwesen übergehen, sondern in der Form, daß die letzteren, ohne diese Eigenschaften, von Anfang an zu besitzen imstande sind, dieselben zu entwickeln. Und damit sind wir beim Hauptproblem der Vererbungslehre angelangt, indem wir erkennen, daß ein unentwickelter Keim, der den Eltern nicht gleicht, die Fähigkeit und Möglichkeit besitzt, ja sogar der Notwendigkeit unterworfen ist, die Form der Eltern zu erlangen. Denn was wir hier an den losgelösten kleinen Keimen der Einzelzeller (Knospen usw.) gesehen haben, vollzieht sich in ganz analoger Weise bei den höheren, den vielzelligen Tieren. Hier lösen sich aus dem Gesamtverbande der Körperzellen einzelne Zellen los, deren jede imstande ist, ein neues Individuum zu erzeugen, indem sie sich wiederholt teilt und einen neuen Zellenstaat bildet, der sich weiterhin entsprechend gestaltet. Diese Zellen bezeichnen wir gewöhnlich als Fortpflanzungszellen.

Wir wollen das Schicksal der Fortpflanzungszellen nunmehr in seinen wesentlichen Zügen kennen lernen, wobei wir selbstverständlich in erster Linie die Verhältnisse der höheren Tiere in Rücksicht ziehen wollen. Trotzdem dieses Buch sich mit der Kenntnis vom menschlichen Körper befaßt, können wir einiger Ausblicke auf Experimente und Beobachtungen an tierischen Objekten, gelegentlich sogar solcher an recht niedrigen Wesen nicht entbehren, weil genau so wie in der Physiologie, auch bei den Untersuchungen über Zeugung und Entwicklung aus verschiedensten Gründen eine Beschränkung auf gewisse günstige Objekte erforderlich ist.

Die Vorgänge der Zeugung spielen sich bei weitem nicht so einfach ab, als dies nach unserer obigen orientierenden Übersicht der Fall zu sein scheint.

Zunächst kommt weitaus für die Mehrzahl der Fälle der sog. Befruchtungsvorgang in Betracht, der in der Regel in direktem Zusammenhang mit der Fortpflanzung steht. Bei vielen niederen Formen freilich muß das wenigstens nicht immer der Fall sein. Es kann nämlich einerseits Vermehrung ohne Befruchtung eintreten, andererseits die Befruchtung nicht jenen direkten Bezug zur Fortpflanzung aufweisen, wie wir ihn bei den höheren Tieren kennen.

Das Wesen des Befruchtungsvorganges besteht in der Vermischung zweier, gewöhnlich von verschiedenen Individuen derselben Art abstammenden Zellen (Fortpflan-

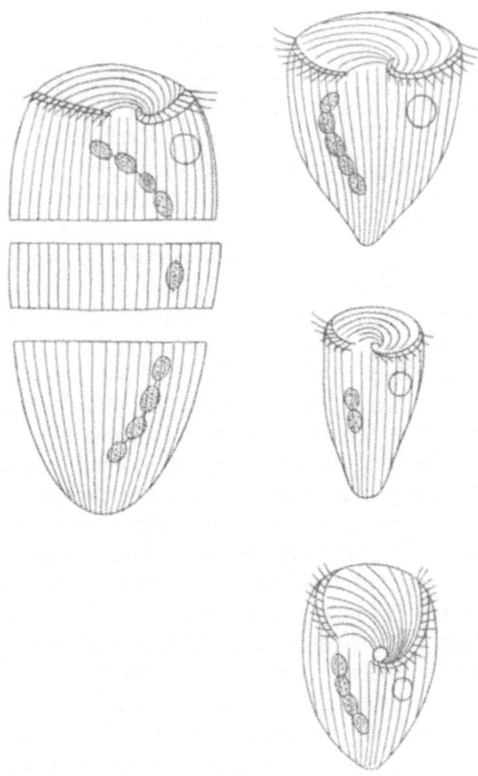

Fig. 13.
Zerschneidungsversuch am Trompetentierchen (Stentor).
(Nach Gruber aus Haecker.)

zungszellen, Keimzellen oder Geschlechtszellen) zu einer einheitlichen, neuen Individualität. Bei den höheren Tieren sind diese beiden Zellen von verschiedener Gestalt, Größe und Ausbildung und werden Eizelle oder einfach Ei und Samenzelle (Spermatozoon, Spermium) genannt. Erstere entsteht in bestimmten Organen (Eierstöcke oder Ovarien) jener Individuen, die als weibliche bezeichnet werden, letztere entstehen im Körper der männlichen Individuen, und zwar in den sog. Hoden. Den Zustand der Verteilung der beiden Keimorgane auf verschiedene Individuen nennt man Getrenntgeschlechtigkeit oder Gonochorismus. In nicht allzu seltenen Fällen werden Individuen beobachtet, die beiderlei Keimorgane besitzen und die entsprechenden Funktionen auszuüben imstande sind (Zwitter oder Hermaphroditen). Bei vielen niederen Tieren ist dieses Verhalten (Hermaphroditismus) die Regel (viele Würmer, Schnecken und Muscheln), bei den Wirbeltieren sind Zwitterbildungen nur gelegentliche Ausnahmen. Endlich gibt es sogar einzelne niedere Formen, bei welchen die aufeinanderfolgenden Generationen abwechselnd zwitterig und getrenntgeschlechtlich sind.

Das Wesen der Befruchtung ist nun die völlige Vereinigung von männlicher und weiblicher Keimzelle. Diese sind in ihrer Erscheinung, wie schon gesagt, grundverschieden. Beiden gemeinsam ist der Zellcharakter. Das Ei ist meist von rundlicher Gestalt und im Verhältnis zu anderen Zellen desselben Tieres verhältnismäßig groß, ja seine Dimensionen können bis ins Gigantische steigen, wenn man bei der Beurteilung der Verhältnisse von der im allgemeinen mikroskopischen Größe der Zellen ausgeht. So ist, um nur ein Beispiel anzuführen, das sog. Dotter oder das Gelbe im Vogelei identisch mit der Eizelle, die durch massenhafte Aufspeicherung von Nahrungsmaterial außerordentlich vergrößert wurde. Man kann ihr Wachstum aus einer winzigen Zelle des Eierstockes Schritt für Schritt mit geeigneten Hilfsmitteln verfolgen. Desgleichen erreichen viele Fischeier (z. B. die der Haifische) eine bedeutende Größe, und zwar aus denselben Gründen, wie die der Vögel, ja ein jüngst im japanischen Meer gefischtes Haifischei ist mit seinem Durchmesser von ca. 22 cm das größte der bisher bekannten Eier eines lebenden Tieres, während die Eier der ausgestorbenen straußähnlichen Riesenvögel noch größer gewesen sein müssen. Im Gegensatz hierzu sind die Eizellen vieler niederer und höherer Tiere sehr gering an Größe, das menschliche ungefähr 0,25 mm. Wenn die Eier ihre Entwicklung vollendet haben, lösen sie sich aus dem Eierstock los und gelangen bei allen Tiertypen auf bestimmten Wegen nach außen. Doch gestaltet sich dieser Weg und die während desselben ablaufenden Vorgänge auch wieder ungemein verschieden. Im einfachsten Falle wird das Ei ausgestoßen (besonders bei Meerestieren) und kommt mit den vom Männchen abgegebenen Samenzellen im Wasser zum Behufe der Befruchtung zusammen (äußere Befruchtung). Bei höheren und bei vielen niederen, namentlich landlebenden Tieren ist dieser Vorgang nicht möglich; hier erfolgt in der Regel ein **Begattungsprozeß**, der die Aufgabe hat, die männlichen Samenmassen ins Innere des weiblichen Körpers zu befördern und daselbst zu befruchten (**innere Befruchtung**). Der Begattungsprozeß ist also bloß ein Hilfsmittel zur Sicherung der Befruchtung und betrifft das eigentliche Wesen der Zeugung nur indirekt. Nach der inneren Befruchtung ergibt sich wiederum eine Anzahl von in der Natur tatsächlich durchgeführten Möglichkeiten. Es kann das befruchtete Ei gleich abgelegt werden und entweder getrennt vom mütterlichen Körper (Eidechsen, Schlangen, manche Fische usw.) ohne weiteres Zutun der Eltern seine Entwicklung vollenden, oder aber wenigstens unter der Obhut und Fürsorge der Eltern bleiben (Bebrütung — Vögel). Es kann aber auch im Innern des mütterlichen Körpers zurückgehalten werden und daselbst seine Entwicklung bis zum vollkommenen Wesen ganz oder teilweise durchlaufen (Säugetiere, auch manche sog. lebendiggebärende Tiere aus niedrigeren Gruppen). Es sind auch Fälle von ganz absonderlicher Brutpflege beobachtet worden, z. B. bei gewissen Fröschen. So trägt das Männchen der Geburtshelferkröte die vom Weibchen abgelegten Eierschnüre wochenlang um seine Hinterbeine gewickelt, herum, ein amerikanischer Frosch macht seine Entwicklung im Kehlsacke des Männchens durch usw. Im Falle der Ablage der Eier werden dieselben im mütterlichen Körper von seiten bestimmter Organe noch mit Umhüllungen versehen, die teils der Ernährung des heranwachsenden Keimes (Eiweiß des Vogeleies), teils dem Schutze gegen Einwirkungen der Außenwelt dienen (Eischale). Bei innerer Entwicklung ist dies nicht erforderlich, hier bilden sich aber unter Umständen eigene Einrichtungen, namentlich zum Zwecke der Ernährung, aus, die bei den Säugetieren, den Menschen eingeschlossen, in der Herstellung einer **innigen Verbindung zwischen Mutter und Kind (Mutterkuchen oder Placenta und Nabelstrang)**, die erst bei der Geburt gelöst wird, gipfeln.

Aber alle diese auf den ersten Blick enormen und durch die Anpassung der Tiere an grundverschiedene Lebensbedingungen erklärlichen Unterschiede kommen erst in zweiter Linie in Betracht angesichts der wundervollen Übereinstimmung, die in bezug auf das Wesen des Befruchtungsvorganges bei sämtlichen Tieren, ja bei sämtlichen Organismen herrscht. Mit Rücksicht auf diesen Umstand sei es gestattet, der leichteren Übersicht halber nur eine allgemeine Schilderung der Befruchtung mit vorzüglicher Bezugnahme auf jene Objekte zu geben, die seit langem als zum Studium am günstigsten erkannt sind; es sind das gewisse sehr kleine, daher der mikroskopischen Untersuchung im unversehrten lebenden Zustande ohne weiteres zugänglichen Eier gewisser niederer Tiere, z. B. der Seeigel und Seesternarten, sowie einiger anderer niederer Formen.

Zum Studium der ersten Entwicklungsvorgänge sind einige

Kenntnisse über die feineren Prozesse bei der Zellteilung von-nöten. Das oben angeführte vereinfachte Schema hiervon (Zerschnü-rung des Kernes, danach des Zelleibes) reicht hier nicht aus. Immer-hin muß hervorgehoben werden, daß solche einfache Zerschnürungs-vorgänge gelegentlich beobachtet werden, doch haben sie eine unter-geordnete Bedeutung und kommen meist nur solchen Zellen zu, die entweder selbst bald zugrunde gehen, oder deren Nachkommenschaft nicht besonders in Betracht kommt. Es ist, als ob in solchen Fällen aus Ersparungsgründen die Arbeit der normalen komplizierten Zell-teilungsvorganges als ganz vergeblich nicht aufgewendet würde.

Die Einleitung des Zellteilungsvorganges macht sich durch man-cherlei Kennzeichen geltend. Zellen, welche zwischen anderen einge-

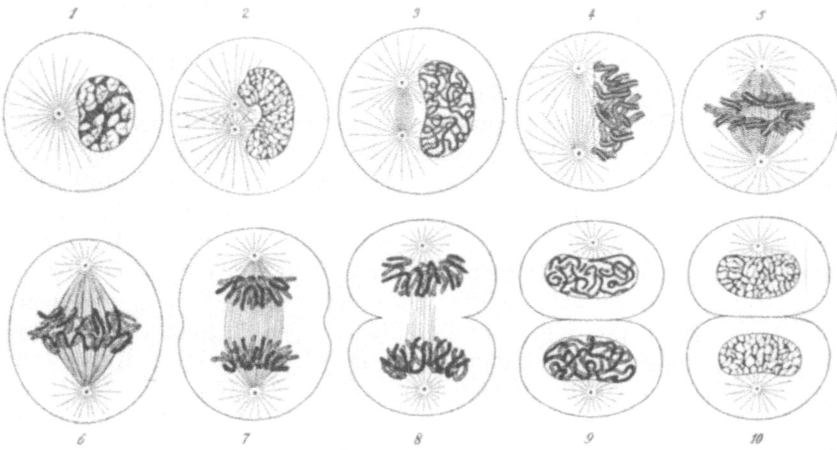

Fig. 14.

Halbschematische Darstellung des Zellteilungsvorganges nach Fürbringer, etwas verändert.

1 ruhender Kern, *2* Vorbereitung zum Knäuel, *3* Knäuel, *4* Auflösung der Kernmembran, Längs-spaltung der Chromosomen, *5* Mutterstern, *6* Umordnung, *7* und *8* Tochtersterne, *9* Tochterknäuel, *10* ruhende Tochterkerne.

schaltet und dadurch in ihrer Form beeinflußt sind (polyedrische, zylindrische Gestalt), runden sich oft mehr oder weniger ab, das Plasma gewinnt eine andere optische Beschaffenheit oder andere Färbbarkeit. Die wichtigsten Veränderungen spielen sich jedoch am und um den Kern herum ab. Jene Substanz, welche die besondere Färb-barkeit des Kernes mit gewissen Stoffen (siehe Kapitel: Zelle) be-dingt, das sog. Chromatin oder die chromatische Substanz, ist im normalen Kerne außerhalb der Teilungsperiode (im sog. ruhen-den Kern), in Form eines Netz- oder Balkenwerkes, des sog. Kern-gerüstes, angeordnet, und zwar ein- oder angelagert einer nicht färb-baren und daher weniger leicht nachweisbaren, ebenfalls gerüstigen Grundsubstanz, der achromatischen oder dem Achromatin; in diesem Kerngerüst sind häufig noch die sog. Kernkörperchen (Nukleolen) eingeschaltet, die meist als kugelförmige Gebilde erscheinen. Nach außen gegen das Plasma ist der Kern von der sog. Kernmembran begrenzt, an der das Kerngerüst von innen her sich ansetzend eine Stütze findet. Die Maschenräume des Kerngerüstes sind von einer klaren strukturlosen Flüssigkeit, dem Kernsaft, erfüllt. Außerhalb des Kernes, meist dicht neben ihm im Zelleib, liegt ein winziges Körnchen, das für den Teilungsvorgang von größter Bedeutung ist, das sog. Zentralkörperchen, auch Polkörperchen genannt.

Die auffallendste Veränderung geht im Kerngerüst vor sich. Die Bälkchen desselben werden dicker, gröber, weniger zahlreich und fallen daher im gefärbten Zustande stärker auf. Indem sie im weiteren Verlaufe ihre Verzweigungen ganz verlieren und überall eine gleiche Dicke annehmen, formen sich daraus Fäden, die, zunächst vielfach gewunden, einen Knäuel (dichten Knäuel) innerhalb der Kernmembran bilden. Möglicherweise handelt es sich zuuächst nur um einen einzigen langen Faden. Indem dieser kürzer und dicker wird (lockerer Knäuel), wobei auch die Windungen einfacher werden, macht sich ein Zerfall in einzelne Stücke geltend, die gewöhnlich schleifen- oder haarnadelförmig gebogen sind. Diese Stücke werden als Kernschleifen, Chromatinschleifen oder Chromosomen bezeichnet. Während dieser Vorgänge ist die Kernmembran undeutlich geworden und löst sich schließlich früher oder später auf, so daß der Kernsaft mit dem Plasma zusammenfließt und der Kern keinen abgegrenzten Körper mehr darstellt. Das vorhin erwähnte Zentralkörperchen hat sich in zwei Stücke geteilt, und zwischen beiden spannt sich ein Bündel feiner Fäden aus, die eine Spindel formen, deren Enden die beiden Zentralkörperchen sind. Die Spindel wird durch Wachstum der sie znsammensetzenden Fäden immer größer. Währenddessen löst sich die Kernmembran vollends auf, und die oben erwähnten Kernschleifen ordnen sich in einem Kranz oder Stern um die Mitte, den Äquator der Spindel, an, so zwar, daß die Umbiegungsenden gegen die Mitte, die freien Schenkel der Schleifen gegen die Zelloberfläche sehen. Die Umbiegungsenden oder Schleifenwinkel sind alle an den beiden Spindelpolen (den Zentralkörperchen) durch eigene feine Fäden befestigt. Diesen Zustand der chromatischen Substanz nennt man Mutterstern. Auf diesem Stadium, oft sogar schon vorher hat eine Vermehrung der Kernschleifen in der Weise stattgefunden, daß sie sich der ganzen Länge nach in zwei gleich dicke Fäden gespalten haben (Tochterschleifen), die zunächst ganz parallel nebeneinanderliegen und so Doppelschleifen darstellen. Einen weiteren Schritt erblicken wir darin, daß durch Verkürzung der Fäden, welche die Spindelpole mit den Schleifenwinkeln verbinden, diese letzteren gegen die Pole gezogen werden, und zwar so, daß von jeder Doppelschleife (ursprünglichen Mutterschleife) eine Spalthälfte gegen den einen, die andere

gegen den anderen Pol gezogen wird. Dieser Prozeß, den man als
Umordnung der Schleifen bezeichnet, erreicht mit vollständiger
Trennung der ursprünglich zusammengehörigen Tochterschleifen und
in der Bildung zweier Sterne oder Kränze (Tochtersterne) um
jeden Pol seinen Höhepunkt.

Während dieser Zeit macht sich bereits um die Mitte der Spindel
und senkrecht auf dieser eine Einschnürung des Plasmas geltend, die immer weiterschreitet und im gleichen Schritt mit den
noch zu schildernden Veränderungen an der Kernsubstanz, zur vollständigen Zerteilung der Zelle führt. Die zunächst regelmäßig um jeden Pol angeordneten Tochterschleifen legen sich in
Windungen, es entsteht ein dem Knäuel ähnliches Bild, das wir
als Tochterknäuel bezeichnen, dann werden die Schleifen zackig,
verbinden sich durch Fortsätze miteinander und bilden so allmählich,
auf dem eingangs geschilderten Wege gleichsam rückschreitend, in
dem auch eine Kernmembran sich ausbildet, einen neuen Kern in
jeder Teilhälfte, die Tochterkerne, und somit ist die Zelle in
zwei Tochterzellen zerfallen, die sich momentan in Teilungsruhe befinden. Wenn nach einiger Zeit die Tochterzellen wieder die normale
Größe der Mutterzelle erreicht haben, kann sich der Teilungsprozeß
an beiden wieder einstellen usf. Während des ganzen Prozesses hat
um die beiden Zentralkörperchen an den Spindelpolen eine mehr oder
weniger deutliche sonnenartige Strahlung des Plasmas bestanden
(Polstrahlung). Das wichtigste Merkmal der hier geschilderten
Vorgänge ist die besondere Genauigkeit in der Verteilung der chromatischen Substanz. Sie formiert sich in Fäden (Schleifen), die
genau der Länge nach gespalten und so auf beide Tochterzellen verteilt werden. In jede kommt infolgedessen die gleiche Chromatin-
menge und die gleiche Anzahl von Schleifen. Dazu aber ge-
sellt sich noch folgender Umstand. Die Anzahl der Schleifen, die
sich in den Zellen bildet, ist für jede Art eine ganz bestimmte
(Pferdespulwurm 4, Nacktschnecke 16, Seeigel 18, Weinbergschnecke
24, Salamander 24, Maus, vielleicht auch Mensch 24 usw.). Wir haben
in dieser Konstanz der Chromosomenzahl ein ebenso spezifisches Artmerkmal zu erblicken, wie etwa in der biologischen Eiweiß-
reaktion, wobei es als sehr auffallend bezeichnet werden muß, daß
oft ganz nahe verwandte Arten verschiedene Zahlen aufweisen können,
während gewisse Zahlen bei vielen Tieren und Pflanzen, auch bei
voneinander sehr verschiedenen gemeinsam vorkommen (z. B. 24);
auch fällt es auf, daß die Zahl der Chromosomen immer eine gerade
und in weitaus der meisten Fällen durch 4 teilbar ist. Die pein-
lich genaue quantitative Verteilung der Chromatinsubstanz auf die
beiden Tochterzellen, die dabei erfolgende Längsspaltung der Fäden
deuten auf die Wichtigkeit eines gleichmäßigen Verteilungsmodus
hin, die zu begründen sich später noch Anlaß ergeben wird.

Nun haben wir schon oben erwähnt, daß der Befruchtungsprozeß in einer Verschmelung zweier Zellen, der Fortpflanzungs-

zellen der Eltern, besteht. Welche Beziehungen zeigt dieser Verschmelzungsprozeß zu den bisher geschilderten Organisations- und Funktionseigentümlichkeiten der Zelle, namentlich der so kompliziert sich verhaltenden Kernsubstanz?

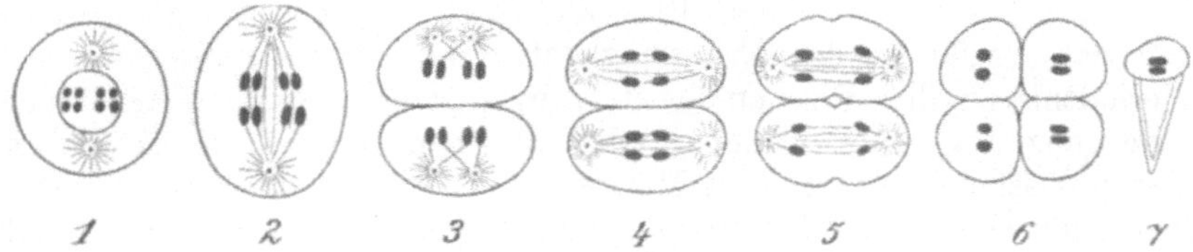

Fig. 15.

Schematische Darstellung der Samenbildung beim Pferdespulwurm, Ascaris megalocephala.
(Nach A. Brauer und O. Hertwig aus Gegenbaur-Fürbringer.)

1 Samenmutterzelle mit 8 kurzen Chromosomen. Die Normalzahl der Chromosomen ist bei dem Tiere 4, es ist auf diesem Stadium schon eine für die nächste Teilung gültige Verdoppelung auf 8 eingetreten. *2* und *3* Teilung in 2 Zellen mit je 4 Chromosomen. *4, 5* und *6* abermalige Teiung der so entstandenen Zellen in 4 Zellen mit bloß je 2 Chromosomen (der halben Normalzahl). *7* das ausgebildete Spermatozoon. Dieses weicht in seiner Gestalt von der sonst im Tierreiche üblichen Form (vgl. Fig. 16) etwas ab.

Die Geschlechtszellen wachsen in der Keimdrüse heran. Die jüngsten Zustände derselben (Urkeimzellen), schon beim Embryo, und zwar in geringer Zahl auftretend, machen eine lange Folge von Zellteilungen durch, die sich nach dem oben geschilderten Typus abspielen und die Zahl der Keimzellen außerordentlich steigert. Wenn die Zeit der Reife eintritt, ändert sich jedoch das Bild; es sind die letzten beiden Teilungsvorgänge, die abweichend verlaufen. Betrachten wir zunächst die männlichen Zellen. Die drittletzte Generation derselben, die Samenmutterzellen, teilen sich rasch nacheinander zweimal, so daß aus jeder vier Zellen entstehen; diese teilen sich nicht mehr, sondern, indem sie sich spezifisch umformen, liefern sie die männlichen Keimzellen oder Spermatozoen. Es ist jedoch hervorzuheben, daß während dieser zwei letzten Teilungen das Chromatin bestimmten Veränderungen unterworfen wird, deren Effekt es ist, daß die vier schließlich resultierenden Zellen und somit die Samenzellen nur die Hälfte jener Anzahl von Chromosomen besitzt, die der Norm entspricht (Fig. 15). Aus diesen formiert sich der Kern der Spermatozoen; diese selbst wandeln sich in der Weise um, daß der Kern, dessen färbbare Substanz sich meist sehr dicht zusammendrängt und keinen gerüstigen Bau erkennen läßt, mit einem kaum merklichen Überzug von Protoplasma versehen, den sog. Kopf bildet, an dem hinten durch Vermittlung

Fig. 16.

Typische Form eines tierischen Spermatozoons (Schema).
K = Kopf,
H = Halsstück,
S = Schwanz.

des sog. Mittelstückes ein Schwanz hängt, ein lebhaft wellen-
förmig schwingender Faden vom Charakter der sog. Wimper- oder
Geißelhaare. Die Aktion dieses Schwanzes verursacht eine lebhafte
Schwimmbewegung des Spermatozoons in der umgebenden Flüssigkeit, mit dem Kopfe voran. Am vorderen Ende des letzteren bildet
sich meist ein besonderer Bohrapparat aus, der das Eindringen
der Samenzelle in das Ei ermöglicht. Die Spermatozoen sind im
Verhältnis zu den Eizellen meist winzig klein, dafür ihre Menge
eine ganz ungeheuer große, so daß in einem minimalen Tröpfchen
Samenflüssigkeit unter dem Mikroskop ein dichtes Gewimmel vieler
Tausende solcher Gebilde (wegen ihrer anscheinenden Selbständigkeit
nannte man sie früher Samentierchen) wahrgenommen wird.

Die weiblichen Urgeschlechtszellen gehen, nachdem ihre Vermehrung analog den männlichen abgelaufen ist, zunächst ein außer-
ordentliches Wachstum ein zu jenen Größen, die wir schon oben
angedeutet haben, so daß bei vielen Tieren die Samenzellen im Vergleich zu den Eiern ein verschwindendes Minimum von Substanz
enthalten. Dieses Wachstum ist in erster Linie auf das Protoplasma
beschränkt, in das Massen von Reservenahrung für den künf-
tigen Keim, die Dottersubstanz, sich einlagert. Die Bedeutung
dieser Dottereinlagerung ist leicht zu erkennen. Solche Tiere, die
bald nach den ersten Entwicklungsschritten ihre Nahrung selbst er-
werben (viele niedere Tiere, Seeigel, Würmer) haben wenig Dotter,
desgleichen solche, die, wenn auch selbst nicht fähig, sich auf eigene
Faust zu ernähren, von anderer Seite her, z. B. vom mütterlichen
Körper, auf besonderem Wege ernährt werden (Säugetiere). Daher
die Kleinheit dieser Eier. Jene Tiere aber, die, sich selbst mehr
oder weniger überlassen, im Ei ein relativ hohes Stadium der Entwicklung durchlaufen müssen, bevor sie selbständig werden, haben
dotterreiche und große Eier (Fische, Reptilien, Vögel), wobei manchmal nach Erschöpfung des in der eigentlichen Eizelle aufgestapelten
Dottermaterials noch andere Depots von Nahrung (Eiweiß des Vogeleies) in Betracht kommen. Jedenfalls kann man sagen, daß der
im Ei enthaltene Dotter jeweils das Minimalerfordernis für die normale Entwicklung deckt. Diese Erwägung ist deswegen von Bedeutung,
weil, wenn auch die Eier sich vor der weiteren Entwicklung zweimal nacheinander in vier gleiche Zellen teilen würden, wie wir dies von den
Samenbildungszellen sahen, eine Verminderung des Dottermaterials in
jeder Eizelle auf ein Viertel der zuerst erreichten Menge stattfinden
würde. Dies tritt aber nicht ein, trotzdem auch die Eizelle jene
Teilungen — man nennt sie Reifungsteilungen — durchmacht. Diesen
Vorgang wollen wir jetzt schildern, und zwar der leichteren An-
schaulichkeit halber an einem dotterarmen Ei, wie es etwa dem
Seeigel, aber auch den Säugetieren und dem Menschen zukommt.
Da man das Ei früher schon genau kannte, bevor noch der Begriff
der Zelle feststand, hat man seine Teile auch besonders benannt, und
diese Namen sind heute noch üblich. So nennt man den Zelleib

„Dotter", eine ihn ev. umhüllende Zellhaut „Dottermembran", den Kern „Keimbläschen", das meist vorhandene Kernkörperchen „Keimfleck" (Fig. 17). Das Kerngerüst hat keinen besonderen Namen. Schickt sich das Ei zur Reifungsteilung an, so geschieht folgendes. Unter den sonst bei der Zellteilung üblichen Erscheinungen formt sich der Kern (das Keimbläschen) um und rückt an die Eioberfläche. Es erfolgt eine Teilung in zwei Zellen, aber die eine ist winzig klein und enthält außer den Kernsubstanzen nur wenig Protoplasma, das Ei behält seine Größe fast ganz bei, die kleine Zelle ist gleichsam bloß eine winzige Knospe. Diese letztere wird als das erste Richtungskörperchen bezeichnet. Nachdem dies geschehen ist, bei manchen Tieren sofort, bei manchen (so vermutlich bei allen Wirbeltieren bis zum Menschen) erst nach Eindringen der Samenzelle, schnürt sich ein zweites Richtungskörperchen ab; das erste kann sich auch seinerseits in zwei Stücke teilen. (Doch unterbleibt dieser letztere Prozeß sehr häufig, da er praktisch bedeutungslos ist.) Die drei, bzw. bloß zwei Richtungskörperchen gehen nämlich zugrunde. So hat sich auch die Eizelle in vier Zellen zerlegt; drei davon sind winzig klein, die vierte bleibt als sog. reifes Ei im Besitz der ganzen Nahrungsmasse. Genau wie bei der Samenzelle, hat auch der Kern der Eizelle (Eikern) nach Ablauf dieser Reifungsteilungen jetzt nur noch die halbe Anzahl von Chromosomen. Es ist also auch hier die gleiche Verminderung (Reduktion) eingetreten (Fig. 18, S. 52).

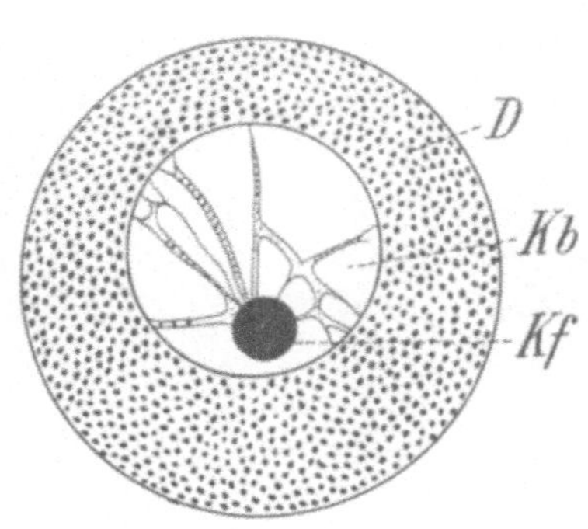

Fig. 17.

Unreifes Ei eines Seeigels. (Nach Hertwig.)
D = Zelleib, Dotter,
Kb = Kern, Keimbläschen,
Kf = Kernkörperchen, Keimfleck.

Nachdem das Ei die beiden Richtungskörper, resp. wenigstens den ersten abgestoßen hat und die Samenzellen ihre Formentwicklung beendigt und ihre Bewegungsfähigkeit erlangt haben, kann der Befruchtungsprozeß eingeleitet werden. Das Ei der Säugetiere und des Menschen, ferner das der Vögel und der Reptilien wird auf seinem Wege vom Eierstock gegen außen hin im sog. Eileiter durch den bei der Begatttung eingebrachten Samen befruchtet. Am leichtesten läßt sich der Befruchtungsvorgang an Seeigel- oder verwandten Eiern beobachten, die man unter dem Mikroskop durch Zusammenbringung reifer Geschlechtsprodukte beider Geschlechter „künstlich befruchten" kann. Man sieht dann, wie die Samenzellen, wahrscheinlich durch einen chemischen Reiz veranlaßt, die Eizellen aufsuchen und durch deren Hülle mittels bohrender Bewegungen einzudringen trachten. Ist es einer Samenzelle gelungen,

4*

bis an die Eioberfläche zu dringen, so bohrt sie sich in dasselbe ein (oft kommt ihr ein kleiner Hügel vom Ei, der Empfängnishügel, entgegen) (Fig. 19, *1*). Von diesem Augenblicke an ist den anderen Samenzellen das Eindringen, in ein gesundes Ei wenigstens, nicht mehr möglich. Nachdem der Kopf des Spermatozoons ins Eiprotoplasma versenkt ist, verliert man den Schwanz meistens aus dem Auge; in vielen Fällen dringt er übrigens auch ein, löst sich aber offenbar bald auf.

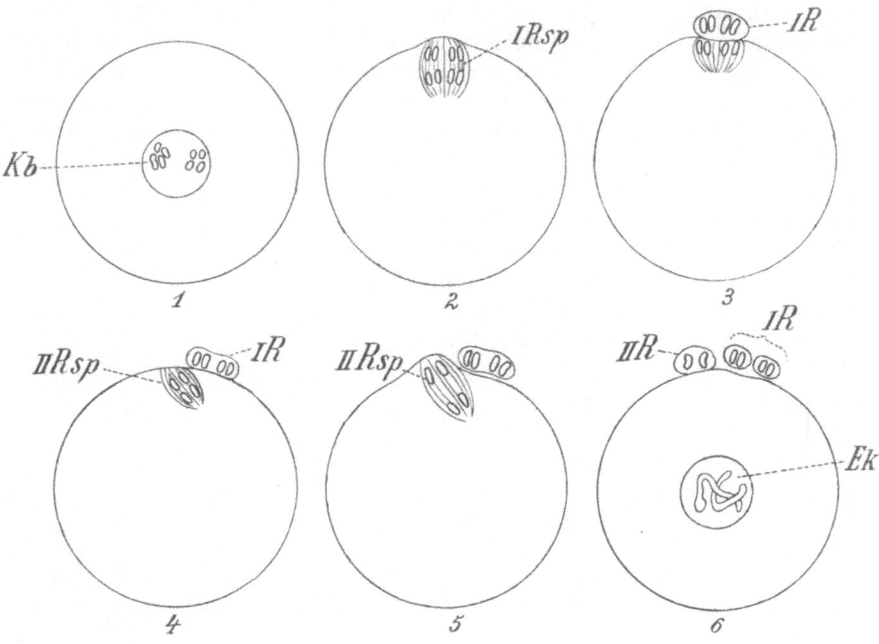

Fig. 18.

Reifung (Richtungskörperbildung) schematisch, mit Zugrundelegung der Verhältnisse beim Pferdespulwurm. (Frei nach O. Hertwig aus Gegenbaur-Fürbringer.)
1 Keimbläschen mit 8 (bereits verdoppelte Normalzahl) Chromosomen. *2* und *3* Bildung des ersten Richtungskörpers. *4* und *5* Bildung des zweiten Richtungskörpers. *6* im Innern des Eies der Eikern mit 2 schleifenförmigen Chromosomen; erster Richtungskörper geteilt.

Kb = Keimbläschen,	IR = erster Richtungskörper,
$I\,Rsp$ = erste Richtungsspindel,	$II\,R$ = zweiter Richtungskörper,
$II\,Rsp$ = zweite Richtungsspindel,	EK = Eikern.

Dem Kopfe müssen wir von jetzt ab das Hauptaugenmerk zuwenden. Er wird größer (wahrscheinlich durch Flüssigkeitsaufnahme), rundet sich ab und bekommt eine Färbbarkeit, die seine Kernnatur deutlicher erkennen läßt, und **wandert nun auf den Eikern zu, mit dem er schließlich verschmilzt.** Während seiner Wanderung hat den Samenkern eine **Strahlung**, deren Mittelpunkt ein **Zenkörper** ist, begleitet, sobald die Aneinanderlagerung der Kerne vollzogen ist, teilt sich die Strahlung in zwei, der neue Kern löst sich auf, und es bildet sich eine regelmäßige Teilungsfigur, die schließlich zur Zweiteilung der Eier führt. Damit sind wir aber schon über den Befruchtungsprozeß hinaus in die nächste Entwicklungsphase hineingeraten. Kehren wir zur Befruchtung zurück.

Die Hauptsache ist die Verschmelzung der Kerne — des Eikerns oder weiblichen Vorkerns — und des Samenkerns oder männlichen Vorkerns — zu einem einheitlichen neuen Gebilde, ein Vorgang, der als Konjugation der Vorkerne bezeichnet wird

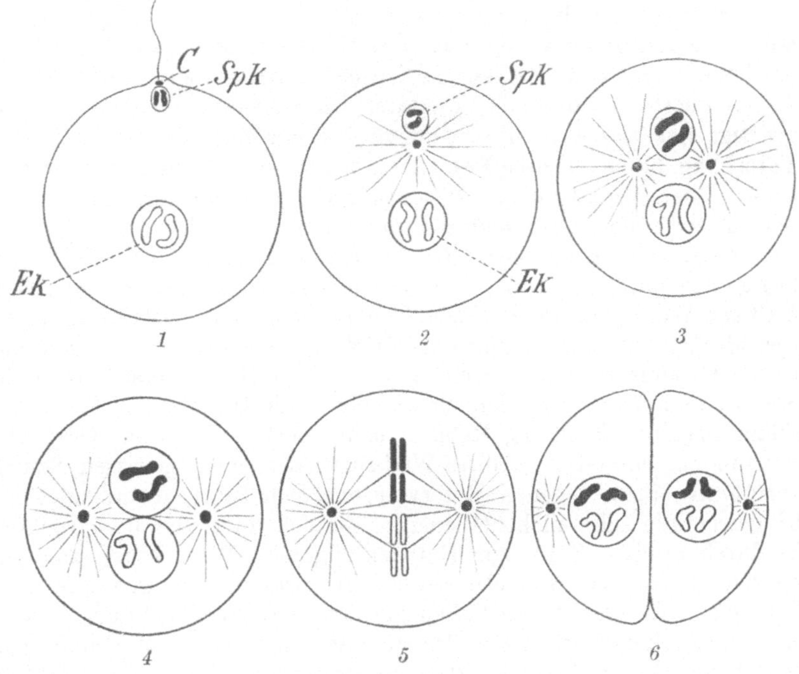

Fig. 19.

Der Befruchtungsvorgang schematisch, mit Zugrundelegung der Verhältnisse beim Pferdespul-wurm, im Anschlusse an Gegenbaur-Fürbringer, verändert. Für das Spermatozoon ist die typische Form gezeichnet, die beim Spulwurm nicht vorkommt.
Die väterlichen Chromosomen schwarz, die mütterlichen hell.
1 Eindringen des Spermatozoons. *2* der Kopf (Samenkern) mit Zentralkörper und Strahlung rückt gegen den Eikern vor. *3* der Samenkern wird größer, der Zentralkörper hat sich geteilt. *4, 5* und *6* Bildung einer Teilungsfigur aus den beiden Vorkernen, Längsspaltung der Chromo-somen, Teilung (Beginn der Furchung). *C* = Zentralkörper, *SpK* = Samenkern, *Ek* = Eikern.

und den Kern liefert, von dem alle Kerne des neuen Individuums durch Teilung abstammen. Welche Anzahl von Chromosomen enthält der neue Kern? Nach dem Gesetz der Konstanz der Chromosomenzahl müssen wir erwarten, daß das Kind die gleiche Zahl enthält wie die Eltern. Diese Forderung wird tatsächlich er-füllt. Eikern und Spermakern sind durch die Reifungsvorgänge auf die halbe Chromosomenzahl reduziert worden, durch die Be-fruchtung, d. i. durch die Verschmelzung beider, ist die Normalzahl wiederhergestellt. Würde keine Reduktion bei der Reifung eintreten, so müßte sich bei jeder Befruchtung eine Verdoppelung der Chromosomenzahl ergeben, die im Verlaufe weniger Generationen zu ganz undenkbaren Zahlen führen müßte. Der Artcharakter wird aber nach dieser Richtung durch die Reifung konserviert und die Häufung der Schleifenzahl vermieden. Es erhält also der Reifungsvorgang eine Art regulatorischer Bedeutung für die Erhaltung einer, wie es offenbar scheint, wichtigen Eigenschaft des Körpers.

Welcher Art die feinere Organisation der Chromosomen ist und welche Bedeutung dieselbe sowohl, wie die Gesamtheit der Zellteilungserscheinungen, das Zahlengesetz der Chromosomen usw. für das Leben überhaupt und die Vererbung im besonderen haben, ist noch strittig, spielt aber in überaus maßgebender Weise in die Theorie der Vererbung hinein. Diese Fragen entziehen sich hier unserer Betrachtung. Über die allgemeine Bedeutung der Kernsubstanz aber wollen wir im folgenden noch einige Erörterungen anstellen.

Zuvor sei jedoch noch der Ei-Entwicklung ohne Befruchtung Erwähnung getan. Bei vielen Tieren kommt es in gesetzmäßiger Weise nur in gewissen Generationen zur Ausbildung zweier Geschlechter und zur regelrechten Befruchtung des Eies, dazwischen treten Generationen auf, welche nur aus Weibchen bestehen, deren Eier ohne Befruchtung sich entwickeln (viele Insekten, z. B. die sog. Pflanzenläuse, Blattläuse, Reblaus usw., niedere Krebse). Oder aber es kann ein einmal begattetes Weibchen, das einen gewissen Samenvorrat in einem eigenen Reservoir mit sich führt, das abzulegende Ei befruchten oder nicht (Bienen). Endlich kann das unbefruchtete Ei durch gewisse Reize zur Entwicklung ohne Befruchtung angeregt werden (z. B. das Seeigelei durch Einwirkung von gewissen Salzlösungen). In allen diesen Fällen spricht man von Parthenogenese und unterscheidet je nach Umständen eine natürliche und eine künstliche. Es sei bemerkt, daß, wenigstens bei der natürlichen Parthenogenese, die Kernverhältnisse (Richtungskörperbildung!) andere als in dem geschilderten typischen Befruchtungsfalle sind. Bei höheren Tieren, namentlich den Wirbeltieren, ist bisher eine parthenogenetische Entwicklung nicht beobachtet worden, weder unter natürlichen, noch unter künstlich herbeigeführten Verhältnissen, so daß die Betrachtung dieses theoretisch freilich ungemein wichtigen Prozesses mit seiner Erwähnung beschlossen sein mag.

Vergleicht man Ei- und Samenzelle genauer miteinander, so fällt es nicht schwer, für die Differenzen im Bau eine Erklärung zu finden. Der Zelleib des Eies ist angefüllt mit Nahrungsmasse, welche die erste Grundlage für den sich entwickelnden Keim abgibt, und ist infolge dieser Belastung einer aktiven Beweglichkeit unfähig. Der Körper der Samenzelle enthält ein Minimum an Zelleib, von aufgestapelter Reservenahrung überhaupt nicht zu reden; das Wenige, was vom Zelleib vorhanden ist, ist ganz bestimmten, einzig dem Vollzug der Befruchtung dienenden Zwecken angepaßt, der bewegliche schwingende Schwanz, der oft vorhandene Bohrapparat am Kopfe. Der Kopf selbst besteht fast ausschließlich aus Zellkernsubstanz, eine dünne ihn umgebende Hülle von Protoplasma wird nur angenommen, ohne sicher nachweisbar zu sein. Berücksichtigt man die Verwendung der Teile, so sieht man, daß der eigentliche Befruchtungsprozeß in der Verschmelzung der Kerne bedingt ist, man stellt aber auch weiterhin fest, daß die Kernsubstanzen allein es sind, die vom Vater und der Mutter in gleicher Menge und Qualität beigesteuert werden. Nun weiß man ferner, daß beide Eltern im allgemeinen für die Bestimmung der Eigenschaften des Kindes gleicherweise in Betracht kommen, und daß beider Anteile mit der vollzogenen Befruchtung endgültig bestimmt sind. Keinerlei äußere Einwirkung kann dieses Verhältnis mehr ändern. Weder die Ernährung des Kindes durch die Mutter, noch das lange Verweilen im mütterlichen Körper mit seinen noch so intensiven und lange dauernden Wechselbeziehungen ist imstande, ein Überwiegen des mütterlichen Einflusses auf das Kind zu bewirken, wenigstens nicht in dem Sinne einer Übertragung vererbbarer Eigenschaften. Daß natürlich der Einfluß der Mutter unter solchen Verhältnissen in anderer Richtung als nach der Seite der Vererbung hin den des Vaters überwiegen kann, ist selbstverständlich (man denke an die mögliche Miterkrankung des Kindes bei Infektionskrankheiten usw.), kommt aber für die Vererbungsfrage im streng begrifflichen Sinne nicht in Betracht.

Wäre ein solcher erblicher Einfluß der Mutter vorhanden, so würde ja die ganze Bedeutung der geschlechtlichen Fortpflanzung, resp. des Befruchtungsvorganges, über die wir noch weiter unten zu reden haben werden, gerade bei den höchsten Tieren und dem Menschen zu Ungunsten des männlichen Elementes abgeschwächt, ja fast illusorisch gemacht werden. Kehren wir aber zu den bei der Befruchtung gemachten Beobachtungen zurück, so wäre die Annahme denkbar, daß das quantitative Überwiegen der Mutter infolge der oft tausend-, ja millionenfach bedeutenderen Größe des Eies im Vergleich zum Spermatozoon auch einen größeren Einfluß der Mutter auf die Bestimmung der Eigenschaften des Kindes bewirken könnte. Auch dagegen spricht die alltägliche Erfahrung. Am allerwenigsten könnte das Maß des Einflusses durch die direkte Größenproportion der Keimzellen bestimmt werden, denn dann müßte bei Tieren mit außerordenlich großen Eiern der Einfluß des Vaters praktisch gleich Null werden.

Da wir aber aus allgemeinen Gründen gezwungen sind, und das gilt wohl in gleicher Weise für die mechanistische, wie für die vitalistische Richtung der Biologie, die Gleichheit des elterlichen Einflusses zu irgendeinem materiellen Substrat in ein Verhältnis zu bringen, so bleibt uns nichts anderes übrig, als die bis ins Detail gehende Kongruenz der Kernanteile von väterlicher und mütterlicher Seite heranzuziehen. Wir kommen auf diese Weise zu dem Schlusse, daß in den Kernen die Fähigkeit der Eigenschaftsübertragung in irgendwelcher Form enthalten sein muß, daß die Kerne die Vererbungsubstanz, das Keimplasma, enthalten müssen. Nun erscheinen uns auch die ungemein komplizierten Vorgänge wenn auch nicht ganz, verständlich, so doch einigermaßen motiviert, welche bei der Teilung, der Zelle überhaupt, bei der Reifung der Keimzellen und bei der Befruchtung an den Kernen beobachtet wurden, während der Zelleib, soweit nachweisbar, von analogen Vorgängen nicht betroffen erscheint. Es wird dadurch im Sinne der heute herrschenden Lehre immer die gleiche Verteilung der für den Körper spezifischen Erbsubstanz bewirkt, es wird bei der Befruchtung die Kombination zweier individuell verschiedener Erbsubstanzen zu einer neuen Individualität herbeigeführt.

Im Anschlusse an die hier behandelte Frage hat man an geeigneten Objekten interessante Versuche angestellt, um die Rolle des Kernes und des Zelleibes bei der Befruchtung in noch deutlicherer Weise darzutun. Der Grundzug dieser Versuche war zunächst dieser, daß man die Kernsubstanz eines der beiden Eltern von der Befruchtung oder eigentlich richtiger von der Entwicklung ausschloß. Da man aber bei den zu diesen Versuchen geeigneten niederen Tieren das erbliche Wiederauftreten irgendwelcher individueller Elterneigenschaften bei der aus dem Ei entstehenden Larve aus begreiflichen Gründen nicht hätte feststellen können, so mußten Eltern mit gröberen Unterschieden herangezogen werden. Man wählte Eltern aus verschiedenen und auch schon in den ersten Entwicklungsstadien an ihren Merkmalen leicht zu unterscheidenden Tierarten, man griff zum Hilfsmittel der Kreuzung oder Bastardierung. War es richtig, daß die Kerne allein für die Eigenschaften der Nachkommen verantwortlich seien, so mußte ein Ei, bei dem es glückte, den Kern zu entfernen, nach Befruchtung mit einem artfremden Samen trotz quantitativen Überwiegens der mütterlichen Eisubstanz eine Larve mit väterlichen Eigenschaften liefern, vorausgesetzt, daß bei einem solchen Experiment wirklich Entwicklung eintrat. Letzteres war auch tatsächlich der Fall. (Damit war auch die interessante Tatsache bewiesen, daß der Prozeß, den wir gemeiniglich Befruchtung nennen, aus zwei voneinander trennbaren Teilerscheinungen bestehe, aus der Vermischung der beiden elterlichen Kernsubstanzen — „Befruchtung“ — und aus der durch das Eindringen der Samenzelle an und für sich hervorgerufenen „Entwicklungserregung“. Eine solche Entwicklungserregung liegt also hier vor, indem das eindringende Spermatozoon, ohne auf einen Eikern zu stoßen, die Einleitung der Entwicklung bewirkte. In der Folge zeigte es sich sogar, daß der entwicklungserregende Reiz keine ausschließlich an das Spermatozoon gebundene Eigenschaft sei, sondern auch durch andere Einwirkungen — durch gewisse Chemikalien — hervorgerufen werden könne.)

So wurde der Versuch ausgeführt, durch Schütteln kernlos gemachte Eifragmente einer Seeigelart mit dem Samen einer anderen

Seeigelart zu befruchten. Es gelang dies auch, und die daraus resultierenden jungen Larven zeigten rein väterliche Eigenschaften, rechtfertigten also den Satz von der bestimmenden Bedeutung der Kernsubstanz.

Freilich stehen der Lehre von der alleinigen Bedeutung der Kerne für die Vererbung mancherlei Erwägungen und Beobachtungen entgegen, doch muß man betonen, daß diese gegenüber den Argumenten die zugunsten der Kerne sprechen, in der Minderzahl sind, so daß heute noch die größere Zahl der Biologen an der obigen Lehre festzuhalten sich veranlaßt sieht. Immerhin erfordert es die Unparteilichkeit, wenigstens einen, und zwar, wie mir scheint, den wichtigsten Versuch, der von der Gegenseite angeführt wird, hier zu schildern. Es konnte nämlich die überraschende Tatsache festgestellt werden, daß sowohl kernhaltige als kernlose Eier, bzw. Eifragmente von Seeigeln nach Befruchtung mit Samen von Haarsternen (einer mit den Seeigeln verwandten Gruppe) rein mütterliche Charaktere zeigten, also Seeigellarven glichen. Damit scheint vor allem im Falle der kernlosen Seeigeleier trotz des alleinigen Vorhandenseins eines männlichen Kernes und des Mangels eines mütterlichen ein väterlicher Einfluß auf die Bildung des Keimes nicht vorhanden und der weibliche Zelleib von entscheidender Bedeutung, also die Lehre von der Bedeutung der Kerne widerlegt. Aber es ließe sich hier doch noch eine Deutung des bemerkenswerten Experiments geben, die der älteren Lehre nicht widerspricht. Es entspricht der allgemein verbreiteten Ansicht, daß vom Kerne des sich entwickelnden Keimes aus der Zelleib in der Weise beeinflußt wird (wir wollen uns über die Natur dieses Einflusses hier nicht näher äußern), daß an und in diesem eben die Eigenschaften des sich bildenden Körpers auftreten. Das Plasma des Eies wäre in gewissem Sinne indifferent und unterliegt nach der Befruchtung dem gemeinsamen Einflusse des väterlichen und des mütterlichen Kernes. Da aber der mütterliche Kern schon von Anfang an im Ei enthalten ist, kann man sich vorstellen, daß er in der Beeinflussung des Eizelleibes einen zeitlichen Vorsprung hat, den der später hinzukommende väterliche Kern erst einholen muß, bevor sein Einfluß sich sichtbar geltend macht. Da man aber die in solchen Versuchen erzielten Larven nicht sehr weit ziehen kann, sondern dieselben nach Erreichung eines gewissen Stadiums im Versuchsglase nicht mehr die erforderlichen Lebensbedingungen finden und absterben, so mag eben jene Periode, in der sich der väterliche Einfluß bei ungestörter Weiterentwicklung geltend machen würde, nicht mehr zur Beobachtung gelangen. Für die Richtigkeit dieser Deutung spricht wieder eine Reihe von Versuchen, welche beweist, daß verschiedene Umstände den Einfluß eines der beiden Eltern zeitweise aufheben oder verzögern können. So ergaben zwei verschiedene Seeigelarten, in normaler Weise miteinander kreuzweise befruchtet, je nach der Jahreszeit in der ersten Entwicklung Überwiegen oder ausschließliches Vorhandensein entweder der väterlichen oder der mütterlichen Eigenschaften, wobei wahrscheinlich der Reifezustand der beiderlei Geschlechtszellen, daneben auch die Temperatur bestimmend waren. Erst bei weiter fortgeschrittener Entwicklung traten die bis dahin vermißten Eigenschaften des anderen Elternteiles auf.

Zusammenfassend dürfen wir also derzeit daran festhalten, daß die Kerne für die Vererbung zum mindesten die allergrößte, wenn nicht ausschließliche Bedeutung haben.

Obwohl wir uns jedes Eingehens auf rein theoretische Fragen der Vererbungslehre hier enthalten wollen, scheint doch die vorhergegangene, etwas weitläufigereAusführung erforderlich gewesen zu sein. Denn für den Fall der vollständigen Richtigkeit der daraus abgeleiteten Schlüsse ist eine unerschütterliche Basis gewonnen für die Beurteilung einiger Erscheinungen, die schon stark in das rein Praktische hinüberspielen, obzwar sie natürlich bei nur einigem Begründetsein auch theoretisch von höchster Bedeutung sein müssen. Wir stellten fest, daß für die normale Entwicklung andere eigenschaftsbestimmende Einflüsse als die in den Keimzellen begründeten kaum anzunehmen wären, und wiesen dies am Beispiel der Brutpflege, der Trächtigkeit, nach. Man hat aber von anderen Dingen berichtet, die mit unserer Lehre in Widerspruch stehen. Dahin gehört beispielsweise die Erzählung vom „Versehen" der Mutter. Ein ungewohnter, womöglich mit Schrecken oder Überraschung verbundener Anblick, besonders eines häßlichen oder mißbildeten Menschen, einer künstlichen Fratze, ja sogar einer Tierabbildung, der einer schwangeren Frau begegnet, soll eine gleichartige oder ähnliche Beschaffenheit des zu erwartenden Kindes bewirken. In mannigfaltiger Form findet man dieses effektive Ammenmärchen bei verschiedenen Völkern und in den ungebildeten wie in den gebildeten Schichten. Für eine solche, bloß auf psychischem Wege vorsich gehende Beeinflussung fehlt der Naturwissenschaft jede Grundlage. Die Erklärung solcher Fälle mag in der Leichtgläubigkeit, Einbildungskraft und Selbsttäuschung der Menschen gesucht werden. Es mag in einem oder anderen Falle ein Schreck der Mutter mit einer darauf folgenden Ohnmacht einen Sturz und damit auch eine Verletzung des Kindes bewirkt haben, und aus solchen oder ähnlichen Anlässen mag mit Hilfe von einiger Ausschmückung und Übertreibung der Aberglaube vom Versehen entstanden sein, auch ein zufälliges Zusammentreffen von Umständen und manches andere kommt in Betracht.

Eine weitere, infolge ihrer wenigstens scheinbar materiellen Begründung bedeutungsvollere Sache käme noch in Erwägung, es ist das die sog. Telegonie. Namentlich bei Tierzüchtern findet man, vor allem in älterer Zeit, Berichte darüber, daß ein weibliches Tier einer bestimmten Art oder Rasse, das zuvor mit einem Männchen anderer Art oder Rasse gepaart worden war und einen Bastard geliefert hat, bei nachträglicher Paarung mit einem Männchen seiner eigenen Art doch eine Nachkommenschaft ergeben könne, die, wenn auch abgeschwächt, Bastardcharaktere aufweise, indem es an den ersten Gatten in irgendwelcher Weise erinnere. Einer, der am meisten zitierten Fälle ist der, wonach eine Pferdestute mit einem Zebrahengst einen gestreiften Bastard erzeugte. Das zweite Mal, nach Belegung durch einen Pferdehengst, wäre ein Füllen geboren worden, das an den Beinen auffallend stark quergestreift gewesen sei. Es müßte demnach entweder der Samen des ersten Gatten, oder der in der Pferdestute heranwachsende Mischling eine Wirkung ausgeübt haben, die am zweiten Füllen zum Ausdruck kam. Nun weiß man, daß die Samenzellen der höheren Tiere im besten Falle wenige Tage lebensfähig bleiben, daher ein Zeitraum von mindestens vielen Monaten, wie er hier vorlag, es ausschließt, daß etwa bei der Befruchtung durch den Pferdehengst auch der Zebrasamen mitgewirkt hätte, von der Unwahrscheinlichkeit nicht zu reden, die in dem zeitlichen Zusammenfallen dieser Einwirkung mit der neuerlichen Begattung liegt, wo doch gewiß in der Zwischenzeit auch genug reife Eier vorhanden waren, die hätten befruchtet werden können, und wo man weiß, daß eine einmalige Begattung bei höheren Tieren auch immer nur für eine Schwangerschaft ausreicht. Daß der Zebrasamen den Organismus der Pferdestute, etwa die noch im Ovarium befindlichen Eier verändernd beeinflußt hätte, ist auch nicht wahrscheinlich. Und noch weniger begreiflich und durch die Erfahrung nicht im mindesten gestützt erscheint eine dauernde Wirkung des Mischlingsembryos auf die Mutter. Solche und andere Fälle lassen sich vielmehr auf eine ganz andere Weise erklären. Bei Pferdefüllen und selbst bei erwachsenen Pferden (auch Eseln) kommen Streifungen vor allem an den Beinen sehr häufig vor, bei manchen Rassen sind sie fast regelmäßig zu finden. Sie sind aber keineswegs auf Beimischung von Zebrablut rückführbar, sondern werden von den Zoologen als eine Erinnerung an alte gestreifte zebraartige Vorfahren gedeutet. Solche ahnengeschichtliche Erinnerungen sind in der ganzen Tierwelt nichts Seltenes, sie gehören zu den wichtigsten Stützen der Abstammungs- oder Deszendenzlehre, und ihr Auftreten am Jungen oder am Embryo, ihr Verschwinden beim Erwachsenen gehören zu ihren häufigen Eigenschaften. Dabei sind sie in ihrer Ausbildung oft sehr variabel, können einmal ganz fehlen, das andre Mal außerordentlich stark ausgeprägt sein. Und so erscheint es begreiflich, daß sich gelegentlich eines solchen Vorkommnisses eine falsche Deutung leicht ergibt. Würde die Telegonie eine bewiesene Erscheinung sein, so hätte sie natürlich auch eine hohe Bedeutung für die menschliche Gesellschaft, indem bei Abschluß einer zweiten Ehe durch eine Frau vielleicht unerwünschte erbliche Eigenschaften des ersten Gatten die Kinder zweiter Ehe gefährden könnten. Zum Glück ist die Unhaltbarkeit der Telegonielehre so gut wie sicher erwiesen.

Hiermit haben wir uns der praktisch wichtigsten Frage unseres Kapitels genähert, nämlich der nach den Eigenschaften, welche vererbt werden können. Die alltägliche Erfahrung lehrt, daß nicht jede unbedeutende Eigenheit vererbt wird, ja, daß sogar oft Merkmale, die ein Individuum ganz besonders auszeichnen (im günstigen oder im ungünstigen Sinne) in der Nachkommenschaft nicht auftreten müssen.

Die Individuen einer Art gleichen einander nicht vollständig; sie stimmen, sofern sie sich überhaupt in ihrem Bau innerhalb des Normalen halten, untereinander nur in den wesentlichen, den sog. Artmerkmalen überein, innerhalb deren Gesamtheit, die wir als Artcharakter bezeichnen können, größere und geringere Abweichungen, Variationen, möglich sind und in Unzahl vorkommen. Diese Variabilität ist eine der charakteristischsten Eigenschaften der Organismen. Sie bezieht sich auf alle Merkmale des Körpers, Größe, Färbung, Proportionen, Temperament, innere Anatomie usw. und man kann von ihr sagen, daß sie sich je nach der größeren oder geringeren Blutsverwandtschaft der Individuen im allgemeinen in entsprechend gleicher oder ungleicher Richtung hält, oder mit anderen Worten, daß die variablen Eigenschaften eine gewisse und zwar ziemlich große Tendenz zur Vererbung zeigen. So zeigen oft Geschwister gleichartige Variationen, und am deutlichsten und schärfsten ausgeprägt ist diese Übereinstimmung bei Zwillingsgeschwistern oder Tieren des gleichen Wurfes.

Über die Ursachen der Variabilität wissen wir noch sehr wenig und sind im allgemeinen auf Hypothesen zu ihrer Erklärung angewiesen. Dies trifft vor allem zu für jene zahllosen individuellen Abweichungen, die den betreffenden Wesen angeboren sind, und diese sind es auch, welche in hervorragendem Grade die Tendenz zur Vererbung zeigen. Von ihrer Betrachtung ging Darwin aus, als er seine berühmte und bahnbrechende Theorie der natürlichen Zuchtwahl zur Erklärung der Mannigfaltigkeit der Lebewesen aufstellte. Der Züchter, der zielbewußt bestimmte Eigenschaften bei seinen Tieren erzeugen will, sucht jene Tiere aus, die Andeutungen in der erwünschten Richtung zeigen, und ist sehr häufig in der Lage, durch Paarung solcher Individuen die Eigenschaft mit Hilfe fortgesetzter Auswahl (künstliche Zuchtwahl) im Verlaufe der Generationen zu steigern, zu erhalten und erblich zu befestigen. Auf diese Weise sind schon eine Menge ganz eigenartiger, von der Grundform selbst bis zur Karikatur abweichender Zuchtrassen entstanden.

Nach Darwin nun soll in der freien Natur nichts anderes vor sich gehen, als ein ähnlicher, wenn auch langsamerer Zuchtwahlprozeß, in dem durch den „Kampf ums Dasein“ jene Individuen und Familien begünstigt werden und die meiste Aussicht zu ihrer Erhaltung und Fortpflanzung haben, die durch eine vorteilhafte Variation über die anderen Genossen derselben Art hervorragen. Man mag über die Gültigkeit dieses Prinzips denken, wie man will, und dieselbe, wie dies heute von vielen Seiten geschieht, ganz in Abrede stellen oder stark einschränken, die Hauptvoraussetzung, nämlich das scheinbar regellose, aus uns unbekannten Gründen erfolgende Auftreten von erblichen Variationen ist eine Tatsache, die nicht zu bezweifeln ist, und mit der die praktische Vererbungskunde wie mit einer fix gegebenen Größe zu rechnen hat.

Solche Variationen, wie wir sie zunächst hier im Auge haben, sind meistenteils in ihrem Ausmaße unbedeutend und weichen vom allgemeinen Typus der Art nur wenig ab; dennoch müssen sie unserem für die feinsten individuellen Unterschiede innerhalb unserer eigenen Art empfänglichen und geschärften Blick auffallen. Sie sind es ja, welche die Schönheit des einen, die Häßlichkeit des anderen Gesichtes ausmachen, die Proportionen des Körpers bestimmen, aber auch große Bedeutung für die physische und psychische Tauglichkeit des Individuums haben, indem gewisse schädliche Anlagen oder Vorzüge, wenn auch dem untersuchenden Blick entgehend, als erbliche Variationen auftreten können.

Unter den spontan, d. h. eben ohne nachweisbare Ursachen auftretenden Abweichungen vom Mittel, nehmen in neuerer Zeit die sog. Sprungvariationen und Mutationen eine besondere Stellung ein. Es wurde auf botanischem Gebiete beobachtet, daß bei gewissen Pflanzen plötzlich ganz unvermittelt eine Generation auftrat, die neben der Stammform eine, ja selbst mehrere ganz neue Formen enthielt, die in weitaus höherem Grade von der ersteren abweichen, als die gewöhnlichen Varianten, und die noch dazu oft in großer Anzahl gleichzeitig erschienen. Diese „Mutationen" sollen nach einigen Forschern die Hauptgrundlage für die Bildung neuer Arten (ev. unter Zuhilfenahme der natürlichen Auslese im Sinne Darwins) sein und nicht die kleinen Variationen. Vorläufig ist die Frage, inwiefern die Mutationen eine allgemeine Erscheinung sind, nicht geklärt (bisher wurden sie nur bei einer gewissen Anzahl von Pflanzen, namentlich Kulturpflanzen, nachgewiesen), daher auch ihre Bedeutung für die Bildung neuer Arten nicht erwiesen, endlich fehlt der wirklich befriedigende Nachweis von Mutationen im Tierreich noch vollkommen, so daß für unseren Zweck nur die Annahme einer Möglichkeit ihres Vorkommens und im gegebenen Falle ihre Erblichkeit in Betracht kommt.

Variationen und Mutationen treten ohne nachweisbare Ursache auf, sie machen sich oft schon am neugeborenen Tiere, ja sogar am Embryo geltend, irgendwelche sie verursachende Einwirkungen der Außenwelt lassen sich nicht nachweisen. Infolgedessen hat man sich veranlaßt gesehen, den Grund der Abweichung schon in die Keimzelle (Eizelle oder Samenzelle) zu verlegen und spricht in diesem Sinne von Keimvariation. Von diesen zu scheiden sind jene individuellen Eigenschaften, welche der Organismus während seines Lebens infolge seiner Betätigung oder in Abhängigkeit von Einwirkungen der Außenwelt erwirbt, und die oft ungemein weit gehen können, vollends dann, wenn sehr starke Veränderungen, etwa durch absichtlich vorgenommene Eingriffe zustande kommen.

Solcherlei Effekte sind zahllos. Das Klima verändert das Fell der Tiere, Gebrauch und Nichtgebrauch der Organe stärkt oder schwächt dieselben in ihrer Ausbildung. Das filzig behaarte Edelweis verliert, in die Ebene versetzt, seine wärmeerhaltende Hülle, Hunde, denen man bald nach der Geburt die Vorderbeine abgeschnitten hat, lernen auf den Hinterbeinen nach Känguruhart hüpfen und zeigen nach einiger Zeit total veränderte Verhältnisse im Knochen- und Muskelbau der hinteren Rumpfpartie und der Hinterbeine. Der bekannte Erdsalamander aus dem wasserreichen Tiefland und Mittelgebirge, wo er zahlreiche kiemenatmende Larven in die Bäche absetzt, in die Verhältnisse des Hochgebirges mit seinen spärlichen, leicht versiegenden Wasserläufen versetzt, trägt seine Jungen länger bei sich und setzt sie in einem weiter entwickelten, vom Wasser bereits mehr oder weniger unabhängigen Zustand ab; dabei wird die Zahl der Jungen geringer, indem ein Teil der Eier zugrunde geht und den heranwachsenden Embryonen zur Nahrung dient. Diese und viele andere Beispiele beweisen, daß der Außenwelt nicht nur verändernde Einwirkungen gegenüber den Organismen zukommen, sondern daß auch die gesetzten Abweichungen höchst zweckmäßige sind, daß der Organismus sich den verändereten Verhältnissen anpaßt. Da diese Anpassungen von einem Individuum schon in kurzer Zeit, in viel kürzerer als wir uns die Erzielung einer zweckmäßigen Eigenschaft durch natürliche Zuchtwahl vorstellen können, durchgeführt werden, so liegt es nahe, hier an die Möglichkeit dauernder Veränderung der Arten durch äußere Einflüsse zu denken, und es erhebt sich auch sofort die wichtige Frage, ob solche Veränderungen erblich sind. Man muß wohl zunächst bei dieser fraglichen „Vererbung erworbener Eigenschaften" zwei Dinge auseinanderhalten: 1. solche Erscheinungen, welche als zweckmäßige Reaktion der Organismen gegen Veränderungen der Außenwelt erfolgt sind, die also auf einer tief begründeten, in ihrem Wesen noch ganz geheimnisvollen Fähigkeit, der Anpassungsfähigkeit der Lebewesen beruhen, und 2. solche, die mit dieser Fähigkeit nichts zu tun haben, sondern lediglich den groben Effekt einer äußeren Gewalt darstellen, z. B. Verletzungen und Verstümmelungen. Freilich wird die Grenze zwischen beiden Kategorien nicht immer scharf zu ziehen sein.

Was zunächst das Tatsächliche betrifft, so gibt es zahlreiche Berichte über die Vererbung erworbener Eigenschaften in der wissenschaftlichen Literatur. Trotzdem sind vielfach Einwände gegen die Richtigkeit der Deutung der oft nicht ganz klaren Verhältnisse erhoben worden, und haben eine große Menge von Experimenten ein negatives Resultat ergeben; und so sind jene positiven Angaben bis heute doch noch verhältnismäßig vereinzelt trotz des bereits seit langer Zeit regen Interesses für die Sache. Negativ ist z. B. meistens das Experiment mit der Versetzung von Hochgebirgspflanzen in die Ebene und darauf folgende Rückversetzung ins Gebirge geblieben. Der in der Ebene neu erworbene Charakter verschwand in der nächsten Generation im Gebirge wieder; das Edelweis nahm seine filzige Beschaffenheit wieder an. Derartige Beispiele ließen sich in Unzahl beibringen; aber auch das Gegenteil von Erhaltenbleiben neuer solcher Eigenschaften wird gelegentlich berichtet.

Von Beobachtungen, die für die Vererbung erworbener Eigenschaften sprechen, sei folgendes angeführt. Es wird berichtet, daß eine durch Verletzung eines bestimmten Teiles des Nervensystems bei Meerschweinchen hervorgerufene epilepsieartige Erkrankung an einem Teil der Jungen dieser Tiere wieder auftrat. Von Katzen, denen der Schweif durch Zufall abgequetscht wurde und die dann schweiflose Junge warfen, hat man zu wiederholten Malen gehört. Vor einigen Jahren veröffentlichte ein namhafter Mediziner einen Fall, wo nach Verlust einiger Finger an einer Hand infolge Verletzung mit einer Häckselmaschine die Kinder des betreffenden Mannes mit gleichartigen Defekten zur Welt kamen. Der oben erwähnte Erdsalamander soll die Gewohnheit des Spät- und Weniggebärens, die er bei Wassermangel angenommen hat, auf seine Jungen in der Art vererben, daß sie sich auch bei reichlichem Wasser gelegentlich der Fortpflanzung so verhalten wie ihre Eltern. Wohl das meiste Aufsehen haben Zuchtexperimente an den Raupen gewisser Schmetterlinge (Bärenspinner) erregt, die bei Haltung unter abnormen Temperaturverhältnissen Falter von typisch abweichender Färbung ergaben. Die unter normalen Verhältnissen gezüchteten Nachkommen dieser veränderten Falter ergaben wieder Individuen, unter denen wenigstens ein Teil die Abweichung aufwiesen. Demgegenüber stehen zahlreiche Versuche, namentlich mit Verletzungen, die, zielbewußt durch viele Generation fortgesetzt, zu keinem Resustate führten, und auch andere Tassachen, die solchen Experimenten gleichwertig sind. Die vielen nationalen, kosmetischen und rituellen Verstümmelungen beim Menschen, obwohl oft schon durch Jahrtausende geübt, vererben sich nicht. (Das Eindrücken des Stirnbeines bei den Flachkopfindianern, das Ohrenstechen bei kleinen Mädchen, Durchbohrung der Lippen und der Nasenscheidewand vieler wilder Völkerschaften, die Fußverstümmlung der Chinesinnen, die Beschneidung vieler orientalischer Völker, das Abfeilen gewisser Zähne bei afrikanischen Stämmen usw.) Ebenso die schon lange geübten Verstümmelung bei Haustieren (Schweif- und Ohrenstutzen).

Die Sachlage ist derzeit eine solche, daß die Gegner von der Lehre der Vererbung erworbener Eigenschaften noch immer an ihrer Meinung festhalten unter Hinweis auf die Mangelhaftigkeit und Zweideutigkeit der bisher geführten Beweise. Denn es ist gerade von ihrer Seite der Versuch gemacht worden, auch die scheinbar eklatantesten Fälle (wie den der Bärenspinner) in anderer, die Vererbung erworbener Eigenschaften im strengsten Sinne ausschließender Weise zu erklären. So hat man behauptet, daß in diesem Falle die Temperatureinwirkung, die den Körper traf, in gleichsinniger Weise die Keimzellen beeinflußte, so daß eine durch äußere Verhältnisse l.ervorgerufene Keimvariation vorliege. Bei der angeblichen Vererbung einer Verletzung aber ist es kaum vorstellbar, daß die Keimzellen beeinflußt werden, und wir müßten uns diese Erscheinungen etwa so vorstellen, daß von dem durch die Verletzung veränderten Körper aus, also auf indirektem, mittelbarem Wege, die Keimzellen entsprechend alteriert würden. Das wäre dann im Sinne jener Gegner eine wirkliche Vererbung erworbener Eigenschaften, die sie aber bisher als nicht nachgewiesen bezeichnen.

Trotz aller dieser Gegenargumente scheint es aber doch nicht unangemessen, einer Vererbung erworbener Eigenschaften das Wort zu reden, selbst in dem Falle, wenn man die Beweiskraft der oben zitierten Befunde als nichtig ansieht. Es gibt am menschlichen und tierischen Körper eine so große Menge von Erscheinungen, deren Charakter eng verknüpft erscheint mit Gebrauch oder Nichtgebrauch, mit äußeren Einwirkungen usw., daß man sich ihre Entstehung durch direkte „funktionelle Anpassung" und ihre Erhaltung durch Vererbung viel leichter und plausibler vorstellen kann, als etwa durch Annahme des langsam wirkenden und von allerlei Zufälligkeiten abhängigen Mittels der natürlichen Zuchtwahl. Man könnte den Gedanken fassen, daß eine durch viele Generationen hindurch in gleichsinniger Weise den Organismus zu zweckmäßiger Reaktion anregende Einwirkung angesichts des komplizierten rätselhaften Getriebes und der mannigfachen dunklen Wechselbeziehungen im lebendigen Organismus tatsächlich im Laufe langer Zeiten auf dem oben angedeuteten Wege durch Vermittlung des angepaßten Körpers endlich den Weg zu den Keimzellen findet, und daß auf diese Weise den letzeren allmählich die Fähigkeit, das Erworbene erblich zu behalten und endlich auch ohne den entsprechenden äußeren Reiz in der Entwicklung des Individuums zu produzieren, verliehen wird. Die Annahme eines solchen auf lange Zeit verteilten Vorgangs wäre nicht schwieriger und sein Mechanismus wohl nicht komplizierter, als die alltäglich vor unseren Augen sich abspielenden und in ihrer feinen Zweckmäßigkeit ans Wunderbare grenzenden Fälle von direkter funktioneller Anpassung der Individuen. Es würde durch eine solche Annahme einerseits das negative Vererbungsresultat bei generationenweise experimentell erzeugten Veränderungen und bei vielhundertjährigen Verstümmelungsgewohnheiten der Völker erklärt, andererseits aber doch die Möglichkeit geboten werden, sich in einzelnen Fällen mit der Vererbung nach wenigen, ja nach einer Generation zufriedenzustellen und die diesbezüglichen seltenen Berichte zu akzeptieren. Daß die Vererbung einer Verletzung oder Verstümmelung beim Menschen wenigstens eine Wahrscheinlichkeit von nahezu Null hat, geht gleichfalls aus diesen Betrachtungen hervor und entspricht ja auch der herrschenden

Volksmeinung, die in der Verehelichung eines durch Unglücksfall oder Krankheit Verstümmelten keine Gefahr für die zu erwartende Nachkommenschaft erblickt, hingegen die Ehen solcher, die mit angeborenen Anomalien behaftet sind, mit einem höheren Grade von Mißtrauen bezüglich dieses Punktes betrachtet.

Es sei hier noch einiger Erscheinungeu gedacht, welche für die Beurteilung der Vererbung erworbener Eigenschaften in dem oben angedeuteten Sinne mit einer gewissen Wahrscheinlichkeit sprechen. Denken wir z. B. an den Verlust der Augen oder die mangelhafte Ausbildung derselben bei Tieren, die dauernd im Dunkeln leben, so läßt sich diese Erscheinung nach der Ansicht vieler Biologen mit viel größerer Wahrscheinlichkeit für die Folge der erblichen Wirkung des Nichtgebrauchs mit der in seinem Gefolge eintretenden Untätigkeitsatrophie erklären, als etwa auf dem Wege der natürlichen Zuchtwahl auffassen. Letztere, die in erster Linie den Fortschritt in der Organisation der Lebewesen erklären will und kann, muß ziemlich komplizierte Hilfsannahmen machen, um einer solchen Erscheinung gerecht zu werden. Ähnliches gilt für einen großen Teil der oben erwähnten rudimentären Organe überhaupt. Eine besonders schöne Beobachtung aus einem anderen Gebiete ist folgende. Die Knochen des menschlichen Körpers sind, wie auch die der meisten höheren Wirbeltiere, nicht solid, sondern bestehen in der Regel aus einer äußeren, sehr festen und kompakten Schicht, während das Innere teils hohl, teils nur von einer aus oft äußerst feinen Bälkchen und Plättchen bestehenden Knochenmasse ausgefüllt sind, die man unter dem Namen „schwammige Knochensubstanz oder Spongiosa" der ersterwähnten, der „Compacta" gegenüberstellt. Hierdurch ist eine große Ersparnis an Material, eine Verringerung des Gewichts bei gleichbleibender oder vielleicht sogar gesteigerter Widerstandsfähigkeit und Festigkeit erzielt, ein Verhalten, das in gewisser Hinsicht (Gewichtsverringerung) bei fliegenden Tieren (Vögel, Fledermäuse, vorweltliche Flugreptilien) eine außerordentliche Steigerung erfährt, indem bei vielen dieser Tiere an Stelle der Markausfüllung der Knochen teilweise eine solche mit Luft tritt. Die Anordung dieser feinen Balken und Platten der Spongiosa ist nun eine solche, daß sie in allergenauester Weise den mathematisch berechenbaren Anforderungen entspricht, die an ihre Festigkeit mit Rücksicht auf die auf sie wirkenden Kräfte (Körpergewicht, Muskelzug) gestellt werden. Ein instruktives und schon für sich allein, losgelöst von jeder theoretischen Frage, genug interessantes Beispiel dieser Art ist der menschliche Oberschenkel. Die Art, wie auf den beiden Oberschenkeln, resp. auf den ganzen unteren Extremitäten die Körperlast einwirkt, erinnert sehr stark an zwei gekrümmte mit ihren Krümmungen einander zugewandten Balken, welche mit dem technischen Ausdruck als Kräne bezeichnet werden, auf die oben eine Last (hier die Rumpflast) aufgelegt ist, die sie tragen müssen. (Bei gewöhnlichen Kränen ist die Last am gekrümmten Ende aufgehängt, nicht aufgelegt, was aber für die physikalische Betrachtung ganz gleichgültig ist und unserem Vergleiche kein Hindernis in den Weg legt.) Das obere Ende des Oberschenkels zeigt nun, wenn man es auf einem parallel der Bauchfläche des Menschen geführten Durchschnitt betrachtet, eine Ausfüllung mit spongiöser Knochensubstanz, die in ihrer feineren Anordnung ganz bestimmten Gesetzen folgt. Die Bälkchen und Plättchen bilden auf dem Durchschnitt gekrümmte Linien von stets gleichbleibender Anordnung. Mathemathisch-physikalische Berechnungen haben gelehrt, daß bei dieser Anordnung und bei keiner anderen, den Anforderungen der Festigkeit, wie sie der normalen Belastung des Oberschenkels in bezug auf Größe des Gewichts und Richtung der Kraft entsprechen, Genüge geleistet ist (Fig. 20). Tiere, welche auf allen Vieren laufen, haben trotz sehr ähnlicher äußerer Form des Oberschenkels eine andere Spongiosastruktur, offenbar im Zusammenhange mit einer anderen Gewichtsverteilung.

Nun hat es sich gezeigt, daß, wenn ein Bruch des oberen Schenkelendes stattgefunden hatte und, wie dies leider gewöhnlich bei der Unzugänglichkeit der Bruchenden der Fall ist, schief geheilt ist, wodurch die Stellung des kranartigen Gebildes zur einwirkenden Körperlast eine andere wird, sich binnen kurzem die Anordnung der Knochenbälkchen von Grund aus ändert und den neuen Belastungs- und Kräfteverhältnissen anpaßt. Man hat dies durch Untersuchung an geeignetem Leichenmaterial festgestellt. Man sieht also, daß diese Zweckmäßigkeit der Knochenarchitektur sich unter dem Einfluß der äußeren Verhältnisse infolge des außerordentlichen Anpassungsvermögens des Organismus in verhältnismäßig kurzer Zeit von selbst herstellt. Und was für das Abnorme gilt, darf man wohl auch für das Normale annehmen; beim Übergang zur aufrechten Stellung dürfte sich bei den Vorfahren des Menschen ein ähnlicher Umfor-

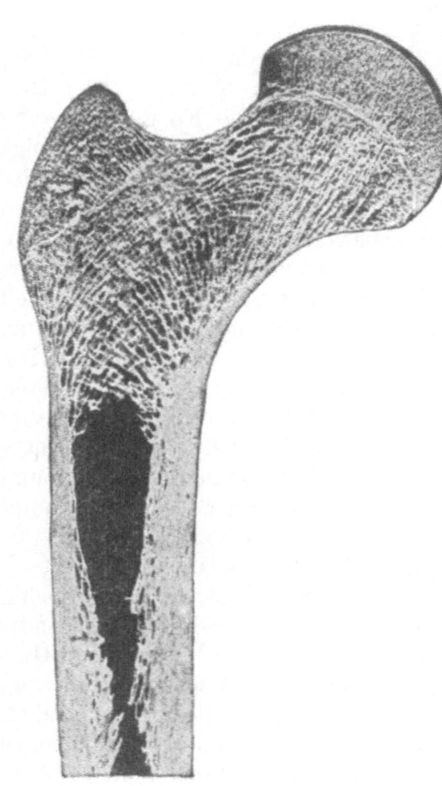

Fig. 20.

Längsschnitt durch das obere Ende des menschlichen Oberschenkels. (Nach J. Wolff aus O. Hertwig.)

mungsprozeß abgespielt haben. Sollte sich das Resultat dieser Anpassung nicht vererbt haben, so müßte jedes menschliche Individuum gleichzeitig mit dem Gehenlernen auch die entsprechende Knochenarchitektur von neuem akquirieren. Dies ist aber nicht der Fall. Letztere ist, soweit bei der unvollkommenen Ausbildung des Skeletts beim Neugeborenen überhaupt die Rede davon sein kann, in diesem schon vorbereitet und vervollkommnet sich bei der weiteren Verknöcherung, auch ohne daß das Kind geht. Die funktionelle Baueigentümlichkeit wird also sicher vererbt. Wollten wir die natürliche Zuchtwahl zur Erklärung heranziehen, so müßten wir wieder Annahmen machen, die sehr kompliziert und praktisch ebenso unbeweisbar wären, wie die einer Vererbung erworbener Eigenschaften.

Das alles sind Gründe, welche, obzwar nur den Wert von Wahrscheinlichkeitsbeweisen besitzend, eine große, vielleicht die überwiegende Zahl der modernen Biologen veranlaßt, neben der nachgewiesenen Vererbbarkeit der spontanen Variationen auch die der erworbenen Eigenschaften (funktionellen Anpassungen) anzunehmen und beiden Prinzipien eine Rolle bei der Entstehung der Arten zuzuschreiben.. Diese Denkrichtung darf wohl gegenüber jener, die sich auf die alleinige Vererbbarkeit der Spontanvariationen stützt, wie auch jener, die einen analogen Standpunkt bezüglich der erworbenen Eigenschaften einnimmt, als die maßgebende und derzeit wenigstens zweckmäßigste betrachtet werden.

Auch die eigentliche Vererbungstheorie, d. i. jene Lehre, welche es sich zur Aufgabe stellt, den feineren Mechanismus jener Vorgänge aufzuklären, oder wenigstens auf Grund der vorliegenden Tatsachen hypothetisch zu konstruieren, hat versucht, die Vererbung erworbener Eigenschaften plausibel zu machen. Da wir es uns aber versagen müssen, in dieser Darstellung auf die verschiedenen Vererbungstheorien näher einzugehen, muß natürlich auch dieses Detail außer Betracht bleiben. Doch sollen wenigstens ein paar Worte über das Wesen der Vererbungstheorien hier Platz finden. Wir können im allgemeinen zwei Gruppen von solchen unterscheiden. Die einen, die man evolutionistische nennen kann, nehmen an, daß in der Keimzelle bereits die ganze Mannigfaltigkeit des entwickelten Wesens gegeben ist in der Art z. B., daß für jede selbst die unbedeutendste Eigenschaft, für jeden kleinsten Körperteil ein eigenes repräsentatives Element vorliegt, das während der Entwicklung des Keimes an den ihm gebührenden Ort verlegt, dortselbst die Entwicklung des erforderlichen Teiles auslöst. Gewöhnlich werden, in Übereinstimmung mit dem oben über den Kern Gesagten, diese Teilchen — Determinanten werden sie von manchen Autoren genannt — in den Kern verlegt, und ihre Gesamtheit entspricht dem, was wir oben als Keimplasma bezeichnet haben. Eine solche Theorie, z. B. die von dem Zoologen Weismann aufgestellte, hat lange Zeit in der Wissenschaft eine große Rolle gespielt und übt ihren Einfluß auch noch jetzt vielfach aus. Doch enthält bereits die Grundvorstellung von dem Vorgebildetsein der Determinanten für jedes Körperdetail, was besonders bei höheren Tieren Millionen und aber Millionen dieser Elemente erfordern würde, sowie noch eine Anzahl anderer Momente so enorme Schwierigkeiten für die Vorstellung vom Keimplasma, daß sich gegen diese und andere Theorien verwandter Art energischer Widerstand ergeben hat. Eine andere Gruppe von Vererbungstheorien hat man epigenetische genannt; während die evolutionistischen Theorien ein von Anfang an Gegebensein der Mannigfaltigkeit zugrunde legen und bloß eine Auswicklung — Entwicklung — Evolution für erforderlich halten, liegt das Wesen der epigenetischen Theorien darin, daß sie eine allmähliche Steigerung der Mannigfaltigkeit im Verlaufe der Entwicklung, ein Nacheinandererzeugtwerden — Epigenese — derselben auf Grund relativ einfacher und wenig Mannigfaltigkeit aufweisender Ausgangszustände annehmen. Zwischen und neben diesen beiden Hauptrichtungen gibt es noch andere Versuche, die Vererbung zu erklären, ein allseits befriedigendes Resultat ist jedoch — begreiflicherweise — bisher nicht erzielt worden, da es bei diesen, die feinsten Strukturverhältnisse und Funktionen des Lebendigen betreffenden Fragen natürlich zuerst auf eine Kenntnis dieser Dinge selbst ankommt; und von einer solchen sind wir noch immer so himmelweit entfernt, daß man, um eine Vererbungshypothese zu konzipieren, vorher noch eine hypothetische Vorstellung vom Bau und Wesen der lebendigen Substanz konstruieren, oder wenigstens das bisher Bekannte durch Hypothesen vervollständigen muß. —

Kehren wir nun nach diesen vielfachen Abschweifungen zur speziellen Betrachtung des Menschen zurück, so wird es sich zunächst um die Frage drehen, welche von den Abweichungen, die wir an unserem Körper beobachten, seien sie nun noch innerhalb der Variationsbreite des Normalen oder bereits im Bereich des Pathologischen gelegen, vererbbar sind. Es wäre ja nach dem bereis Ausgeführten nicht schwer, sich für diese oder jene Einzelerscheinung auf Grund der allgemein aufgestellten Grundsätze Rats zu erholen, doch rechtfertigen gewisse begriffliche Mißverständnisse und die Wichtigkeit des ganzen Gegenstandes überhaupt eine besondere Erörterung.

Die Vererbungsfrage spielt im menschlichen individuellen und sozialen Leben häufig eine große Rolle, wenn es sich um Gesundheit und Krankheit handelt. Die Vererbung von Krankheiten ist ein Gespenst, das in den verschiedensten Formen im wirklichen Leben und in der Einbildungskraft auftaucht. Und so können wir fragen: Welche Krankheiten sind vererbbar? Oder: Gibt es erbliche Krankheiten?

Hier wird eine kleine Begriffsbestimmung am Platze sein. Vererbbar können bloß Eigenschaften des Organismus sein, und auch von diesen nicht einmal alle. Erbliche Eigenschaften werden, wie wir nachgewiesen haben, einzig und allein durch die Keimzellen übertragen und finden schon während dieses Übertragungsaktes ihren irgendwie gearteten, uns unbekannten Ausdruck in der Organisation der lebendigen Substanz der Fortpflanzungszellen, im Keimplasma, das mit höchster Wahrscheinlichkeit im Zellkern lokalisiert ist. Trifft diese Definition für alle oder wenigstens für gewisse Krankheiten zu?

Beginnen wir mit jenen Krankheiten, die man als erbliche Infektionskrankheiten bezeichnet hat. Für die Infektionskrankheiten trifft in vollem Sinne die Definition eines bekannten Mediziners zu, wonach die Krankheit ein abwegiger Vorgang ist, der, durch eine äußere Ursache ausgelöst, an einem Teil des Körpers abläuft. Die Krankheit ist in diesem Falle, biologisch genommen, keine Eigenschaft, da eine solche in der Beschaffenheit des betreffenden Organismus allein begründet ist, während hier ein fremdes Element hinzukommt, nämlich der Krankheitserreger. Die moderne ätiologische Forschung hat gezeigt, daß die Infektionskrankheiten durch bestimmte niedere Organismen (Bakterien, Urtiere u. a.) hervorgerufen werden, die meist durch Erzeugung bestimmter Gifte den Körper schädigen, und im Zusammenhang mit diesen Schädigungen Gegenreaktionen hervorrufen, wodurch das Gesamtbild der Krankheit entsteht. Wo diese Erreger fehlen, kann auch die betreffende Krankheit nicht auftreten. Wollen wir ein Tier in bestimmter Weise krank machen, so müssen wir es auf geeignetem Wege mit den als für die Krankheit spezifisch erkannten Erregern infizieren. Wir können zwar die Erscheinungen der Krankheit, oder wenigstens einen Teil derselben durch Einbringung des von den Erregern erzeugten, jedoch von ihnen freien Giftstoffes hervorrufen, aber das ist nicht dasselbe, es fehlen immer irgendwelche Charaktere der Krankheit, so beispielsweise die spontane Übertragbarkeit (Infektion, Kontagiosität) von einem Individuum auf ein zweites und manches andere noch.

Wenn wir ein für allemal daran festhalten, daß die Krankheit unbedingt nur durch die Anwesenheit der Erreger hervorgerufen werden kann, ergibt sich von selbst unser Urteil über die Frage nach den erblichen Infektionskrankheiten. Auch in den angeblichen Fällen von solchen muß der Erreger schuld sein. Dieser bleibt immer etwas dem Körper Fremdes, er kann mit ihm in keine solche Gemeinschaft eintreten, daß man ihn nunmehr zu dessen Bestand, zu seinen Eigenschaften zählen kann. Ist also eine Krankheit „erblich übertragen" worden, so ist die Sache im besten Falle so aufzufassen, daß bereits in den Keimzellen von den Eltern her, oder wenigstens in einer derselben der Infektionsstoff, in Form von lebensfähigen Erregern vorhanden war. Damit aber fällt vom streng biologischen Standpunkte die Krankheit nicht mehr unter den Begriff der Vererbung. Es ist eine Infektion des Keimes, wie jede andere, nur daß dieselbe ungemein frühzeitig erfolgt ist (sog. germinale Infektion). Auch kann die sog. erbliche Krankheit, da sie den befallenen (erst in Entwicklung begriffenen) Organismus unter wesentlich anderen Verhältnissen antrifft, wesentlich anders aussehen, als wenn sie der erwachsene Organismus akquiriert. Das gilt z. B. in hohem Grade von jener Krankheit, die man am längsten, und auch heute noch, als vererbbar oder hereditär bezeichnet, nämlich von der Syphilis. Seit man aber den Erreger der Syphilis kennt und so gut wie immer nachweisen kann, ist die eigentlich schon längst befestigte Meinung aufs neue bekräftigt worden, daß es sich in den „hereditären" Fällen bloß um eine angeborene Infektion, also um eine „kongenitale Syphilis" handelt, und das ist doch etwas ganz anderes als eine Vererbung.

Wir haben oben betont, daß eine erbliche Eigenschaft schon in der Beschaffenheit des Keimplasmas begründet sein muß und spätere Einwirkungen auf den sich entwickelnden Keim in den Richtung der Vererbung erfolglos bleiben müssen. Gesetzt den Fall nun, wir wollten die Anwesenheit eines Krankheitserregers in der Keimzelle als eine Eigenschaft des Keimplasmas betrachten (was aber, wie wir sahen, absolut unzulässig ist), und dementsprechend die auf diese Weise am Kinde auftretende Krankheit als ererbt ansehen, so muß bemerkt werden, daß dieser Modus jedenfalls nicht der einzig mögliche ist, ja daß wahrscheinlich in den meisten Fällen der im Anfang erregerfreie, also gesunde Keim erst während der späteren Entwicklung auf irgendwelche Art infiziert wird. Es kann nämlich eine Infektion vom mütterlichen Körper durch den Mutterkuchen (Plazenta) erfolgen (plazentare Infektion). Diesen letzteren Modus kann man nun wohl auf keine Weise, selbst bei noch so laxer Auffassung des Begriffes, als Vererbung auffassen, denn sonst könnte man ebensogut ein bereits abgelegtes gesundes Hühnerei, dessen Embryo man durch künstliche Einbringung von Infektionserregern aus der kranken Mutterhenne infiziert, gleichfalls als hereditär krank bezeichnen.

Praktisch fällt natürlich dem Umstand, daß die Syphilis von den Eltern auf das sich entwickelnde Kind übergehen kann, eine ungeheure Bedeutung zu, dieselbe fast, als ob die Krankheit vererbbar wäre, nur mit dem Unterschiede, daß, wenn wir die Überzeugung gewinnen könnten, ein syphiliskrank gewesenes Individuum enthalte in seinem ganzen Körper keinen einzigen Erreger mehr, wir über das Schicksal der Nachkommenschaft ganz ohne Sorgen sein können. Einer wirklich vererbaren Eigenschaft aber können wir durch keinerlei Maßnahmen ihre Vererbbarkeit nehmen, selbst wenn wir das Individuum durch Operation von der Eigenschaft befreien. Wir haben ja Derartiges schon bei der Frage der Vererbung von Verletzungen besprochen. Man kann eben den Vererbungsmechanismus, der eine dem Körper, wenigstens für unser Können unabänderlich eingeprägte Fähigkeit nicht in eben solcher Weise beeinflussen oder ganz oder teilweise eliminieren, wie den dem Körper fremden Erreger einer Krankheit.

Etwas anders als wie bei der Syphilis steht es mit einer anderen großen Geißel der Menschheit, der Tuberkulose. Auch diese wurde früher vielfach für vererbbar gehalten, namentlich bevor man über die Natur der Infektionskrankheiten ganz im klaren war. Auch für die Tuberkulose müßte im äußersten Falle dasselbe gelten, wie für die Syphilis, nämlich die Möglichkeit einer Keimesinfektion. Aber weder diese, noch auch eine Infektion in späterer Entwicklungsperiode innerhalb des Mutterleibes ist wahrscheinlich. Vielmehr neigt man heute mehr der Ansicht zu, daß die Kinder bazillenfrei geboren werden, aber infolge des innigen Zusammenseins mit den kranken Eltern bald nach der Geburt erkranken können und irrtümlich als krank geboren gelten. Was hingegen bei der Tuberkulose als im hohen Grade vererbbar gilt, das ist die sog. Empfänglichkeit oder Disposition, d. h. die im Organismus begründete Möglichkeit, leichter eine Infektion mit Tuberkelbazillen zu erleiden, während andere, nicht disponierte Individuen, trotzdem sie Bazillen aufnehmen, nicht erkranken.

Die Frage der Disposition ist eine sehr schwierige und noch nicht ganz erledigte, und es kommt uns höchstens zu, dieselbe vom Vererbungsstandpunkte zu behandeln. Man hat bei Individuen, die zu Tuberkuloseinfektion neigen, besondere anatomische und funktionelle Eigenschaften, z. B. im Bau des Brustkastens und damit der Lunge, festzustellen geglaubt, auch spricht man von der Erblichkeit dieser, wenigstens einen Teil der Disposition bedingenden Abweichungen. Wir können uns die Entstehung der Disposition auf zweierlei Weise denken. Entweder so, daß wir die betreffenden Eigenschaften als Ausdruck einer spontanen erblichen Variation auffassen, oder daß in einer Familie, in der durch eine Reihe von Generationen Tuberkuloseerkrankungen vorkamen, eine durch die Krankheit bedingte ungünstige Veränderung des Baues und der Konstitution sich erblich befestigte.

Bei anderen Infektionskrankheiten ist von einer Heredität ernstlich wohl nie gesprochen worden.

Im Gegensatz zu den Infektionskrankheiten stellt jene große Reihe von Zuständen, die wir im allgemeinen als Mißbildungen bezeichnen, ein wichtiges Material für die Vererbung dar. Hier sind es natürlich die angeborenen Mißbildungen, die in allererster Linie in Betracht kommen, doch jedenfalls nicht jede. Denn es gibt sicher Mißbildungen angeborener Art, die durch irgendwelche äußere Schädigungen, ohne Mitwirkung von Vererbung, im Mutterleibe entstanden sind, Verletzungen infolge von Stoß oder Sturz, Verkrümmungen, Einschnürungen, Spaltungen, Abschnürung von Teilen (sogar von ganzen Gliedmaßen), durch Enge des Raumes, oder durch in der Eihaut ausgespannte abnorme Stränge oder Falten bedingt usw. Die Unterscheidung ist im einzelnen Falle oft recht schwer, wenn nicht unmöglich.

Die Reihe der wirklich vererbbaren Abweichungen weist natürlich alle Übergänge vom Normalen bis ins extrem Pathologische auf: von der Vererbung individueller Gesichtszüge, Ohrmuschel- und Schädelformen usw. bis zu den auffallendsten Abweichungen. Besonders durch Vererbung ausgezeichnet sind die Vielfingrigkeit (Hyperdaktylie), Wenigfingrigkeit (Oligodaktylie) und manche andere Knochen- und Gelenksanomalien. Es kommt oft vor, daß solche Eigenschaften von einer Generation auf die dritte oder selbst auf noch weitere überspringen, während die dazwischenliegenden frei bleiben. Man hat dies als familiären Atavismus bezeichnet gegenüber dem stammesgeschichtlichen Atavismus, in welchem Eigenschaften ganz entfernter, nicht derselben Art angehöriger Ahnen plötzlich wieder auftreten und die Wirksamkeit der Vererbung auf geradezu ungeheure Distanzen beweisen (Dreizehigkeit oder Zweizehigkeit, zebraähnliche Streifung beim Pferd, Schwanzrudiment beim Menschen usw. Vgl. übrigens den Abschnitt über rudimentäre Organe).

Eine große Menge abnormer bis krankhafter Zustände scheinen entweder an und für sich oder wenigstens auf Grund einer besonderen Disposition der Vererbung unterworfen. Die Entscheidung über die Frage der Erblichkeit und über die der Disposition ist aber hier in vielen Fällen noch ausstehend. Nur einiges Wenige soll hier erwähnt werden. Im Nervensystem spielt bekanntlich die „erbliche Belastung" eine große Rolle. Meist handelt es sich hier wohl um Dispositionen, mangelhafte Widerstandsfähigkeit gegenüber jenen, größtenteils noch wenig erkannten Schädlichkeiten, welche die Entstehung von Nerven- und Geisteskrankheiten bedingen. Aber auch wirklich erbliche Krankheitszustände des Nervensystems, die sich in gleicher Form von einer Generation auf die andere, gelegentlich auch überspringend fortpflanzen, scheint es, wenn nicht alle Zeichen trügen, zugeben. Wenigstens sind eine Anzahl seltener Erkrankungen mit ausgesprochen familiärem Charakter beschrieben worden.

Das gleiche gilt von vielen Erkrankungen des Auges und des Ohres.

Gewisse sog. allgemeine Konstitutionskrankheiten werden in gleicher Weise zu nennen sein (Fettsucht, Zuckerkrankheit, Gicht). Doch muß betont werden, daß es nur ein Bruchteil der Fälle ist, wo Vererbung oder vererbte Disposition irgendwie mit Sicherheit in Betracht kommt.

Eine ganz eigenartige, exquisit erbliche krankhafte Verfassung liegt in der sog. Hämophilie oder Bluterkrankheit vor. Es gibt Familien, die wegen des erblichen Auftretens dieses höchst gefährlichen Zustandes, in welchem die betroffenen Individuen bei den leichtesten Anlässen, oft sogar scheinbar ohne Anlaß, immer der Gefahr eines raschen Todes durch eine unstillbare Blutung äußerer oder innerer Teile ausgesetzt sind, eine gewisse Berühmtheit erlangt haben; und ein Ort in Graubünden, Tenna, ist wegen der dort verbreiteten

Bluterkrankheit, was Heiraten betrifft, in Acht und Bann getan, so daß die Leute, auf Ehen untereinander angewiesen, die Krankheit immer weiter vererben, ohne auch die Möglichkeit einer Korrektur durch eheliche Vermischung mit gesunden Individuen zu besitzen. Bei der Hämophilie hat man übrigens die höchst auffallende Beobachtung gemacht, daß die Frauen nicht erkranken, hingegen die Krankheit sogar in gesunde Familien übertragen können. Solche Individuen bezeichnet man als Konduktoren, auch bei gewissen anderen Zuständen (z. B. der sog. Nachtblindheit, bei der Farbenblindheit) fand man analoge Unterschiede der Geschlechter. Die Männer hingegen, selbst wenn sie von dem pathologischen Zustande befallen sind, vererben die Krankheit nicht, oder nur höchst ausnahmsweise auf ihre Nachkommen.

Was speziell die Vererbbarkeit von Krankheitsdispositionen anlangt, so hat man außer Individual- und Familiendisposition auch vielfach von Völker- und Rassendisposition gesprochen und z. B. die Disposition der Europäer für gewisse Erkrankungen in den Tropen gegenüber den Eingeborenen (vielleicht spielt aber in diesen Fällen vielfach erworbene Immunität der letzteren gegen die dabei in Betracht kommenden Infektionskrankheiten eine Rolle) die Disposition der Juden für Zuckerkrankheit, Hämophilie usw. hervorgehoben.

Im Anschlusse an die Besprechung der Vererbung von Krankheiten käme noch eine Frage in Betracht, die sich auf die eventuelle anderweitige Schädigung der Nachkommenschaft durch einen pathologischen Zustand der Eltern bezieht. Man könnte sich nämlich vorstellen, daß die von einem durch Krankheit geschwächten oder sonstwie minderwertig gewordenen Körper abstammenden Keimzellen diesen Zustand vom Erzeuger übernehmen, ohne daß aber die Krankheitsursache auf sie übergeht, und daß dann folgerichtigerweise ein Keim entstehen muß, der von Anfang schon schwächlich, minderwertig, Schädlichkeiten verschiedener Art gegenüber minder widerstandsfähig ist. Eine Vererbung können wir natürlich einen solchen Vorgang nicht nennen, praktisch aber würde er, sobald er überhaupt als vorkommend nachgewiesen wäre, dieselbe oder eine ähnliche Bedeutung haben, wie eine echte Vererbung. Für sein Vorkommen sprechen viele Vorkommnisse, vor allem auch gewisse statistische Beobachtungen.

Man spricht in solchen Fällen von toxischer (toxisch = giftig) Keimschädigung. Und vor allem dem Alkoholismus wird in dieser Richtung viel vorgeworfen. Man gebraucht viel den Ausdruck: erbliche Wirkung des Alkohols, darunter ist immer die toxische Keimschädigung gemeint. Der Alkoholismus mit seinen Folgezuständen ist ein ganz wohlcharakterisiertes Krankheitsbild (Leberschrumpfung, Säuferwahnsinn usw.). Wäre die Krankheit wirklich vererbbar, so müßten ihre Erscheinungen an den Kindern auftreten. Das ist indessen nur der Fall, wenn die Kinder ihrerseits selbst Säufer werden, also durch ihr eigenes Tun und Treiben und nicht durch Vererbung erkranken. Hingegen ist es eine vielerörterte Erscheinung, daß Kinder von chronischen Säufern körperlich oder geistig oft schwächlich, sogar idiotisch sind und auch vielleicht sonst zu Erkrankungen, vor allem zu nervösen und geistigen, stärker neigen. Ja, es soll sogar ein einziger Rausch, innerhalb dessen zufällig ein Kind gezeugt wurde, eine derartige Vergiftung der momentan in Betracht kommenden Keimzellen bewirken können, daß solche Kinder gleichfalls stark geschädigt werden. Bekannt ist die häufig wiederholte Angabe, daß die Lehrer in Weingegenden, das Schülermaterial solcher Jahre, denen vor sechs oder sieben Jahren ein besonders gutes Weinjahr vorangegangen ist, als besonders untauglich bezeichnen. Auch die namentlich von abstinenzlerischer Seite mit großem Nachdruck hervorgehobene Tatsache, daß in der Nachkommenschaft der Säufer das Stillvermögen der Mütter abnimmt und selbst verschwindet, käme vielleicht unter den hier ausgeführten Gesichtspunkt. Ähnlich wie für den Alkohol könnte sich auch die Sachlage für Infektionskrankheiten, die ja gleichfalls mit einer Vergiftung des Körpers einhergehen, verhalten. Vor allem für die Syphilis wird berichtet, daß Kinder kranker Eltern, ohne selbst erkrankt zu sein, oft gewisse Konstitutionsstörungen aufweisen, die toxischer Keimschädigung entsprechen dürften.

Es sei an dieser Stelle auch der sog. rudimentären Organe gedacht, die für den Menschen zum Teil recht große Bedeutung haben. Wir haben schon bei Besprechung der Telegoniefrage erwähnt, daß bei Pferden gelegentlich eine zebraähnliche Streifung vorkommt, die wir als Wiederholung einer Ahneneigenschaft auffassen, und wir haben an anderer Stelle vom sog. phylogenetischen Atavismus gesprochen, unter den auch die erwähnte Erscheinung gehört. Auch dem Menschen kommen derartige Atavismen in einzelnen Fällen zu. (Schwanzartiger Anhang, sog. Darwinsches Spitzohr.) Diesen bloß als Ausnahme zu betrachtenden Erinnerungen an alte Ahnengeschlechter stehen die rudimentären Organe gegenüber, das sind Organe, die einstmals bei den Ahnen eine funktionelle Bedeutung hatten und die sich auch heute noch, zwar ohne nachweisbare Funktion, dennoch in mehr oder weniger deutlicher Form erhalten haben. Eines der wichtigsten dieser rudimentären Organe ist der sog. Blinddarm mit dem von ihm ausgehenden Wurmfortsatz, ein Organ, das bei den pflanzenfressenden Tieren heute noch außerordentlich stark ausgebildet ist und eine wichtige Funktion, gleichsam als ein zweiter Magen, versieht. Wie alle rudimentären Organe zeigt auch der Blinddarm des Menschen eine große Variabilität in Ausbildungsgrad und Größe, man könnte sich auch vorstellen, daß er wie alle Organe dieser Art infolge der mangelnden Funktion schlechter ernährt und daher Schädlichkeiten leichter unterworfen ist. (Doch können wir uns auf die vielfach diskutierte Frage nach der Ursache der Blinddarmentzündung hier nicht einlassen.) Ein anderes rudimentäres Organ des Menschen sind die Muskeln der Ohrmuschel. Die Beweglichkeit der letzteren hat wohl für viele Tiere etwa zur Abwehr von Insekten eine hohe Bedeutung, beim Menschen (und auch den Affen) mit ihrer frei beweglichen oberen Extremität kommt diese Fähigkeit nicht in Betracht, sie verkümmert und damit auch das ihr dienende Organ. Als rudimentär ist auch der letzte Mahlzahn zu bezeichnen, der sog. Weisheitszahn; sein Auftreten ist an keine ganz bestimmte Zeit gebunden, meist bricht er bekanntlich erst sehr spät durch und geht auch bald wieder, wahrscheinlich infolge geringerer Widerstandsfähigkeit, verloren. Auch ist er meist kleiner als die anderen Mahlzähne und hat oft nur zwei Wurzeln. Die Verkürzung der Kiefer beim Menschen, im Vergleiche zu niederen Formen, wie der schmalnasigen Affen, die gleich dem Menschen ein 32zähniges Gebiß, aber mit dauerhafterem letzten Backenzahn aufweisen, mag im Verein mit anderen Umständen sein Rudimentärwerden erklären. Auch soll der Weisheitszahn bei schwarzen Rassen besser ausgebildet (dreiwurzelig) und dauerhafter sein. Nicht immer werden Organe, die aus irgendeinem Grunde außer Funktion geraten, rudimentär. Oft bleiben sie ganz oder teilweise erhalten und verkümmern auch nur zum Teil. Die sog. Urniere niederer Formen z. B. wird in ihrer Funktion als Ausscheidungsorgan bei den höheren und auch beim Menschen durch eine neue Niere ersetzt. Die Urniere verkümmert beim weiblichen Geschlecht und bleibt nur in funktionslosen Resten, also als rudimentäres Organ erhalten. Beim Manne aber wird nur ein Teil rudimentär, ein anderer Teil gewinnt eine ganz neue Verwendung und eigenartige Ausbildung als Ausleitungsapparat der männlichen Keimdrüse, des Hodens, und wird als Nebenhoden bezeichnet (Funktionswechsel). Überhaupt ist gerade der Geschlechts und Harnapparat eine reiche Fundstätte für rudimentäre Bildungen, was sich aus seiner indifferenten Anlage und seiner nach zwei Seiten auseinandergehenden Entwicklung erklärt, bei welcher manche der die für das andere Geschlecht angelegten Teile keine Verwendung finden.

Von weiteren rudimentären Organen im menschlichen Körper wären zu nennen: die halbmondförmige Falte im inneren Augenwinkel (entspricht einem dritten Augenlid bei vielen Tieren), in gewissem Sinne das Geruchsorgan und die dazugehörigen Hirnteile (bei niederen Tieren viel stärker in Form und Funktion ausgebildet), das Haarkleid des Menschen, vor allem das eigentümliche, Lanugo genannte Wollhaar des Neugeborenen, welches wohl sicher dem Haarkleid neugeborener Tiere entspricht. Es ist leicht einzusehen, daß die Liste rudimentärer Organe eine außerordentlich reiche wird, wenn wir sämtliche Tiergruppen heranziehen. Doch sei hier mit der Erwähnung einiger menschlicher Charaktere genug geschehen.

Es erübrigt noch eine kurze Betrachtung über die allgemeine Bedeutung der Befruchtung, resp. der geschlechtlichen Fortpflanzung überhaupt. Wir sind gewohnt, alle Vorgänge in der Natur unter dem Gesichtswinkel der Nützlichkeit zu betrachten und dementsprechend in jedem Falle die Bedeutung eines beobachteten Vorgangs nach der angedeuteten Richtung festzustellen. Vollends bei einer Erscheinung von jener allgemeinen Verbreitung, wie es die geschlechtliche Fortpflanzung ist, rechtfertigt sich dieses Bestreben von selbst. Aus all den vielen Erörterungen über die geschlechtliche Fortpflanzung scheint das eine sichere Resultat hervorgegangen zu sein: Würden die Tiere sich nur ungeschlechtlich (also durch Teilung, Knospung) fortpflanzen, so müßten sich in den so entstandenen Generationenreihen dieselben individuellen Eigenschaften immer wiederholen, unter anderem auch ungünstige Abweichungen, und es müßten, etwa bei Annahme der Vererbbarkeit erworbener Eigenschaften, die durch fortdauernde, einseitig wirkende Einwirkung äußerer Verhältnisse hervorgerufenen ungünstigen Abänderungen eine Vererbung, ev. Verstärkung erfahren, es müßten endlich auch Organismen, die mit Hilfe eines natürlichen Zuchtwahlprozesses an bestimmte Lebensbedingungen einseitig angepaßt sind, unter etwas andere Bedingungen versetzt, hier weniger gut fortkommen und den besser, bzw. weniger einseitig angepaßten Artgenossen gegenüber benachteiligt sein.

Diese Wirkungen einseitiger Anpassung sind es nun, die durch den geschlechtlichen Fortpflanzungsprozeß ausgeglichen werden können. Es ist durch die dabei zustande kommende Vermischung individuell verschiedener, nach verschiedenen Richtungen variierender Keimplasmen die Möglichkeit einer Aufhebung schädlicher Erscheinungen gegeben. Wir hätten also der geschlechtlichen Fortpflanzung die Rolle eines kompensierenden und korrigierenden Prinzips zuzuschreiben, womit nicht gesagt sein soll, daß sich ihre Bedeutung mit dieser Funktion erschöpfen muß. Doch muß zugestanden werden, daß dieses Resultat mehr gewissen Überlegungen als tatsächlichen Beobachtungen entsprungen ist. Ein für diesen Punkt bedeutsames Tatsachenmaterial liefert jedoch die Beobachtung der bei Inzucht erzielten Resultate. So günstig nämlich im allgemeinen die geschlechtliche Vermischung der Induviduen einer Art sein mag, ist doch in dieser Hinsicht eine gradweise Abstufung anzunehmen. Allzu nahe Blutsverwandtschaft der beiden Keimzellen, bzw. der beiden in Betracht kommenden Gatten ist ein entschieden ungünstiges Moment. Es ist dies eine alte Züchtererfahrung und neuerdings durch sorgfältig angestellte Versuche bekräftigt. Die von Geschwistern oder in ähnlichem Grade verwandten Individuen erzeugte Nachkommenschaft ist in verschiedener Hinsicht (Körpergröße, allgemeine konstitutionelle Beschaffenheit, Fruchtbarkeit) minderwertig, ja in vielen Fällen wird eine besondere Neigung zu nicht normaler Entwicklung bis zur exzessiven Mißbildung behauptet. Es bedarf hier wohl keines weiteren Beweises, daß es die allzu nahe Verwandtschaft ist, die hier schädlich wirkt. Dabei kann man oft trotzdem selbst bei genauester Untersuchung der zur Fortpflanzung zugelassenen Tiere nichts finden, was eine schlechtere Beschaffenheit nach irgendeiner Richtung bedeuten könnte. Man ist also genötigt, häufig verborgene Minderwertigkeiten oder Anlagen zu solchen anzunehmen oder in der Theorie seine Zuflucht zu suchen, daß die Vermischung nahe verwandter Plasmen in sich selbst bereits den Anlaß zur Verschlechterung birgt. Eine klare Einsicht in die Ursache der oft ganz außerordentlich schlechten Ergebnisse der Inzucht besitzen wir nicht. Jedenfalls aber können die diesbezüglichen Beobachtungen schon durch den Kontrast eine gute Illustration zu den oben von uns angenommenen günstigen Wirkungen der geschlechtlichen Vermischung im allgemeinen geben.

Die Meinung von der schädlichen Wirkung der Inzucht wird durch allerlei Befunde im Tier- und Pflanzenreiche bekräftigt. Es gibt eine Menge Einrichtungen, welche einzig und allein der Vermeidung der Inzucht dienen. Am größten ist die Wahrscheinlichkeit für die Inzucht bei zwittrigen Organismen durch sog. Selbstbefruchtung. Die meisten bekannten Blütenpflanzen sind zwittrig, d. h. enthalten beiderlei Geschlechtsorgane — Staubgefäße und Fruchtknoten — und besitzen dementsprechend viele, z. T. sehr eigentümliche Vorkehrungen zur Verhinderung der Selbstbefruchtung und zur Erleichterung der Wechselbefruchtung. Bei zwittrigen Tieren findet in der Regel wechselweise Befruchtung zwischen zwei Individuen gleichzeitig statt, wobei neben anderem Nutzen auch quantitativ doppelter Effekt erzielt wird (Regenwurm, Weinbergschnecke und viele andere). Bei einer großen Zahl von zwittrigen Tieren reifen die männlichen und weiblichen Geschlechtsprodukte eines Individuums zu verschiedenen Zeiten einer Geschlechtsperiode oder gar zu sehr weit auseinanderliegenden Terminen, so daß die Tiere einen Teil ihres Lebens als Männchen, einen anderen Teil als Weibchen funktionieren (manche Muscheln). Diesen Beobachtungen stehen freilich solche gegenüber, durch die gezeigt wird, daß namentlich bei Pflanzen durch viele Generationen Selbstbefruchtung stattfinden kann, so daß sie als die regelmäßige Erscheinung gilt, oder daß gewisse Arten sich sogar regelmäßig durch längere Zeiten auf ungeschlechtlichem Wege (Teilung, Knospung) oder durch Parthenogenese vermehren und so auf die Vorteile der Befruchtung verzichten. Auch gewisse Tiere (z. B. der Bandwurm) zeigen oft Selbstbefruchtung. Es scheint sich in diesen Fällen jedoch teils nur um gelegentliche Vorkommnisse, teils jedoch, namentlich den Pflanzen, um eine besondere Anpassung an den bei anderen Organismen und unter anderen Verhältnissen schädlichen Prozeß der Inzucht zu handeln.

Was den Menschen diese Frage anlangend betrifft, so ist die allgemeine Abneigung vor Verwandtenheiraten (konsanguinen Ehen) und die bei vielen Völkern wiederkehrenden Verbote derselben wohl auf Inzuchterfahrungen rückführbar.

Tatsächlich wird von vielen Seiten auf die Unfruchtbarkeit oder mindere Fruchtbarkeit von Verwandtenehen hingewiesen, auch viele direkt pathologische Zustände sollen bei Kindern aus solchen Ehen besonders häufig vorkommen. So z. B. gewisse Formen hochgradiger Kurzsichtigkeit, die angeborene Taubstummheit (vielfach durch die Statistik erwiesen). Auch die Anlage zu Geisteskrankheiten erfährt eine deutliche Steigerung bei Kindern blutsverwandter Eltern. Erhebungen an dem Material von Irren- und Idiotenanstalten zeigten, daß die Wirkungen dieses Erblichkeitseffekts sich dem Grade nach der Nähe der zwischen den Eltern bestehenden Verwandtschaft entsprechend verhielten. Onkel und Nichte beispielsweise ergaben einen größeren Prozentsatz geistig abnormaler Kinder, als wie Ehen zwischen Geschwisterkindern, deren Verwandtschaft miteinander um einen Grad entfernter ist.

Nach all diesem ist es gar nicht unwahrscheinlich, daß gerade der Mensch gegenüber der in der Inzucht gegebenen „Verstärkung des Erblichkeitseffekts" und der Möglichkeit der Häufung latenter schädlicher Anlagen, sowie dem angenommenen, jedoch nicht nachgewiesenen unbekannten Schädlichkeitsfaktor bei der Mischung verwandter Keimplasmen in noch stärkerem Grade unterworfen ist, als Tier und Pflanze, für die Erfahrungen gleichen Grades in weniger großer Zahl vorliegen. Es mag sein, daß dies ein Effekt der gesteigerten Kultur ist, die ja höchstwahrscheinlich nach mehrfacher Richtung die ursprüngliche Widerstandskraft des Menschen herabgesetzt hat.

Gerade so, wie allzu nahe Verwandtschaft der Keimzellen ein ungünstiges Resultat ergeben kann, ist dies der Fall für eine allzu geringe Verwandtschaft. Innerhalb der Art oder Rasse sind in der Regel alle Individuen (Inzucht gelegentlich ausgenommen) miteinander vollkommen fruchtbar, was nicht nur eine entsprechende Menge, sondern auch die normale Beschaffenheit der Nachkommen bedeutet. Werden aber Individuen verschiedener Art gekreuzt oder bastardiert, so ist der Effekt bereits unsicher. Allzu entfernte Verwandtschaft der beiden Arten bewirkt oft ein Ausbleiben jeglichen Resultats. Näher miteinander verwandte Tiere ergeben Nachkommen, die aber oft ganz und gar unfruchtbar sind, z. B. die Bastarde von Pferd und Esel (Maultiere und Maulesel), die von Pferd und Zebra (die sog. Zebroide). Dagegen sind die Bastarde von Hase und Kaninchen vollkommen fruchtbar. In der freien Natur kommen Pflanzenbastarde, namentlich in gewissen Gruppen recht häufig vor, Tierbastarde sind seltener. (Ein bekannter gelegentlich wiederkehrender Fall ist der Bastard von Auerhuhn und Birkhuhn, das Rackelhuhn, auch Fischbastarde werden beobachtet.)

Gewöhnlich glaubt man, daß Bastardierung ein Gemisch von Eigenschaften beider Eltern in dem Kinde hervorruft, sei es, daß ein vermittelnder Typus zustande kommt — gemischte Bastarde — oder daß die Eigenschaften der beiden Eltern, namentlich Färbungen mosaikartig am Körper des Kindes nebeneinander auftreten — Mosaikbastarde. Das Vorkommen letzterer Form ist fraglich, und die bezüglichen Beobachtungen sind nicht eindeutig genug, die erstere Form hingegen ist weit verbreitet (Kreuzung von Pferd und Esel, Ziege und Steinbock, Hund und Wolf, Löwe und Tiger, Eisbären und braunem Bären). Doch kommt es manchmal zum typischen Überwiegen des einen Elternteiles. Mischbastarde kommen meist zwischen Tieren verschiedener naturgeschichtlicher Arten zustande. Von diesem Standpunkte ist es bemerkenswert, daß Kreuzungen von verschiedenen Menschenrassen typische Mischbastarde ergeben, deren Eigenschaften sich bei Ehen mit Individuen von entsprechender Abstammung unverändert weitervererben, z. B. Mulatten. Es spricht dies für jene vielfach geäußerte Auffassung, der entsprechend die Hauptrassen des Menschengeschlechts als den Arten des Tier- und Pflanzenreiches entsprechend zu gelten haben. Hingegen zeigen die sog. Varietäten- oder Rassencharaktere (im naturgeschichtlichen Sinne), sowie sonstige eventuell auch ins Gebiet des Pathologischen gehörige Abweichungen bei Tier und Pflanze einen anderen Vererbungscharakter, der sich in einem bestimmten Gesetz ausdrücken läßt, dem nach seinem Entdecker so genannten Mendelschen Gesetz. Dieses Gesetz, das schon sehr lange (über ein halbes Jahrhundert) entdeckt ist, wurde erst in den letzten Jahren der Vergessenheit entrissen und hat einen außerordentlich starken Einfluß auf die Vererbungslehre gewonnen.

Es werden damit eine große Anzahl von Beobachtungen erklärt, die seit langer Zeit vorliegen und die man mit den seinerzeit herrschenden einfachen Vorstellungen von dem Effekt der Bastardierung nicht vereinbaren konnte. Wir können hier nur einen ganz einfachen Fall, in welchem sich die beiden Rassen bloß durch ein einziges Merkmal unterscheiden, zur Erläuterung des Prinzips anführen. Die zuerst berichteten Beispiele entstammen dem Pflanzenreiche. Mendel beschreibt u. a. folgendes: Eine rotblühende und eine weißblühende Erbsenrasse werden kreuzweise befruchtet. Der Effekt sind Samen, aus denen bloß rotblühende Pflanzen, also Individuen mit den Merkmalen des einen Elternteils entstehen, der andere Elternteil ist in seinem Einfluß vollkommen unterdrückt, die weiße Blütenfarbe setzt sich nirgends durch. Man pflegt das so auszudrücken: Die rote Farbe dominiert, die weiße ist rezessiv. Züchtet man diesen Bastard erster Generationen rein weiter, so ergibt sich das Resultat, daß unter den Nachkommen, also den Bastarden zweiter Generation drei Viertel rotblühende und ein Viertel weißblühende Individuen sich finden. Es ist also in einem Teile der Fälle die weiße Farbe, die in der ersten Generation unterdrückt (rezessiv) war, wieder zum Vorschein gekommen; und wenn man die weißen Individuen weiter züchtet, so bleibt ihre Nachkommenschaft immer weiß, sie ist also reinrassig. Von den roten Individuen derselben Generation zeigt ein Drittel (also ein Viertel der Gesamtzahl) das gleiche Verhalten, sie züchten reinrassig weiter. Bei den restlichen zwei Vierteln wiederholt sich aber dasselbe Spiel wie bei den Nachkommen der 1. Generation, es entstehen drei Viertel rote und ein Viertel weiße Individuen, von da aus geht die Sache, wie eben geschildert weiter,

Man hat die Erscheinung als die der „Merkmalspaltung" bezeichnet.

Nachstehendes Schema erläutert übersichtlich die Verhältnisse.

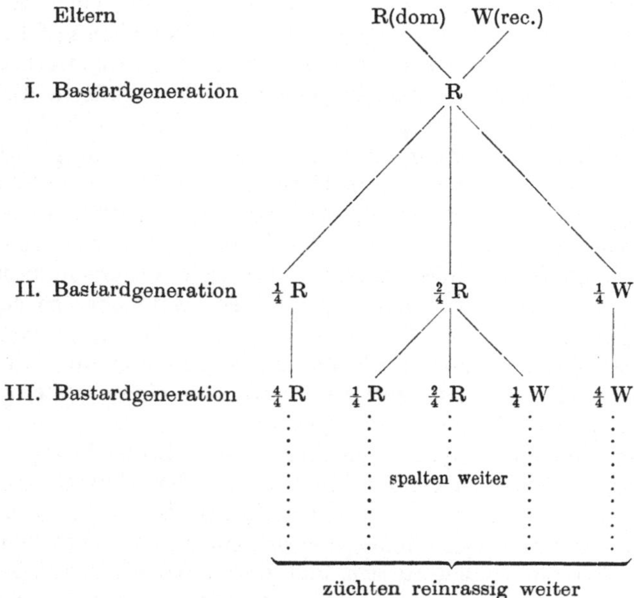

W bedeutet Weiß, R Rot, die Brüche bedeuten die relative Anzahl der Nachkommen.

Es sei bemerkt, daß in komplizierteren Fällen natürlich auch die Vererbungsverhältnisse in anderen Zahlen und auch in mannigfaltigeren Erscheinungsformen der Nachkommen sich kundgeben müssen, so z. B. bei mehr als einem Merkmalsunterschied und bei verschiedenartiger Verteilung der rezessiven und dominierenden Merkmale auf die Bastardeltern. Es entstehen dann zahlreichere Merkmalskombinationen mit entsprechend anderen Zahlenverhältnissen. Hierauf, sowie auf die aus der Betrachtung der Keimzellenschicksale ableitbare Erklärung des Vorganges kann hier nicht eingegangen werden.

Man hat das Mendelsche Spaltungsgesetz an zahlreichen Pflanzen und auch schon bei vielen Tieren nachgewiesen. Kompliziert und nicht leicht analysierbar werden die Vorgänge, wenn die zur Bastardierung benutzten Tiere selbst Bastarde, womöglich unbekannter

Herkunft sind und daher selbst Träger von nicht sichtbaren Eigenschaften sein können, die erst bei der Spaltung herauskommen.

Was Tiere betrifft, so sei hier ein einfacher Fall zitiert. Kreuzt man weiße und graue Mäuse (die ersteren sind bekanntlich eine Albinorasse), so erhält man einen grauen Bastard. Die zweite Generation spaltet: Ein Viertel weiß, reinrassig, drei Viertel grau (davon ein Viertel der Gesamtzahl reinrassig) usw., kurz, man kann sich das Verhalten illustrieren, wenn wir in unser obiges Schema statt der dominierenden Eigenschaft Rot die hier dominierende „Grau" eintragen. Die rezessive Eigenschaft „Weiß" ist zufällig hier die gleiche. In manchen Fällen stimmen jedoch die Resultate nicht ganz, was zum Teil auf dem oben erwähnten Umstande der nicht vollkommenen Rassereinheit beruhen mag. Was für die hier angeführten Merkmale gilt, gilt auch oft für solche Merkmale, die sich vom Normalen mehr entfernen und selbst für Mißbildungen. Beim Menschen sind bisher folgende Feststellungen gemacht worden. Die Albinos beim Menschen scheinen sich nach dem Mendelschen Gesetz, und zwar rezessiv zu verhalten. Man hat dies durch Beobachtungen der Nachkommenschaft von normalen Negern und Negeralbinos (solche gibt es, sie haben vollkommenen Negertypus, sind aber ganz farbstofflos) erwiesen. Mißbildungen der Extremitäten, z. B. die Vielfingrigkeit sollen gleichfalls in den darauf untersuchten Stammbäumen das Mendelsche Verhalten gezeigt haben, desgleichen gewisse Formen von hereditärer Taubstummheit.

Alle solche Fälle beweisen, was man ja auch früher schon wußte, daß die Vererbung von Mißbildungen kein unbedingt notwendiges Ereignis ist, daß sogar ganz reinrassige normale Individuen von abnormen erzeugt werden können, sie erklären vielleicht auch die Latenz der Vererbung, resp. das Überspringen auf entferntere Generationen in gewissen Fällen. Die berechtigte Abneigung vor Ehen mit Mißbildeten werden sie bei dem völligen Mangel einer sicheren Vorhersagemöglichkeit nicht bannen können.

Da wir hier gerade die Frage einer Vorhersage der Nachkommenschaft berühren, sei die Erwähnung eines Punktes noch angeschlossen, der in älterer wie neuerer Zeit viel diskutiert wurde: die Frage nach der Bestimmung des Geschlechtes. Es gibt wenige Gebiete der Biologie, auf denen es so von Irrtümern und phantastischen, oft der bloßen Willkür entsprungenen Theorieen neben einer großen Anzahl von höchst bedeutsamen Tatsachen wimmelt. Doch mangelt es vollkommen an der Möglichkeit einer einheitlichen Deutung des Bekannten, da unter anderem genau entgegengesetzte Befunde bei verschiedenen Tieren erhoben wurden, daher auch die Erkenntnis allgemeiner Gesetzmäßigkeiten bisher bloß ein Wunsch geblieben ist. Dies sowohl, als auch der Mangel sicherer Erfahrungen über höhere Tiere und den Menschen machen also eine ausführliche Erörterung des Problems überflüssig. So viel steht heute fest, daß das Ei, bevor es in die eigentliche Embryonalentwicklung eingeht, bereits in bezug auf das Geschlecht unwiderruflich bestimmt ist. Mit der Annahme dieses Satzes fällt die Möglichkeit weg, durch irgendwelche Maßnahmen während der Entwicklung das Geschlecht beeinflussen zu können. Solches wurde bekanntlich in mannigfacher Weise, speziell für den Menschen, behauptet; z. B. sollte der Art der Ernährung der Mutter während der Schwangerschaft eine geschlechtsbestimmende Funktion zukommen. Was die geschlechtsbestimmenden Faktoren vor der Entwicklung des Individuums betrifft, so hat man in den wechselnden Zuständen der Erzeuger, resp. der Geschlechtszellen und in der Einwirkung äußerer Bedingungen wesentliche Einflüsse gesucht und auch gefunden. Für die höheren Organismen ist aber derartiges niemals erwiesen, höchstens behauptet worden. So kommt dem Alter der Eltern, ihrem konstitutionellen Zustande usw. kein irgendwie nachweisbarer Einfluß beim Menschen zu. Schon der Umstand, daß Zwillinge verschiedenen Geschlechtes sein können, läßt einen großen Teil dieser Faktoren ausschließen, vollends spricht die Tatsache, daß Zwillinge, die aus zwei getrennten Eiern entstehen, verschiedengeschlechtig sein können, während solche, die aus einem einzigen gemeinsamen Ei, vermutlich durch Spaltung der Anlage, hervorgehen, dasselbe Geschlecht zeigen, für die Richtigkeit der Annahme von der definitiven Bestimmung des Geschlechtes spätestens im befruchteten Ei. Daß eine Anzahl ganz absurder, direkt lächerlicher Theorien und praktischer Anweisungen über Geschlechtsbestimmung (z. B. Annahme eines diesbezüglichen Unterschiedes zwischen rechtem und linkem Geschlechtsorgan u. ä.) ausgesprochen wurde, sei hier als Kuriosität erwähnt.

Hingegen sind die Beobachtungen an manchen niederen Tieren sehr verläßlich und daher von größter Wichtigkeit. Gewisse Krebse, die Wasserflöhe und ihre Verwandten erzeugen während des Sommers nur parthenogenetisch sich entwickelnde Eier, aus denen durch mehrere Generationen nur Weibchen entstehen. Gegen den Herbst treten auch Männchen auf, es werden Eier erzeugt, die, nachdem sie befruchtet sind, überwintern 'und im Frühjahr wieder nur Weibchen liefern. Ähnlich verhält es sich mit vielen Insekten. Umgekehrt ist es bekanntlich bei den Bienen erforderlich, daß Eier, aus denen weibliche Tiere entstehen sollen, befruchtet sind. Die unbefruchteten, parthenogenetisch sich entwickelnden erzeugen Drohnen. Gewisse niedere wurmartige Tiere, die Rädertiere erzeugen verschieden große Eier, die großen werden zu weiblichen, die kleinen zu männlichen Tieren. Temperatur und Nahrungseinflüsse können auf die Erzeugung des einen oder des anderen Geschlechtes in solchen Fällen, oder wenigstens auf das Überwiegen des einen, bestimmenden Einfluß ausüben. Die Tatsachenaufzählung ließe sich leicht verlängern, doch würde sie zur Gewinnung eines einigermaßen brauchbaren, auch auf den Menschen anwendbaren Gesichtspunktes nicht führen.

Und hiermit kehren wir nach dieser flüchtigen, in vieler Hinsicht fragmentarischen und ungleichmäßigen Übersicht zu dem Ausgangspunkte zurück.   Wie alle übrigen Lebewesen steht der Mensch mitten in der Natur und kann sich der allgemeinen Wirksamkeit der Naturgesetze trotz aller Erkenntnisse und Kulturfortschritte nicht entziehen.   Er kann die Naturkräfte seinen Zwecken nutzbar machen, er kann sie durch seine Willkür gelegentlich leiten.   Wo ihm aber die Einsicht in das Wesen und den Zusammenhang der Erscheinungen fehlt, und, wie wir sehen, ist das gerade auf unserem Gebiete in überaus großem Ausmaße der Fall, sieht er sich einem geheimnisvollen unentrinnbaren Walten gegenüber, mit dem sich Wissenschaft und Leben nach Möglichkeit abfinden müssen.   Nicht ohne tieferen Grund wird beispielsweise vielfach in der modernen Literatur der Vererbung fast die Rolle des „Fatums" der Alten zugeschrieben.

Drittes Kapitel.

Der Bewegungsmechanismus.

Von Dr. Max Schacherl.

Anatomie des Bewegungsapparates: Muskeln, Knochen, Gelenke. Physiologie des Bewegungsapparates: Reizbarkeit der Muskeln. Leistungsfähigkeit des Muskels. Chemische Vorgänge im tätigen Muskel. Bewegungskomplexe: Stehen, Gehen, Laufen. Bewegungsstörungen.

Wir verstehen unter Bewegung nach der physikalischen Definition die Veränderung eines Körpers im Raume und mit der Zeit.

Bei der Bewegung organisierter Wesen (Tiere, Pflanzen) haben wir es mit einem Vorgange zu tun, der, abgesehen von physikalischen Notwendigkeiten, in irgendeiner Form dem betreffenden Individuum anhaftet, und zu dessen Bewerkstelligung eigene Organe vorhanden sein können.

Diese können sehr einfache sein, so dienen Scheinfüßchen (Pseudopodien), Wimpern oder Geißeln der Bewegung niedriger Organismen; doch ist ein äußerst kompliziert gebauter, sehr exakt arbeitender Apparat für die Durchführung der Bewegungen höher organisierter Lebewesen vorhanden.

Wir unterscheiden an den Bewegungen organischer Wesen gewollte oder willkürliche von durch den Willen nicht beeinflußbaren, unwillkürlichen (Darmbewegung, Herzbewegung usw.). Die letzteren finden in anderen Abschnitten des vorliegenden Werkes eingehende Erörterung, während wir uns an dieser Stelle nur mit dem Zustandekommen der willkürlichen Bewegungen, und zwar ausschließlich im Hinblick auf die Bewegungen des Menschen beschäftigen wollen.

Das bewegende Element im Körper ist die Muskulatur, also das, was man gemeinhin als Fleisch bezeichnet.

Das Grundelement ist die Muskelfaser, auch das Primitivbündel genannt, das sehr kontraktil (zusammenziehbar) ist und das sich selbst wieder aus feinsten Fäserchen zusammensetzt. Die Muskelfaser zeigt unter dem Mikroskop eine deutliche Querstreifung und liegt in einer zarten Membran, dem Sarkolemm, das, sehr elastisch, dem Primitivbündel aufs engste anliegt und geeignet ist, jede etwaige Gestaltsveränderung desselben mitzumachen. Das Sarkolemm der Bündel setzt sich noch eine Strecke weit fort, wird mehr und mehr von einem andersartigen, festen Fasergewebe durchzogen und formiert so die Gebilde, die wir Sehnen nennen.

Die Sehnen sind ganz im Gegensatz zu den, wie wir noch weiterhin hören werden, sehr elastischen Muskelbündelchen beinahe unelastisch und stellen die Verbindungen der Muskeln mit den von ihnen bewegten Knochen unseres Skeletts dar.

Die letzteren sind aus Kalksalzen bestehende, starre Gebilde, die man nach ihrer Gestalt in flache, lange oder Röhrenknochen und kurze Knochen unterscheidet. Die flachen Knochen, die die Schädelhöhle umgeben, kommen für uns hier gar nicht in Betracht. Die langen oder Röhrenknochen aber, die wir als die für die Bewegung wichtigsten anzusehen haben, lassen einen Schaft und zwei Endteile unterscheiden. Der Schaft zeigt einen lamellären Bau, der einerseits die Durchdringung dieser starren Gebilde mit der Ernährungsflüssigkeit wesentlich erleichtert und sie andererseits trotz dem sie konstituierenden sehr spröden Material jeden Zug, Druck oder Stoß relativ gut ertragen läßt. Der Schaft der Röhrenknochen ist, worauf schon die Bezeichnung hinweist, hohl, ein Umstand, der wesentlich dazu beiträgt, das Gewicht derselben ganz bedeutend herabzusetzen. Die Endteile der Röhrenknochen bestehen ebenso wie die kurzen Knochen aus zahlreichen feinen, sehr engmaschig durcheinandergewebten, oft fadendünnen, aber starren Gebilden, deren Anordung ebenfalls bei relativer Leichtigkeit eine ganz außerordentliche Festigkeit der Formation gewährleistet. Die Endteile der Knochen sind an ihrer Oberfläche mit einer, die Struktur des Schaftteiles mehr oder minder deutlich zeigenden Schicht überzogen. An den gegenseitigen Berührungsstellen der Knochen besitzen diese noch außerdem den Überzug einer sehr elastischen, festweichen, glatten Masse, des sog. Knorpels.

Die mehr oder weniger beweglichen Verbindungen der Knochen untereinander nennt man Gelenke, von denen wir mehrere Arten unterscheiden.

Die einfachste stellt das sog. Scharniergelenk dar, das eine gegenseitige Bewegung der Knochen um eine Achse gestattet (z. B. das Ellbogengelenk). Die Bewegung geschieht dabei in demselben Sinne wie etwa der an einer Seite befestigte Deckel einer Schatulle beim Auf- oder Zumachen bewegt wird.

Komplizierter ist bereits die Bewegung in den als Kugelgelenken bezeichneten Formationen, bei denen eine Bewegung um drei aufeinander senkrechte Achsen möglich ist. Als Beispiel diene dafür das Schultergelenk. Die drei Achsen lassen sich in unserem Falle sehr leicht feststellen. Erheben wir den gestreckten Arm seitlich bis zur Horizontale und drehen wir die nach unten sehende Handfläche nach aufwärts, so können wir durch Anfühlen konstatieren, daß nicht nur der Unterarm, sondern auch der Oberarm diese Drehung zum Teile mitmacht. Die Achse der Drehung ist horizontal und fällt mit der Längsachse des Oberarmknochens zusammen. Bringen wir den Arm aus dieser Stellung horizontal nach vorn und hinten, so geschieht diese Drehung um eine vertikale, durch das Schultergelenk gehende Achse. Bringen wir schließlich den horizontal seitlich gestreckten Arm nach oben oder nach unten, so geschieht die Drehung um eine horizontale, von vorn nach hinten gehende Achse. Gewöhnlich geschehen die Drehungen in Kugelgelenken derart, daß kaum jemals nur eine der vorhandenen Achsen für die Bewegung in Anspruch genommen wird, sondern Kombinationen der verschiedenen Achsenbewegungen in Betracht kommen.

Ferner haben wir noch Radgelenke, wie sie z. B. die Drehbewegung des Kopfes auf der Wirbelsäule oder die Ein- und Auswärtsdrehung des Unterarmes und der Hand ermöglichen. Die Drehung geschieht dabei in der Tat in derselben Weise, in der sich ein Wagenrad um seine Achse dreht.

Der Unterschied dieser ebenfalls einachsigen Gelenke gegenüber den Scharniergelenken liegt darin, daß bei diesen letzteren die Achse der Bewegung senkrecht auf die Längsachse der bewegten Knochen steht, während sie bei den Radgelenken mit ihr zusammenfällt.

Außerdem gibt es noch straffe Gelenke, bei denen wir bestimmte Achsen für die Bewegung kaum festzustellen vermögen, und die nur geringe Verschiebungen der sie formierenden Knochen aneinander gestatten. Wir sehen solche Gelenke an der Hand- und Fußwurzel.

Die dauernde gegenseitige Berührung der Gelenkflächen ist durch eine faserige Hülle, die Gelenkskapsel, gesichert, deren Weite jede für das Gelenk nach seiner Art in Betracht kommende Exkursion ermöglicht, während andererseits straffe Verstärkungen der Gelenkskapsel, die Gelenksbänder, jeder Überschreitung der höchsten Exkursionsweite vorbeugen. Zur Erleichterung der Bewegungen dient noch die von der innersten Schicht der Gelenkskapsel abgesonderte Gelenksschmiere, Synovia, und die in den Hüllen der Sehnen, den Sehnenscheiden, vorhandene schleimige Flüssigkeit.

Es ist notwendig, daß wir uns nunmehr mit einigen Eigenschaften des Muskels vertraut machen. Der Muskel ist dehnbar, d. h. er kann durch Zug über seine normale Länge gestreckt werden, und er ist elastisch, d. h. er ist imstande, ohne weiteres beim Nachlassen des Zuges zu seiner normalen Länge zurückzukehren. Wichtig dafür ist der Umstand, daß die Elastizität des Muskels innerhalb gewisser Grenzen eine im physikalischen Sinne vollkommene ist und daher eine Überdehnung mit bleibender Verlängerung des Muskels ohne Zerreißung ausgeschlossen ist.

Außerdem ist aber der Muskel auch imstande, sich zusammenzuziehen, und zwar auf jeden ihn treffenden Reiz, gleichviel, ob derselbe ein mechanischer (Stoß, Schlag), chemischer, thermischer

(Erwärmung, Abkühlung) oder elektrischer ist. Die natürliche Zusammenziehung des Muskels im Körper geschieht auf Reize, die am besten mit der Reizung des Muskels durch den elektrischen Strom verglichen werden können und wir dürfen daher füglich diesen beim Studium der Zusammenziehung des Muskels verwenden. Wird durch einen Muskel ein elektrischer Strom geschickt, so sehen wir, daß der Muskel zuckt, eine Erscheinung, die ja bekanntlich überhaupt zur Entdeckung der sog. Berührungselektrizität geführt hat. Der Muskel bleibt dann, während der Strom ihn durchfließt, in Ruhe und zuckt erst wieder in dem Momente, in dem der ihn durchfließende Strom unterbrochen wird. Die Zuckung geht beim Schließen des Stromes von der Stelle aus, an der der vom positiven zum ·negativen Pol fließende Strom den Muskel verläßt, der sog. Kathode (Kathodenschließungszuckung), während im Moment der Unterbrechung des Stromes die Eintrittstelle desselben in den Muskel, die sog. Anode, den Ausgangspunkt der Zuckung darstellt (Anodenöffnungszuckung). Die so durchgeführte Reizung des Muskels ergibt, in bestimmten Abständen wiederholt, immer das gleiche Resultat. Folgen die einzelnen Reizungen jedoch so schnell aufeinander, daß der Muskel nicht genügend Zeit hat, in seine Ruhelage zurückzukehren, so verbleibt er dauernd im Zustande der Kontraktion, eine Erscheinung, die wir als Krampfstarre des Muskels, als Tetanus bezeichnen. Bei der normalen Erregung des Muskels im Körper ist dieser Zustand der gewöhnliche; er tritt bei der elektrischen Erregung dann ein, wenn etwa 20 Reize in der Sekunde den Muskel treffen.

Die Verkürzung des Muskels kann dabei im besten Falle bis zu fünf Sechstel seiner Länge während des Ruhezustandes gehen. Für die Promptheit, mit der der Muskel im Körper auf einen ihn treffenden Reiz anspricht, ist das Folgende von besonderer Bedeutung. Wird ein aus dem Körper, z. B. des Frosches, entfernter Muskel gereizt, so vergeht vom Momente der Stromschließung bis zum Momente der Kontraktion des Muskels eine mit Hilfe· geeigneter Apparate meßbare, sehr kurze Zeit, die nicht unter allen Umständen die gleiche ist. Man nennt diese die Zeit der „latenten oder verborgenen Reizung". Sie ist um so kürzer, je mehr der Muskel über seine natürliche Länge gedehnt ist. Die Anbringung des Muskels im Körper aber ist eine derartige, daß er über ein oder mehrere Gelenke wegzieht und bei voller Ruhestellung dieser Gelenke stets über seine natürliche Länge gedehnt ist. Er wird nur dadurch am Zurückschnellen in seine normale Länge gehindert, daß andere Muskeln, deren Tätigkeit der seinigen entgegengesetzt ist, die sog. Gegenwirker oder Antagonisten, die ja ebenfalls über ihre natürliche Länge gedehnt sind, das nicht zulassen.

Infolge dieses Umstandes ist im Körper die Zeit der latenten Reizung auf etwa $^1/_{400}$ Sekunde herabgesetzt und, abgesehen davon, die erste Beeinflussung des Gelenkes im Sinne der Beweguug schon dadurch begünstigt, daß die dem Muskel innewohnende Elastizität die Rückkehr desselben in die Ruhelage ohnedies in jedem Augenblicke anstrebt.

Die Leistung des Muskels bestimmen wir durch seinen Hub und seine Kraft. Die Kraft eines Muskels vom Querschnitte 1 qcm bezeichnen wir als absolute Kraft des Muskels. Sie beträgt beim Menschen etwa 6—10 kg, und wir können also erwarten, daß die Kraft eines Muskels um so größer sein wird, je größer sein Querschnitt, d. h. je dicker der Muskel ist. Es ist dies eine Erscheinung, deren praktischer Wert allgemein bekannt ist und deren Erreichung ja bei jedem Training zur Erhöhung der Leistungsfähigkeit des Muskels angestrebt wird.

Aber nicht nur von der Stärke des Muskelquerschnittes ist die Leistungsfähigkeit des Muskels abhängig, sondern es kommen noch andere Umstände in Betracht. Die Blutversorgung des Muskels ist diesbezüglich ganz besonders wertvoll. Deshalb leistet der im Körper arbeitende Muskel unter sonst gleichen Bedingungen eine größere Arbeit als der aus dem Körper entfernte und daher entblutete Muskel. Auch ist der Muskel im Zustande des Tetanus leistungsfähiger, als er es bei einer einzelnen Zuckung ist. Es kommt dabei eine Art innerer Arbeitsleistung des Muskels in Betracht, der z. B. ein Gewicht in eine bestimmte Höhe gehoben hat und in derselben festhält. Für diese Tatsache spricht auch der Umstand, daß an dem tetanisierten, für den Anblick unbeweglichen Muskel feine Geräusche wahrnehmbar sind, die sog. Muskelgeräusche, die im Muskel ablaufende, durch das Auge nicht mehr kontrollierbare Schwingungen anzeigen. Der so zustande kommende Muskelton ist ein sehr tiefer und dürfte ungefähr 16 Schwingungen in der Sekunde haben. Für die Untersuchung des Herzens wichtig ist der muskuläre Anteil der Herzgeräusche, was an anderer Stelle dieses Werkes ausgeführt werden soll.

Fragen wir uns nun, wieso der Muskel in die Lage versetzt wird, Arbeit zu leisten, so haben wir dabei in erster Linie chemische Prozesse ins Auge zu fassen. So wie jede Maschine geheizt werden muß, so gilt dies auch für den Muskel. Auch im Muskel sind es hauptsächlich Verbrennungsprozesse, Oxydationsvorgänge, durch welche er instand gesetzt wird, zu arbeiten.

Es wird dabei sehr viel Sauerstoff aus dem Blute aufgenommen, wobei der Umstand, daß den tätigen Muskel die drei- bis fünffache Menge Blutes gegenüber dem Ruhezustand durchströmt, sehr notwendig ist, während die während der Muskeltätigkeit eintretende Beschleunigung der Atmung für den raschen Ersatz des verbrauchten Sauerstoffs sorgt. Andererseits aber spielen sich auch Spaltungsvorgänge im Muskel ab. Fertigt man aus einem ruhenden Muskel ein Extrakt an und befeuchtet damit rotes Lackmuspapier, so wird dasselbe blau. Der ruhende Muskel reagiert also alkalisch. Tetanisiert man dagegen einen Muskel und befeuchtet mit einem aus diesem Muskel angefertigten Extrakt blaues Lackmuspapier, so rötet sich dasselbe. Der tetanisierte Muskel reagiert also sauer.

Es ist dies darauf zurückzuführen, daß sich u. a. aus dem im Muskel vorhandenen Glykogen (s. S. 22) Fleischmilchsäure bildet. Verbleiben diese Zersetzungsprodukte im Muskel, so wird er, wie Versuche dies· lehren, sehr bald arbeitsunfähig, er ermüdet; werden aber dieselben aus dem Muskel, wie dies im Körper durch den Blutstrom geschieht, immer wieder fortgewaschen, so wird die Grenze der Ermüdbarkeit des Muskels auch immer wieder und wieder hinausgeschoben.

Auf diesen Umstand ist auch die erfrischende Wirkung der Massage zurückzuführen, durch welche die Abfuhr der im tätigen Muskel gebildeten Spaltungsprodukte auf mechanischem Wege beschleunigt wird.

Bekannt ist, daß Muskeltätigkeit Wärme erzeugt; daher der Eintritt von Wärmegefühl auch in kalter Luft bei forcierter Bewegung, daher das Auftreten von Schweißausbrüchen bei Muskelanstrengung und daher schließlich auch die Erscheinung des vor Kälte Zitterns, die eine Kompensationsbestrebung des Körpers vorstellt und als solche geeignet ist, bei zu starker Abkühlung durch Bewegung Wärme zu erzeugen. Dabei wird um so mehr Wärme produziert, je ungünstiger die Verhältnisse für den arbeitenden Muskel liegen. Und die Arbeitsverhältnisse für den Muskel im Körper sind keineswegs günstige.

Ein Schema wird diese Tatsache am leichtesten veranschaulichen. — Die meisten Muskeln wirken als Kräfte an einarmigen Hebeln. Ist A der Drehpunkt des Hebels und der Angriffspunkt der Kraft (K) des Muskels in B, während die Last (L) in C angreift, so wird nach dem Prinzip des einarmigen Hebels dann Gleichgewicht herrschen, wenn die in B angreifende Kraft K zu L im umgekehrten Verhältnis steht wie die Distanz ihrer Angriffspunkte am Hebel vom

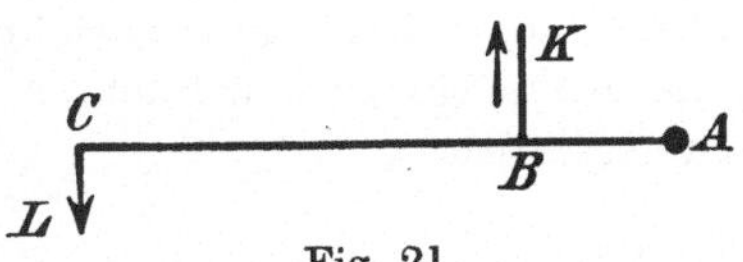

Fig. 21.

A = Drehpunkt des Hebels AC. B = Angriffspunkt der Kraft K. C = Angriffspunkt der Last L. Kraft und Last wirken in der Richtung der bezüglichen Pfeile.

Drehpunkt desselben. Erfordert so die Bewegung des Hebels eine relativ große Kraft, so ist schon aus dem Schema ersichtlich, daß beim geringsten Überwiegen der Kraft K der Punkt L als das freie Ende des Hebels eine relativ große Exkursion machen wird. Wir haben es hier also mit sog. Geschwindigkeits- oder Wurfhebeln zu tun. Wo es sich um besonders ungünstige Muskelansätze handelt, sind in die Sehnen noch Knochen eingelagert, sog. Sesambeine, deren größtes die Kniescheibe ist. Es wird dadurch, daß die Sesambeine stets auf knöchernen überknorpelten Unterlagen gleiten, in ähnlicher Weise eine Erleichterung der Zugwirkung herbeigeführt, wie wenn die Sehne zu gleichem Zwecke über eine Rolle geleitet wäre. Auch stellt die Elastizität der Muskeln, wie schon erwähnt, wenigstens für den Beginn der Bewegung eine Quelle der Kraftersparnis dar. Selten ist bei dem Ansatz der Muskeln auch das Prinzip des zweiarmigen Hebels vertreten (Strecker des Ellbogens und Sprunggelenks), wobei aber ebenfalls der Muskel am kürzeren Hebelarm angreift, also auch hier keinen Kraft-, sondern einen Geschwindigkeitshebel darstellt.

Bei der Ausführung unserer Bewegungen kommt niemals die Tätigkeit eines einzelnen Muskels in Betracht, da stets auch die der gewollten Bewegung entgegenwirkenden Muskeln, die schon erwähnten Antagonisten, mit in Tätigkeit gesetzt werden und für die feinere Abstufung, die Rundung der Bewegungen sorgen. Wir nennen eine Bewegung, in der das richtige Verhältnis zwischen wirkenden und gegenwirkenden Muskeln besteht, eine geordnete oder koordinierte. Über die Voraussetzungen für die Aufrechterhaltung der Koordination der Bewegungen werden wir noch in dem Abschnitte über das Nervensystem Näheres hören. Denn, wie bereits einmal angedeutet wurde, führt der Muskel seine Kontraktionen nicht eigenwillig aus, sondern untersteht dabei einem andern Organe, das den Antrieb dazu erteilt. Der Sitz dieses Antriebes ist im zentralen Nervensystem zu suchen, in gewissen Partien des Gehirns und Rückenmarks, von wo aus die Reize zur Bewegung auf dem Wege der sog. motorischen oder Bewegungsnerven an den Muskel gelangen. Andererseits wird wieder das zentrale Nervensystem durch sensible oder Empfindungsnerven (und zwar kommen hier nur die die Muskel- und Gelenksempfindungen leitenden Nerven in Betracht) über die richtige Durchführung der erteilten Impulse verständigt (s. Kap. XI). Ebenfalls der Regulierung durch das Nervensystem untersteht die Stärke, mit der der, wie wir gehört haben, über seine Gleichgewichtslage gedehnte Muskel in seine volle Ruhelage zurückzukehren strebt, die Muskelspannung oder der Muskeltonus.

Werfen wir nun einen Blick auf die Funktion der gesamten Muskulatur des Körpers, so kommt eine Reihe von Äußerungen derselben in Betracht, die eine ganz außerordentliche Genauigkeit der Funktion jedes einzelnen Muskels zur notwendigen Voraussetzung haben. Hier seien, da eine genaue Besprechung weit über den Rahmen dieses Werkes hinausgehen würde, nur einige Bewegungstypen gestreift.

Schon beim Stehen handelt es sich um einen so vollkommenen Ausgleich zwischen wirkenden und gegenwirkenden Muskeln, daß der Körper nahezu völlig ruhig in aufrechter Stellung erhalten werden kann. Denken wir uns das Gewicht des Körpers in einem Punkt, dem Schwerpunkt, angreifend, so wird nach allgemein mechanischen Gesetzen der Körper dann nicht umfallen, wenn der Schwerpunkt über der Unterstützungsfläche liegt, ungefähr wie ein auf der Fingerspitze balancierter Stock dann aufrecht stehen bleibt, wenn sein Schwerpunkt, der in seiner Längsachse liegt, genau über der Spitze des balancierenden, ihn also unterstützenden Fingers steht. Auch der aufrechtstehende Körper wird auf seiner Unterstützungsfläche, und zwar durch die Beine balanciert. Sein Schwerpunkt liegt etwas vor dem Kreuzbein im kleinen Becken, und das Balancement ist bei gestreckten Beinen dann ein gelungenes, wenn die Linie, die seinen Schwerpunkt mit dem Erdmittelpunkt zu verbinden hätte, durch die zwischen den beiden die Erde berührenden Füßen gelegene Unterstützungsfläche geht.

Beim Gehen handelt es sich um eine Verschiebung des Schwerpunktes nach vorn, die dem Schwerpunkt durch das eine Bein, (das sog. Stoßbein) dadurch erteilt wird, daß dieses den Körper nach vorn stößt. Zur Erhaltung der Balance schwingt nun das andere Bein nach vorn, so daß der Schwerpunkt abermals in die Unterstützungsfläche fällt. Dabei ist zu beachten, daß der Körper, während das eine Bein nach vorn schwingt, nur von dem anderen getragen wird und erst dann wieder seine sichere Balance hat, wenn das voranschwingende Bein wieder den Erdboden erreicht hat. Es tritt dabei natürlicherweise eine Verschiebung des Schwerpunktes gegen das jeweilig am Boden bleibende Bein hin ein.

Beim Laufen findet sich im Gegensatz zum Gehen ein Moment, in dem beide Füße den Boden verlassen haben. Beim Sprunge gewinnt dieser Moment an Ausdehnung, je nach der Stärke des Abstoßens vom Boden.

Was die Störungen der Bewegung anbelangt, so können dieselben durch mechanische Zerstörungen von Knochen oder Muskel (Knochenbrüche, Muskelzerreißungen), durch Aufhebung des gelenkigen Kontakts der Knochen untereinander (Verrenkungen, Verstauchungen), durch entzündliche Prozesse im Muskel, Knochen oder Gelenk, oder durch Folgen dieser entzündlichen Vorgänge, wie Verknöcherungen des Muskels, Versteifungen der Gelenke usw., hervorgerufen werden. Auch setzen selbstverständlich schwere Allgemeinerkrankungen die Gebrauchsfähigkeit auch des Bewegungsapparates herab. Der weitaus größere und interessantere Teil der Bewegungstörungen jedoch hat seine Ursache in Funktionsstörungen des Nervensystems und wird auch mit diesem abgehandelt werden.

Viertes Kapitel.

Das Blut.

Von Dr. **Leo Hess.**

Allgemeines. Blutversorgung der Organe. Zufuhr von Nährstoffen durch das Blut und Abfuhr von Abfallsprodukten in demselben. Physikalische Eigenschaften des Blutes. Zusammensetzung desselben aus roten und weißen Blutkörperchen und aus Blutplättchen. Schicksale und Funktion des Hämoglobin im Organismus. Anteilnahme des Knochenmarks an der Blutbildung Das Gerinnungsvermögen des Blutes.

Das Blut, die Nährflüssigkeit des Körpers, nimmt im Organismus der höher entwickelten Tiere und des Menschen eine eigenartige Sonderstellung ein. Da es sich, wie jedes Gewebe, aus Zellen zusammensetzt und ihm die Leistung spezifischer Funktionen zufällt, darf man es wohl als ein Organ auffassen, allerdings als ein Organ von flüssigem Aggregatzustand. Jugend und Alter, die jedem anderen Organ ihren Stempel aufdrücken, beeinflussen auch die Zusammensetzung des Blutes. Das Blut des Embryo zeigt, mikroskopisch betrachtet, wesentliche Unterschiede gegenüber dem des reifen Kindes, und auch dieses weicht in mancher Beziehung vom Blute des Erwachsenen ab. Erst mit dem zwölften Lebensjahre dürfte die Blutentwicklung abgeschlossen sein. Dem Wachstum des übrigen Körpers scheint die Vermehrung der Blutmenge im großen und ganzen parallel zu erfolgen, nur zur Zeit der Pubertät erleidet dieselbe oft Störungen. Chronische Krankheiten, die einen Verlust an Körpersubstanz herbeiführen, reduzieren auch die Menge des Blutes („Blutarmut"), während umgekehrt vielfach angenommen wird, daß überreichliche Ernährung eine abnorme Blutfülle („Vollblütigkeit", Plethora) zur Folge haben kann.

Wie die Zellen aller anderen Organe Sitz von Krankheiten werden können, so können auch die Elementarbestandteile des Blutes, die roten und weißen Blutkörperchen, entweder von vornherein allein erkranken, wenn Krankheitsursachen ausschließlich auf sie einwirken (sog. Blutgifte), oder sie können gleichzeitig mit anderen Organen von Krankheiten befallen werden. Bei den innigen Wechselbeziehungen, die zwischen Blut und Geweben bestehen, geht einerseits jede schwere

Erkrankung des Blutes mit Störungen anderer Organe einher, und umgekehrt übt jede ernstere Organerkrankung ihre Rückwirkung auf das Blut aus. In einem wichtigen Punkte weicht aber das Blut von dem Verhalten aller anderen Organe ab. Während diese — das zentrale Nervensystem ausgenommen — jederzeit imstande sind, verloren gegangene Zellen durch Bildung von neuen zu ersetzen, ist ein Ersatz untergegangener Blutkörperchen im strömenden Blute, wie wir noch hören werden, unmöglich, sondern fällt bestimmten blutbereitenden Organen zu, deren Bedeutung für die Blutbildung zu verschiedenen Zeiten des Lebens eine verschiedene ist. Eine eigenartige Stellung im Vergleich mit den anderen Organen besitzt das Blut ferner auch dadurch, daß seine wichtigste Funktion, die Sauerstoffübertragung aus der Luft an die Körperzellen, an einen Farbstoff, den roten Blutfarbstoff (Hämoglobin) geknüpft ist, während wir von der Bedeutung der Farbstoffe anderer Organe (z. B. der Leber, der Muskeln usw.) nichts Näheres wissen.

Das Leben sämtlicher höher entwickelter Organismen ist untrennbar gebunden an die Gegenwart des Blutes. Blutverluste, die durch Verletzungen oder durch Erkrankungen verursacht werden, führen zu Störungen der Gesundheit und können, wenn sie höhere Grade erreichen, den Fortbestand des Lebens in Frage ziehen. Wie der gesamte Organismus, so ist jedes einzelne Organ auf eine permanente Zufuhr von Blut angewiesen[1]). Seine Funktion leidet, wenn die Speisung mit Blut mangelhaft wird, und es stirbt ab, wenn durch längere Zeit der arterielle Zufluß vollkommen sistiert. Arbeitet ein Organ, so ist die Blutmenge, die ihm in der Zeiteinheit zuströmt, größer als im Zustande der Ruhe. Eine Drüse, die gereizt wird, erscheint rot, weil sie während der Sekretion reichlich von Blut durchströmt wird.

Die Kapillaren des Muskels erweitern sich bei seiner Kontraktion und ermöglichen auf diese Weise einerseits eine vermehrte Blut- und Sauerstoffzufuhr, anderseits eine gesteigerte Ausschwemmung von Zerfallsprodukten, die bei der Muskeltätigkeit entstehen. Je mannigfaltiger die Funktionen eines Organs sind, je höher seine biologische Dignität, um so reichlicher pflegt seine Blutversorgung zu sein. Wenn wir sehen, daß beispielsweise die Schilddrüse über eine auffallend gute Blutversorgung verfügt, so kann uns diese Tatsache allein einen Hinweis liefern auf die hohe Bedeutung dieser Drüse für den Gesamtorganismus. Lebenswichtige Organe, wie Niere und Leber, sind durch einen höchst komplizierten Bau ihres Kapillarsystems ausgezeichnet, der einen ergiebigen Austausch von Stoffen zwischen Blut und Organzellen ermöglicht. Mit der fortschreitenden Ausbildung der Organe und ihrer Funktionen im Laufe des Wachstums läuft eine Änderung

---

[1]) Entsprechend dem Blutbedarf eines Organs ist seine Blutgefäßversorgung. Größere Arterien und Venen, ein reichverzweigtes Kapillarsystem zeichnen die Organe mit reichlichem Blutbedürfnis aus.

der Kapazität ihrer Blutgefäße parallel. Solange die Lunge im embryonalen Leben ihre Funktion als Atmungsorgan nicht ausübt, wird sie von Blut weniger reichlich durchströmt als die Lunge des Erwachsenen, während die Leber, der schon im fötalen Leben höchst bedeutungsvolle Aufgaben zufallen, über eine sehr ausgiebige Blutzufuhr verfügt. Nur wenige Organe des Erwachsenen sind völlig frei von Blutgefäßen: das Zahnbein, die Linse und die Hornhaut; dementsprechend sind die in ihnen ablaufenden Lebensvorgänge viel weniger intensiv, der in ihnen zirkulierende Saftstrom viel träger als in den übrigen Organen.

Es kann als ein Gesetz von allgemeiner Gültigkeit ausgesprochen werden, daß kein Organ hinsichtlich seiner Blutversorgung von der Nachbarschaft völlig unabhängig ist. Außer einer Hauptarterie, deren Weite seiner Größe und Arbeitsleistung angepaßt ist, besitzt jedes Organ mindestens einen Nebenstamm aus der Umgebung. Erfährt die Blutzufuhr in der Bahn der Hauptarterie eine Unterbrechung, so erweitern sich die Nebenäste und behüten das Organ vor den Gefahren der Blutverarmung. Eine Blutung im Bereiche des Unterschenkels kann den Chirurgen veranlassen, die Hauptschlagader des Beines zu unterbinden. Die Extremität, die dadurch von dem Blutstrome abgeschnitten wird, müßte in kurzer Zeit dem Tode in Form des Gewebsbrandes verfallen. Allein sehr bald sehen wir Gefäßstämmchen sich entwickeln, die aus der Umgebung in den ausgeschalteten Bezirk eindringen und ihm nunmehr auf neuen Bahnen die Nährstoffe zuführen, die er zu seiner Erhaltung benötigt. In der Ausbildung eines neuen „kollateralen Kreislaufes" haben wir eine der wichtigsten Regulationen vor uns. Ihre Bedeutung tritt namentlich dort klar zutage, wo ein Gefäßgebiet nur ungenügende Verbindung mit der Nachbarschaft besitzt und die Entwicklung kollateraler Bahnen dementsprechend ausbleibt (Gehirn, Herz, Niere). Hier führt jede Aufhebung der Blutzufuhr zu lokalem Gewebstod.

Allein mit der Zufuhr von Nährstoffen ist die Bedeutung des Blutes für den Organismus noch nicht erschöpft. Der Lebensprozeß, der in den Zellen der Organe abläuft, bringt es mit sich, daß die aus dem Blute aufgenommenen Substanzen, um assimiliert zu werden, chemischen Umwandlungen verschiedener Art unterworfen werden. In weiterer Folge kommt es teils zur Entwicklnng von Produkten, deren Anhäufung am Orte ihrer Entstehung die Lebensvorgänge beeinträchtigen würde, teils werden Stoffe gebildet, die an entfernten Stellen des Organismus ihre Wirkung entfalten sollen. Sowohl die Schlacken des Stoffwechsels als auch die „inneren Sekrete" der Zellen werden teils direkt, teils auf dem Umwege der Lymphbahn mit dem Blutstrom weggespült. So wird der Harnstoff, der in der Leber entsteht, an das Blut abgegeben und schließlich durch die Niere eliminiert, so gelangt das innere Sekret der Schilddrüse, der Ovarien, in das Blut und übt von hier aus einen mächtigen Einfluß auf zahlreiche Lebensvorgänge. In diesem Sinne stellt das Blut ein Bindeglied her zwischen sämtlichen Organen des Tierkörpers: jedes Organ entnimmt dem Blute die Stoffe, die es für sich benötigt, und ergießt in das Blut die Produkte seines Stoffwechsels, die anderen Organen zugute kommen; keines enträt der Blutzufuhr; alle nehmen im weitesten Sinne an der Blutbildung teil. Und da alle Organe zur Zusammensetzung des Blutes beitragen, können Erkrankungen eines jeden Organes Änderungen der Blutbeschaffenheit zur Folge haben, die ihrerseits wiederum auf die übrigen Organe einzuwirken imstande sind.

Alle Nahrung, die wir dem Körper zuführen, gelangt zu seinen Zellen auf dem Blutwege, alle Abfallprodukte, die den Körper verlassen, passieren in erster Linie die Blutbahn, ehe sie zu den Ausscheidungsorganen gelangen. So stellt das Blut auch das Bindeglied dar zwischen Körper und Außenwelt.

Während alle übrigen Organe des Körpers, je nach ihrem Gehalt an Lymphe, eine mehr oder weniger feste Konsistenz besitzen, ist das Blut ein flüssiges Gewebe, das unter dem Einflusse der Herztätigkeit sich in ständiger Bewegung befindet.

Seine Farbe ist beim Menschen und bei beinahe allen Wirbeltieren rot, und zwar in den Arterien wegen des Reichtums an Sauerstoff hell, scharlachfarben, in den Venen, wo es viel Kohlensäure führt, dunkel, bläulichrot. Das Blut der Wirbellosen ist farblos. In dünner Schicht besitzt das venöse Blut, bei durchfallendem Lichte betrachtet, einen Stich ins Grünliche.

Seine Reaktion ist schwach alkalisch, sein Geschmack salzig, sein Geruch, der Menschen- von Tierblut zu unterscheiden gestattet, fade. Sein spezifisches Gewicht, beim Manne höher als bei der Frau, ist größer als das Gewicht des Wassers (beim Manne 1,046—1,067, beim Weibe 1,051—1,055). Im Durst, nach starkem Schweiß, sowie nach heftigen Durchfällen ist das Blut wegen der Wasserverluste dickflüssiger und dementsprechend sein spezifisches Gewicht höher. Untersucht man Blut mikroskopisch, so findet man, daß es aus einer Flüssigkeit besteht, dem sog. Blutplasma, in dem zahlreiche geformte Elemente eingelagert sind. Diese lassen sich in drei Gruppen einteilen: die roten Blutkörperchen, die weißen Blutkörperchen und die Blutplättchen.

1. Die roten Blutkörperchen.

Die roten Blutkörperchen oder Erythrocyten stellen homogene, rundliche Scheiben dar, die im Zentrum ausgehöhlt erscheinen, während ihr Rand viel dicker ist. Ihr größter Durchmesser beträgt beim Menschen 0,007 mm. Einzeln betrachtet, zeigen sie einen gelbgrünlichen Farbenton. Sie besitzen weder Kern noch Zellmembran, doch nimmt man an, daß sie von einer aus fettähnlichen Substanzen bestehenden Hülle umkleidet sind, die die Diffusion zwischen Blutkörperchen und Plasma regelt. Im embryonalen Leben und in schweren Krankheiten finden sich neben den kernlosen auch kernhaltige Blutscheiben. Ihr Leib besteht aus einer eiweißartigen Grundsubstanz, dem Stroma, dessen Maschenwerk vom Blutfarbstoff, dem Hämoglobin, erfüllt ist. Zahlreiche Stoffe (z. B. destilliertes Wasser, Salzlösungen von bestimmter Konzentration, Galle, viele Gifte, z. B. das Gift der Morcheln, das chlorsaure Kali, das Antifebrin, ferner Gifte, die von Bakterien produziert werden) sind imstande, den Blutkörperchen das Hämoglobin zu entziehen. Dieses tritt alsdann in das Blutplasma über und verleiht dem Blute, das unter normalen Bedingungen undurchsichtig, „deckfarben" ist, eine durchsichtige, lackfarbene Beschaffenheit. Man nennt den Übertritt von Hämoglobin aus den Blutkörperchen in das umgebende Plasma Hämolyse, „Blutauflösung"; in schweren Fällen von Typhus, Scharlach und anderen Infektionskrankheiten spielt sie eine wichtige Rolle. Während das Hämoglobin in den Blutkörperchen mit großer Begierde den Sauerstoff aufnimmt, aber ihn auch ungemein leicht wieder an das Gewebe abgibt und so den Atmungsprozeß ermöglicht, hält das im Plasma zirkulierende Hämoglobin den Sauerstoff mit großer Zähigkeit fest. Die Folge davon ist eine Verarmung der Gewebe an Sauerstoff, d. i. Erstickung.

Abgesehen von dieser durch krankhafte Einflüsse herbeigeführten Blutauflösung findet im gesunden Organismus ein fortwährender Zerfall und Wiederersatz von Blutzellen statt. An allen Organen des Körpers kennen wir Erscheinungen eines Zellzerfalls, der durch die Bildung neuer, jugendlicher Elemente wettgemacht wird. Die oberflächlichen Zellen der Haut verhornen allmählich und stoßen sich endlich ab, an ihre Stelle rücken neue Elemente, die von den tieferen Schichten der Epidermis produziert werden und den Verlust vollkommen ausgleichen. Das Bestreben des erwachsenen Organismus, seinen Bestand an Zellen jeglicher Art festzuhalten und alternde Elemente durch junge, funktionstüchtige zu ersetzen, ist eine der wichtigsten Regulationen, über die unser Organismus verfügt, und macht das Wesen dessen aus, was wir als „natürlichen Heilungsvorgang" im Krankheitsfalle kennen. Man schätzt die Lebensdauer eines roten Blutkörperchens auf 3—4 Wochen; nach dieser Zeit zerfällt es, die Trümmer des Zellstromas gelangen in Milz, Leber und Knochenmark und werden hier deponiert, sein Farbstoff dient in der Leber zur Bereitung der Galle.

Im Kubikmillimeter menschlichen Blutes finden sich bei der Frau durchschnittlich $4\frac{1}{2}$, beim Manne 5 Millionen rote Blutkörperchen. Beim Neugeborenen sind viel höhere Zahlen konstatiert worden, während in den ersten Lebensjahren geringere Durchschnittswerte die Regel sind. Bedenkt man, daß die Gesamtmenge des Blutes ungefähr $^1/_{13}$ des Körpergewichts ausmacht, also bei einem Gewicht von 70 kg ca. 5 l Blut beträgt, so resultiert eine Summe von etwa 25 Billionen Erythrocyten. Es ist klar, daß damit eine ganz bedeutende Atmungsfläche gegeben ist, die die Aufnahme des

Sauerstoffs aus der Luft und die Abgabe der Kohlensäure an dieselbe in reichstem Ausmaß gestattet.

Zahl und Größe der roten Blutkörperchen stehen in naher Beziehung zum Sauerstoffbedürfnis des Organismus. Bei den Vögeln, deren Stoffwechsel ungemein lebhaft ist, besitzen die Erythrocyten eine bedeutende Größe, und außerdem ist ihre Zahl im Kubikmillimeter größer als bei den anderen Tieren. Demgegenüber beobachten wir im Winterschlaf mancher Tiere, der mit einer wesentlichen Einschränkung der Oxydationsvorgänge verbunden ist, eine Verminderung ihrer Zahl bis um 50 Proz.

2. Die farblosen oder weißen Blutkörperchen.

An Zahl viel geringer als die roten sind die **weißen Blutkörperchen** oder **Leukocyten**. Sie betragen in der Norm bloß 6000 bis 10000 im Kubikmillimeter, so daß also auf 500 bis 600 rote

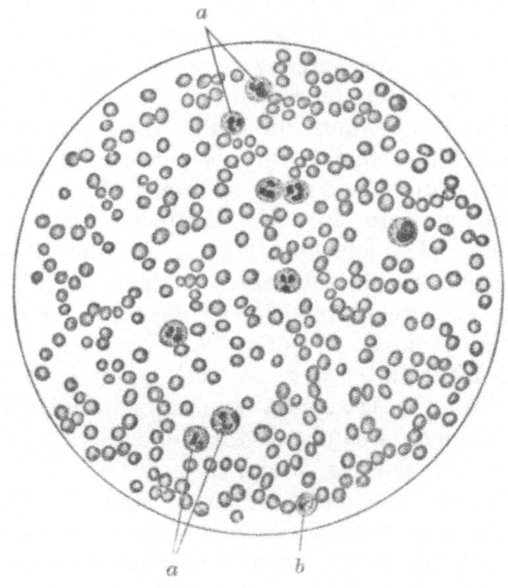

Fig. 22.

Mikroskopisches Bild des normalen menschlichen Blutes: Die sehr zahlreichen kleinen **kernlosen** Zellen sind rote, die übrigen **kernhaltigen** weiße Blutkörperchen. Von den letzteren besitzt die Mehrzahl einen fragmentierten Kern und Körnchen im Zelleib (*a*); es sind Leukocyten im engeren Sinne. Das eine weiße Blutkörperchen (*b*) hat einen runden Kern und ein schmales Protoplasma (Lymphocyten).

ein weißes Körperchen kommt. Mikroskopisch betrachtet, stellen sie rundliche Gebilde von verschiedener Größe dar. Manche von ihnen — sie machen im Blute des gesunden Erwachsenen 20 Proz. aller weißen Blutzellen aus — haben die Größe eines Erythrocyten;

sie sind rund, besitzen einen verhältnismäßig großen Kern und einen schmalen, fast homogenen Protoplasmasaum. Da sie in den Lymphknötchen und im lymphoiden Gewebe der Milz entstehen und von hier ins Blut eingeschwemmt werden, nennt man sie Lymphocyten. Sie besitzen nur in geringem Grade Eigenbewegung. Da ihnen allem Anschein nach die Fähigkeit mangelt, eiweißlösende Fermente zu erzeugen, sind sie auch nicht imstande, in den Körper eingedrungene Bakterien anzugreifen und durch Auflösung zu zerstören. Dementsprechend finden wir im Beginn der meisten Infektionskrankheiten eine starke Reduktion der Lymphocyten, während eine andere Art weißer Blutzellen, die sog. Leukocyten im engeren Sinne des Wortes, mächtig überwiegen. Sie sind größer als die erstgenannten, besitzen einen schlanken, vielfach gewundenen oder in Fragmente geteilten Kern, der nur einen kleinen Teil der Zelle ausmacht. Ihr Protoplasma ist niemals homogen, sondern von einer dichten, äußerst feinen Körnelung erfüllt. Perzentuell stellen sie das Hauptkontingent der weißen Blutkörperchen. Sie sind das labile Element des Blutes, das schon normalerweise bedeutende Schwankungen aufweist; so finden wir sie vermehrt nach reichlichen Mahlzeiten, nach kalten Bädern, körperlichen Anstrengungen usw., besonders aber unter pathologischen Bedingungen (gewissen Infektionskrankheiten, wie Rotlauf, Lungenentzündung) kann ihre Zahl eine bedeutende Steigerung erfahren. Demgegenüber finden wir bei gewissen fieberhaften Krankheiten, wie Typhus und Masern, so konstant eine Verminderung der Leukocyten, daß sie ein für die Diagnose fast unentbehrliches Symptom darstellt. Im lebenden Körper ist ihre Zahl größer als außerhalb desselben, da sie sehr rasch zerfallen. Ihre auffallendste Eigentümlichkeit ist ihre Beweglichkeit, die an die Bewegung niedriger Lebewesen — Amöben — erinnert. Beobachtet man sie bei geeigneter Temperatur unter dem Mikroskop, so sieht man, wie aus dem Zelleib Fortsätze ausgestreckt werden, mit deren Hilfe die Zelle kriechende Bewegungen ausführt. Ziel und Richtung dieser Ortsveränderungen ist unabhängig vom Nervensystem, und man gewinnt den Eindruck, daß es chemische Agenzien sind, die abstoßend oder anlockend auf die weißen Blutzellen einwirken. Die Wand der Gefäße setzt ihren Wanderungen keine Grenzen, vielmehr schieben sie durch feinste Lücken derselben ihre Fortsätze hindurch, um dann, in den Saftspalten der Gewebe fortkriechend, an jene Stelle des Körpers zu gelangen, wo ihre Gegenwart vonnöten ist.

Haben sich im Anschlusse an eine Verletzung irgendwo im Organismus Bakterien, z. B. „Eitererreger" angesiedelt, so locken die von diesen produzierten Gifte die weißen Blutkörperchen an, die nunmehr in Scharen herbeiströmen und um die Eiterbakterien einen Wall bilden, der das weitere Eindringen derselben in den Körper unmöglich macht. Schließlich umfließen sie mit ihren Fortsätzen die Mikroben der Eiterung, nehmen sie in ihren Zelleib auf und zerstören sie so. Man nennt diesen Vorgang Phagocytose und schreibt ihm eine wichtige Rolle im Kampfe des Organismus gegen Infektionen zu. Im Verlaufe der meisten fieberhaften Erkrankungen kann die Zahl der weißen Blutkörperchen bis auf das Zehnfache des Normalen ansteigen, nach Ablauf des Fiebers sinkt sie rasch wieder ab.

Aber auch beim Gesunden finden wir — wie bereits erwähnt — vorübergehend zur Zeit der Verdauung eine ziemlich starke Vermehrung der Leukocyten im strömenden Blute und in der Wand des Darmes, und man nimmt deshalb an, daß sie mit dem Transport der Nährstoffe, namentlich der Eiweißkörper, in Beziehung stehen. Sie sind vermöge ihrer freien Beweglichkeit befähigt, den Austausch der Stoffe im Körper zu vermitteln. In ihrem Protoplasma lassen sich zuweilen Mikroorganismen nachweisen, die von ihnen aufgenommen wurden, ein andermal enthalten sie die verschiedensten unorganischen Substanzen, Staubkörnchen, Farbstoffpartikel, Eisen, wenn dieses z. B. zu medikamentösen Zwecken dem Körper einverleibt worden war, oder Trümmer toter Zellen, die von den Leukocyten dorthin geschafft werden, wo sie zum Aufbau neuer Elemente Verwendung finden können. In neuerer Zeit ist es gelungen, in den Leukocyten Fermente nachzuweisen, die Eiweiß verdauen. Dadurch erscheint uns ihre Fähigkeit, Mikroben aufzunehmen oder andere Zellen, z. B. Knorpelzellen, zu zerstören, in ein klareres Licht gerückt. Stehen die Erythrocyten nach unserer heutigen Auffassung ausschließlich im Dienste einer Funktion, der Atmung, so greifen die weißen Blutkörperchen in einer viel mannigfaltigeren Weise in das Getriebe des normalen und pathologischen Zellebens ein; wir sehen sie an fast allen wichtigen Lebensvorgängen beteiligt: während der Verdauung und im intermediären Stoffwechsel als Träger der Nährsubstanzen und der Abbauprodukte der Zellen, bei der Entzündung und im Verlaufe fieberhafter Infekte als Freßzellen oder Phagocyten, endlich dort, wo es zum Absterben von Zellen gekommen ist, als Lastträger der toten Elemente. Streng genommen, stellen ausschließlich die roten Blutkörperchen eigentliche Blutzellen dar, während die Leuko- und Lymphocyten als fremde Elemente die Blutbahn bloß als Straße benutzen, auf der sie jederzeit an alle Organe und Zellen des Körpers gelangen können.

3. Die Blutplättchen.

Der dritte geformte Bestandteil des Blutes, die Blutplättchen, sind kleine, farblose Scheibchen von etwa 0,003 mm Durchmesser. Sie bestehen aus einem körnigen Zentrum und einer hellen Zone in der Peripherie. Ihre Zahl ist ungemein wechselnd und dürfte um 250000 im Kubikmillimeter schwanken. Von manchen Autoren werden sie als selbständiger Bestandteil des Blutes nicht anerkannt, sondern als Zerfallsprodukte von weißen oder roten Blutkörperchen aufgefaßt. Sie spielen bei der Gerinnung des Blutes eine wichtige Rolle, indem sie ausschließlich, im Gegensatz zu allen anderen Zellen des Körpers, das sog. Thrombogen, die Vorstufe des Gerinnungsferments, liefern. In der Schwangerschaft, sowie im Verlaufe vieler Krankheiten ist ihre Zahl stark vermehrt.

Das Hämoglobin.

Die Substanz, der das Blut der Menschen, der Säugetiere und Vögel seine charakteristische rote Farbe verdankt, heißt Hämoglobin. Es bildet nach Quantität und physiologischer Bedeutung den Hauptbestandteil der roten Blutkörperchen. Ob der in den Muskeln vorhandene rote Farbstoff mit dem Hämoglobin identisch ist, ist einstweilen nicht sichergestellt; jedenfalls ist er demselben nahe verwandt. Die Gewichtsmenge des Hämoglobin beträgt beim gesunden Menschen 12—14 Proz. des Gesamtblutes. Ist seine Menge geringer, so erscheinen das Blut und infolge davon Haut und Schleimhäute blaß. Man nennt diesen Zustand, der hauptsächlich bei jungen Mädchen vorkommt und mit der Geschlechtsentwicklung in Zusammenhang steht, Bleichsucht. Umgekehrt kann eine Vermehrung des Hämoglobin, die gewöhnlich mit einer Vermehrung der roten Blutkörperchen verbunden ist, dem Blute eine intensiv rote Farbe verleihen; wir sprechen in diesem Falle von echter Vollblütigkeit. Das Hämoglobin besteht aus einem Eiweißkörper und einem eisenhaltigen, roten Farbstoff, dem Hämochromogen. Aus dem letztgenannten läßt sich eine eisenfreie Substanz gewinnen, die die gleiche elementare Zusammensetzung besitzt wie der Gallenfarbstoff, das Bilirubin. Demzufolge nimmt man allgemein an, daß der Farbstoff der Galle aus dem Hämoglobin hervorgeht; das Hämoglobin abgestorbener Erythrocyten, deren Trümmer mit dem Kreislauf in die Leber gelangen, wird hier in Gallenfarbstoff umgesetzt. Da, wie wir gleich hören werden, die Bildung der roten Blutkörperchen im Knochenmark erfolgt, müssen wir auch die Entstehung des Hämoglobins dorthin verlegen. Es entsteht nun die Frage: Aus welchem Material wird im Knochenmark das Hämoglobin erzeugt? Die Beantwortung dieser Frage wurde erst möglich, als man erkannte, daß der grüne Farbstoff der Blattpflanzen, das Blattgrün oder Chlorophyll, chemisch aus den gleichen Bausteinen aufgebaut ist wie das Hämoglobin, und daß also drei biologisch so wichtige Körper, wie Chlorophyll, Hämoglobin und Bilirubin, genetisch aufs engste zusammenhängen. Die grüne Pflanze, die im Sonnenlicht vegetiert und die in erster Linie mit Hilfe des Chlorophylls ihre Assimilationsvorgänge vollzieht, baut sich ihr Chlorophyll aus den Elementen, aus C, H, O auf. Der Organismus des Menschen und der Tiere, der das Chlorophyll mit der Pflanzennahrung aufnimmt, zerlegt dasselbe zunächst im Darmkanal in Bruchstücke. Diese werden resorbiert, gelangen mit dem Blutstrom ins Knochenmark und werden hier zum Hämoglobinmolekül wieder zusammengefügt. Bei den chemischen Prozessen in der Pflanze, die zu einem Aufbau komplizierter Moleküle aus Kohlensäure und Wasser führen, wobei Sauerstoff frei wird, spielt das Chlorophyll eine ungemein wichtige Rolle. Viel einfacher, wenngleich nicht weniger bedeutungsvoll, ist die Aufgabe des Hämoglobins im Tierkörper, als Sauerstoffüberträger zu wirken. Das Hämoglobin in den Kapillaren des Lungenblutes nimmt Sauerstoff aus der Atemluft auf und führt ihn mit Hilfe der Zirkulation allen Körperzellen zu. Anderseits ist das Hämoglobin aber auch befähigt, die Kohlensäure aus den Geweben an sich zu reißen und diese, gleichfalls im Kapillargebiet der Lungen, an die Ausatmungsluft abzugeben.

Sauerstoff und Kohlensäurehämoglobin sind lockere Verbindungen, und die Abgabe der angelagerten Gasmoleküle erfolgt aus diesem Grunde ungemein leicht. Viel inniger dagegen ist die Verbindung des Hämoglobins mit dem Kohlenoxyd, das sich im Leuchtgas findet.

Es dürfte in diesem Zusammenhange nicht uninteressant sein, die Frage zu streifen, welche Bedeutung den organischen Farbstoffen als solchen zukommen möge. Wir haben bereits kurz erörtert, daß Gallenfarbstoff und Hämoglobin genetische Beziehungen besitzen zum Chlorophyll. Allen drei Farbstoffen ist aber auch bemerkenswerterweise die Eigenschaft gemeinsam, zu fluoreszieren, d. h. im durchfallenden Licht grün zu schimmern. Nun ist uns bekannt, daß fluoreszierende Stoffe sich dadurch auszeichnen, daß sie die Wirkung des Lichtes zu übertragen vermögen. So können niedrige Lebewesen, die bei einfacher Belichtung keinen Schaden nehmen, mit Hilfe von fluoreszierenden Farben (z. B. von Eosin) durch Belichtung abgetötet werden. Nichts liegt daher näher, als zu vermuten, daß auch die fluoreszierenden Farbstoffe, die die Pflanze und das Tier bilden, imstande seien, die strahlende Energie des Sonnenlichtes auf die Zellen des Körpers zu übertragen und für die Lebensvorgänge in irgendeiner Weise nutzbar zu machen.

Die Bedeutung des Knochenmarks.

Die roten Blutkörperchen, sämtliche Leukocyten im engeren Sinne des Wortes, vielleicht auch ein Teil der Lymphocyten werden in gesundem Zustande im Knochenmark gebildet. Seine Funktion ist derart eingestellt, daß ein gewisser Bestand an roten und weißen Blutzellen konstant erhalten bleibt. Blutverluste im Gefolge kleinerer Verletzungen oder durch die Menstruation werden durch Bildung neuer Blutzellen bald wieder ausgeglichen. Die Produktion der Erythrocyten erfolgt im sog. roten Knochenmark, das seine Farbe dem Gehalt an hämoglobinführenden Elementen, den Vorstufen der Erythrocyten, verdankt, die der weißen Blutkörperchen im roten und im gelben Knochenmark; das letztere besteht aus Fettgewebe und farblosen Zellen. Die Ausdehnung des roten Knochenmarks entspricht den funktionellen Anforderungen. Im kindlichen Organismus, der einer lebhaften Blutbildung bedarf, finden wir rotes Mark in sämtlichen Knochen. Im Embryonalleben teilen sich mit dem

Knochenmark noch überdies Milz und Leber in die Aufgabe der Blutbildung, ja in sehr frühen Stadien der Entwicklung dürfte die Leber die alleinige Bildungsstätte der roten Blutzellen sein. Beim Erwachsenen hingegen beschränkt sich das rote Mark auf die Knochen des Schädels, der Wirbel und Rippen; alle anderen Knochen enthalten bloß Fettmark.

Unter krankhaften Bedingungen kann die normale Knochenmarkfunktion eine Abänderung erfahren. Nicht selten findet in gewissen Entwicklungsstadien des Menschen, z. B. zur Zeit der weiblichen Pubertät, eine verminderte Hämoglobinbildung im Knochenmark statt, die sich in der Produktion und Ausschwemmung blasser, hämoglobinarmer Erythrocyten äußert. Die Zahl der roten Blutkörperchen ist bei dieser Krankheit, die wir „Bleichsucht" nennen, in der Regel normal, bloß ihr Farbstoffgehalt und damit ihre Funktionstüchtigkeit im Dienste der Atmung sind beeinträchtigt. Durch Eisenpräparate sind wir in der Lage, die Hämoglobinbildung im Knochenmark anzuregen und binnen kurzem eine Besserung herbeizuführen. Streng genommen, handelt es sich also bei der Bleichsucht nicht um einen Mangel an Blut („Blutarmut"), sondern um Mangel an Blutfarbstoff, dem funktionell wichtigsten Blutbestandteil. Wir kennen aber auch zahlreiche Schädlichkeiten (z. B. manche Eingeweidewürmer, häufige, schwere Blutverluste, Infektionskrankheiten, Blutgifte), die nicht das Hämoglobin allein, sondern die roten Blutzellen als Ganzes angreifen und sie zerstören. Untersuchen wir das Blut bei solchen Kranken, so finden wir nicht nur eine Hämoglobinarmut, sondern gleichzeitig eine mehr oder minder beträchtliche Verminderung der Blutkörperchenzahl in der Raumeinheit, also etwa statt $4^1/_2$ Millionen bloß eine oder nur $^3/_4$ Million Erythrocyten im Kubikmillimeter. Das Heilbestreben des Organismus äußert sich in derartigen Fällen in einer erhöhten Knochenmarkfunktion. Das Knochenmark beginnt zu wuchern und wandelt sich dort, wo normalerweise bloß Fettmark vorkommt, z. B. in den langen Röhrenknochen der Extremitäten, in rotes, blutbildendes Mark um; ja es scheint, daß manchmal auch die Leber ihre Fähigkeit, Blut zu bilden, die sie im Embryonalleben besaß, wiedergewinnt und so das Knochenmark unterstützt. Dauern aber die Schädlichkeiten an, so erweisen sich die Regulationsvorgänge des Organismus als unzureichend, die Neubildung frischer Elemente hält mit dem Verluste nicht mehr gleichen Schritt, und die Folge davon ist eine Reduktion der Erythrocyten im strömenden Blute, eine echte Blutarmut. Unter dem Einflusse gewisser krankhafter Reize kann das Knochenmark auch pathologische Zellformen erzeugen, z. B. Erythrocyten von ungewöhnlicher Größe und abnorm hohem Hämoglobingehalt, Zellen, die dem Sauerstoffaustausch ungemein günstige Verhältnisse darbieten und durch die Größe ihrer Oberfläche wenigstens teilweise einen Ersatz dafür bieten, daß die Gesamtzahl der roten Blutkörperchen reduziert ist. In wieder anderen Fällen werden neben diesen „Riesenzellen" jugendliche, unreife Elemente aus dem Knochenmark ins Blut geworfen, die sich von den normalen Erythrocyten, als deren Vorstufen sie aufgefaßt werden, dadurch unterscheiden, daß ihr Zelleib einen Kern einschließt. Das Auftreten von Riesenzellen und kernhaltigen Elementen im kreisenden Blute ist uns immer ein Beweis für eine schwere Schädigung, bzw. Insuffizienz des Knochenmarks, eine pathologische Reaktion des wichtigsten blutbereitenden Organs auf krankmachende Reize.

Dieser insuffizienten Knochenmarksleistung steht eine — gleichfalls pathologische — Mehrfunktion desselben gegenüber, deren Ursache, wie wir schon hier vorwegnehmen wollen, bisher vollkommen ungeklärt ist. Diese pathologische Vollblütigkeit findet ihr physiologisches Analogon in der merkwürdigen Tatsache, daß im Hochgebirge, also bei vermindertem barometrischen Druck, in der Regel eine erhöhte Blutbildung stattfindet.

Wenn Menschen oder Tiere aus der Ebene ins Gebirge wandern, läßt sich bei ihnen in kurzer Zeit eine Zunahme der Erythrocytenzahl feststellen. Dabei wächst das Hämoglobin anfänglich langsamer als die Blutzellen, holt sie aber bald ein. Mit der Rückkehr in die Ebene sinkt die Zahl der Erythrocyten, dem Zuwachs entsprechend, rasch wieder zu den ursprünglichen Werten ab. Tiere, die dauernd im Hochland wohnen, wie das Lama, haben eine ungemein große Zahl roter Blutkörperchen im Kubikmillimeter. Die Deutung dieses merkwürdigen Phänomens ist nicht leicht. Interessant ist gewiß, daß man auch in der Ebene bei Tieren künstlich eine Erythrocytenvermehrung erreichen kann, wenn man sie in einer Glasglocke bei herabgesetztem Barometerdruck hält.

Wir werden in einem späteren Kapitel hören, daß nach physikalischen Gesetzen eine Flüssigkeit aus einem Gasgemenge, das sich über ihr befindet, dem Partialdruck der einzelnen Gase entsprechende Mengen absorbiert. Steigen wir ins Gebirge, so sinkt mit dem Luftdruck auch der Partialdruck des Sauerstoffs, und zwar um so mehr, je bedeutendere Höhen wir erklimmen. Dementsprechend müßte die vom Blut absorbierte Sauerstoffmenge abnehmen. Auffallenderweise steigt nun die Zahl der Erythrocyten mit der Erhebung über dem Meeresspiegel, und zwar dieser proportional, an, und es liegt daher nahe, in der Vermehrung der Erythrocyten einen Vorgang zu erblicken, der geeignet ist, für die durch Abnahme des Partialdruckes beeinträchtigte Sauerstoffabsorption einen Ausgleich zu schaffen.

Ebenso wie die Produktion der roten Blutzellen kann die Bildung der Leukocyten abnorm verlaufen. Es kann sich dabei um eine Vermehrung der normalen weißen Zellen im Blute handeln oder um das Auftreten jugendlicher, unreifer Elemente, die in gesundem Zustande im Knochenmark zurückgehalten werden, in Krankheiten aber ins Blut gelangen. Schon im gesunden Körper unterliegt die Zahl der Leukocyten gewissen vorübergehenden Schwankungen, beim Neugeborenen, nach reichlichen Mahlzeiten, zur Zeit der Geburt können sie erheblich vermehrt sein. Viel bedeutenderen Leukocytenwerten begegnen wir aber dann, wenn fieberhafte Infektionskrankheiten den Organismus heimsuchen (z. B. Blattern, Rotlauf, Scharlach u. v. a.), oder wenn bestimmte Gifte auf ihn einwirken (z. B. Pyrogallussäure, chlorsaures Kali), ferner, wenn im Gefolge schwerer Blutungen ein rascher Wiederersatz der verloren gegangenen roten und weißen Zellen eintritt. Bei Infektionen, die durch Bakterien verursacht werden, erfolgt die vermehrte Bildung der Leukocyten als Reaktion auf den Reiz, den die giftigen Produkte der Bakterien, die sog. „Toxine", auf das Knochenmark ausüben. Da im Knochenmark Substanzen nachgewiesen wurden, die die Eigenschaft haben, Bakterien abzutöten, so läßt sich wohl annehmen, daß diese Schutzstoffe in den vermehrt gebildeten Abkömmlingen des Knochenmarks, den Leukocyten, enthalten sind. Mit ihnen ausgerüstet, können diese den Kampf gegen die eingedrungenen Mikroben erfolgreich aufnehmen. In der Reaktion des Knochenmarks auf den infektiösen Reiz liegt die mächtigste Schutzwehr für den Organismus.

Nun entspricht nach einem allgemeinen biologischen Gesetz die Größe der Reaktion der Größe des Reizes. Mäßige Giftmengen lösen also, wie sich auch im Tierexperiment zeigen läßt, eine geringe, große Toxindosen eine mächtige Reaktion von seiten des Knochenmarks aus in Gestalt einer mächtigen Leukocytenausschwemmung, während bei abnorm starker Bakterienwirkung die Reizung des Knochenmarks in Lähmung umschlägt. Da uns die Untersuchung des Blutes ein getreues Abbild der Knochenmarksreaktion liefert, gestattet sie uns auch einen Schluß auf den Grad der Infektion und die Reaktionsfähigkeit, d. h. die Widerstandskraft des erkrankten Organismus.

Abgesehen von den erwähnten, meist nur kurze Zeit andauernden Vermehrungen der Leukocyten gibt es aber Krankheiten, die durch längere Perioden mit einer exzessiven Vermehrung der weißen Zellen einhergehen, wobei immer pathologische Jugendformen, sog. „Markzellen", im Blute reichlich angetroffen werden. Sie beruhen auf einem chronischen Reizzustand unbekannter Natur, der nicht bloß das Markgewebe der Knochen betrifft, sondern sogar in der Leber, in der Milz, überall im Körper in der Nachbarschaft von Blutgefäßen ein dem Knochenmark ähnliches Gewebe entstehen läßt. Wegen der großen Zahl weißer Blutkörperchen nimmt das Blut solcher Kranken eine helle Farbe an; wir nennen diese Zustände Leukämie (Weißblütigkeit).

Blutgerinnung. Hämophilie.

Solange das Blut mit der normalen Innenwand des Herzens und der Gefäße in Berührung ist, so lange bleibt es flüssig. Im Herzen der Schildkröte, das bei niedriger Temperatur noch tagelang außerhalb des Tierkörpers fortleben und weiterschlagen kann, behält das Blut seine flüssige Beschaffenheit bei, solange die Wandbekleidung des Herzens keine gröberen Veränderungen erlitten hat. Ebensowenig wie Öl oder Quecksilber dem Glase anhaftet, haftet das Blut der Wandung der Gefäße an, vielmehr gleitet es, dem Impuls des Herzens stetig unterworfen, an ihr hinweg, ohne zu adhärieren. Im normalen Zustand stellt diese Wandung eine spiegelglatte, vollkommen ebene Fläche dar, die von einer einfachen Lage flacher Zellen ausgekleidet ist. Sie ist, von vereinzeiten glatten Muskelfasern abgesehen, die ausschließliche Begrenzung der Kapillaren, und feinste Lücken zwischen diesen Zellen gestatten das Durchsickern von Blutflüssigkeit in die Gewebe.

Unter verschiedenen Umständen kann es nun geschehen, daß die Gefäßwandzellen ihre normale Beschaffenheit verlieren. So können giftige, im Blute zirkulierende Stoffe, wie Toxine mancher Bakterien, oder mechanische Einflüsse diese Zellen schädigen, ihren Verband lockern oder sie direkt abtöten. Kommt es beispielsweise nach einer Verletzung zu einer Blutung aus einer Schlagader, die der Chirurg dadurch beherrscht, daß er das blutende Gefäß mit einem Seidenfaden unterbindet, so bewirkt der Druck des Bindfadens eine Alteration der Gefäßwandzellen an der betreffenden Stelle. Sowohl die mechanische Kompression als auch die früher erwähnte toxische Schädigung kann zur Folge haben, daß die Glätte der Gefäßwand verloren geht und kleinste Unebenheiten auftreten, die die Blutströmung hemmen. Solange die Strömung mit normaler Geschwindigkeit vor sich geht, kann man, etwa an der ausgespannten Schwimmhaut des Frosches, unter dem Mikroskop in der Mitte eines Gefäßes einen homogenen roten Faden sehen, zu dessen beiden Seiten ein heller Saum sich befindet; ersterer besteht aus den roten und weißen Blutkörperchen, letzterer aus dem von Zellen nahezu freien Blutplasma. Erleidet aber der Blutstrom eine Verzögerung, so treten in dem Plasmasaum mehr und mehr Leukocyten und später auch Blutplättchen auf. Die Zahl der letzteren wird immer größer, schließlich bleiben sie, dicht gedrängt, an der erkrankten Stelle der Gefäßwand haften. Statt mit den normalen Endothelzellen (= Epithelien der Gefäße) tritt das vorbeiströmende Blut nnnmehr mit abgestoßenen oder toten Endothelzellen und mit einem Haufen von Blutplättchen in Berührung. Dies hat znr unmittelbaren Folge, daß das an den Rauhigkeiten der Wand adhärierererende Blut seinen flüssigen Aggregatzustand ändert, es wird mehr oder weniger fest; man sagt: das Blut gerinnt. Genau das gleiche tritt ein, wenn das Blut außerhalb des Tierkörpers mit irgendeiner Fläche in Berührung kommt, an der es haften kann. Wird Blut in Glasgefäßen aufgefangen, die mit Paraffin oder Öl ausgegossen sind, an deren Wand es somit nicht haften kann, so bleibt es flüssig, in direkter Berührung mit dem Glase dagegen gesteht es über kurz oder lang zu einer festen Masse, es gerinnt oder koaguliert.

Das Festwerden des Blutes beruht darauf, daß sich in ihm eine Substanz entwickelt, die man wegen ihrer faserigen Beschaffenheit als Faserstoff oder Fibrin bezeichnet. Das Fibrin bildet ein aus zahllosen zarten Bälkchen bestehendes Netz, in dessen Maschen die Blutkörperchen eingeschlossen sind. Man nennt diese gallertartige, aus Fibrin und Blutzellen bestehende Masse, die sich in wenigen Minuten, nachdem das Blut den Körper verlassen hat, bildet, Blutkuchen. Allmählich wird der Blutkuchen fester, indem er sich mehr und mehr zusammenzieht. Zugleich scheidet sich an seiner Oberfläche eine klare, beinahe farblose Flüssigkeit aus, das sog. Blutserum. Das Blutserum unterscheidet sich also dadurch von dem Blutplasma, daß es vollkommen frei von Fibrin ist und daher nicht mehr gerinnen kann, während dem Blutplasma ebenso wie dem Gesamtblut die Fähigkeit, zu gerinnen, zukommt. Im übrigen ist ihre Zusammensetzung beinahe die gleiche: beide stellen wässerige Flüssigkeiten dar, die außer organischen Stoffen Mineralbestandteile enthalten. Die Menge der letztgenannten ist konstant, etwa 0,85 Proz., und feine regulatorische Mechanismen, vor allem die Nieren, tragen für die unveränderte Aufrechterhaltung der Salzkonzentration des Blutes Sorge. Unter den organischen Stoffen stehen an erster Stelle die Eiweißkörper (etwa 8—10 Proz.); außerdem finden sich Fette, besonders reichlich nach Mahlzeiten, Spuren von Zucker (sog. Blutzucker), ferner zahlreiche Substanzen, die im Stoffwechsel des Körpers entstehen und teils unverwertbare Abfallprodukte darstellen (wie Harnstoff, Harnsäure), die durch das Blut zur Niere gelangen und hier ausgeschieden werden, teils Sekrete gewisser Drüsen (innere Sekrete), die in das Blut ergossen werden und von hier aus auf den Ablauf zahlreicher Lebensvorgänge bestimmenden Einfluß nehmen können.

Die Reaktion des Blutplasmas und des Serums ist nach neueren Untersuchungen als fast neutral zu betrachten.

Der Vorgang der Blutgerinnung besitzt große Ähnlichkeit mit der Gerinnung der Milch. Auch hier kommt es zur Abscheidung eines festen Koagulums, des „Käse", aus dem sich ein eiweißhaltiges Fluidum, das Milchserum oder die Molke, auspressen läßt. Wir wissen, daß diesem Prozesse die Wirkung eines Ferments zugrunde liegt, des sog. Labferments, das von den Drüsen der Magenschleimhaut produziert wird. In gleicher Weise spielt bei der Gerinnung des Blutes ein Ferment, das Fibrinferment oder Thrombin, eine wichtige Rolle.

Im zirkulierenden Blute ist normalerweise kein Fibrinferment vorhanden. Sobald aber die Gefäßwand erkrankt oder das Blut außerhalb der Gefäße mit Fremdkörpern irgendwelcher Art in Berührung kommt, so bildet sich hauptsächlich aus absterbenden Leukocyten und aus Blutplättchen ein fermentartiger Körper, der gewisse, im Plasma gelöst enthaltene Eiweißkörper in unlösliches Fibrin umwandelt.

Es ist klar, daß die Gerinnung des Blutes ein sehr zweckmäßiger Vorgang ist; indem das aus einer Wunde austretende Blut alsbald gerinnt und das verletzte Kapillargefäß verschließt, wird der Körper vor einem gefahrdrohenden Blutverlust bewahrt. Gäbe es keine Gerinnung, so könnte keine Blutung spontan zum Stillstand kommen. Arterielle Blutungen sind deshalb gefährlicher als venöse oder kapillare, weil das unter hohem Druck stehende Blut das Koagulum wegspülen und so den natürlichen Schutz illusorisch machen kann. Es gibt Menschen, deren Blut die Fähigkeit, zu gerinnen, nur in sehr geringem Grade besitzt, sog. Bluter oder Hämophile. Bei ihnen kann schon die kleinste Verletzung den Tod durch Verblutung herbeiführen. Die Bluterkrankheit, die sich in gewissen Familien, und zwar in weiblicher Linie, forterbt, pflegt interessanterweise beinahe ausschließlich Männer zu betreffen.

Fünftes Kapitel.

Der Zirkulationsapparat.

Von Dr. A. Müller.

Das Herz. Der Herzmuskel und seine Kontraktion. Der Rhythmus und seine Störungen. Der Puls. Die Herzklappen und der Kreislauf. Die Blutgefäße: Arterien, Venen und Kapillaren. Der Blutdruck und seine Regulation. Untersuchungsmethoden. Das Lymphgefäßsystem.

Wir leben, solange das Herz schlägt, und sterben, wenn es stillsteht. Dieser merkwürdige Muskel, der ununterbrochen und ohne Ermüdung arbeitet, bildet mit dem Gefäßsystem eine große Einheit: die Kreislaufsorgane. Ihre Funktion ist die Bewegung des Blutes. Dieses strömt vom Herzen durch große Gefäße und feine Kanäle in den Körper ein, es durchdringt und speist alle Organe und sammelt sich dann wieder in größeren Gefäßen, die es zum Herzen zurückführen. Diese bringen es aber nicht an dieselbe Stelle des Herzens. Das Herz ist ein zweigeteilter Hohlmuskel, es besteht aus einer rechten und einer linken Hälfte. Aus der linken wird der Körper versorgt, da Körperblut strömt in die rechte Hälfte, diese treibt es erst durch die Lunge und führt es durch diese hindurch wieder dem linken Herzen zu. Wir sehen, daß das Herz ein Doppelorgan ist und daß der Kreislauf ein doppelter ist (s. Schema). Man unterscheidet einen großen oder Körperkreislauf und einen kleinen oder Lungenkreislauf.

Das rechte und das linke Herz sind voneinander durch eine gemeinsame Scheidewand vollkommen getrennt. Jede Hälfte besteht aus zwei miteinander kommunizierenden Räumen, der Herzkammer (Ventrikel) und Vorkammer (Atrium) (s. S. 110). Beider Wand ist vorwiegend durch Muskulatur gebildet, dünn ist die der Vorkammern, beträchtlich dick die der Kammern, besonders die der linken, deren Durchmesser ca. 1 cm beträgt. Die Muskelfasern des Herzens sind quergestreift, wie die des Skeletts, sie weisen aber insofern einen tiefgreifenden Unterschied auf, als die einzelne Muskelfaser am Herzen keine Einheit bildet, wie beim Skelettmuskel, sondern die Fasern stehen untereinander in Verbindung, sie gehen

ineinander ohne Grenze über, und die gesamte Herzmuskulatur stellt
eine Zellgemeinschaft dar. Die Muskellagen umgeben vielfach ge-
schichtet und durchflochten die Herzhöhlen, sie sind nach außen und
innen mit einer bindegewebigen Haut umgeben, die einen glatten,
aus platten Zellen zusammengesetzten Überzug besitzt, der die Herz-

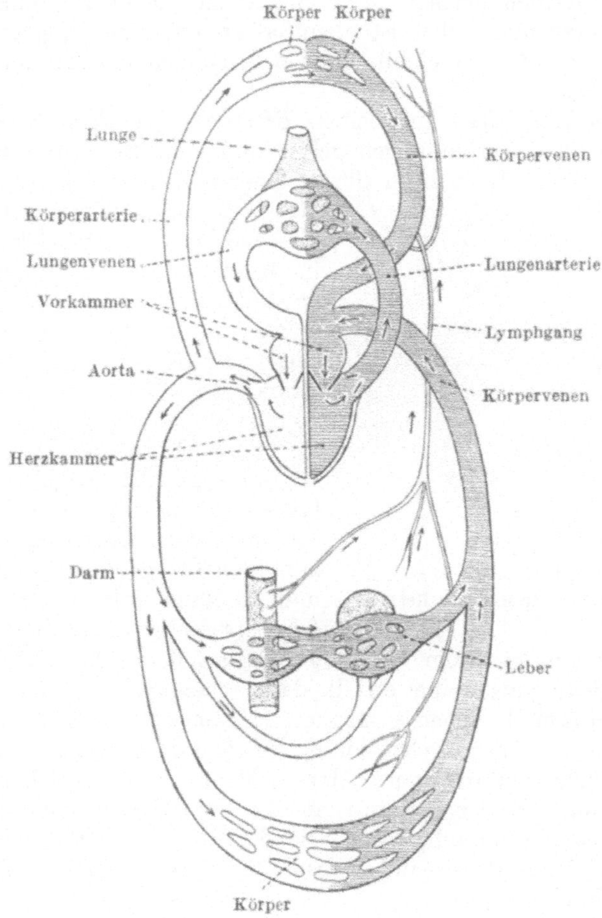

Fig. 23.

Schema des Kreislaufs. Hell gezeichnet ist der arterielle, dunkel der venöse Anteil.

höhle auskleidet und den Muskelmantel umgibt. Das Herz liegt in
der Brusthöhle, nicht symmetrisch, sondern mehr nach links, die
Längsachse des Organs geht von rechts oben nach links unten. Die
Herzspitze ist nach unten gerichtet und bildet einen Kegel, der von
der massiven Muskulatur der Kammern gebildet ist und der Thorax-

wand anliegt. An der Basis derselben liegen die Vorkammern, und dort befinden sich auch die Einmündungsstelle und der Austritt der großen Blutgefäße.

Das Herz selbst steckt wie zum Schutze im Herzbeutel, einer bindegewebigen Hülle, mit dem es nur an der Basis verwachsen ist, während es im übrigen Umfang sich frei darin bewegt. Die glatten Begrenzungsflächen machen diese Bewegung zu einer reibungslosen.

Der Herzbeutel selber ist allenthalben an seine Umgebung festgewachsen, so ans Zwerchfell, an den Brustkorb und an die Innenfläche der Lungen.

Nimmt man das Herz eines Frosches aus dem Körper des Tieres, von allen Verbindungen gelöst und vom Blutstrom getrennt, so schlägt dieses Herz noch durch längere Zeit rhythmisch weiter.

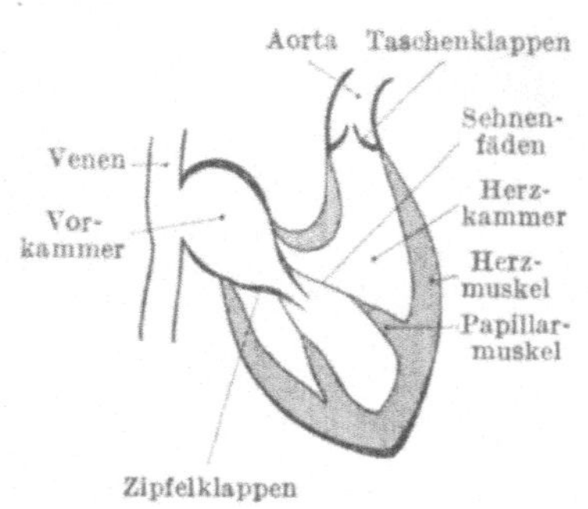

Fig. 24.
Schematischer Durchschnitt einer Herzhälfte.

Das heißt, die Bedingungen und die Ursache für die Herztätigkeit liegen im Herzen selber, innerhalb seiner Muskulatur, werden ihm nicht von außen zugeführt, etwa auf dem Wege der Nerven oder des Blutstroms. Dieselbe Tatsache gilt auch vom Säugetierherzen, nur ist dieses für seine Tätigkeit auf die bestimmte Temperatur des Warmblüterkörpers angewiesen, es kann ebenfalls, aus dem Körper gelöst, zum Schlagen gebracht werden, nur muß es dann von einer Flüssigkeit durchströmt werden, die in ihrer Temperatur und in ihrem Gehalt an Salzen dem Blut nahekommt. Sind diese Bedingungen aber erfüllt, dann schlägt es durch längere Zeit weiter. Auch am Menschen gelang es, Herzen von hingerichteten Verbrechern durch solche Durchströmung wieder zum Schlagen zu bringen.

Aber nicht nur das ganze Herz schlägt, sondern auch einzelne, vom Froschherzen losgetrennte Stücke der Herzmuskulatur kontrahieren sich rhythmisch, mögen sie dem Vorhof oder der Kammer angehören. Auch diese sind selbständiger rhythmischer Tätigkeit fähig, sie sind autonom.

Wenn man nun solche von verschiedenen Abschnitten des Herzens stammende Stücke in ihrer Tätigkeit vergleicht, so zeigt sich, daß Stücke aus der Vorkammer isoliert rascher schlagen, als solche der Kammer. Bei der Tätigkeit des gesamten Herzens müssen sich aber die Kammern genau so oft kontrahieren, wie die Vorkammern. Dabei zeigt es sich als Gesetz, daß immer der am raschesten schlagende Herzabschnitt dem ganzen Herzen seine Schlagfolge aufdrängt.

Der Teil, der am raschesten schlägt und der so zum Ausgangspunkt der normalen Bewegungsreize fürs Herz wird, liegt in der rechten Vorkammer am Orte der Einmündung der großen Körpervenen. Der Rhythmus dieser Stelle, die wirklich selbständig, autonom schlägt, wird dem ganzen Herzen zugeleitet, von ihm übernommen und er unterdrückt die latent vorhandene Autonomie der übrigen Abschnitte.

Will man verstehen, wie dies zustande kommt, so muß man einige fundamentale Eigenschaften des Herzmuskels kennen lernen, durch die er sich vom Skelettmuskel wesentlich unterscheidet. Jeder Muskel ist durch Reize erregbar, — als bequemster Reiz dient bei Versuchen gewöhnlich der elektrische Strom —, auch der Herzmuskel, Reizt man aber denselben unmittelbar, nachdem eine Kontraktion abgelaufen ist, so ist die Muskulatur im Gegensatz zum Skelettmuskel völlig unerregbar, auch der stärkste Reiz löst keine Kontraktion aus, das Herz ist zu dieser Zeit gegen Reize widerspenstig, refraktär, es hat seine refraktäre Periode. Ferner ist beim Skelettmuskel die Größe der Zuckung bis zu einem gewissen Grade und innerhalb gewisser Grenze von der Größe des Reizes abhängig, nicht so beim Herzmuskel. Wenn dieser sich nach einem Reize kontrahiert, so tut er es stets mit voller Kraft, auf den geringsten Reiz, der eben eine Zuckung auslöst, ebenso, wie auf den stärksten, er gibt entweder alles her oder nichts. Aus diesen Eigenschaften läßt es sich erklären, wieso das Herz im Rhythmus seines raschest schlagenden Anteils arbeiten muß. Dieser Reiz bringt das Herz zur Kontraktion, die refraktäre, darauf folgende Periode läßt aber im allgemeinen langsamere autonome Reize nicht zur Geltung kommen, da diese den Herzmuskel unerregbar finden.

Welches nun die Natur des Herzreizes ist, ob er in der Muskulatur selbst entsteht, oder ob er von den dort befindlichen nervösen Elementen ausgeht, welche chemischen Körper daran beteiligt sind, welche chemischen Vorgänge sich dabei abspielen, darüber ist ein langer, die Erkenntnis wesentlich bereichernder, aber noch durchaus nicht entschiedener Streit geführt worden. Als sicher kann man annehmen, daß der Reiz innerhalb der Herzmuskulatur entsteht; ob er aber von den Muskelfasern selbst oder von den nervösen Zellen und Fasern ausgeht, ist ungewiß. Sicher ist auch, daß die Muskelfasern die Fortleitung des Reizes besorgen, und daß diese in ganz bestimmten Bahnen erfolgt.

Von der Venenmündung an der rechten Vorkammer ausgehend, bringt der Reiz zunächst die Vorkammern zur Kontraktion. Wir haben gehört, daß der Reiz sich durch die Muskulatur fortpflanzt. Zwischen den Vorkammern aber und den Kammern besteht nur an einer ganz schmalen Stelle eine muskulöse Verbindung, dem Übergangsbündel, sonst sind deren Muskelsysteme durch Bindegewebe voneinander getrennt. Diese muskulöse Brücke liegt im obersten Anteil der Scheidewand zwischen den beiden Kammern und sie ist der einzige Weg, auf dem der Reiz von der Vorkammer zu den Ventrikeln gelangt. Die Muskulatur dieser Stelle zeichnet sich auch durch gewisse, feinere gewebliche Besonderheiten vor der sonstigen

Herzmuskulatur aus, sie dient sicher ausschließlich der Reizleitung. Ähnlich beschaffene Fasermassen setzen sich, davon ausgehend, in die rechte und linke Kammer fort und bilden so ein ganzes System, auf dem der Reiz die Kammermuskulatur erreicht und zur Kontraktion bringt. Diese Reizleitung braucht Zeit und tatsächlich liegt zwischen der Zusammenziehung der Vorhöfe und der folgenden der Ventrikel ein zeitliches Intervall von ca. 0,1 Sekunde, die sog. Überleitungszeit.

Wenn wir an den Puls greifen, so fühlen wir in der Pulswelle den Ausdruck der Blutbewegung, die durch das Schlagen des Herzens verursacht wird. Diese Zusammenziehung erfolgt im allgemeinen beim normalen Menschen rhythmisch, regelmäßig wie eine Uhr, doch in einem Takt, der sowohl bei verschiedenen Menschen, wie bei den einzelnen Individuen zu verschiedenen Zeiten wechselt. Daß das Herz des Kindes schneller schlägt, als das des Greises, daß ein Lauf die Herztätigkeit beschleunigt, daß im Fieber die Pulsfrequenz steigt, das sind allgemein bekannte Tatsachen. Ein Bild des normalen Pulses gibt Fig. 25.

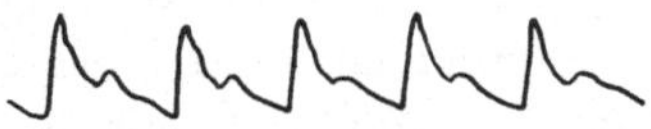

Fig. 25.

Es ist bis jetzt immer die Unabhängigkeit und Selbständigkeit des Herzens betont worden, doch soll das nicht heißen, daß das Herz von außen nicht beeinflußbar ist, insbesondere nicht, daß es nicht auch unter dem Einflusse des Nervensystems steht. Schon die bekannte Tatsache des Herzklopfens bei Aufregung beweist uns das Gegenteil. Und in der Tat finden wir zahlreiche Nerven, die in das Herz eintreten. Sie stammen vorwiegend aus zwei Quellen. Die einen sind Fasern aus dem Nervus vagus, einem großen Nervenstamm von vielseitigen Funktionen, der, aus dem verlängerten Marke des Gehirns entspringend, sich am Halse herabzieht, durch den Brustraum verläuft und u. a. auch Äste für das Herz abgibt. Die anderen Nerven sind Zweige des sympathischen Geflechts, das in anderen Abschnitten dieses Buches ausführlicher behandelt wird. Die beiden Arten von Nervenfasern sind Antagonisten, sie haben entgegengesetzte Wirkungen. Reizung der Sympathikusfasern bewirkt Beschleunigung des Herzschlags, Reizung des Vagus Verlangsamung. Insbesondere die Vaguswirkung spielt auch in der Pathologie eine bedeutende Rolle. Bei einer Gehirnerschütterung, bei Hirngeschwülsten, bei Hirnhautentzündung pflegt eine starke Pulsverlangsamung zu bestehen. Diese ist auf Vagusreizung zurückzuführen. Bei höheren Graden dieser Erkrankungen pflegt aber diese Verlangsamung umzuschlagen in eine enorme Steigerung der Herzfrequenz. Dann ist eben die Vagusreizung von der folgenden Vaguslähmung abgelöst worden. Mit dieser einfachen Einwirkung auf die Schlagfolge ist freilich die Wirkung des Nervensystems auf das Herz keineswegs erschöpft. Wir werden bei der folgenden Behandlung der Rhyhtmusstörungen des Herzens häufig von nervösen Ursachen zu sprechen haben, bei denen besonders der Nervus vagus beteiligt ist, da er auch auf die Reizleitung und die Erregbarkeit des Herzens einwirkt. Sind solche Störungen tatsächlich durch Vagusreizung veranlaßt, so haben wir ein Mittel, dies zu erkennen. Es gibt nämlich einen Arzneistoff, das Atropin, den wirksamen Bestandteil der Tollkirsche, das imstande ist, den Vagus zu lähmen, und das, in passender Dosis angewandt, solche Vagusstörungen zum Verschwinden bringt.

Wie die rhythmische Tätigkeit des Herzens durch gewisse Eigenschaften des Herzmuskels bedingt ist, und wie diese Regelmäßigkeit aufrechterhalten wird, haben wir bereits besprochen. Aber nicht immer schlägt das Herz rhythmisch, in Krankheiten und unter abnormen Bedingungen können Unregelmäßigkeiten des Herzschlags vorkommen, die sich u. a. auch am Pulse zu erkennen geben, und die für den Arzt der Ausgangspunkt klinischer Erwägungen, für den Laien aber häufig die Quelle ernster Besorgnis werden. Auf die klinische Bedeutung dieser Erscheinungen im einzelnen einzugehen, ist nicht unsere Sache, es sei nur erwähnt, daß diese Herzunregelmäßigkeiten sowohl Zeichen schwerer Erkrankung, als auch durchaus harmloser Natur sein können. Ihre Ursache kann sowohl in der Herzmuskulatur liegen, als durch das Nervensystem vermittelt sein, im letzteren Falle sowohl Ausdruck organischer Erkrankung, als auch Zeichen allgemeiner „Nervosität" sein. Gifte, u. a. auch Tabakmißbrauch, können dabei eine Rolle spielen. Was aber hier hervorgehoben werden soll, ist, daß auch die Herzunregelmäßigkeiten im allgemeinen gewissen Gesetzen folgen, die sich aus der normalen Tätigkeit des Organs verstehen lassen. Freilich, es kommen Fälle vor, wo die Reizerzeugung ganz unregelmäßig ist, Fälle, die jedem Versuche einer Regel spotten, in der Mehrzahl aber hat die genaue Analyse der Erscheinungen durch graphische Aufnahmen Klärung in das Wesen der Erscheinungen gebracht, für die einige einfache

Fig. 26.

Beispiele gegeben werden sollen. Eine der häufigsten Ursachen der Herzunregelmäßigkeiten ist durch abnorme überzählige (Extra-) Reize gegeben. Diese Extrareize können auf abnorme Vorgänge im Herzen, z. B. Entartung der Herzmuskulatur, zurückzuführen oder auch nervöser Natur sein. Sie veranlassen abnorme Kontraktionen (Systolen) des Herzens, die als Extrasystolen bezeichnet werden. Das Pulsbild eines solchen zeigt die Fig. 26. Seine Genese ist gut zu verstehen. Wenn in der Fig. 27, S. 114, die oberen Striche die Kontraktionen der Vorhöfe, die unteren die zugehörigen der Kammern bedeuten, so zeigt der Pfeil einen abnormen Reiz an, der vorzeitig die Kammer trifft und eine vorzeitige Kontraktion verursacht. (Eine vorzeitige Kontraktion kann er deshalb verursachen, weil in diesem Momente die refraktäre Periode der Kammer schon abgelaufen ist, die niemals die ganze Pulspause andauert.)

Nun findet aber der normale, von der nächsten Vorkammerkontraktion ausgehende, durch die punktierte Linie angedeutete Reiz die Kammer in einer refraktären, durch die Extrasystole verursachten Periode, daher fällt diese Kammerkontraktion aus. Erst der nächste Reiz findet die Kammer wieder erregbar, die nächste Kontraktion erfolgt zur richtigen Zeit. Die vorzeitige Kontraktion wird so durch eine längere Pulspause kompensiert, dann gewinnt das Herz wieder seinen alten Rhythmus wieder, die Dauer der beiden unregelmäßigen Perioden, die der Extrasystole vorangehen und ihr folgen, beträgt zusammengenommen die zweier normaler Aktionen. Dies ist ein Beispiel für eine Extrasystole, die vom Ventrikel ausgeht, doch kommen auch solche vor, die von der Vorkammer oder dem Übergangsbündel ausgehen und andere Besonderheiten aufweisen. Viel komplizierter werden die Pulsbilder, wenn Extrasystolen sich regellos wiederholen

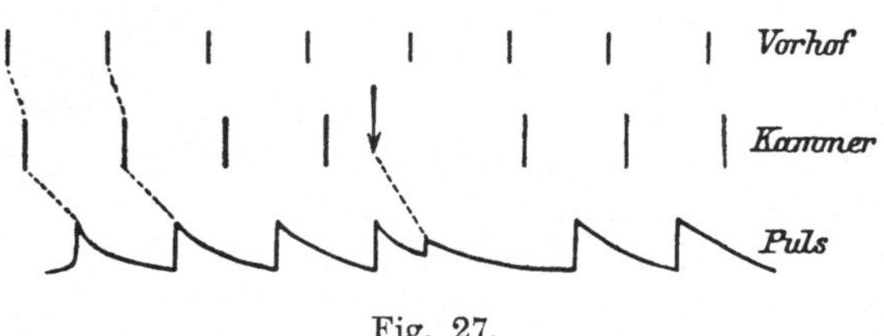

Fig. 27.

und häufen. Aber auch regelmäßige Häufungen kommen vor, die eigenartige Erscheinungen zeitigen. Wiederholt sich das Bild, das wir gegeben haben, der Wechsel einer normalen Kontraktion und einer kleineren vorzeitigen Extrasystole regelmäßig, so fühlen wir am Pulse eine große und eine kleine, rasch aufeinanderfolgende Welle, die durch eine größere Pause getrennt sind. Die kleinere Kontraktion kann unter Umständen überhaupt am Pulse nicht mehr zu fühlen sein, und dann kann die Pulsuntersuchung eine langsame, regelmäßige Herzaktion vortäuschen, während die genaue Untersuchung des Herzens uns belehrt, daß dort die doppelte Anzahl von Herzschlägen besteht und deren Unregelmäßigkeit aufdeckt. Ein anderer, allerdings seltenerer Typus der Unregelmäßigkeit ist gegeben, wenn die Reizleitung gestört ist. Denken wir uns das besprochene Übergangsbündel zwischen Vorkammer und Kammer durch einen krankhaften Prozeß vernichtet, dann können die Reize von der Vorkammer nicht mehr den Weg zur Kammer finden. In diesem, nicht allzu häufig verwirklichten Falle wird die Kammer ganz unabhängig von der Vorkammer schlagen, in ihrem eigenen langsamen Rhythmus, dann wird die latente Autonomie der Kammer zur Geltung kommen und sich in Pulsen äußern, die ca. 30 in der Minute betragen. Daß sich die Vorkammer weit öfter kontrahiert, können wir etwa durch die Röntgenuntersuchung oder auch durch die Beobachtung der Halsvenen konstatieren. (Diese Halsvenen führen nämlich unmittelbar in die rechte Vorkammer, und die Bewegungen dieser übertragen sich und kommen dann in den Halsvenen gut zur Geltung, wenn diese infolge einer gewissen Stauung des Blutes praller gefüllt sind.) Ist die genannte Muskelbrücke nicht völlig zerstört, sondern nur durch anatomische oder nervöse Einflüsse geschädigt, so kann die Leitung in ihr so erschwert sein, daß etwa nur jeder dritte oder vierte Reiz von der Vorkammer zur Kammer dringen kann. Auch in diesem Falle wird die Vorkammer weit rascher schlagen als die Kammer, aber es besteht doch noch eine zahlenmäßige Beziehung, noch eine funktionelle Ahhängigkeit der Kammer von den Vorhöfen, die sich allerdings nur in jeder dritten oder vierten Herzperiode äußert.

Bei tiefer Atmung nimmt man fast bei jedem Menschen wahr, daß bei der Einatmung die Pulsfrequenz abnimmt, bei der Ausatmung der Puls rascher wird. Bei manchen, besonders bei jugendlichen Individuen stellt sich die Abhängigkeit des Pulses von der Atmung schon bei gewöhnlicher Atmung ungemein deutlich ein, eine Pulsunregelmäßigkeit, die durchaus harmloser Natur ist. Mit diesen Streiflichtern ist natürlich das große Gebiet der Pulsunregelmäßigkeit, der Arhythmie, noch durchaus nicht erschöpft, sie sollten nur die Richtung angeben, in der die Forschung sich bewegt hat. Da die einzelnen Formen der Pulsunregelmäßigkeit ganz verschiedene klinische Bedeutung haben und auch eine verschiedene Behandlung beanspruchen, hat diese Forschung auch eminent praktische Bedeutung.

Wir haben gelernt, daß die Bedingungen für die rhythmische Tätigkeit des Herzens in ihm selber gelegen sind, innerhalb des Herzmuskels, wir wissen, daß die Zusammenziehung des Hohlmuskels die Triebkraft für die Strömung des Blutes liefert, daß das Herz den Motor im Kreislauf darstellt. Damit aber die Blutbewegung in einem Sinne erfolge, wirklich ein Kreislauf werde, dazu genügt es nicht, daß das Herz sich abwechselnd kontrahiert und dann erschlafft, sondern es sind mechanische Einrichtungen nötig, die bewirken, daß die Blutbewegung nur in einem Sinne nur von den Arterien zu den Venen erfolge, und diese Einrichtungen sind in den Herzklappen gegeben.

Man stelle sich ein kreisförmiges, aus verzweigten mit Wasser gefüllten Gummiröhren gebildetes Gefäßsystem vor, in das ein Gummiball eingeschaltet ist, der rhythmisch komprimiert und entlastet wird. Eine bestimmte Menge Flüssigkeit wird während der Kompression des Ballons aus ihm in die Röhren getrieben, bei der Entlastung wird sie wieder angesaugt. Dadurch wird wohl eine gewisse Mischung der Flüssigkeit im Röhrensystem erreicht, aber kein Kreislauf. Um diesen durchzuführen, wären Ventile notwendig. Ventile sind mechanische Einrichtungen, die zwei Räume verbinden, aber einer Flüssigkeit oder einem Gas nur den Durchtritt in einer Richtung gestatten. Sie werden in der Technik vielfach angewandt, z. B. beim Dampfkessel oder jeder Pumpe.

Man denke sich eine Glasröhre mit einem durchlochten Gummistöpsel in der Mitte, an dessen oberem Ende sich einseitig befestigt ein elastisches Gummiblättchen befinde (Fig. 28). Strömt durch die Röhre Flüssigkeit in der Richtung des Pfeiles *I*, so wird das Plättchen geöffnet, Flüssigkeit tritt durch, und die Verbindung funktioniert. Bei der Strömung in in der zweiten Richtung aber wird das Ventil geschlossen, da jeder Überdruck das Plättchen nur noch fester an seine Unterlage anpreßt und so die Kommunikation unterbricht. Noch andere Ventilformen sind möglich, z. B. die folgenden (Fig. 29). In der Röhre seien Membranen, Taschen aus weichem elastischem Material, angebracht, wie das Schema sie zeigt. Auch sie geben den Weg nur in einer Richtung frei, ein Strom in dem Sinne des Pfeiles *I* drängt die Membranen an die Wand und öffnet die Passage, eine Flüssigkeit, die der Richtung *II* folgt, fängt sich zwischen der Wand, der Röhre und den Taschen, nähert die freien Ränder derselben und bringt sie schließlich zum Verschluß. Eine andere Möglichkeit zeigt statt der Taschen nur freie Membranen, die herabhängen, und deren Funktion in Fig. 30 *I, II*

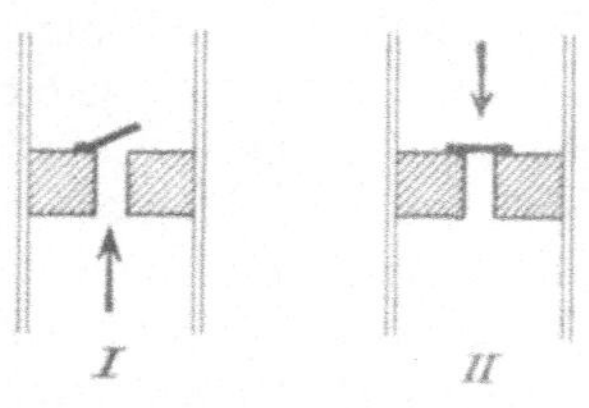

Fig. 28.

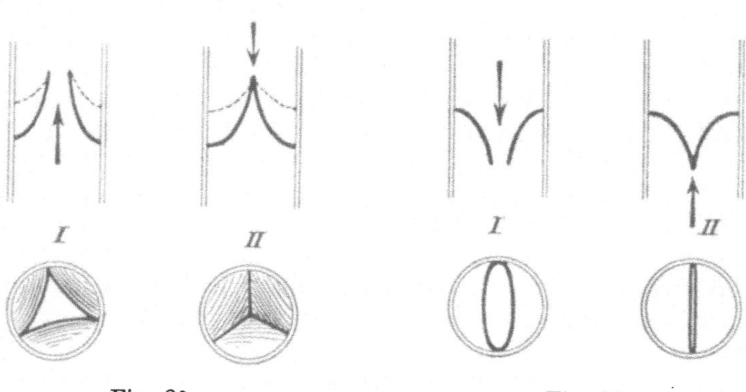

Fig. 29.   Fig. 30.

veranschaulicht ist. In diesem Falle bestände aber die Gefahr, daß ein plötzlicher Überdruck die Klappen zum völligen Umschlagen bringe, den Verschluß sprenge, etwa wie ein heftiger Windstoß einen Regenschirm umkippt (Fig. 31 *III*). Daher wird es zweckmäßig sein, solche Ventile durch eine Fixation vor dem Umschlagen zu bewahren, etwa durch Befestigung mit einem Faden (Fig. 31, *I, II*). Die beiden letzten Beispiele für Ventilkonstruktion sind nicht zufällig gewählt, sondern sie stellen im Prinzip die Einrichtungen dar, wie sie im menschlichen Herzen verwirklicht sind. Das Herz hat vier Klappenapparate, je zwei im rechten und linken Herzen, Taschenklappen mit je drei Taschen zwischen der Herzkammer und den großen Gefäßen, der Hauptschlagader (Aorta) und der Lungenschlagader (Arteria pulmonalis), Segelklappen zwischen den Vorhöfen und den Kammern. Die Herzkammer empfängt während ihrer Erschlaffung durch die offenen Segelklappen Blut aus den Vorhöfen, das diesen die großen Venen zuführen; nun beginnt die Kammerkontraktion. Der Druck in dieser steigt und schließt die Segelklappen, indem er deren Ränder aneinanderpreßt, zudem sind diese

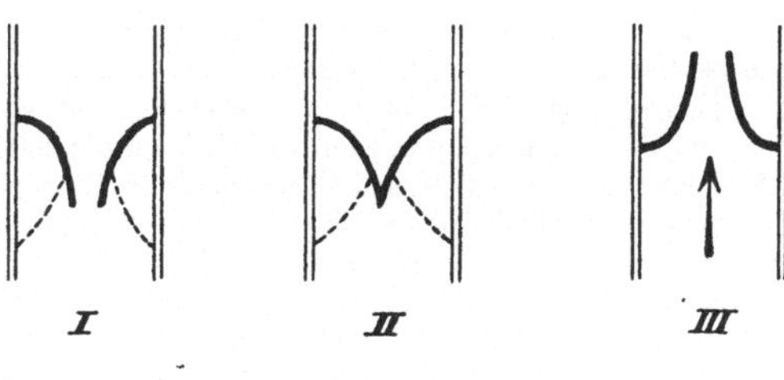

Fig. 31.

Klappen durch Sehnenfäden gesichert, welche von Muskelvorsprüngen ausgehen, den sog. Papillarmuskeln, die, in der Gegend der Herzspitze entspringend, an der allgemeinen Kontraktion des Herzmuskels teilnehmen, sich verkürzen. Diese Anordnung hat besondere Vorteile. Wenn sich bei der Zusammenziehung nämlich die Herzspitze der Herzbasis sich nähert, an der die Klappen sich befinden, der Raum der Kammer verkürzt wird, so würden einfache Fäden schlaff werden, der Klappenschluß wäre weniger gesichert. Durch die Beteiligung der Papillarmuskeln aber werden die Fäden stets entsprechend verkürzt und so straff erhalten.

Die Segelklappe ist nun geschlossen, die Kraft der gewaltigen Muskulatur der Herzkammer steigert nun den Druck in dem nun abgeschlossenen Raume so, daß er endlich den Aortendruck übersteigt. Dadurch öffnen sich die Taschenklappen, sie werden auseinander-, an die Wand des Gefäßes gedrängt, und das Herz wirft seine Blutmenge in die Aorta. Nach einer Weile erschlafft die Muskulatur wieder, der Druck im Herzen sinkt, er wird geringer, als der immer hohe Druck in der Aorta, nun schließt dieser die Taschenklappen, sie entfaltend und aneinanderlagernd, der Druck sinkt weiter, die Herzkammer wird schlaff und weich. Im Vorhof hat sich inzwischen neues Blut angesammelt, die Segelklappen öffnen sich unter dessen Druck, die Herzkammer füllt sich, die Muskulatur des Vorhofes, die allerdings weit schwächer entwickelt ist, als die der Kammer, befördert durch ihre Zusammenziehung die Füllung. Nun kann die gefüllte Herzkammer sich wieder zusammenziehen, das alte Spiel von neuem beginnen. Wir sehen, daß wir an der Herzaktion zwei Hauptperioden zu unter-

scheiden haben, die der Zusammenziehung der Herzkammer, die
Systole — bei der die Segelklappen geschlossen sind und das
Blut durch die geöffneten Taschenklappen in die Aorta befördert
und dem ganzen Kreislauf zugeführt wird — und die der Füllung,
der Diastole, bei der die erschlaffte Herzkammer durch die Segelklappen, Mitralklappen, Blut vom Vorhof erhält, während der hohe
Aortendruck die Taschenklappen schließt. Völlig analog sind die
Verhältnisse am rechten Herzen, das seine Blutmenge in die Lungenarterie fördert. Die Arbeit der beiden Herzhälften erfolgt stets annähernd gleichzeitig.

Da die Druckverhältnisse der Herzabschnitte über das Spiel der Klappen
entscheiden, wie dies bei einem Ventilapparat zu erwarten ist, wirkt ein Blick
auf die Fig. 32 instruktiv. Auf ihr sind die Druckkurven von Vorhof, Herzkammer und Aorta wiedergegeben, die man sich als gleichzeitig aufgenommen
zu denken hat. Die Kurven sind prinzipiell in gleicher Weise geschrieben, wie
etwa ein selbstregistrierendes Barometer den Luftdruck schreibt, durch Bewegung eines Schreibhebels auf einer rotierenden Papierfläche, der Druck ist
ebenfalls wie der Luftdruck in Millimeter Quecksilber angegeben. Auf die
Apparate, die zur Aufnahme von solchen rasch ablaufenden Vorgängen notwendig sind, soll nicht näher eingegangen werden. Während der Zeit der

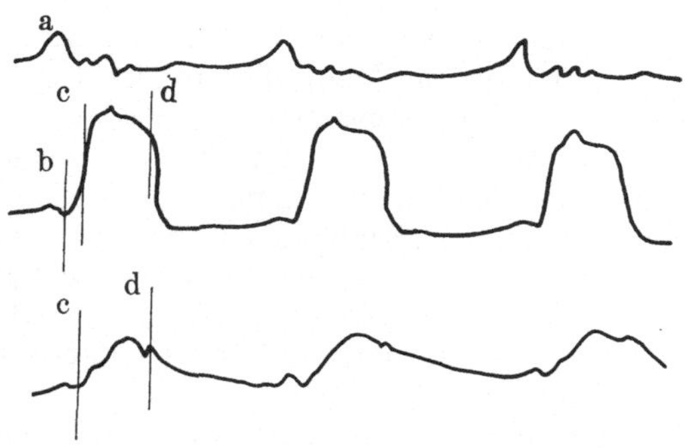

Fig. 32.

Füllung des Herzens ist der Vorhofsdruck höher als der Kammerdruck, daher
sind die Segelklappen offen, die Kontraktion des Vorhofs markiert sich in der
Erhöhung a. Nun folgt die steile und plötzliche Erhebung des Druckes in der
Kammer, die Systole b, diese schließt die Vorhofsklappen und kurz darauf im
Momente c, überwindet der Kammerdruck den Druck in der Aorta, öffnet
deren Klappen, die Aorta füllt sich, ihr Druck steigt an. Nun (d) beginnt
der Ventrikel aber wieder zu erschlaffen, der Druck zu sinken, die Taschenklappen schließen sich bei e, die Austreibungszeit ist beendet, die Füllung
kann wieder beginnen. Die Dauer der Systole schwankt nur in sehr geringen
Grenzen, sie beträgt ca. 0,25″. Da aber bekanntlich die Herzfrequenz bedeutende Schwankungen aufweist, wobei 60 und 120 Pulse in der Minute keineswegs Extreme bedeuten, so folgt daraus, daß die Frequenzschwankungen vorwiegend auf Kosten der Diastole erfolgen, die bei hoher Pulsfrequenz (120 Pulse)
kurz ist, bei geringer länger wird, deren Dauer (z. B. 0,3 bis 0,8″) aber in
der Regel die der Systole übertrifft.

Wenn bei einer Maschine, etwa einer Lokomotive oder Pumpe, die Ventile nicht in Ordnung sind, schlecht schließen oder verstopft sind, so arbeitet diese Maschine unökonomisch, mit geringem Effekt und großen Verlusten. Dasselbe muß am Herzen der Fall sein, wenn die Klappen nicht gut funktionieren, wenn sie mechanisch defekt sind. Solche Ventildefekte am Herzen sind nun bekannt, sie spielen eine bedeutende Rolle in der Pathologie, sie heißen Herzklappenfehler. Jede Herzklappe kann isoliert oder im Verein mit mehreren erkranken. Es kommen auch angeborene Mißbildungen der Klappen vor, die weitaus häufigste Ursache der Klappenfehler sind aber die Infektionskrankheiten, in erster Linie der akute Gelenkrheumatismus. Dabei kommt es zu einer Ansiedlung der krankheitserregenden Mikroorganismen an den Klappen, die zu einer Entzündung derselben führt, welche schließlich narbig ausheilt, meistens aber nicht ohne tiefe Spuren an den Klappen zu hinterlassen. Deren sonst glatte Ränder werden verdeckt und aufgetrieben, sie können sich nicht mehr lückenlos aneinanderlegen, sondern lassen Blut zwischen sich durch, das schrumpfende Narbengewebe verkürzt die Klappen, diese werden schlußunfähig, insuffizient. Oder benachbarte Klappen verwachsen untereinander, dann können sie bei der Öffnung dem Blutstrome nicht ganz nachgeben, der Klappenring bleibt verengert, stenotisch. Wie nun die Folgen solcher Klappenveränderungen für die Herzarbeit sind, soll an einigen Beispielen erörtert werden. Ein dreiteiliges Taschenventil, die Aortenklappen, verbindet bekanntlich die linke Herzkammer mit der Hauptschlagader. Es kann durch krankhafte Prozesse schlußunfähig, insuffizient werden. Dann wird nach der Systole, zur Zeit, wo die Klappe geschlossen sein sollte, ein gewisser, größerer oder kleinerer Anteil des Blutes aus der Aorta wieder in die linke Kammer zurückfließen. Dieser geht der Zirkulation verloren, seine Beförderung war eine unnütze Mehrarbeit, die sich mit jedem Pulsschlage wiederholt, die linke Kammer hat dauernd eine größere Arbeit zu leisten. Bleibt die Klappe schlußfähig, wird aber durch Verwachsung der Klappen der Klappenring verengert, so hat das linke Herz die Aufgabe, sich durch ein enges Lumen (Lichtung) zu entleeren, statt durch eine weite Röhre. Wir brauchen uns nur eine Spritze mit weiter oder enger Mündung vorzustellen, um zu verstehen, wie sehr der Widerstand gewachsen ist. So entsteht die Mehrarbeit bei diesem Klappenfehler, der Aortenstenose. Ein anderes Beispiel. Linke Kammer und Vorkammer sind durch die zweizipflige Segelklappe, die Mitralklappe, voneinander getrennt. Wird diese defekt, insuffizient, so wird, wenn der Ventrikel sich entleert, stets ein Teil des Blutes in den Vorhof zurückströmen. Dieser hat nun nicht nur diese Menge wieder unnütz weiterzubefördern, er wird nicht nur mit einem Mehrquantum belastet, sondern er wird auch dadurch, daß er sich in Kommunikation mit dem Ventrikel befindet, unter weit höheren Druck gesetzt. Diesen zu bewältigen, reicht aber die schwache Muskulatur des Vorhofes nicht aus, das Blut staut sich in den zuführenden Venen, dann in den Kapillaren der Lunge, der Druck in der Lungenarterie muß steigen, gegen diesen höheren Druck muß der rechte Ventrikel arbeiten, und er ist es, der schließlich in erster Linie die nötige Mehrarbeit zu leisten hat, der rechte Ventrikel, obwohl der Klappendefekt im linken Herzen sitzt.

Ehe wir nun aber die Frage besprechen, in welcher Weise sich das Herz mit solchen Mehraufgaben abfindet, haben wir eine wichtige Eigenschaft des Herzmuskels zu besprechen, seine Reservekraft. Aus dem täglichen Leben ist es uns bekannt, daß das Herz des Gesunden den verschiedenen Anforderungen gewachsen ist. Wir können ohne jeden Übergang nach völliger Ruhe bedeutende körperliche Leistungen vollführen, die immer auch mit einer Mehrarbeit des Herzens verbunden sind.

Wir können, aus dem Schlafe erwachend, Hantelübungen vornehmen, nach längerer Pause Berge besteigen, und dieser Mehrarbeit kann das Herz nachkommen. Das gleiche Verhalten läßt sich noch augenfälliger im Tierexperiment erweisen. Wenn dabei Läsionen an den Klappen gesetzt werden, wenn dem Herzen bald große, bald geringe Flüssigkeitsmengen zuströmen, das Herz paßt sich im Momente ohne jeden Übergang den geänderten Anforderungen an, befördert viel oder wenig, gegen hohen oder geringen Druck.

Natürlich hat diese Anpassungsfähigkeit ihre Grenzen, es gibt Anforderungen, die entweder allgemein oder individuell die Herzkraft übersteigen, und andererseits ist die wichtige Rolle der Übung zu betonen, die die Leistungsfähigkeit steigert. Daß das Herz am zehnten Tourentage besser arbeitet als am ersten, d. h. daß die Pulsfrequenz geringer wird, das subjektive Gefühl des Herzklopfens und der Kurzatmigkeit verschwindet, ist jedem bekannt, und dieses Verhalten läßt sich ohne weiteres auf jede andersartige Mehranforderung übertragen.

Das Herz des Gesunden schlägt nicht nur das ganze Leben hindurch, ohne je zu ermüden oder zu erlahmen, sondern die angeführten Beispiele erweisen auch, daß es nicht einmal mit seiner vollen Kraft arbeitet. Es ist immer noch zu einer Mehrarbeit bereit, es hat immer noch über eine Reserve zu verfügen, die wir als Reservekraft bezeichnen und die nur bei höchster Ermüdung, schwerer nervöser Erregung oder weitgehender Erkrankung versagt.

Diese Reservekraft ist es auch, die das kranke Herz zunächst heranzieht, wenn durch Klappenläsionen einzelne Abschnitte besonders beansprucht werden. Aber damit kann der Herzmuskel nur durch kürzere Zeit sein Auslangen finden. Jeder Muskel, von dem eine dauernde Mehrarbeit gefordert wird, nimmt an Volumen zu, er hypertrophiert bis zu einem individuell verschiedenen Maximum. Die Entwicklung der Gesamtmuskulatur durch Turnübungen, der kräftige Arm des Schmiedes, die gute Entwicklung der kleinen Handmuskeln bei Klavierspielern können als Belege dienen für diese ganz allgemeine Eigenschaft der lebenden Substanz durch Mehrfunktion eine Massenzunahme zu erfahren. Dies gilt auch vom Herzen. Damit

in Übereinstimmung ist schon, daß in der Tierreihe das Herzgewicht
in gutem Einklang mit der Gesamtentwicklung der Muskulatur steht.
Experimentell nachgewiesen ist auch, daß das Herzgewicht junger
Tiere vom selben Wurf, die man arbeiten läßt, größer wird, als das
der Kontrolltiere, die man zu möglichster Ruhe zwingt. Dieses Gesetz gilt auch von den einzelnen Herzabschnitten, sie nehmen an
Masse zu, wenn sie besonders beansprucht werden. Wie wir gesehen
haben, hat bei der Aorteninsuffizienz und Aortenstenose der linke
Ventrikel dauernd Mehrarbeit zu leisten, dementsprechend wird auch
die Muskulatur massiger und dicker, sie hypertrophiert, die Wand-
dicke kann bis zum Doppelten des Normalen steigen. Die erhöhte
Füllung des Organs führt auch eine Erweiterung der Herzhöhle herbei. Analoge Vorgänge treten ein, wenn bei der Mitralstenose die
linke Vorkammer und die rechte Kammer gesteigerten Anforderungen
gegenüberstehen. Die hypertrophische, verstärkte Muskulatur übernimmt es nun, die Mehrarbeit zu leisten, sie kompensiert den Klappenfehler und macht das Herz trotz des Ventildefektes leistungsfähig.
In einer Reihe von Fällen gelingt es auch völlig. Es gibt Leute
mit Klappenfehlern, die allen Anforderungen des Lebens gewachsen
sind und immer bleiben, die ohne Beschwerden Bergtouren unternehmen können. In einer anderen Reihe von Fällen aber ist die
Kompensation nicht ganz ausreichend. Die gewöhnlichen Verrich-
tungen des Tages werden ohne Anstrengungen vollbracht, größere
Leistungen, etwa Bergsteigen, ein rascher Lauf, oder auch schon
geringere, Stiegensteigen etwa, führen doch zu Kurzatmigkeit, zu
Herzklopfen, zwingen zu häufigerem Ausruhen, kurz, die Reservekraft
reicht nicht aus. Warum diese in solchen Fällen zu gering ist, dafür
lassen sich eine Reihe von Gründen anführen. Zunächst gibt es
Defekte, die so groß sind, daß keine Herzmuskulatur ihnen auf die
Dauer gewachsen ist; ferner pflegt in einer größeren Anzahl von
Fällen dieselbe Erkrankung, die die Klappenläsion verursacht, auch
die Herzmuskulatur nicht unversehrt zu lassen, mit der Klappen-
entzündung ist auch häufig eine Herzmuskelentzündung verbunden,
die ihre Spuren in narbigen Bildungen und in einer geringeren
Leistungsfähigkeit des Herzmuskels zurückläßt. Trotzdem reichen
diese Gründe nicht immer aus, und man muß wohl annehmen, daß
die Reservekraft des hypertrophischen Herzmuskels im allgemeinen
geringer ist als die des normalen. Worin aber die Ursache für diese
Erscheinungen liegt, läßt sich nicht mit völliger Sicherheit sagen,
obwohl zahlreiche, zum Teil gut gestützte Theorien vorliegen, von
denen ich nur eine erwähnen will, nämlich die, daß die Ernährung
des hypertrophischen Muskels nicht in gleichem Maße steige wie seine
Masse, und daß die unzureichende Ernährung die geringere Leistungsfähigkeit, den verhältnismäßigen Mangel an Reservekraft zur Folge
habe. Einen höheren Grad weist die Kreislaufstörung dann auf,
wenn das Herz auf die Dauer nicht mehr den Anforderungen gewachsen ist, die das tägliche Leben und die ungestörte Funktion

der anderen Organe an das Herz stellt. Welche Folgezustände aber diese Herzinsuffizienz für den Organismus hat, können wir erst an späterer Stelle erörtern.

Die Aufgabe des Herzens ist beendigt, wenn es den Inhalt seiner Kammern, das sog. Schlagvolumen, in die Aorta, resp. die Arteria pulmonalis entleert hat. Dann beginnt die Aufgabe der Gefäße, die die Weiterbeförderung und Verteilung des Blutes besorgen. Die Aorta, die Hauptschlagader des Herzens, bildet ein langes, daumendickes Rohr, das, vom linken Ventrikel aufsteigend, sich im Bogen nach hinten krümmt und dann gerade längs der Wirbelsäule an deren linken Seite herabläuft, um sich dann etwa in der Höhe des Kreuzbeines in zwei Äste zu teilen, die die Eingeweide des Beckens und die Beine versorgen. Auf dem Wege zu dieser Teilungsstätte gehen aber zahlreiche Äste ab, von denen wir nur einige wenige aufzählen wollen, so die Halsschlagader, die wir seitlich am Halse pulsieren fühlen und die neben anderen auch das Gehirn mit Blut versorgt, so die Armarterie, die, in der Achselhöhle verlaufend, sich in mehrere Äste teilt, von denen der eine, die Arteria radialis, das Gefäß ist, an dem

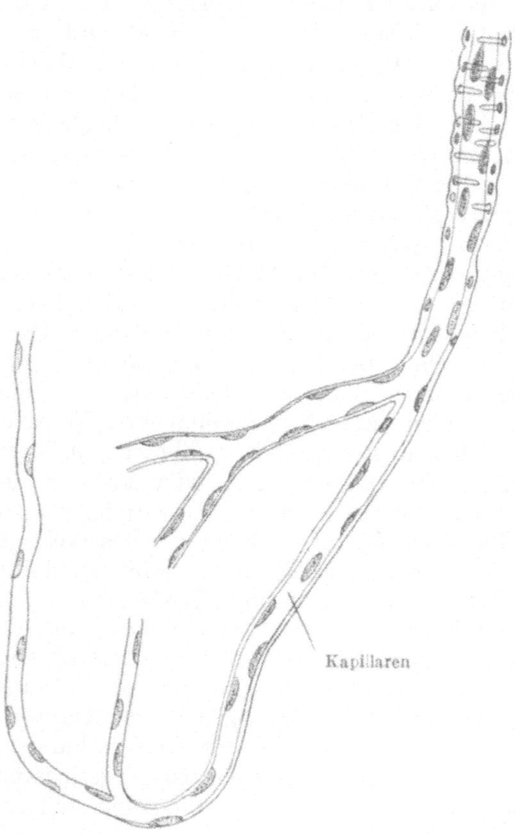

Fig. 33.

man am Handgelenke den Puls fühlt. Ferner gehen Äste ab für die Muskulatur des Stammes, für den Darmtrakt, die Niere und alle anderen Organe. Diese Arterien bilden elastische Röhren, deren Wand vorwiegend aus drei funktionell wichtigen Bestandteilen gebildet wird, einer glatten Innenhaut und der eigentlichen Wand, die aus elastischen Fasern und aus glatten Muskelfasern gebildet wird; diese Elemente werden untereinander und mit der Umgebung durch Bindegewebe verknüpft. Diese Röhren sind Gebilde von außerordentlicher Festigkeit und Elastizität, etwa dickwandigen Gummischläuchen vergleichbar, die aber durch ihre Muskulatur die Eigenschaft gewinnen, ihr Lumen erweitern oder verengern zu können. Die großen Arterien geben immer feinere und feinere Äste ab, die, sich baumartig verzweigend, die Zufuhr zum Organgewebe besorgen und die zuletzt in die sog. Kapillaren übergehen. Die Kapillaren (s. Fig. 33) sind ganz dünnwandige und enge Gebilde, deren Lumen wenig Tausendstel eines Millimeters beträgt, und die nur aus einer einzigen Reihe ganz dünnwandiger, durchlässiger, plattenförmiger Zellen (Endothelien) und eingestreuten elastischen und muskulösen Elementen bestehen. Sie sind es, in denen der Blutstrom in die unmittelbare Nähe der Zellen gelangt und durch die hindurch das Blut mit den Organen in jene innigen chemischen Wechselbeziehungen tritt, die mit dem Leben untrennbar verbunden sind. Dabei behält aber der Blutstrom immer seine selbständige Wandung, es tritt keine unmittelbare Berührung von Organen und Blut ein, sondern alle diese chemischen Prozesse erfolgen durch die intakte Wand der Kapillaren hindurch.

Die Kapillaren gehen wieder in die Venen über, Gebilde, die, in ähnlicher Weise gebaut wie die Arterien, nur weit zartwandiger und dünner, das Blut wieder zum Herzen zurückführen und so den Kreislauf schließen. Eine Sonderstellung in der Blutversorgung nimmt die Leber ein; die Vene nämlich, die das Blut aus dem Darme und der Milz abführt, die sog. Pfortader, entleert sich nicht direkt in das rechte Herz, sondern sie geht in die Leber ein, verteilt sich in dieser wieder in Kapillaren und geht erst dann wieder, als Vene gesammelt, in den Hauptstamm. Die Einschaltung dieses zweiten Kapillarsystems steht mit der wichtigen Rolle der Leber bei der Verdauung in Zusammenhang, die das aus dem Darme zuströmende, die Verdauungsprodukte führende Blut weiter verarbeitet und deren Funktionen in einem anderen Abschnitte behandelt werden. Ebenso werden wir auf den Lungenkreislauf, der vom rechten Herzen gespeist wird, bei der Besprechung der Lungentätigkeit zurückkommen.

Wenn einem Rieselfelde durch eine Röhre Wasser zugeführt wird, das sich verteilt und dann durch einen breiten Graben abfließt, so ist es klar, daß das Wasser im Rohre rascher fließen muß, als im Graben, und im Graben wieder rascher als im Felde. Ähnlich verhält es sich mit dem Blutstrom. Die zuführende enge Arterie teilt sich; obwohl nun diese Zweige, einzeln genommen, kleiner sind, als der Hauptstamm, so ist doch ihre Gesamtheit weiter. Dieser Gesamtquerschnitt nimmt weiter zu im Gebiete der Kapillaren und verringert sich wieder in den Venen, obwohl auch diese weitaus weiter sind und ein weit größeres Fassungsvermögen besitzen als die Arterien. Aus diesen anatomischen Verhältnissen läßt sich ohne weiteres die relative Geschwindigkeit des Blutstromes bemessen. Er fließt in den Arterien mit großer Geschwindigkeit, langsam in den Kapillaren und mit mittlerer Schnelligkeit in den Venen.

Der Widerstand bei der Zirkulation ist in erster Linie Reibungswiderstand, wobei sowohl die Reibung des Blutes an der Gefäßwand, als auch die innere Reibung des Blutes, seine Zähflüssigkeit in Betracht kommt. Dieser Widerstand ist verhältnismäßig gering in den großen Gefäßen, sowohl Arterien als Venen, groß hingegen in den kleinen Gefäßen und den Kapillaren. Zur Überwindung dieses Widerstandes, der nicht unbeträchtlich ist, ist ein gewisser Druck notwendig, der der Größe des Widerstandes angepaßt sein muß, da Flüssigkeit nur vom Orte höheren zum Orte niederen Druckes strömt. Dieser Druck ist der Blutdruck und er ist die Triebkraft der peripheren Zirkulation. Seine Quelle ist das Herz, seine Größe wird einerseits durch die Leistung des Herzens, andererseits durch den Zustand der Gefäße bestimmt.

Das Herz wirft seine Blutmenge, wie wir wissen, unter hohem Druck in die Aorta. Da diese Flüssigkeitsmenge nun nicht momentan einen Ausweg durch die enge Gefäßbahn findet, so werden die Aorta und die großen Gefäße gedehnt, aus ihrer Gleichgewichtslage gebracht. Während sich also bei der Systole der Herzdruck unmittelbar auf die Gefäße fortpflanzt, ist während der Diastole das Bestreben der Arterien, nach ihrer Dehnung den Gleichgewichtszustand zu gewinnen, die Quelle des Druckes, den sie auf die eingeschlossene Blutmenge üben. Immer aber herrscht in den Arterien ein bedeutender positiver Druck, der das ganze Leben hindurch aufrechterhalten wird. Immer bleiben die Arterien gefüllt und gespannt.

Wollen wir den Vorteil dieser Einrichtung verstehen, so ist es zweckmäßig, an bekannte mechanische Apparate anzuknüpfen. Wenn wir mit einer gewöhnlichen Spritze Wasser befördern, so fließt dieses, wenn der Kolben bewegt wird und hört zu fließen auf, wenn er stillsteht. Jede Kraft, die sich nicht sofort in Bewegung umsetzt, geht (als Reibung) verloren, die Zeit des Stillstandes wird für die Bewegung nicht ausgenutzt. Anders bei der Feuerspritze; hier verdichtet die Pumpe die Luft im Windkessel, und erst der Druck dieser Luft treibt das Wasser aus, er treibt es kontinuierlich aus, da auch während der Pausen der Druck im Kessel nur langsam sinkt, die allzu brüsken Schwankungen werden vermieden, die Kraft weit ökonomischer und dauernder ausgenutzt.

Den Windkessel der Herzpumpe stellen nun die Aorta und die großen Arterien dar, seinem Druck entspricht der Blutdruck. Dieser kann nach den gleichen Prinzipien gemessen werden und ändert sich nach den gleichen Gesetzen, die für alle strömenden Flüssigkeiten maßgebend sind. Läßt man Wasser unter einem bestimmten Druck austreten und durch eine ungleichförmige Röhre fließen, an die man Steigröhren anbringt, so steigt in ihnen das Wasser verschieden hoch, und die Höhe der Wassersäule ist ein Maß des Druckes, wie die Figur 34 zeigt. Diese Figur zeigt auch, daß der Druck langsam abnimmt, wo die Flüssigkeit in weiter Bahn ohne Widerstand zu finden fließt, rasch aber sinkt, wo die Bahn eng und von hoher Reibung ist oder wo ihre Weite sich plötzlich ändert.

Der arterielle Blutdruck des Säugetieres ist ein bedeutender, er beträgt im Mittel bei kleineren Tieren etwa 120 mm Quecksilber, d. h. er ist imstande, eine Quecksilbersäule von 120 mm Höhe ebenso zu tragen, wie der Luftdruck eine solche von 760 mm. Wenn man in die offene Arterie eines Tieres eine U-förmige mit Quecksilber gefüllte Röhre einbindet, so steigt das Quecksilber im offenen freien Schenkel um 120 mm Hg; würde man Wasser zur Füllung verwenden, so betrüge dessen Steighöhe nahe an 2 m.

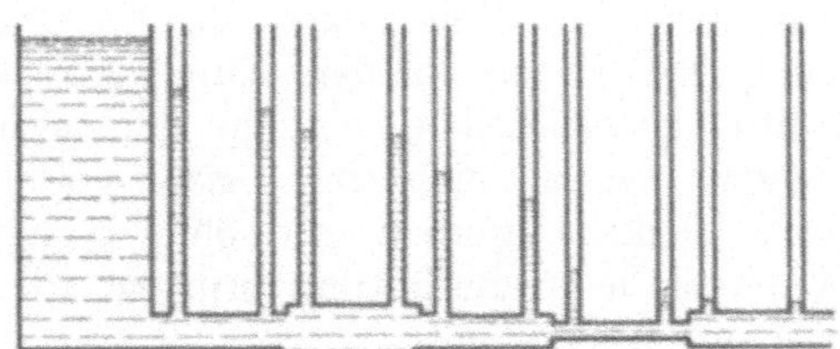

Fig. 34.

Der Blutdruck weist mit jedem Pulsschlag Änderungen auf, über deren Genese wir schon im klaren sind. Er steigt, während das Herz sich entleert, und er sinkt, wenn während der Herzpause die Gefäße sich zu entleeren bestrebt sind, wir können dementsprechend einen systolischen oder maximalen und einen diastolischen oder minimalen Blutdruck unterscheiden, die nicht unerheblich voneinander differieren. Der Mittelwert dieser beiden Größen ist der mittlere Blutdruck.

Wir kommen noch ausführlich auf den Blutdruck und seine Schwankungen zu sprechen, er ist keineswegs eine unabänderliche und fixe Größe, immerhin aber können wir als Mittelwerte für den normalen Menschen, an der Arteria radialis gemessen[1]), etwa 130 mm Hg

---

[1]) Beim Menschen ist natürlich eine direkte Messung des Blutdruckes durch Einbinden eines Manometers ausgeschlossen. Da aber der Größe des Blutdruckes eine erhebliche klinische Bedeutung zukommt, wie wir noch erfahren werden, so sind Methoden angegeben worden, um am Menschen wenigstens annähernd die Größe des Blutdruckes bestimmen zu können, die alle auf ein gemeinsames Prinzip zurückgehen. Drückt man eine oberflächlich gelegene Arterie, etwa die Schläfenschlagader oder die Pulsader gegen den unterliegenden Knochen, so wird bei einem höheren Druck die Arterie komprimiert, der Blutstrom unterbrochen werden, und der periphere Teil der Arterie wird zu klopfen aufhören. Der Druck, der dazu nötig ist, ist im wesentlichen durch den Innendruck der Arterie bestimmt. Und das Prinzip aller Blutdruckbestimmungen am Menschen ist die Bestimmung eines Druckes, der eben den Blutstrom in der Arterie zu unterbrechen vermag. Am einfachsten und zweckmäßigsten ist das Prinzip in folgender Anordnung durchgeführt. Es wird um den Oberarm eine aufblasbare Gummimanschette gelegt, die mit einem Manometer und einem Gebläse oder Pumpe in Verbindung steht. Man steigert nun in dieser Binde langsam den Druck, dieser pflanzt sich durch die Haut und die Muskulatur bis zur Arterie fort und komprimiert sie schließlich. Dieser Moment kann leicht daran erkannt werden, daß der Puls am Handgelenk aufhört, der bis dahin deutlich zu fühlen gewesen ist. Freilich geht ein gewisser Anteil des Druckes durch den Widerstand des Gewebes verloren, aber dieser Fehler beträgt nur wenige Millimeter Hg und kommt der Größe des Blutdruckes gegenüber wenig in Betracht.

für den systolischen, 80 für den diastolischen Blutdruck angeben. Diese Differenz zwischen Systole und Diastole in dem Druck und der Füllung der Arterie ist es, die wir als Puls wahrzunehmen gewöhnt sind.

Dieser Puls verschwindet infolge der ausgleichenden Wirkung der elastischen Gefäßwände schon in den Kapillaren, hier und in den Venen erfolgt die Strömung im wesentlichen gleichmäßig und unter konstantem Druck. In den kleinen Arterien erfolgt ein rasches Absinken des Blutdruckes, der in den großen Gefäßen nur wenig sinkt, der Druck in den Kapillaren beträgt schon weniger als die Hälfte des arteriellen, und in den großen Venen in der Nähe des Herzens ist er nicht mehr sehr von Null verschieden. Diese Art des Absinkens werden wir ohne weiteres mit dem Verhalten der Widerstände in Berührung bringen, wie die Betrachtung der Fig. 34 dies uns gelehrt hat.

Aber es sei betont, daß weder die Größe, noch der Abfall des Blutdruckes eine unveränderliche Größe ist, im Gegenteil, er schwankt schon beim Gesunden je nach den verschiedenen Bedingungen des Kreislaufes, noch weit mehr aber in Krankheiten. Ehe wir aber diese Schwankungen zu analysieren versuchen, müssen wir erst eine Reihe von Erscheinungen am peripheren Gefäßsystem kennen zu lernen suchen.

Das verzweigte Gefäßsystem besorgt die Verteilung des Blutes im Körper. Diese ist aber wechselnd. Wenn wir im Schreck erblassen oder im Zorn erröten, so heißt das, daß im ersten Fall die Gefäße unseres Gesichtes schlecht gefüllt sind, daß sie sich zusammengezogen haben, während sie im zweiten erweitert sind. Daß die Ursache für diese Erscheinung ein Affekt ist, beweist schon, daß die Gefäße unter dem Einflusse des Nervensystems stehen. Und in der Tat sind auch die Gefäße von Nervenstämmen begleitet, denen ein mächtiger Einfluß auf ihre Weite zukommt, die sie bald zu einer Kontraktion, bald zu einer Erweiterung ihres Lumens veranlassen und die als Vasomotoren, als Beweger der Gefäße bezeichnet werden. Beobachtet man z. B. ein Kaninchenohr, indem man es gegen das Licht hält, so sieht man ohne weiteres die Gefäße, die es durchziehen. Reizt man nun einen bestimmten Nerven durch den elektrischen Strom, so ziehen diese Gefäße sich zusammen, Reizung eines zweiten Nervens erweitert sie ungemein. Am gleichen Objekt kann man den Einfluß äußerer Bedingungen studieren. Eintauchen des Ohres in kaltes Wasser führt zu einer Gefäßkontraktion, warmes Wasser bedingt eine Dilatation. Analoge Vorgänge haben auch beim Menschen eine große Bedeutung. Die Gefäßweite der Haut z. B. bestimmt unsere Wärmeabgabe, hat an der Regulation der Körperwärme einen hervorragenden Anteil. Sie ist warm, wenn die Gefäße erweitert sind, an heißen Tagen, im Fieber, kühl, wenn wir uns der kalten Witterung aussetzen. (Zu diesem letzten Beispiel muß allerdings bemerkt werden, daß die anfängliche Kontraktion der Hauptgefäße in der Kälte von einer späteren Lähmung derselben abgelöst werden kann, die sich z. B. in blaugefrorenen Händen und Füßen äußert.)

Mit der Weite der Gefäße wechselt der Widerstand, den sie dem Blutstrome bieten, und dieser Widerstand ist von außerordentlichen Bedeutung. In dieser Beziehung verhält sich das menschliche Gefäßsystem wie eine elektrische Stromanlage. Schalte ich dort in einem Teilgebiet einen größeren Widerstand ein, so fließt weniger Strom durch, in gleicher Weise bedingt im Körper Verengerung der Gefäße eines Organs (durch den wachsenden Reibungswiderstand) eine Verringerung der zuströmenden Blutmenge, Erweiterung derselben eine größere Blutversorgung. Wenn z. B. ein arbeitender Muskel die vielfache Menge Blutes erhält wie der ruhende, so geschieht es, weil bei der Arbeit die Muskelgefäße sich so erweitert haben, daß ihr Widerstand nur ein Bruchteil des ursprünglichen beträgt. Wenn die Niere weit besser durchblutet wird als etwa der Knochen, dann bietet eben ihr reich entwickeltes Gefäßnetz weniger Widerstand. Und ebenso wie jedes einzelne Organ durch nervöse Einflüsse in der Lage ist, seinen Widerstand und damit auch seine Durchblutung zu regulieren, so sind auch im Gesamtkörper Einrichtungen zur Regulation des Gesamtwiderstandes vorhanden, der mit dem Blutdruck in engster Beziehung steht.

Man kann sich diese Verhältnisse ohne weiteres an einem Modell deutlich machen. Man denke sich eine Pumpe, die Flüssigkeit in ein abgeschlossenes verzweigtes Gefäßsystem wirft. Der Druck in diesem wird von zwei Faktoren abhängen. Einerseits von der Arbeit der Pumpe, andererseits von der Weite und Füllung der Röhren. Lassen wir beim gleichen Röhrensystem die Pumpe stärker arbeiten, mehr Wasser befördern, so wird der Druck steigen. Wechseln wir aber bei gleicher Pumpenarbeit ein engeres Röhrensystem gegen ein weiteres aus, so wird der Druck absinken. Die arbeitende Pumpe ist dem Herzen vergleichbar, das mehr oder weniger energisch arbeiten kann, die Röhren dem Gefäßsystem, das sich erweitern oder verengern kann. Der Druck ist der Blutdruck. Und ebenso wie die Arbeitsleistung einer Pumpe sich verdoppelt, wenn sie gegen einen Druck von sechs Atmosphären Wasser in einen Kessel treibt anstatt gegen drei Atmosphären, so ist es für das Herz nicht gleichgültig, ob es seinen Inhalt gegen einen hohen oder niederen Blutdruck entleert. Denn der Blutdruck der Aorta ist der Widerstand, den das Herz zu überwinden hat. Die Arbeit des Herzens besteht eben darin, daß es eine gewisse Inhaltsmenge, das Schlagvolumen, gegen einen bestimmten Widerstand, den Blutdruck, befördert, und ihre Größe wird durch das Produkt dieser beiden Faktoren bestimmt. Andererseits wissen wir, daß der Blutdruck für die periphere Zirkulation die treibende Kraft ist. Diese Doppelrolle des Blutdrucks zeigt schon die Wichtigkeit seiner Regulation, da jede Steigerung desselben die Herzarbeit vergrößert, jede Senkung (ceteris paribus) die periphere Zirkulation vermindert.

Dazu kommt noch ein weiterer Umstand: das Blut ist im Gefäßsystem als in einem abgeschlossenen Raume untergebracht. Sinkt bei gleicher Herzarbeit der Blutdruck, so kann dies nur durch Gefäßerweiterung an einem oder mehreren Bezirken geschehen. Diese erweiterten Gefäße nehmen nun einen Mehranteil der genannten Blutmenge auf und entziehen diese natürlich der übrigen Zirkulation. Die Regulation des Blutdruckes muß auch die Blutverteilung regeln, da große Änderungen derselben von unheilvollen Folgen begleitet sein können. Insbesondere ist ein Gefäßgebiet von größter Bedeutung, das Gebiet der Bauchorgane, des Darmes, der Leber, der großen Drüsen, das ungemein reich versorgt ist und das normalerweise den größten Widerstand für die Zirkulation bietet. Erweitern sich hier die Blutgefäße, so sinkt der Blutdruck, kontrahieren sie sich, so steigt er mit wachsendem Widerstand ungemein. Schon normalerweise besteht zwischen diesem Gebiete und dem peripheren Körper ein gewisser Gegensatz, der eben den Blutdruck annähernd konstant erhält. Erweitern sich z. B. im warmen Bade die Hautgefäße, so wird dieser Vorgang durch eine entsprechende Verengerung der Bauchgefäße paralysiert usw. Das Fassungsvermögen dieser Gefäße ist, wenn sie maximal erweitert sind, so groß, daß sie fast die gesamte Blutmenge in sich aufzunehmen vermögen. Das würde nun für den Körper eine große Gefahr darstellen, denn dann arbeitet das Herz fast leer, da das Blut sich in den Gefäßen des Bauchraumes ansammelt. Dem Herzen wird nicht genug Flüssigkeit zugeführt, diese Menge reicht unter Umständen nicht aus, um lebenswichtige Organe, z. B. das Gehirn, ausreichend mit Blut zu versorgen. So kann es geschehen, daß sich der Mensch förmlich in seine Bauchgefäße verblutet, und zwar ohne jede Verletzung. Ein Stoß gegen den Bauch kann den Tod in kurzer Zeit herbeiführen. Das beruht darauf, daß der Stoß zu einer Lähmung der Gefäßnerven führen kann, die den Bauch versorgen. Dann tritt eben die geschilderte maximale Gefäßlähmung mit ihren Folgezuständen ein. Eine ähnliche Lähmung, durch Bakterien verursacht, führt z. B. bei der akuten Bauchfellentzündung zum elenden Aussehen der Kranken, zum fliegenden Puls und ev. zum Tode.

Das sind die extremsten Fälle, aber wir verstehen, wie kompliziert die Aufgaben sind, die mit der Regulation des Blutdruckes verknüpft sind. Der Blutdruck als treibende Kraft der peripheren Zirkulation, der Blutdruck als der Widerstand für das Herz, die Blutverteilung, alles dies muß berücksichtigt werden, und aus all diesen, zum Teil entgegengesetzten Faktoren muß das Optimum gesucht werden, das den eben bestehenden Verhältnissen und Anforderungen am besten sich anpaßt. Das Zentralorgan für diese Regulation liegt im verlängertem Marke des Gehirns und wird als Vasomotorenzentrum bezeichnet.

Es wurden schon oben Mittelzahlen für die Höhe des normalen Blutdrucks angegeben. Aber nochmals sei betont, daß diese Zahlen weder für verschiedene Personen, noch selbst für ein Individuum fixe und konstante Werte darstellen. Im Gegenteil, der Blutdruck schwankt, und es sind eine ganz große Anzahl von Geschehnissen, die ihn beeinflussen. So steigt er z. B. in psychischer Erregung und im Schmerz. Wachen und Schlafen, Essen und Trinken, Alkohol und Tabak sind nicht ohne Einwirkung. Bei körperlichen Anstrengungen pflegt er gleichfalls, wohl infolge der gesteigerten Herzleistung, anzusteigen, doch wird diese Steigung bei andauernder Arbeit, insbesondere beim geübten Menschen durch kompensierende Gefäßerweiterungen herabgesetzt. Immerhin kann man aber sagen, daß der Blutdruck des normalen Menschen trotz seines Schwankens selten dauernd und wesentlich sein Niveau ändert, die starken Abweichungen pflegen beim Gesunden nicht lange anzuhalten.

Weit größer und wichtiger sind die Änderungen des Blutdruckes in Krankheiten.

So führt die akute Erlahmung des Herzens z. B. durch höchste Überanstrengung oder Herzmuskelentzündung durch Sinken der Herzkraft zu einer Erniedrigung des Blutdruckes. Doch darf man durchaus nicht annehmen, daß in allen Fällen von Insuffizienz des Herzens ein niederer Druck bestehen müsse. Die Herabsetzung der Triebkraft, deren Folge Drucksenkung wäre, kann durch Kontraktion der Gefäße paralysiert werden (schwache Pumpe und enge Röhren), und so kommt häufig die Tatsache zur Beobachtung, daß bei ausgesprochenster Kreislaufsschwäche normaler oder selbst erhöhter Druck bestehen kann. Der Blutdruck ist eben das Resultat vielfacher Faktoren und keineswegs ohne weiteres ein Maßstab für die Leistung des Herzens.

Jeder Laie weiß, daß bei den schweren Infektionskrankheiten, z. B. Lungenentzündung oder Typhus, das Herz häufig im Mittelpunkte aller Erscheinungen steht. Diese Kreislaufstörung ist aber nicht ausschließlich auf eine Schädigung des Herzmuskels infolge der Krankheitsgifte zurückzuführen, sondern auch bis zu einem gewissen Grade auf eine Schädigung des Vasomotorenzentrums durch dieselben zurückzuführen. Es sinkt daher bei diesen Affektionen gewöhnlich der Blutdruck, und in angedeutetem Maße findet sich ein Bild, das an die Zustände bei der Shokwirkung oder der Bauchfellentzündung gemahnt und durch verhältnismäßige Leere des Gehirns und der Peripherie und Überfüllung der Bauchorgane charakterisiert ist. Auch die Therapie hat auf die Beteiligung der Vasomotoren entsprechend Rücksicht zu nehmen.

Wir haben bis jetzt im allgemeinen nur von Drucksenkung gesprochen. Der Blutdruck kann aber auch dauernd gesteigert sein. Unter den Ursachen stehen zwei Erkrankungen im Vordergrunde, nämlich gewisse Formen von Nierenerkrankungen und manche Fälle von Arteriosklerose. Was die ersteren anlangt, so ist der Blutdruck nicht selten ungemein, z. B. bis auf 200 mm Hg, gesteigert, die Ursache dafür liegt in einer dauernden allgemeinen Kontraktion der kleinen Gefäße und Kapillaren, über deren Entstehung bei den

Nierenerkrankungen die Rede sein wird. Bei der Arteriosklerose liegt die Ursache in einer Erhöhung des Widerstandes in den Arterien selbst.

Nachdem der Name und der Begriff der Arterienverkalkung allgemein bekannt geworden sind, aber vielfach irrige Vorstellungen damit verknüpft werden, muß mit einigen Worten auf diese Erscheinung eingegangen werden. Im Alter treten an allen Organen Veränderungen auf, ebenso wie die Haut runzlig und welk, das Haar weiß wird, so ändert sich auch die Beschaffenheit der Arterien. Es kommt zu einem gewissen Grade von Bindegewebsneubildung der Innenhaut auf Kosten der elastischen und muskulösen Elemente, zu einer Wandverdickung. Als pathologisch kann dieser Prozeß aber nur angesehen werden, wenn er vorzeitig und in besonderer Intensität auftritt. Dann wird die Innenhaut der Gefäße rauh, sie verfettet zum Teil. In das veränderte Gewebe lagern sich Kalksalze ein, die dem Prozeß den Namen der Arterienverkalkung gegeben haben. Die Arterie kann durch diese hart und brüchig werden. Größere Ausdehnung oder besondere Lokalisation des Prozesses kann durch Vermehrung der Widerstände zur Blutdrucksteigerung führen, die Verengerung der Arterien durch arteriosklerotische Wucherungen und die rauhe Wand erhöhen die Reibung, die Schädigung der Elastizität der Gefäßwand beeinträchtigt gleichfalls den Kreislauf. Dies kann die Ernährung wichtiger Organe beeinträchtigen, z. B. die des Herzens selbst, dessen Muskel durch die sog. Kranzarterien gespeist wird, und das auf eine reiche Blutversorgung Anspruch macht. Die Brüchigkeit der Gefäße wird zur Ursache von Blutungen, die durch ihren Sitz bedeutungsvoll werden können (Schlaganfälle durch Gehirnblutung).

Ein gewisser Grad von Arteriosklerose ist als normale Abnutzungserscheinung der Gefäße im Alter zu betrachten, nur höhere Grade sind krankhaft. Als begünstigende Ursachen für ihre Entstehung sind neben schwerer körperlicher und geistiger Arbeit Gifte (Tabak, Alkohol, Blei) und Infektionskrankheiten (z. B. Syphilis) zu nennen, ohne daß damit eine individuell sehr verschiedene Disposition in Abrede gestellt werden soll.

Wenn durch längere Zeit die Herzleistung hinter den gestellten Anforderungen zurückbleibt, dann kommt es zu Stauungserscheinungen, deren Zustandekommen an einem Beispiel erläutert werden soll. Bei der Mitralinsuffizienz, der Schlußunfähigkeit der Klappe, die Vorhof und Kammer des linken Herzens verbindet, hat, wie ausführlich auseinandergesetzt wurde, die rechte Kammer eine beträchtliche Mehrarbeit zu leisten. Man nehme an, daß sie dies nicht mehr imstande ist, daß sie den geforderten Ansprüchen nicht nachkommen kann. Auch die Kompensation durch Erhöhung der Herzfrequenz reiche nicht mehr aus; der rechte Ventrikel befördert nicht mehr zur Gänze die zugeführte Blutmenge. Die nächste Folge wird eine Ansammlung des Blutes im rechten Vorhof sein, diese starke Füllung stellt aber ein Hindernis für das Blut der Körpervenen dar, die in die rechte Vorkammer einmünden. Diese müssen anschwellen, in diesen staut sich das Blut, und sie treten etwa am Halse oder den Armen als dicke blaue Stränge vor. Die Stauung greift weiter auf die Organe über, deren Zirkulation beeinträchtigt wird. In erster Linie leidet gewöhnlich die Leber, die ihr Blut nicht von den Arterien, sondern von der Pfortader, also unter weit geringerem Drucke erhält. Es kommt durch diese Abflußhinderung zur Leberschwellung, zur Schwellung noch anderer Organe, zu einer gewissen Stagnation des Blutes. Wo aber das Blut in Kapillaren stagniert, da tritt ein Teil der Blutflüssigkeit durch diese hindurch in die Gewebe über und sammelt sich darin an. Befördert wird dieser Vorgang in erster Linie durch das Verhalten der Niere. Diese schafft in ihrem Sekrete, dem Harn, bekanntlich das überflüssige Wasser und einen großen Teil aller Stoffwechselschlacken aus dem Körper. Diese Tätigkeit ist aber von einer ausreichenden Blutversorgung abhängig. Bleibt diese infolge des Versagens des Herzens aus, so erfüllt auch die Niere ihre Aufgabe nicht völlig, ein Teil des Wassers und der festen Bestandteile des Harns bleibt im Körper zurück; er sammelt sich, aus den Kapillaren austretend, in den Gewebslücken an und führt zur Wassersucht. Es treten Schwellungen der Haut, die sog. Ödeme, besonders an den Füßen auf, Ergüsse in die Körperhöhlen[1] usw. Um Mißverständnisse zu vermeiden, sei aber hervorgehoben, daß die Ursache einer Wassersucht durchaus nicht immer im Herzen zu liegen braucht. Eine Nierenentzündung kann z. B. zu ähnlichen allgemeineren Erscheinungen führen, Lebererkrankung kann den Abfluß aus der Pfortader hemmen, zu Bauchwassersucht führen, eine Entzündung kann zu lokalem Ödem den Anlaß geben, usw.

Die Therapie dieser Zustände bezweckt, einerseits durch äußerste Schonung die Aufgabe des Herzens herabzusetzen, andererseits durch die Herzmittel die Kraft des Herzens zu heben. Unter diesen steht die Digitalis, der Fingerhut, an erster Stelle. Außerdem wird man die angesammelte Flüssigkeit auch durch Anregung der Nierentätigkeit, ev. durch direkte, mechanische Entfernung zu beseitigen suchen. Der Erfolg dieser Therapie wird in vielen Fällen eine Wiederherstellung des Gleichgewichts im Kreislauf sein. Andere Symptome der Herzschwäche, Atemnot und Blausucht, werden erst im Abschnitt über die Atmung zu besprechen sein.

Wie jedem Normalen die verstärkte Herzarbeit bei großer Anstrengung als Herzklopfen zum Bewußtsein gebracht wird, so können abnorme Zustände und abnorme Arbeit des Herzens, als Herzklopfen, als Schmerzen in der Herzgegend, empfunden werden. Es ist aber hervorzuheben, daß bei nervösen Leuten, insbesondere unter dem Einfluß von deprimierenden Vorstellungen, solche unangenehme Sensationen auch bei völlig intaktem Kreislauf auftreten können.

---

[1] Diese Flüssigkeitsansammlungen erschweren wieder dem Herzen noch weiter seine Aufgabe.

Nachdem wir nunmehr über die Verhältnisse des normalen wie des gestörten Kreislaufes einen Überblick erhalten haben, erübrigt es noch ganz kurz auf die Methoden einzugehen, die dem Arzte für die Untersuchung zur Verfügung stehen. Die Verwertung der subjektiven Beschwerden, die Beobachtung des Allgemeinbefindens, des Vorkommens von Atemnot und Blausucht, der Stauungserscheinungen, sei nur erwähnt. Ebenso alles, was wir aus dem Pulse erfahren: die Anzahl der Herzschläge, die Füllung und Spannung der Arterie, die Beschaffenheit ihrer Wand, der Blutdruck und die Unregelmäßigkeiten der Schlagfolge. Die wichtigsten Aufschlüsse gewährt aber die Untersuchung des Herzens selber. Schon bei normaler Herztätigkeit sind — bei verschiedenen Individuen verschieden stark — die Bewegungen der Herzspitze, der sog. Spitzenstoß, am Brustkorb zu fühlen und manchmal auch zu sehen. Diese Bewegungen nehmen zu, wenn die Herzaktion lebhafter wird. Der Spitzenstoß kann seinen Ort verändern. Er rückt z. B. bei Vergrößerung des linken Herzens nach links und unten, er ändert auch mit der Hypertrophie des Herzens seine Beschaffenheit. In ähnlicher Weise macht sich auch eine Hypertrophie des rechten Herzens durch eine lebhafte Pulsation bemerkbar, die zu einer Erschütterung des Brustbeines und der Magengrube führt. Diese spärlichen Beispiele sollen nur andeuten, wieviel aus der Besichtigung und Betastung der Herzgegend zu erfahren ist. Noch größer ist aber die Bedeutung der Perkussion und Auskultation, vulgär gesprochen, des Beklopfens und Behorchens für den Arzt. Wir wissen alle, daß ein leeres Faß anders klingt, als ein volles. Legen wir einen Finger einmal auf ein Stück Holz, das andere Mal auf ein Kissen und klopfen mit einem anderen Finger darauf, so erhalten wir einen verschiedenen Klang. Und wie in den gegebenen Beispielen, gestattet auch die Beklopfung (Perkussion) des Brustkorbes lufthaltige Räume von luftleeren abzugrenzen, in unserem Falle die lufthaltige Lunge vom massiven Herz. Auf die Weise gelingt es, die Größe des Herzens und seiner einzelnen Teile festzustellen, die in neuerer Zeit auch durch die Untersuchung mittels Röntgenstrahlen kontrolliert werden kann.

Die Auskultation verwertet die Schallerscheinungen über dem Herzen. Über demselben sind nämlich normalerweise kurze, scharf abgegrenzte Geräusche vernehmbar, die als Herztöne bezeichnet werden. Und zwar sind gewöhnlich zwei Töne über allen Herzabschnitten hörbar. Die zweiten Töne kommen durch die Anspannung der Klappen zustande, wenn im Beginne der Diastole der Blutdruck der großen Gefäße die Ventile schließt. Dies geschieht sehr rasch, mit einem Ruck, der eben als Herzton vernommen wird.

Die Anspannung von Klappen, der Segelklappen zwischen Vorhöfen und Kammern ist auch am Zustandekommen des ersten Tones beteiligt, dieser ist aber auch Muskelton, was daraus hervorgeht, daß dieser Ton auch dem blutleer schlagenden Herzen zukommt, in dem die Klappen nicht beansprucht werden. Die Herztöne können

Änderungen aufweisen. Werden z. B. bei erhöhtem Drucke in der Aorta die Klappen besonders rasch, besonders heftig geschlossen, so ist eben der zweite Ton in der Aortengegend lauter, als gewöhnlich zu hören, akzentuiert. Aber die Töne können nicht nur in ihrer Qualität verändert werden, sondern es können auch laute oder leise, feinere oder rauhere Geräusche am Herzen aufreten. So gibt sich das abnorme Rückströmen des Blutes aus der Aorta in den Ventrikel, welches bei einer Aorteninsuffizienz stattfindet, als Geräusch während der betreffenden Herzperiode (der Diastole) zu erkennen, ebenso wird das Durchfließen des Blutes durch eine verengte Klappe in gleicher Weise zu abnormen Geräuschen und Wirbelbildungen führen. Die Art, der Ort und die Periode dieser Geräusche gibt u. a. die wichtigsten Anhaltspunkte für die Diagnose von Klappenfehlern.

Doch muß dabei hervorgehoben werden, daß Geräusche am Herzen durchaus nicht nur bei Klappenfehlern vorkommen, daß sie auch bei blutarmen Individuen, im Fieber und bei einer Reihe von anderen Zuständen zu finden sind, bei denen die Herzklappen anatomisch vollkommen normal sein können. Das Zustandekommen dieser sog. akzidentellen, zufälligen Geräusche ist noch nicht in allen Fällen in vollkommen befriedigender Weise aufgeklärt.

Das Gesamtresultat der Untersuchungsmethoden bildet für den Arzt die Grundlage der Diagnose und Therapie.

Das Lymphsystem.

Aus den Kapillaren tritt neben den Nährstoffen auch etwas Flüssigkeit, die Lymphe, in die Gewebe. Diese nimmt aus den Organen einzelne Produkte des Stoffwechsels auf und sammelt sich in den Gewebslücken. Von diesen aber gewinnt die Strömung ein zweites, zartes Röhrensystem, die Lymphgefäße.

Diese durchziehen allenthalben den Körper, vereinigen sich in größeren Stämmen, welche in die Blutbahn einmünden.

Die Lymphe ist eine helle, eiweißhaltige Flüssigkeit, die Größe des Lymphstromes wächst mit der Tätigkeit der Organe, z. B. bei Muskelarbeit, sie kann auch durch eine Reihe von chemischen Stoffen, z. B. Krebsextrakt, gesteigert werden.

Von ganz besonderer Bedeutung sind die Lymphgefäße des Darmes, da durch sie eines der wichtigsten Nahrungsmittel, das Fett, in den Körper gelangt. Daher werden während der Verdauung die unsichtbaren Lymphgefäße des Darmtraktes zu strotzend gefüllten weißlichen Strängen, die durchsichtige Lymphe wird durch das Fett zu einer weißen Milch, die im Lymphbrustgang den Brustkorb durchziehend, in die Halsvenen einmündet.

Allenthalben sind in den Verlauf der größeren Lymphgefäße die Lymphdrüsen eingeschaltet, länglich ovale Organe von Stecknadel- bis Bohnengröße, förmliche Filtrierapparate, deren Netzwerk der Lymphstrom passieren muß. In ihnen gelangt auch eine bestimmte

Art von Blutzellen, die sog. Lymphkörperchen (Lymphocyten) zur Entwicklung, die auf den Lymphbahnen ins Blut gelangen, über die näheres im Abschnitte über das Blut gesagt werden wird. Diese Lymphdrüsen finden sich häufig, zu Gruppen angeordnet, so in reichem Ausmaß in der Achselhöhle, der Schenkelbeuge, im Bauchraum, an der Lungenpforte usw.

Von besonderer Bedeutung ist das Lymphsystem für den Verlauf und die Verbreitung von Infektionen. Besteht z. B. eine heftige Fingereiterung, so findet man häufig am Vorderarm einen zarten roten Strang, das entzündete Lymphgefäß, in dem die Bakterien vordringen. So gelangen sie in die nächstgelegene Lymphdrüse, die sich wie ein Wall ihrem Vordringen entgegenstellt. Diese schwillt an, es kommt zum Kampfe zwischen Bakterien und Körperzellen und Körpersäften. Die Krankheitserreger werden entweder abgetötet, oder sie dringen siegreich zu den nächsten Drüsen vor. So können sie schließlich den ganzen Körper in Mitleidenschaft ziehen.

Auch die Verbreitung bösartiger Geschwülste erfolgt in der Regel auf dem Wege der Lymphbahn, es werden Geschwulstpartikelchen verschleppt, die, in den Drüsen zurückgehalten, dort zur Wucherung gelangen. In ähnlicher Weise gelangen auch Fremdkörper dort zur Ablagerung. Der Kohlenstaub z. B., den wir einatmen, wird, in die Lunge aufgenommen, auf dem Lymphwege zu den Lymphdrüsen geschafft. Dort wird er abgelagert, deponiert und verleiht der Lunge des Städters ihre schwarze Farbe.

Sechstes Kapitel

Die Atmung.

Von Dr. A. Müller.

Der Atmungsprozeß und die Rolle des Blutes. Sauerstoffaufnahme und Kohlensäureabgabe. Die Atmungswege. Bau der Lunge. Die Atemmechanik und -regulation. Störungen der Atmung. Untersuchungsmethoden.

Einem späteren Abschnitt dieses Buches wird es vorbehalten sein, auseinanderzusetzen, daß das, was wir Leben nennen, mit einer Reihe chemischer Prozesse untrennbar verknüpft ist, die als Verbrennungsprozesse bezeichnet werden können. So kompliziert sie auch im einzelnen verlaufen, im großen und ganzen sind sie analog jener einfachsten Verbrennung, bei der die Kohle sich durch den Sauerstoff der Luft in Kohlensäure verwandelt, jener Verbrennung, mit der wir Zimmer heizen und Dampfmaschinen betreiben. Auch für uns stellen solche Verbrennungen die Quelle von Kraft und Wärme dar, sie bestreiten unsere Muskelarbeit und halten unsere Körpertemperatur aufrecht. Unter Zufuhr von Luft werden die Nahrungsmittel und die Produkte des Zellebens verbrannt, und als wichtigstes Endprodukt entsteht die Kohlensäure, die den Körper verläßt.

Es ist allgemein bekannt, daß die Aufnahme des Luftsauerstoffes und die Abgabe der Kohlensäure in der Lunge erfolgt. Es ist der ganze Komplex von Vorgängen, chemischen, mechanischen und regulatorischen, die der Regelung der Aufnahme und Abgabe dieser Gase dienen, welche wir als Atmung bezeichnen.

Wir haben im vorigen Abschnitte die mechanischen Einrichtungen kennen gelernt, die der Förderung und Verteilung des Blutes im Körper dienen, wir wissen, daß der Kreislauf des Blutes lebensnotwendig ist, aber von der Funktion und der Beschaffenheit des Blutes haben wir noch nicht gesprochen. Auch an dieser Stelle soll diese Frage nicht weiter erörtert werden, Zusammensetzung und Aufgaben des Blutes sollen nicht analysiert werden, sondern aus dem großen Komplex soll nur eine einzige Funktion hervorgehoben werden, allerdings vielleicht die wichtigste und dringendste, die Rolle des Blutes als Träger der Atmungsgase.

Im Blute finden sich in der Blutflüssigkeit suspendiert zahlreiche kleinste Körperchen, runde Scheibchen, die nur wenige Tausendstel eines Millimeters groß sind. Wenn wir frisches Blut in einer Zentrifuge mit großer Umdrehungsgeschwindigkeit behandeln, ein Prozeß, wie er etwa in der Molkerei den fettreichen Rahm von der Magermilch trennt, so läßt sich das Blut in zwei Schichten trennen, in eine leicht gelblich verfärbte Grundflüssigkeit und in einen dicken roten Brei, der im wesentlichen aus den Blutkörperchen besteht, an die die rote Farbe des Blutes gebunden ist und die deshalb die roten Blutkörperchen heißen. Der Farbstoff derselben, Hämoglobin genannt, ist ein eisenhaltiger Eiweißkörper, der eine Reihe merkwürdiger Eigenschaften aufweist. Aus einer Arterie spritzt hellrotes Blut hervor, wenn sie verletzt wird; das Venenblut, das etwa beim Aderlaß gewonnen wird, ist dunkelrot, blaurot. Schüttelt man nun solch dunkles Venenblut wenige Momente an der Luft, so wird es hellrot; leitet man durch dieses hellrot gemachte Blut einige Zeit Kohlensäure oder Wasserstoffgas hindurch, so wird es dunkel, kann aber ohne weiteres durch nochmaliges Schütteln an der Luft wieder zur hellroten Farbe zurückgeführt werden. Das hellrote Blut ist mit Sauerstoff gesättigt, das dunkle enthält keinen oder wenig Sauerstoff. Daß der Sauerstoff wirklich an den Farbstoff der roten Blutkörperchen, an das Hämoglobin gebunden ist, läßt sich dadurch beweisen, daß auch der mit chemischen Mitteln rein aus den Blutkörperchen dargestellte Farbstoff, das Hämoglobin, genau das gleiche Verhalten aufweist. Es belädt sich in Berührung mit Luft mit deren Sauerstoff (Oxygenium) und wird dadurch zum hellroten Körper, Oxyhämoglobin, es kann in einer sauerstoffarmen Atmosphäre, z. B. in Kohlensäure oder Wasserstoff, den aufgenommenen Sauerstoff wieder abgeben, und erscheint dann als dunkles, reduziertes Hämoglobin. Diese Möglichkeit macht den Farbstoff und damit das Blut geeignet, als Sauerstoffübertrager zu dienen. Er nimmt in der Lunge den Sauerstoff der Luft auf und gibt ihn im Körper den sauerstoffhungrigen Geweben ab, in denen sich die Vorgänge des Lebens abspielen.

Das Hämoglobin läßt sich weiters in einen Eiweißkörper, das Globin, und einen eisenhaltigen Bestandteil, Hämatin, zerlegen. Auf seine chemische Eigentümlichkeit soll hier nicht näher eingegangen werden, wir haben Grund, anzunehmen, daß das Eisen im Hämoglobin der eigentliche Träger der Funktion, der Übertrager des Sauerstoffes ist. Dies stimmt mit dem allgemeinen Verhalten der Schwermetalle überein. Man denke an den Platinschwamm, der als Zündmittel dient. Der Kuriosität halber sei bemerkt, daß das Eisen im Blute nicht unersetzbar ist. Es gibt Tiere, Cephalopoden, die nicht rotes, sondern blaues Blut haben, deren Blut auch nicht eisenhaltig ist, sondern bei denen Kupfer die Rolle des Eisens als Sauerstoffübertrager übernommen hat.

Daß der Sauerstoff der Luft mit dem Hämoglobin eine chemische Verbindung eingeht, ist dadurch bewiesen, daß eine bestimmte Menge Hämoglobin unter gleichen Umständen stets ein bestimmtes Sauerstoffquantum bindet; daß die Verbindung nur eine lockere ist, läßt sich dadurch zeigen, daß sich der Sauerstoff dem Hämoglobin durch Auspumpen entziehen läßt. Das ist für die Funktion des Hämoglobins notwendig. Es genügt nämlich nicht, wenn das Blut den Sauerstoff aufnimmt und zuführt, es muß ihn auch den sauerstoffarmen Geweben abgeben können, es muß sich ihn leicht entziehen lassen, es muß gegen Sauerstoffmangel empfindlich sein. Der Vorgang, der dem Auspumpen des Sauerstoffes aus dem Blute zugrunde liegt, ist folgender: Das Hämoglobin habe sich etwa an der Luft mit Sauerstoff gesättigt. Die Luft ist bekanntlich ein Gasgemenge, das aus $^4/_5$ Stickstoff und $^1/_5$ Sauerstoff besteht. Von dem Luftdruck entfällt ein entsprechender Anteil auf den Sauerstoff. Pumpt man nun die Luft über dem Blute ab, so sinkt der Sauerstoffdruck. Von diesem Sauerstoffdruck ist aber die Menge des Gases abhängig, die das Hämoglobin zu binden vermag. Sinkt er, so wird Sauerstoff abgegeben. Hat man nun eine sehr gute Luftpumpe zur Verfügung, die annähernd vollkommenes Vakuum erzeugt, so kann man die Gase des Blutes bis auf minimalste Spuren entfernen und so analysieren.

Bei dieser Abhängigkeit des Sauerstoffgehaltes vom Druck erhebt sich nun ohne weiteres die Frage, ob nicht die Schwankungen des Luftdruckes und insbesondere das Sinken derselben in den Hochregionen nicht von besonderer Bedeutung für den Sauerstoffgehalt des Blutes sind. Das ist nun glücklicherweise nicht der Fall. Bei dem Sauerstoffdruck, der den Verhältnissen der Atmosphäre entspricht, sättigt sich Hämoglobin fast vollständig mit Sauerstoff, ja man kann den Druck noch weiter bedeutend erniedrigen, ohne wesentliche Änderung der Sauerstoffaufnahme zu erhalten. Erst weitergehende Herabsetzung dieses Druckes führt zu einer raschen Abnahme der vom Hämoglobin gebundenen Sauerstoffmenge. Diese Werte entsprechen aber Höhen, die fast ausschließlich nur auf Ballonfahrten erreicht werden. Daraus geht hervor, daß die Schwankungen des Druckes, wie sie gewöhnlich und auch auf den europäischen Bergen vorkommen, auf den Sauerstoffgehalt des Blutes nicht von maßgebendem Einfluß sind, sondern daß dazu ganz extreme Höhen gehören würden. Allerdings müssen wir einschränkend bemerken, daß für die Atmung im Innern der Lunge nicht der ganze Sauerstoffgehalt der Atemluft zur Geltung kommen kann.

Das Blut gelangt also so ziemlich mit Sauerstoff gesättigt aus der Lunge ins linke Herz und durch die Arterien zum Körper, die Sättigung beträgt weit mehr als 90 Proz. Dieser Sauerstoff wird nun dem Blute durch die sauerffarmen, sauerstoffhungrigen Verbindungen der Gewebe entzogen. Nun ist aber beim Gesunden und unter normalen Verhältnissen die Geschwindigkeit der Zirkulation eine so bedeutende, die Sauerstoffversorgung eine so reichliche, daß nicht aller Sauerstoff verbraucht wird, sondern der größere Teil im Blute verbleibt. Etwa nur ein Drittel, ca. 30 Proz., werden abgegeben, mit einem Sauerstoffgehalt von noch ca. 60 Proz. wird das Venenblut den Lungen zur neuerlichen Sättigung mit dem Sauerstoff zugeführt.

Mit der Sauerstoffzufuhr ist aber die Rolle des Blutes bei der Atmung noch keineswegs erschöpft. Es hat auch den Transport der Kohlensäure zu besorgen, die in den Geweben gebildet und in der Lunge ausgeschieden wird. Die Kohlensäure darf sich nämlich im Blute nicht anhäufen, da sie in höherer Konzentration giftig wirkt. Während aber der Sauerstoff, wesentlich an das Hämoglobin gekettet, transportiert wird, ist die Kohlensäure nur zu einem geringeren Teil an die roten Blutkörperchen gebunden, der größere Teil geht teils mit den Eiweißkörpern, teils mit den Salzen des Blutes lockere chemische Verbindungen ein. Gleichwie vom Sauerstoff, kann das Blut durch Auspumpen auch von der Kohlensäure befreit werden. Die Berührung mit der kohlenstoffarmen atmosphärischen Luft veranlaßt das venöse Blut, seinen Überschuß abzugeben.

Das kohlensäurehaltige, dunkler gefärbte, venöse Körperblut wird in der Lunge nämlich der Außenluft nahe gebracht, mit Sauerstoff beladen und von der Kohlensäure befreit. Wie aus dem Abschnitte über die Zirkulation zu ersehen ist, wird es in den großen Venen des Körpers gesammelt, ins rechte Herz geführt uud verläßt dieses durch die Arteria pulmonalis, die Lungenarterie. Diese Lungenarterie führt also kohlensäurereiches, dunkles, venöses Blut, sie spaltet sich in zahlreiche Äste und diese wieder in eine unendliche Anzahl von Kapillaren, welche in ihrer Gesamtheit ein sehr dichtes Netzwerk bilden, welches die ganze Lunge durchzieht, sich zu großen Venen, den Lungenvenen, sammeln, die ins linke Herz einmünden. Das ganze System wird, im Gegensatz zum Körperkreislauf, als Lungenkreislauf oder kleiner Kreislauf bezeichnet.

In den Kapillaren nun ist das Blut außer durch die Endothelzelle, welche die Kapillarwand bildet, von der äußeren Luft nur durch die ungemein dünne Zelle getrennt, welche die Auskleidung der kleinsten Lungenräume bildet, von deren Beschaffenheit und anatomischer Anordnung noch weiter zu sprechen sein wird. Durch diese Zellen hindurch, die für Gase sehr leicht durchlässig sind, erfolgt nun der Gasaustausch. Dies läßt sich an einfachen Beispielen veranschaulichen. Trennt man nämlich durch solche durchlässige Membranen, die auch künstlich hergestellt werden können, zwei verschiedene Gase, z. B. Wasserstoff und Kohlensäure, so vollzieht sich ein Überwandern der Gase zueinander, das erst dann seinen Abschluß findet, wenn auf beiden Seiten der Membran ein gleichmäßiges Gemisch resultiert. Das gleiche ist der Fall, wenn auf beiden Seiten Wasser sich befindet, das eine etwa mit Ammoniak, das andere mit Kohlensäure gesättigt. Auch dann wird sich der bezeichnete Austausch vollziehen, der aus der Physik wohlbekannt ist und als Diffusion bezeichnet wird. Ganz analoge Verhältnisse herrschen in der Lunge. Auf der einen Seite befindet sich die atmosphärische Luft mit ihrem reichen Sauerstoffgehalt und einem Minimum an Kohlensäure, auf der anderen das venöse Blut, das viel weniger Sauerstoff enthält, als die Luft, aber viel mehr Kohlensäure, beides in lockerer, leicht zu lösender Bindung. Die Folge davon ist, daß, während das Blut die Lungenkapillaren durchfließt, aus ihnen Kohlensäure nach außen an die Luft abgegeben und Sauerstoff aus ihr aufgenommen wird.[1])

Die Folge dieses Vorganges sind Veränderungen, sowohl in der Lunge als auch im Blute. Das Blut wird hellrot, mit Sauerstoff gesättigt, von Kohlensäure befreit. Es fließt durchs linke Herz in den Körper, befähigt, Sauerstoff zu spenden, und bereit, das Endprodukt der Verbrennungen, die Kohlensäure, wieder aufzunehmen. Die Luft, die der Körper verläßt, die wir ausatmen, ist sauerstoffärmer und kohlensäurereicher geworden, als die eingeatmete. Es ist ja bekannt, daß das Verweilen vieler Personen in einem geschlossenen Raume die Luft schlechter macht. Dies beruht in erster Linie auf der Anhäufung der ausgeatmeten Kohlensäure, obwohl freilich daneben noch andere Gase in kleinster Menge den Körper verlassen, die der Ausatmung vieler Menschen den charakteristischen Geruch verleihen.

Ferner wird in der Lunge bei der Berührung der feuchten Körperoberfläche mit der trockneren Luft noch Wasserdampf abgegeben. Wir wissen, daß unser Atem bei kalter Luft sichtbar wird; dies beruht auf der Abscheidung feinster, als Nebel sichtbarer Tröpfchen. Diese Wasserabgabe aus der Lunge kann unter Umständen ziemlich beträchtliche Werte erreichen, die Verdunstung entzieht dem Körper Wärme, und ist z. B. neben der Schweißproduktion eines der Mittel, mit denen wir in der Hitze die Wärmeabgabe steigern können.

Wie gelangt nun die Luft in die unmittelbare Nähe der Kapillaren? Wie ist der Bau der Lunge und ihrer Zuführungsröhren? Die Atemluft strömt durch Nase oder Mund und durch den Schlund in den Kehlkopf, das Sprechorgan, auf dessen Bau und Funktion nicht eingegangen werden soll. Von diesem nimmt die Luftröhre ihren Ausgang. Sie stellt ein etwa zentimeterdickes, gerades, bindegewebiges Rohr, das nach abwärts in den Brustraum steigt. Der obere Teil ist am Halse unterhalb des Kehlkopfes bei nicht allzu fetten Menschen zu fühlen, er ist uneben. Dies rührt daher, daß

---

[1]) Der dritte Bestandteil der Luft, der Menge nach der Hauptbestandteil, der Stickstoff, beteiligt sich als Gas nicht direkt am Leben des menschlichen Organismus, er wird nur in ganz geringer Menge vom Blute aus der Luft aufgenommen und dort einfach gelöst, absorbiert gehalten, wie etwa in Wasser. Seine Anwesenheit ist ohne physiologische Bedeutung.

die Wand der Luftröhre durch Knorpelringe gefestigt ist, die die
Durchgängigkeit der Lichtung sichern.

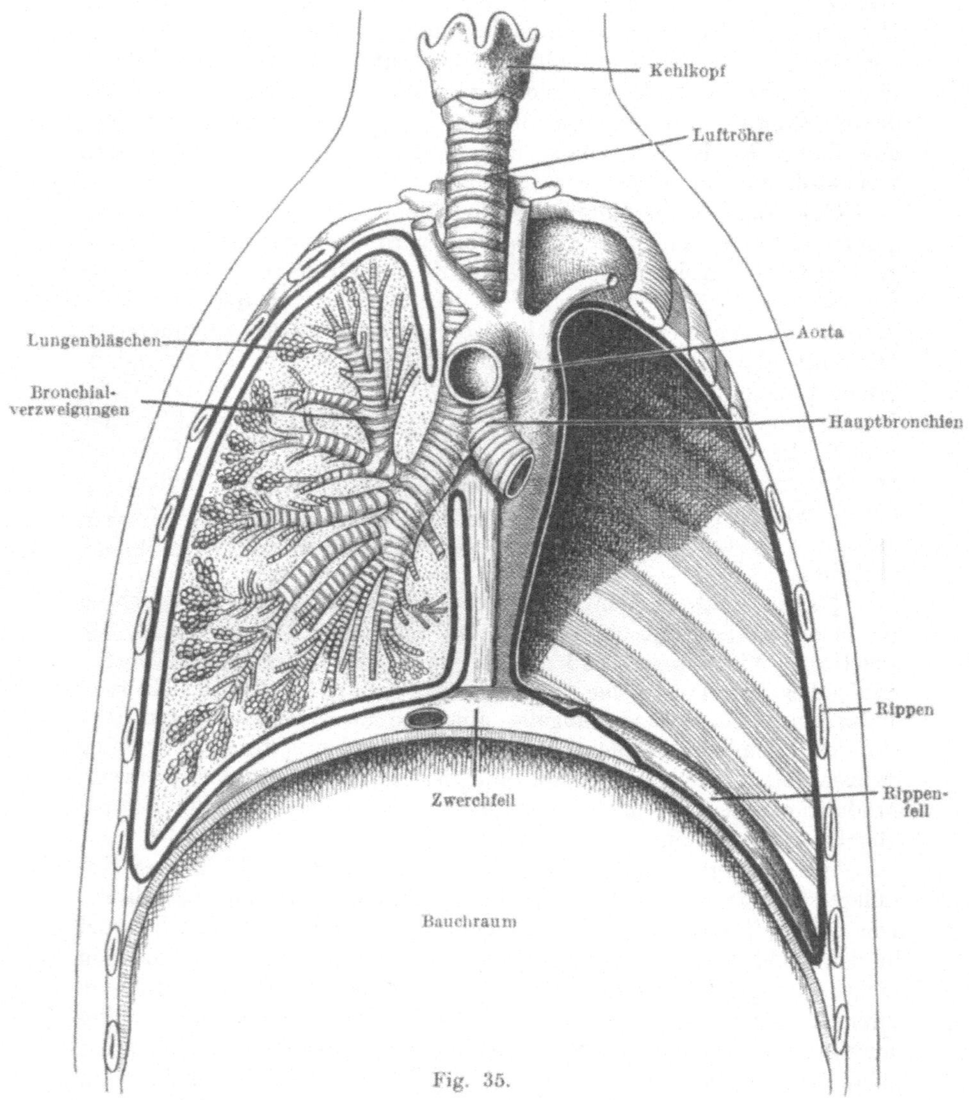

Fig. 35.

Bronchialbaum.

Die Luftröhre teilt sich nun in zwei Hauptäste, die zur rechten,
resp. linken Lunge führen, die Hauptbronchien, und diese wieder in
rascher Folge in immer dünnere und dünnere Röhren, die in ihrer

Gesamtheit den Bronchialbaum bilden und die allen Partien der Lunge Luft zuführen (Fig. 35). Der Bau dieser Röhren stimmt im wesentlichen mit dem der Luftröhre überein, nur werden alle Bestandteile immer dünner und zarter. So nimmt die Panzerung durch Knorpelringe und -stücke in absteigender Ordnung mehr und mehr ab. Sie schwindet in den feineren Bronchien völlig. Andererseits nimmt die glatte Muskulatur an der Zusammensetzung dieser feinsten Äste einen verhältnismäßig stärkeren Anteil als in den starren Hauptröhren. Die Innenfläche wird von einer Schleimhaut gebildet, die in den feineren Zweigen natürlich zarter und dünner wird, zuletzt nur aus wenigen Zellagen bestehend.

Sie enthält zahlreiche, schleimproduzierende Drüsen und ist an ihrer Oberfläche von einem Flimmerepithel überzogen. Flimmerepithel heißt diese Zellage deshalb, weil die Zellen alle an ihrer Oberfläche feinste bewegliche Härchen tragen, die rhythmisch schlagen, so daß bei entsprechender Vergrößerung ein Bild entsteht, wie es etwa ein vom Winde bewegtes Ährenfeld darbietet, eine Bewegung, die dazu dient, den Schleim oder kleine eingeatmete Fremdkörper gegen den Kehlkopf zu befördern, bis dieselben durch einen Hustenstoß oder Räuspern völlig entfernt werden können. Wie durch die Summierung dieser unzähligen kleinsten Impulse ein merkbarer Effekt erzielt werden kann, ist z. B. an der Rachenschleimhaut des Frosches zu beobachten, die ebenfalls mit Flimmerepithel überzogen ist. Legt man auf diese irgendeinen leichten Fremdkörper, so wird er mit merkbarer Geschwindigkeit in einer Richtung befördert, weitergeflimmert.

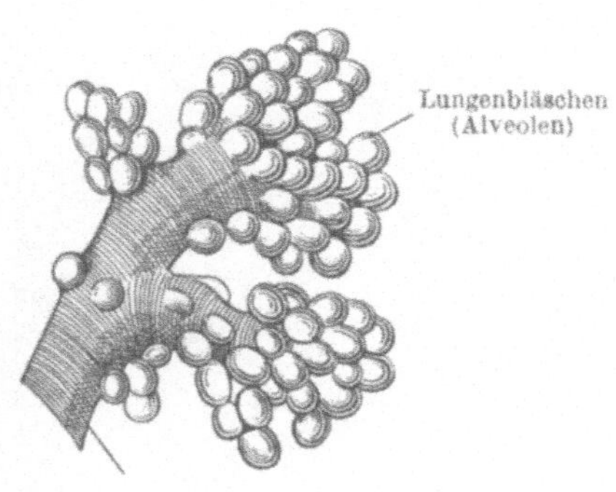

Fig. 36.
Lungenbläschen.

Die allerfeinsten Bronchien endigen in trichterförmigen Erweiterungen, und an diese schließen sich zellenartige, halbkuglige, vorgewölbte Räume (Fig. 36) an, die Lungenbläschen, Lungenalveolen. Diese bilden das Ende, den blinden Abschluß des Kanalsystems der Lunge, das während des Lebens stets mit Luft gefüllt ist.

Sie sind jene Räume, von denen wir schon gesprochen haben, deren Wandung neben einem spärlichen Stützgewebe nur aus einer einzigen Lage von flachen, ungemein dünnen Epithelien gebildet wird. An sie grenzen unmittelbar die feinen Kapillaren der Lungengefäße. Diese dringen nämlich zwischen die Verzweigungen des Bronchialbaumes ein, sie umspinnen ihn allenthalben, das Netzwerk der Kapillaren folgt der Anordnung der Alveolen, Kapillarwand und Lungenbläschenwand schmiegen sich aneinander, Gefäßendothelzelle und

Alveolarzelle liegen aneinander und treten so in die engste Berührung, wie dies der Gasaustausch erfordert (Fig. 37).

Ebenso, wie durch die Verzweigungen und das Blattwerk eines Baumes dessen Oberfläche ungemein vergrößert wird, so stellt auch der Bau der menschlichen Lunge einerseits durch die vielfache Teilung der Bronchien, andererseits durch die Anordnung der gewölbten Alveolen eine Einrichtung zur Oberflächenvergrößerung dar. Je größer nämlich die Fläche ist, in der Alveolen und Lungenkapillaren, Außenluft und Blut aneinandergrenzen, desto ausgiebiger, leichter und

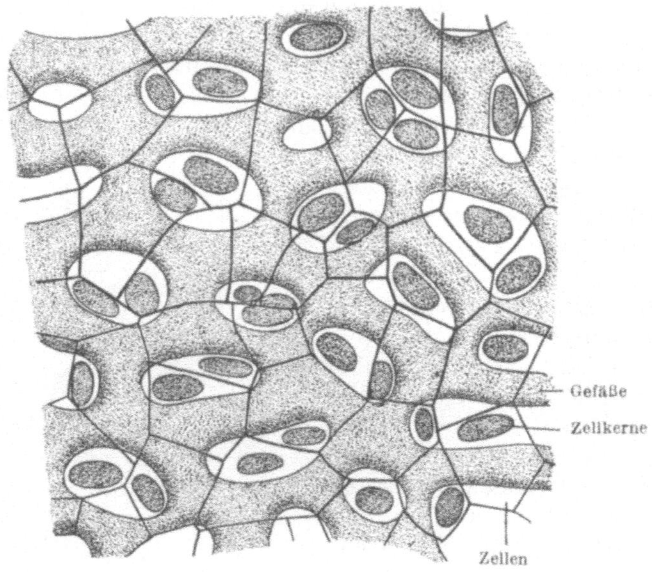

Fig. 37.

Lunge des Frosches in Aufsicht.
Die dunkeln Partien stellen das verzweigte Kapillarsystem der Gefäße dar, die polygonalen Linien die Zellgrenzen der Zellen der Lungenbläschen. Beide liegen einander unmittelbar auf, so daß für die Zellkerne kein Platz bleibt. Diese werden dementsprechend in die Gefäßlücken eingelagert.

rascher muß sich der Gaswechsel vollziehen. Diese Aufgabe der Oberflächenvergrößerung ist in ausgezeichneter Weise erreicht. Man hat Ursache, die Fläche, welche dem respiratorischem Gasaustausch zur Verfügung steht und die in dem engen Brustraume untergebracht ist, auf 140 qm zu schätzen, etwa der Grundfläche von vier großen Zimmern entsprechend.

Aber auch diese große Ausdehnung der für die Atmung zur Verfügung stehenden Fläche würde für den respiratorischen Gaswechsel wertlos sein, falls nicht für eine ausreichende Ventilation, für den Zustrom frischer Luft und die Entfernung der verbrauchten Vorsorge getroffen wäre. Diese Ventilation besorgen die Atembewegungen, die den Brustraum erweitern und verengern, wie bei einem Blasebalg, dessen Erweiterung Luft in ihn hineinsaugt und dessen Kompression sie entweichen läßt.

Bei der Erweiterung nimmt die Lungengröße dadurch zu, daß die Alveolarbläschen gedehnt werden, so wird der Luftgehalt des Organs vermehrt. Bei der Verengerung wird Luft aus ihnen hinaus-

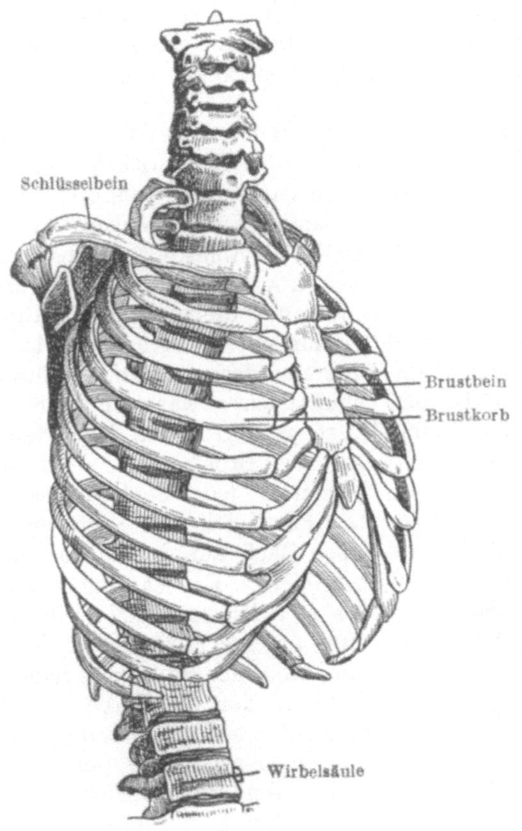

Fig. 38.
Der Brustkorb und die ihm angrenzenden Skeletteile.

gepreßt, und die Wände der Lungenbläschen nähern sich, sie fallen bis zu einem gewissen Grade zusammen. Die wechselnde Weitung und Verengerung erneuert die Luft im Lungensystem.

Die Lunge, oder, besser gesagt die beiden Lungen bilden näm-lich mit dem Herzen den wesentlichsten, wenn auch nicht einzigen Inhalt des Brustkorbes. Sie stellen zwei paarige, längliche, unten breitere, oben abgerundete Gebilde dar, die an ihrer der Mittelebene und einander zugewendeten Fläche die Hauptbronchien und die großen

Gefäße aufnehmen. Sie sind mit einem Bindegewebsüberzug versehen, der sich stellenweise bis tief in das Innere des Organs fortpflanzt und — wenn auch nicht vollkommen — die linke Lunge in zwei, die rechte in drei Lappen scheidet. Die Oberfläche ist glatt, sie wird vom sog. Rippenfell gebildet.

Mit einem gleichen glatten, feuchten Überzug ist auch die innere Wand des Brustkorbes überzogen. Diese beiden glatten Flächen sind normalerweise miteinander nicht verwachsen, sondern nur durch einen feinen Spalt voneinander getrennt. Sie liegen dichtaneinander und gleiten bei den Atembewegungen ohne viel Reibung aneinander vorüber.

Die Grundlage des Brustkorbes, des Gehäuses der Lunge, bildet die Wirbelsäule. Von den zwölf Brustwirbeln gehen, durch Gelenke damit verbunden, die zwölf Rippen ab, Spangen, die, nach vorn umgreifend, am Brustbein ebenfalls in gelenkiger Verbindung ihren Abschluß finden. Der dieser Knochenplatte benachbarte Anteil der Rippe ist nicht knöchern, sondern knorplig, d. h. biegsam und drehbar. Am Brustbein selbst setzen sich nur die acht oberen Rippen in Gelenken an, während die unteren nur mit den Knorpeln der oberen sich zusammenschließen, die untersten frei endigen. In ihrer Hauptrichtung verlaufen die Rippen schief nach abwärts (Fig. 38).

Ihre Anordnung ist so getroffen, daß jede Hebung der Rippen zugleich eine Erweiterung des Brustraumes nach allen Richtungen bedeutet, jede Senkung eine Verkleinerung. Das Prinzipielle des Vorganges läßt sich durch einen Blick auf das nebenstehende Ringmodell begreifen. Es ist klar, daß der Übergang des Modells aus der Stellung *I* in die Stellung *II* eine Erweiterung des von den Ringen umschlossenen Raumes bedeutet. Dies geschieht dadurch, daß die Stäbe *a* und *b* voneinander entfernt werden. Da die Rippen aber nicht nur in einer Ebene gekrümmt sind wie die Ringe, sondern in mehreren, da sie außerdem durch ihre Knorpel biegsam sind, so erfolgt beim Thorax bei der Rippenhebung, eine Erweiterung in allen Durchmessern und nicht nur in einem, wie beim Modell (Fig. 39).

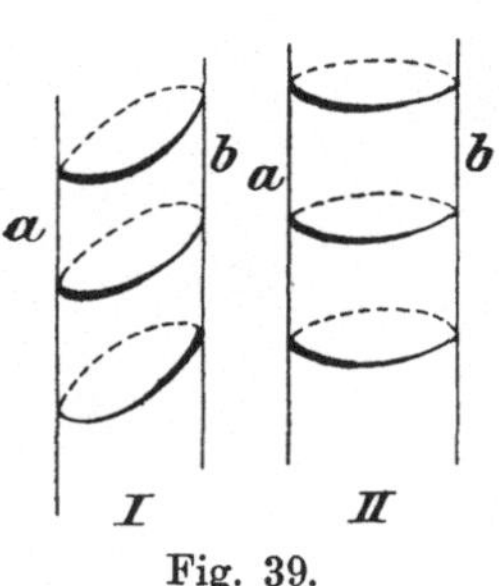

Fig. 39.

Die Rippen sind untereinander durch zahlreiche bindegewebige Züge verbunden, außerdem aber durch zwei Schichten von Muskulatur, deren Fasern schief in zwei sich kreuzenden Richtungen, von Rippe zu Rippe ziehend, als Zwischenrippenmuskeln bezeichnet werden. Der innere Überzug des Brustkastens, das Rippenfell, ist schon erwähnt worden. Außen setzen sich an ihm zahlreiche Muskeln an, die das Relief des Oberkörpers bilden.

Vom Bauchraume wird der Brustraum durch die Kuppel des Zwerchfells getrennt. Dessen wesentlichen Bestandteil bildet Muskulatur (Fig. 35), seine Mitte, an der der Herzbeutel festsitzt, ist bindegewebig.

Durch Lücken der Muskeln treten die großen Gefäße in den Bauchraum. Das Zwerchfell ist einer der wichtigsten Atemmuskeln. Die Anordnung und Wirkung der Atemmuskulatur soll nicht im einzelnen besprochen werden, einige Andeutungen mögen genügen. Es ist klar, daß die Muskeln, welche von der Wirbelsäule zu den Rippen ziehen, bei ihrer Kontraktion zu Rippenhebern werden, daß sie den Thorax erweitern, daß sie die Einatmung (Inspiration) befördern. Sie sind Inspirationsmuskeln. Im gleichen Sinne wirkt auch ein Teil der Zwischenrippenmuskeln. Der wichtigste Atmungsmuskel ist das Zwerchfell. Wenn dieses sich kontrahiert, so wird seine Kuppel abgeflacht, sie senkt sich, und der Thoraxraum wird erweitert, der Bauch leicht vorgewölbt (Fig. 40).

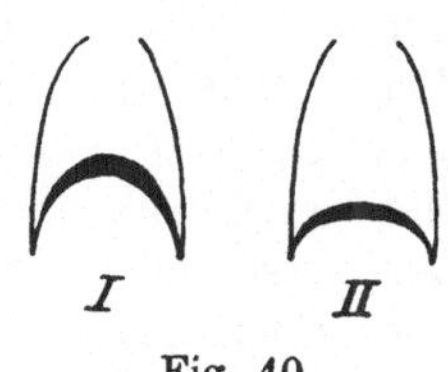

Fig. 40.

Alle diese Muskeln erweitern den Brustraum. Hören aber diese Kräfte zu wirken auf, so strebt der aus seiner Gleichgewichtslage gebrachte Thorax schon vermöge seiner elastischen Kräfte sich zu verkleinern, im gleichen Sinne wirkt der Zug der gedehnten Lunge. Während die Inspiration vorwiegend Muskelkräften entspringt, wird die Ausatmung, die Exspiration vorwiegend von elastischen Kräften getrieben, wobei jedoch nicht verschwiegen werden soll, daß eine Reihe von Muskeln, in erster Linie Bauchmuskeln auch exspiratorisch tätig sein können, d. h. die Rippen senken und so die Ausatmung begünstigen.

Es ist bemerkenswert, daß die Art der Atmung bei den Geschlechtern nicht ganz die gleiche zu sein pflegt. Während beim Manne die Zwerchfellatmung überwiegt, tritt bei der Frau die Tätigkeit der Rippenmuskulatur daneben stärker hervor. Dementsprechend sind bei ihr meistens am Brustkorb die Atembewegungen deutlicher sichtbar, und ihr Atemtypus wird als der thorakale bezeichnet, im Gegensatz zur Bauchatmung des Mannes, der Abdominalatmung.

Wir haben uns aber, nachdem wir die bewegenden Kräfte der Atmung, die am Brustkorb angreifen, erörtert haben, noch zu fragen, wie es denn kommt, daß die Lunge den Bewegungen des Thorax folgen muß, mit dem sie ja keineswegs verwachsen ist? Warum führen denn Änderungen des Brustkorbes Änderungen der Lungengröße, Änderungen ihres Luftgehaltes herbei? Warum läßt sich die Lunge mit dem Brustkorb dehnen?

Der Grund hierfür liegt in dem hermetischen Abschluß der Lunge im Thorax. Dies ist leicht zu zeigen. Wird nämlich der Brustkorb, etwa durch ein Geschoß durchbohrt, oder öffnen wir ihn beim toten Tiere, so dringt die Luft unter Gezisch in den Spalt zwischen Brustfell und Rippenfell, den Pleuraraum, ein. Die Lunge, die früher den Raum ausgefüllt hat, fällt, ihren natürlichen elastischen Kräften folgend, zu einem weit kleineren, luftarmen Körper zusammen, den die Bewegungen des Brustkorbes ganz unbeeinflußt lassen. Solange aber diese Kommunikation des Pleuraspaltes mit der Außenluft nicht besteht, muß die Lunge den Bewegungen des Thorax folgen. Täte sie dies nicht, so müßte ja zwischen Lunge und Brustwand ein luftleerer Raum entstehen, was unmöglich ist. Auf der Innenseite der Lunge lastet der Luftdruck, auf der Außenfläche aber nur zum Teil. Zwar steht die Außenfläche der Brust auch unter diesem Druck, aber die Festigkeit der Gewebe hebt einen Teil dieses Druckes auf, und der Druck an der Innenfläche des Thorax, der Außenfläche der Lunge ist tiefer. Man kann also die Verhältnisse auch so ausdrücken: Der äußere Luftdruck preßt die Lunge an die Innenwand des Brustkorbes an und zwingt sie, seinen Bewegungen zu folgen, sowie er etwa das Quecksilber in einer Barometerröhre hebt und gegen das Glas preßt, wenn man die Röhre neigt. Mit der Erweiterung des Brustkorbes hält die Ausdehnung der Lunge gleichen Schritt, die, wie wir gehört haben, auf Vergrößerung des Alveolarlumina beruht. Die Lunge erweitert sich als Ganzes und füllt den Raum aus, die Lungenränder verschieben sich nach unten in die Spalten, die durch die Senkung des Zwerchfells frei werden.

Freilich ist der Druck im Innern der Lunge mit dem Luftdruck nur während einer Atempause völlig gleich, sonst schwankt er ein wenig. Die Erweiterung des Brustraumes läßt ihn sinken, wodurch eben Luft angesaugt wird, die Verengerung preßt unter Drucksteigerung Luft heraus. Die Verhältnisse sind hier denen eines Blasebalgs völlig entsprechend.

Hier ist es an der Zeit, zu betonen, daß die Bewegungen der Atmung auch nicht ohne jeden Einfluß auf die Zirkulation, auf den Blutumlauf sind, insbesondere auf den Blutumlauf in den Venen. Wenn der Thorax, sich erweiternd, Luft ansaugt, so übt er auch auf die benachbarten großen Venen eine Saugwirkung aus, die das Einströmen erleichtert. Das Zwerchfell drückt auf seinem Wege nach abwärts auf Leber und Abdomen. Dieser erhöhte Druck hilft bis zu einem gewissen Grade das Blut aus ihnen durch die Hohlvene weiterzubefördern, er ist mit dem Druck zu vergleichen, der einen Schwamm auspreßt, obwohl er lange nicht die Hauptrolle in der Blutbewegung in den Venen spielt, die, wie wir wissen, dem Blutdruck und in letzter Linie dem Herzen zukommt.

Bei ruhiger Atmung beträgt die bei jeder Einatmung angesaugte, bei jeder Ausatmung wieder entfernte Luftmenge ca. 500 ccm. Nimmt man dabei eine Atemfrequenz von 16 pro Minute an, so ist die geatmete Luftmenge ca. 8 Liter pro Minute. Bei Anstrengung, z. B. bei Muskelarbeit steigt, wie wir wissen, die geatmete Menge sehr bedeutend, auch die Atemfrequenz wird größer. Das Maximum der Atemtiefe wird erreicht, wenn man so tief wie möglich einatmet und dann ausatmet. Mißt man diese Menge bei einem erwachsenen Manne, so beträgt sie, von zahlreichen individuellen Differenzen abgesehen, ca. 4 Liter (Vitalkapazität). Jedoch immer, auch bei tiefster Atmung, bleibt ein Luftquantum in der Lunge zurück, das wir nicht herausbefördern können (Residualluft).

Da bei der gewöhnlichen Atmung die Lufterneuerung keine vollkommene ist, so ist die Zusammensetzung der Luft in den Alveolen dadurch beeinflußt. So entspricht während der Einatmung die Zusammensetzung dieser nicht ganz der Außenluft, sondern diese wird durch das bereits vorhandene Gasgemisch etwas sauerstoffärmer und kohlensäurereicher. Niemals wird der gesamte zugeführte Sauerstoff verbraucht, meistens nur ein Bruchteil.

Beträgt z. B. bei völliger Körperruhe die pro Minute geatmete Luftmenge 5 Liter, darunter 1 Liter Sauerstoff, so werden ca. 200 ccm Sauerstoff verbraucht werden. Bei starker Körperarbeit werden beide Größen, insbesondere der Sauerstoffverbrauch aufs vielfache steigen können, immer wird aber die Atmung viel mehr Sauerstoff zuführen, als aufgenommen wird. Die Menge der ausgeatmeten Kohlensäure ist deshalb etwas geringer, als die des aufgenommenen Sauerstoffs, da nicht der genannte Sauerstoff als Kohlensäure wieder erscheint, sondern ein Teil desselben zur Oxydation von Körpern dient, mit denen er im Harne erscheint oder zur Wasserbildung herangezogen wird.

Betrachten wir den Bewegungsvorgang der Atmung, so sehen wir, daß er auf dem planmäßigen und gleichzeitigen Zusammenarbeiten einer großen Anzahl von Muskelgruppen beruht. Rippenheber, Zwischenrippenmuskeln, die symmetrischen Muskeln von rechts und links müssen sich gleichseitig kontrahieren und erschlaffen, das Zwerchfell muß im geeigneten Momente herabsteigen, damit eine geregelte Atmung erfolge. Die Muskeln, die dabei beteiligt sind, sind örtlich weit getrennt und werden von verschiedenen Nerven versorgt. Um den Rhythmus der Atmung zu bestimmen, um die Muskeln einheitlich zur Arbeit zusammenzufassen, ist die Tätigkeit eines nervösen Zentralorgans vonnöten, das im verlängerten Marke gelegen ist und dessen Zerstörung die Atmung aufhebt. Anders wie beim Herzen, das die Ursache seines Rhythmus in sich selbst trägt, liegt die Quelle der Atmung im Nervensystem.

Die Erregung des Atemzentrums erfolgt in erster Linie, doch nicht ausschließlich durch die Beschaffenheit des Blutes. Der Neugeborene macht den ersten Atemzug, wenn er vom sauerstoffbringenden Kreislauf der Mutter getrennt wird. Auch im späteren Leben ist die Beschaffenheit des Blutes für die Atmung maßgebend. Leiten wir im Tierexperiment dem Gehirn eines Tieres sauerstoffgesättigtes Blut zu, so tritt eine längere Atempause ein; ist das zugeführte Blut stark kohlensäurehaltig, so wird das Atemzentrum zu stärkster Atmung erregt. Steigt bei der Muskelarbeit der Sauerstoffverbrauch des Körpers, wird das Blut sauerstoffarm und kohlensäurereicher, so regt diese abnorme Blutbeschaffenheit das Zentrum zu jener tieferen Atmung an, die die Muskelarbeit begleitet und die für eine ausgiebige Sauerstoffzufuhr sorgt.

Diese Art der Regulation durch die Blutbeschaffenheit ist aber nicht die einzige.

Zunächst, die Atmung ist vom Willen nicht abhängig, wir atmen unser ganzes Leben, auch im Schlafe, und ohne daß wir darauf achten, aber sie läßt sich vom Willen beeinflussen. Wir können willkürlich die Atmung einhalten und beschleunigen, verflachen oder vertiefen. Geistige Erregung beeinflußt sie deutlich, mannigfachen Reflexen ist sie zugänglich. Ein stechender Geruch, z. B. Ammoniak, kann zu einem vorübergehenden Atemstillstand führen, bekannt sind die tiefen Atemzüge, die ein Überguß mit kaltem Wasser auslöst. Andere wichtige Reflexe sind in der Lunge selbst gelegen und führen auf dem Wege der Nervi vagi eine zweckmäßige Regulation der Lungentätigkeit herbei.

Nach Vagusdurchschneidung werden die Atemzüge tiefer und langsamer. Bläht man die Lunge eines Tieres im Experiment mechanisch durch Aufblasen auf, so wird eine Ausatmungsbewegung ausgelöst, die nach Vagusdurchschneidung unterbleibt. Bei intakten Vagi aber bereitet so die Blähung der Lunge durch die Einatmung schon die folgende Ausatmung vor, gewiß eine zweckmäßige Regulation, die auch als Selbststeuerung der Lunge bezeichnet wurde.

Wir haben nunmehr in kurzen Zügen einen Überblick über die Physiologie der Atmung gegeben. Von der inneren Atmung, dem Gaswechsel des Blutes führte der Weg zur Einrichtung der Lunge und ihrer zuführenden Wege, sowie zur Mechanik der Atempumpe und der Innervation der Atembewegungen. Dem gleichen Wege folgend, wollen wir versuchen, einen Überblick über die Störungen der Atmung zu gewinnen. Wir wissen, daß Unterbrechung der Atmung, Aufhören des Gaswechsels beim Menschen in kurzer Zeit den Tod herbeiführt. Taucher können es einige Minuten unter Wasser aushalten. Eine längere Atempause führt zur Erstickung. Das Blut wird nicht mehr mit Sauerstoff versorgt. Kein Organismus kann auf die Dauer diesen entbehren. Dennoch ist es nicht ganz klar, warum der Tod beim Menschen in so kurzer Zeit eintritt. Frösche kann man stundenlang in einer Wasserstoffatmosphäre lassen, die Winterschläfer können ihren Gaswechsel auf ein Minimum reduzieren, der Mensch und viele Tiere sterben nach wenigen Minuten. Es sind in erster Linie lebenswichtige Zentren des Gehirns, die gegen den Sauerstoffmangel so empfindlich sind, daß sie die Arbeit einstellen und so den Tod herbeiführen.

Die Störungen der Atmung können in sehr verschiedener Art einsetzen. Zunächst betrachten wir die Störungen der inneren Atmung, der Blutatmung. Ein Beispiel hierfür ist die Kohlenoxyd- oder die Leuchtgasvergiftung.

Leitet man Kohlenoxyd durch Blut hindurch, so nimmt dieses eine charakteristische kirschrote Färbung an. Schütteln wir nun dieses Blut einigemale an Luft, so nimmt es nicht mehr, wie sonst, in kürzester Zeit die Farbe des Oxyhämoglobins an, es sättigt sich nicht mit Sauerstoff, sondern bleibt unverändert. Was ist geschehen? Das Kohlenoxyd ist mit dem Hämoglobin eine Verbindung eingegangen, die fester ist als die des Hämoglobins mit dem Sauerstoff, es hat dem Sauerstoff förmlich den Platz weggenommen und so die Sättigung verhindert. Die Verbindung des Kohlenoxyds ist viel fester, als die mit dem Sauerstoff, untrennbar ist sie nicht. Schütteln wir Kohlenoxydblut durch längere Zeit und sehr intensiv mit Sauerstoff, so gelingt es doch endlich, das Kohlenoxyd zu vertreiben und durch Sauerstoff zu ersetzen.

Bei der Leuchtgasvergiftung wird das Blut statt mit Sauerstoff mit Kohlenoxyd gesättigt, es tritt Sauerstoffmangel und damit Erstickung ein. Ebenso, wie wir durch sehr intensive Behandlung mit Sauerstoff ein Blutquantum wieder von Leuchtgas befreien können, können wir dies auch beim Menschen durch intensive künstliche Atmung in vielen Fällen wieder erreichen. Damit ist die Therapie der Leuchtgasvergiftung gegeben, die in frühen Stadien noch Erfolge verspricht.

Eine gewisse Ähnlichkeit damit hat die Blausäurevergiftung. Hier wird unter dem Einflusse des Giftes die Sauerstoffaufnahme durch den Blutfarbstoff unmöglich gemacht, das Hämoglobin wird — wenn der Ausdruck gestattet ist — gelähmt.

Die in den Alveolen eingreifenden Störungen sind zwar von hoher ärztlicher Bedeutung, aber den Prozeß der Atmung stören sie selten sehr eingreifend. Wenn z. B. bei der Lungenentzündung durch die austretenden Entzündungsprodukte ein Teil der Lunge in eine feste, luftleere Masse verwandelt wird, so ist klar, daß die befallenen Partien von der Atmung ausgeschlossen sind. Wenn sich dieser Prozeß auf sehr große Anteile der Lunge erstreckt, so kann die Verkleinerung der Atemfläche allein das Leben bedrohen. Das ist jedoch nur selten der Fall, im allgemeinen ist es nicht das Atemhindernis, sondern es sind die Gifte, die durch die krankheitserregenden Bakterien produziert werden, die bei der Lungenentzündung und ähnlich auch bei der Lungentuberkulose die schweren Erscheinungen auslösen und das Leben bedrohen. Freilich, auch eine Zerstörung der Lunge durch Tuberkulose kann so ausgebreitet sein, daß die übrigbleibenden Partien der Lunge zum Atmungsprozeß nicht mehr ausreichen, doch es ist merkwürdig, ein wie großer Anteil der Lunge, mehr wie die Hälfte, ohne Atemnot entbehrt werden kann, wenn die Ausschaltung allmählich erfolgt. Der übrigbleibende kleinere Teil übernimmt dann die Mehrarbeit und ist sie zu leisten imstande.

Von großer Bedeutung sind die Veränderungen der zuführenden Wege. Ein starker Bronchialkatarrh, in dem sich das Sekret der entzündeten Schleimhaut in den Bronchien anhäuft, kann die Lichtung der kleinen Bronchien bedeutend verengern oder verstopfen und so die Atmung erschweren. Das Sekret wird gegen die Luftröhre geflimmert und durch Hustenstöße entfernt, jene krampfhaften Exspirationsbewegungen, die erfolgen, falls die sehr empfindliche Schleimhaut der oberen Luftwege durch Fremdkörper oder Sekret oder scharfe Substanzen gereizt wird. Die kleinen Bronchien sind, wie erwähnt worden ist, mit glatter Muskulatur versehen. Es hat den Anschein, als ob eine krampfhafte Zusammenziehung dieser Ringmuskeln, die die kleinen Bronchien verengt, wesentlich am Zustandekommen jener Anfälle von Atemnot beteiligt ist, die man als Asthma nervosum bezeichnet.

Die großen Luftwege können in mannigfacher Weise verengt oder verschlossen werden.

Eine würgende Hand, ein eingeatmeter Fremdkörper, die entzündlichen Membranen der Diphtherie, der Druck eines großen Kropfes oder einer Drüsengeschwulst auf die Luftröhre sind einige Beispiele für die vielen Möglichkeiten.

In all diesen Fällen, überall, wo die Atmung auf ein Hindernis stößt, oder wo infolge von Herzschwäche die Blutversorgung der Lunge eine unzureichende wird, stellt sich das Gefühl der Atemnot ein und die Atmung erleidet Veränderungen, die allerdings nicht durchaus in gleichem Sinne erfolgen. Der an Lungenentzündung Erkrankte atmet außerordentlich rasch, doch oberflächlich, eine Verengerung der Luftröhre wird durch langsame, doch außerordentlich tiefe, weit hörbare Atemzüge auszugleichen versucht. Gemeinsam ist aber allen Formen der Atemnot, der Dyspnoe, die Heranziehung von Hilfsmuskeln zur Atmung. Muskeln am Halse und der Schulter beteiligen sich sichtbar an der Atmung, die Halsmuskeln springen vor, die Brust wird stark gehoben, die Schultern mitbewegt, die Bauchmuskeln werden in Anspruch genommen. In Fällen schwerer Atemnot sitzt der Kranke häufig aufrecht im Bett und stützt sich auf seine Arme. Warum tut er dies? Weil er die Armmuskeln zur Atmung heranzieht. Der große Brustmuskel z. B. nähert den Arm dem Brustkorbe. Wird nun der Arm fixiert, so bemüht sich der Muskel, bei seiner Kontraktion umgekehrt den Brustkorb dem Arme zu nähern. Da dieser Zug beiderseits erfolgt, so wird der Brustkorb geweitet, der Muskel zum Einatmungsmuskel. Besonders häufig leidet bei Atmungshindernissen die Ausatmung Mangel. Für die Einatmung stehen kräftige Muskeln zur Verfügung. Die Ausatmung erfolgt aber, wie wir wissen, vorwiegend durch elastische Kräfte, die nicht steigerungsfähig sind. Die zur Hilfe herangezogenen Muskeln sind weniger kräftig und reichen unter Umständen nicht aus. So ist manchen Formen der Dyspnoe eine besonders erschwerte Ausatmung eigen. Die Luft kann leichter hinein als heraus. Dies führt unter Umständen zu einer Lungenblähung, die ihrerseits wieder die Atmung ungünstig beeinflußt.

Ist die Sauerstoffversorgung und Kohlensäureabgabe trotz der angeführten Regulationsmechanismen nicht ganz zureichend, so tritt eine bläuliche Verfärbung des Körpers auf, die sich besonders an Lippen und Gliedenden kundgibt und die als Cyanose bezeichnet wird.

Weitere Störungen der Atemtätigkeit können im Brustkorbe ihren Sitz haben oder durch das Brustfell bedingt sein. Angeborene oder erworbene, z. B. durch die sog. englische Krankheit (Rachitis) entstandene Mißbildungen des Thorax (Buckel), können Teile der Lunge an ihrer Entwicklung und Entfaltung hemmen. Starre des Thorax, die z. B. durch vorzeitige Verkalkung der Knorpel entsteht, kann durch Erschwerung der Ausatmung zu einer chronischen Lungenblähung — Emphysem, Lungendampf genannt — führen. Dieser Zustand kann übrigens auch als Folgeerscheinung langdauernder Katarrhe auftreten oder durch Abnahme der Lungenelastizität bedingt sein. Die dauernde Blähung hat zur Folge, daß die benachbarten Alveolarwände teilweise zerstört werden. So entstehen durch Verschmelzung derselben größere Hohlräume und eine Art der Atrophie der Lunge.

Das Brustfell, die glatte Haut, mit der sowohl die Lungenoberfläche als die Innenseite des Thorax überzogen ist, ist nicht so selten der Sitz von Entzündungen. Diese sind schmerzhaft, da das Brustfell reichlich mit schmerzempfindenden Nerven versehen ist. (Auch die Bronchialschleimhaut ist empfindlich, während die Lungensubstanz selbst unempfindlich ist.) Bei diesen Rippenfellentzündungen kommt es häufig zu Ergüssen (Exsudaten) zwischen die Blätter des Brustfells. Nimmt ein solches Exsudat größere Ausdehnung an, so komprimiert es die benachbarte Lunge, macht sie luftleer und schließt sie von der Atmung aus. Die Folgeerscheinungen hängen wesentlich von der Größe des Ergusses ab. Dieser kann mehrere Liter betragen und z. B. eine Lunge völlig ausschalten, aber auch noch durch seinen Druck die Tätigkeit des Herzens und der zweiten Lunge beeinträchtigen. In solchen Fällen ist dann die Entfernung des Ergusses durch Punktion (Einführen einer dicken Hohlnadel) unter Umständen ein lebensrettender Eingriff.

Kleinere Rippenfellergüsse werden nach Ablauf der Entzündungserscheinungen aufgesaugt und können spurlos verschwinden. Häufig aber hinterlassen sie Spuren und Narben in Form von Verwachsungen, welche die beiden Blätter des Brustfelles und damit Lunge und Brustkorb verbinden. Sind solche Verwachsungen sehr ausgedehnt und straff, so können sie zu subjektiven Beschwerden und zu einer starken Beeinträchtigung der Bewegungen der befallenen Brusthälfte führen. Diese beteiligt sich nur weniger an der Atmung und kann durch die Schrumpfung des Narbengewebes eingezogen, verkleinert werden.

Wir haben gehört, daß nur der hermetische Abschluß der Lunge im Brustkorbe diese ausgespannt hält, daß eine Öffnung des Brustkorbes, wobei Luft eindringt, die Lunge zusammenfallen läßt und von der Atmung ausschließt. Wie eine Verletzung von außen, so kann auch eine Zerstörung des Lungengewebes von innen, etwa durch Tuberkulose, die Luft des Bronchialbaumes mit dem Pleuraspalt in Verbindung bringen. Auch dann tritt Luft in diese ein, die Lunge kollabiert, es entsteht ein Pneumothorax (lufthaltiger Brustkasten). Es braucht nicht hervorgehoben zu werden, daß ein doppelseitiger Pneumothorax durch Ausschaltung beider Lungen absolut tödlich ist; ein einseitiger wird meistens nach anfänglicher Atemnot ohne weiteres vertragen, ein weiterer Beweis für die große Anpassungsfähigkeit der Organe. Schließt sich die Öffnung im Pleuraraum, so wird die angesammelte Luft aufgesaugt werden und völlige Heilung eintreten, da die kollabierte Lunge dann wieder ihre Tätigkeit aufnimmt.

Auch der Muskelapparat der Atmung kann geschädigt werden, etwa durch eine Trichineninvasion in die Atemmuskel oder durch Erkrankung der zugehörigen Nerven. Sind solche Schädigungen sehr ausgebreitet, führen sie den Tod herbei, ein allerdings sehr seltenes Ereignis. Eine besondere Bedeutung kommt dem Zwerchfell zu. Nicht häufig, aber dann von schwerer Atemnot begleitet, ist seine Lähmung durch entzündliche Prozesse oder Schädigung der Nervenversorgung. Aber auch schon die Beeinträchtigung seiner Tätigkeit, ja seine Stellung ist nicht ohne Einfluß. So kann ein Hochstand des Muskeln — durch große Fettmassen im Bauche, durch Blähung der Därme, durch Wassersucht des Abdomens bedingt — die Atmung schwer beeinträchtigen.

Wenden wir uns nunmehr der letzten Instanz, der Tätigkeit des Atmungszentrums, zu, so ist klar, daß eine Zerstörung desselben etwa durch eine wachsende Hirngeschwulst oder eine Hirnblutung zum Tode führt. Das Atmungszentrum ist von den lebenswichtigen Zentren des Gehirns vielleicht das empfindlichste. So werden durch Steigerung des Hirndruckes, z. B. bei Hirngeschwülsten, Änderungen des Atemtypus und zuletzt Atemstillstand ausgelöst. So wirkt eine ganze Reihe von Giften tödlich durch Lähmung des Atemzentrums. Auch der Tod der Erstickung erfolgt so. Wir können bei einem aus dem Wasser gezogenen Menschen im geeigneten Momente feststellen, daß das Herz noch schlägt, die Atmung aber still steht. Der Mensch würde sterben. Führen wir aber bei ihm eine künstliche Atmung durch, d. h. ahmen wir die Atembewegungen durch passive Bewegungen seines Brustkorbes nach und führen wir so dem Blute Sauerstoff zu, so können wir nach einiger Zeit sehen, daß die spontane Atmung wieder in Gang kommt, daß das gelähmte Zentrum seine Tätigkeit wieder aufnimmt.

Die Atemstörungen treten am Krankenbett im allgemeinen sinnfällig in Erscheinung, wenn sie höheren Grades sind. Schwieriger ist es aber, im einzelnen Falle die Ursachen festzustellen. Dazu sind die ärztlichen Untersuchungsmethoden geeignet. Diese sind auch deshalb von höchster Wichtigkeit, weil die Lungen nicht so selten Sitz von Erkrankungen sind, die zunächst nicht die Atmung, sondern das Allgemeinbefinden in Mitleidenschaft ziehen. Unter den Untersuchungsmethoden stehen Perkussion und Auskultation an erster Stelle, deren Ergebnisse in neuerer Zeit noch durch das Röntgenverfahren ergänzt werden können. Wir wissen aus dem Abschnitt über das Herz bereits, daß die Perkussion, das Beklopfen uns über den Luftgehalt der Organe Aufschluß gibt. Dieser ändert sich bei krankhaften Prozessen. So wird der Schall gedämpft, wenn etwa bei der Entwicklung der Lungentuberkulose das zarte, luftreiche Lungengewebe durch die dichteren Massen der tuberkulösen Herde ersetzt wird, so verrät sich die Lungenentzündung, die den befallenen Teil in ein luftleeres Gebilde verwandelt, so kann die Verdrängung der normalen Lunge durch einen Erguß erkannt werden.

Legen wir unser Ohr im Bereich der Lunge an eine Stelle des Brustkorbes, so hören wir Einatmung und Ausatmung als Geräusche von bestimmtem Charakter. Die Hindernisse, die Sekret in den Bronchien für den Luftstrom abgeben, sind als Nebengeräusche (Rasseln, Pfeifen) zu hören. Im luftleeren Gewebe, etwa im Bereich einer Lungenentzündung, verändert das Atemgeräusch seinen Charakter. Nur die Grundlagen der Untersuchung können hier angedeutet werden, die Details und ihre Verwertung entziehen sich natürlich einer Besprechung.

Weitere wichtige Anhaltspunkte für die Erkennung von Krankheiten gewährt die Untersuchung des Sputums, des Auswurfes, der durch Husten und Räuspern herausbefördert wird. In ihm werden die Produkte aller abnormen Vorgänge im Bronchialbaume zutage gebracht. Wir finden darin den Schleim oder Eiter des Katarrhs, das Blut, das aus einem lädierten Gefäße stammt, die zelligen Reste eines zerstörten Lungenanteils. Die wichtigsten Erkrankungen der Lungen und Bronchien sind durch Bakterien verursacht. Auch diese können wir häufig im Sputum nachweisen; so erbringt man im Tuberkelbazillus den Nachweis des tuberkulösen Prozesses, man kann den Erreger einer Lungenentzündung, man kann beim Influenzakatarrh den Influenzabazillat nachweisen. Mit diesem Ausblick auf die Untersuchungsmethoden beschließen wir das Kapitel der Atmung und ihrer Störungen.

Siebentes Kapitel

Der Verdauungstrakt und seine Anhangsdrüsen.

Von Dr. Paul Saxl.

Anatomische Übersicht. — Die Physiologie der Verdauung: Die Aufgaben derselben und ihre Durchführung. Verdauung der Eiweißkörper, Kohlehydrate und Fette. Die Sekrete des Magendarmkanals: Speichel, Magensaft, Pankreassaft, Galle, Dünndarmsekret. Die Bewegungserscheinungen im Magendarmkanal. Die Resorption der Nahrungsstoffe. Erkrankungen des Magens und Darmes. — Die Leber und ihre Aufgaben im Haushalte des Organismus. Erkrankungen der Leber. — Die Bauchspeicheldrüse. — Das Bauchfell.

Anatomische Vorbemerkungen.

Wie aus den beigegebenen Bildern ersichtlich ist, schließt sich unmittelbar an den Mund der Schlund (Pharynx) an, der sich in die Speiseröhre fortsetzt.

Die Speiseröhre (Ösophagus) ist ein dünner Schlauch, der vor der Wirbelsäule und beinahe dieser parallel verläuft. In ihrem oberen Anteil liegt die Speiseröhre hinter der Luftröhre. Weiter unten durchtritt sie das Zwerchfell und betritt so die Bauchhöhle. Wenig unterhalb des Zwerchfells mündet die Speiseröhre in den Magen.

Die Mündung der Speiseröhre in den Magen heißt Kardia (Mündung). Der leere Magen hat eine birnförmige Gestalt. Seine Lage ist aus der Fig. 42 ersichtlich. Er ist sehr erweiterungsfähig und kann zwei Liter oder mehr Flüssigkeit fassen. Durch den Pförtner (Pylorus) ist er mit dem Dünndarm verbunden. Der Pförtner ist ein kräftiger Muskel, eine Art Schließmuskel für den Magen, der die Speisen im Magen zurückhalten kann. Der Hauptteil des Magens, zwischen Kardia und Pylorus, wird Fundus genannt.

Der Dünndarm ist die längste Partie des Verdauungskanals. Er erfüllt mit seinen Schlingen die Bauchhöhle. Seine Länge beträgt etwa 2 m. Seine Schlingen haben eine kleinere Lichtung (Lumen) als die des Dickdarms; daher der Name Dünndarm. Sein oberster Anteil ist der Zwölffingerdarm (Duodenum). Er liegt unmittelbar

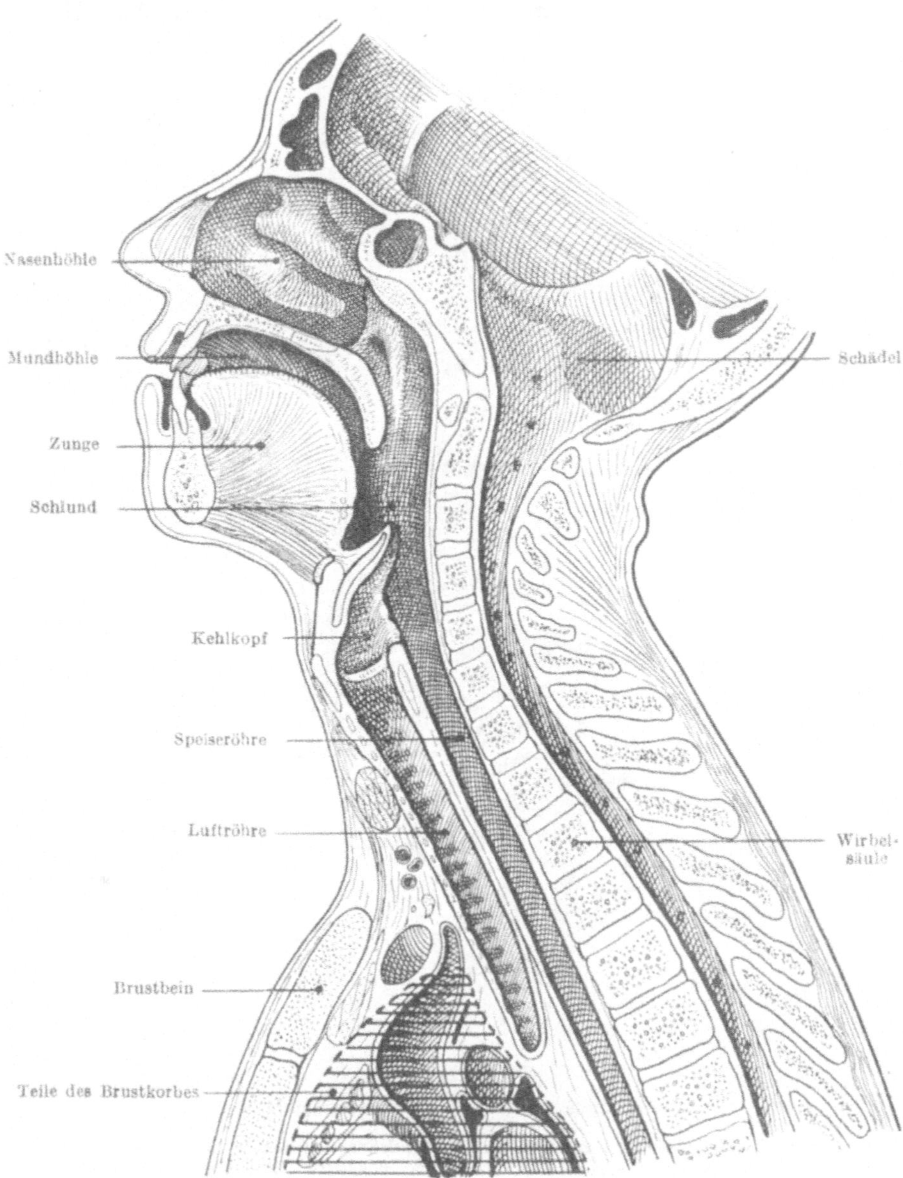

Fig. 41.

Die Eingeweide des Kopfes und Halses an einem Durchschnitt, der annähernd durch die
Mittellinie des Kopfes gelegt wurde.
(Schematisierte Darstellung einer Abbildung in Toldts Atlas.)

unter und hinter der Leber. Er umschlingt auch einen großen Teil
der Bauchspeicheldrüse (Pankreas). In ihn münden der große
Gallenleiter, der Ausführungsgang der Leber und der Ausfüh-

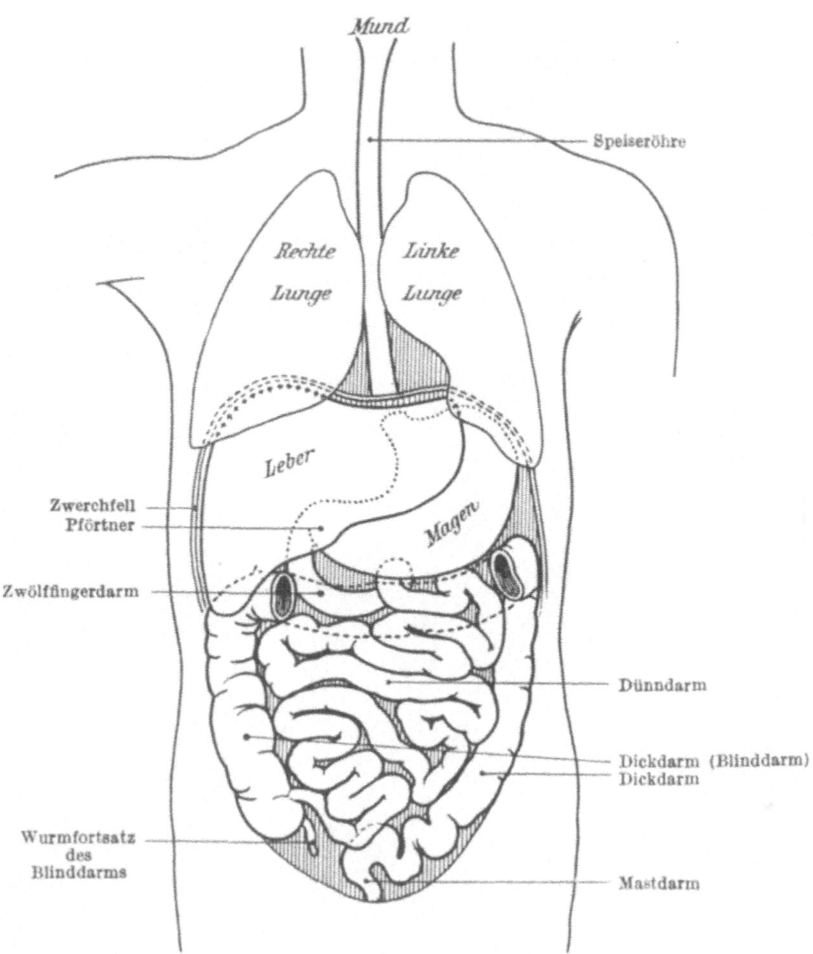

Fig. 42.
Übersichtliche Anordnung des Verdauungsapparates.

Bemerkung: Im Interesse der Übersichtlichkeit der Zeichnung wurde der Eintritt der Speiseröhre in den Magen nicht eingezeichnet; ferner das punktierte Stück des querverlaufenden
Dickdarms so gezeichnet, als ob ein Stück herausgeschnitten worden wäre, um die dahinter
liegenden Gebilde zu zeigen. — Die Bauchspeicheldrüse wurde nicht eingezeichnet.

rungsgang des Pankreas. Beide führen dem Dünndarm Sekrete
zu, die für die Verdauung bedeutungsvoll sind: der Gallenleiter die
Galle, der Ausführungsgang des Pankreas das Sekret dieser Drüse.

Es ist für die Darmverdauung, wie wir sehen werden, von großer Wichtigkeit, daß die beiden genannten Sekrete schon in den Anfangsteil des Dünndarms, in das Duodenum einfließen.

Das Ende des Dünndarms wird gegen den Dickdarm durch die Baudhinsche Klappe verschlossen, die ebenso wie der Pförtner des Magens einen muskulösen Verschluß gegen den Dickdarm hin herstellt, so daß der Speisebrei im Dünndarm zurückbehalten werden kann, bis seine Verdauung beendet ist.

Der Dickdarm ist kürzer als der Dünndarm. Sein Anfangsteil ist der Blinddarm, der seinen Namen daher hat, daß er mit einem kleinen, blinden Sacke die Einmündungsstelle des Dünndarms nach unten zu überragt. Der Blinddarm hat einen Anhang, der ihm wie ein Handschuhfinger aufsitzt, der Wurmfortsatz (Appendix) des Blinddarms, ein rudimentäres, blind endigendes Organ von Kleinfingerlänge und Bleistiftdicke, bekannt dadurch, daß er der Sitz der Blinddarmentzündung ist. Der Verlauf des Dickdarms ist aus der Zeichnung ersichtlich. Er endet mit der S-förmigen Schlinge (so heißt auch diese Schlinge) in den Mastdarm. Letzterer durchtritt den unteren Verschluß des Beckens und mündet mit dem After nach außen. Ein kräftiger Schließmuskel umkreist den After. Der Muskel ist quergestreift und kann daher willkürlich innerviert werden.

Der Bau der einzelnen Abschnitte des Magendarmkanals ist im großen ganzen ein ähnlicher. Alle Teile bilden einen Schlauch von verschiedener Weite. Das Innere dieses Schlauchs ist von der Schleimhaut überzogen. Als nächste Schicht umschließt die Schleimhaut die Muskelschicht. Die äußerste Schicht (das gilt aber nur von den Abschnitten des Verdauungsrohres, die innerhalb der Bauchhöhle liegen) ist von dem Bauchfell überzogen. Dieses bekleidet die Wände der Bauchhöhle vollkommen und schlägt sich von da auf die Därme um, für die es einen Überzug bildet. Zu allen Darmabschnitten, vom Magen angefangen bis zur S-förmigen Schlinge, führt das Gekröse, eine dünne, vom Bauchfell überzogene Membran, in der die Blutgefäße und Nerven, die zu den Därmen führen, eingeschlossen liegen; am Gekröse ist das Darmrohr gleichsam aufgehängt.

Ist der Bauplan der einzelnen Abschnitte des Magendarmkanals auch ein gleicher, so zeigen doch auch die einzelnen Abschnitte große Differenzen, die meist bedingt werden durch Anpassung der betreffenden Abschnitte an ihre differenten Funktionen. So ist die Muskulatur der Magenwand anders als die des Dünndarms, diese wieder anders als die des Dickdarms usw. Da und dort finden sich mächtige Verstärkungen der Muskulatur, die ringartig den Darm umkreisen (Schließmuskeln).

Auch die Schleimhaut der einzelnen Partien des Verdauungskanals ist in ihrem Bau der Funktion des betreffenden Darmabschnitts angepaßt. Wo Drüsen zur Sekretion von Verdauungssäften benötigt werden, finden wir diese, oft sehr dicht angeordnet.

Wo Resorption stattfinden muß, finden wir die Schleimhautoberfläche zottig angeordnet, um ihre Oberfläche zu vergrößern; entsprechend angeordnete Blutgefäße stehen bereit, die resorbierte Nahrung aufzunehmen. Das Fett wird von den offenen Lymphspalten aufgenommen. Die Verhältnisse sind zu kompliziert, um im Detail auf sie einzugehen. Es sollte nur erwähnt werden, daß die verschiedenen Schleimhautpartien je nach der zu verrichtenden Arbeit verschieden gebaut sind.

Die Blutversorgung des Darms erfolgt vom großen Kreislaufe her. Von hier fließt ihm durch sehr zahlreiche Arterien das Blut zu. Das aus dem Darme abfließende venöse Blut enthält die resorbierte Nahrung. Es fließt großenteils durch die Pfortader zur Leber; erst nachdem es diese passiert hat, fließt es durch die große untere Hohlvene dem Herzen zu.

Nicht alle aus dem Darme resorbiete Nahrung gelangt in die Darmvenen und die Pfortadern. Ein Teil (das Fett) wird durch die Lymphspalten aufgenommen und gelangt in den Ductus thoracicus, den großen Lymphleiter, der dann das resorbierte Fett durch den Brustkorb in die Halsvenen leitet.

Die Physiologie der Verdauung.

1. Die Aufgaben der Verdauungstätigkeit. Die Ernährung bedingt die Erhaltung des Individuums, sie liefert dem Körper das Material zur Bestreitung seiner Arbeit und zum Wiederaufbau der zugrundegehenden Gewebe. Es können nur solche Nahrungsmittel diesen Zweck erfüllen, die vom Verdauungskanal aufgenommen (resorbiert) werden und nach erfolgter Resorption den Zellen als Brennmaterial oder als Bausteine dienen können. Dementsprechend ist die Aufnahme der Nahrungsmittel keine wahllose. Es werden zunächst nur solche Nährstoffe aufgenommen, die nach entsprechender Verarbeitung im Darmkanal resorptionsfähig sind, von wo sie in den Kreislauf gelangen und hier verbrannt oder deponiert werden. Wir fassen daher die Aufgabe, die dem Magendarmtrakt in der Ernährung zukommt, dahin zusammen: Es werden durch ihn Nahrungsmittel in bestimmter Auswahl aufgenommen und diese nach zweckmäßiger Verarbeitung zur Resorption gebracht. Zweck dieser Tätigkeit ist es, jene Assimilationsvorgänge einzuleiten, durch die den Zelleu und Organen jene Stoffe zufließen, die sie zu ihrer Tätigkeit und zu ihrem Wiederaufbau benötigen.

Die Auswahl der Nahrungsmittel richtet sich einerseits nach den Bedürfnissen des Organismus, andererseits nach der Verdauungsfähigkeit der Nahrungsmittel. Die Bedürfnisse des Organismus richten sich zunächst darauf, dem Körper jene Substanzen zu verschaffen, die er für seine Arbeit braucht; sie werden instinktiv empfunden: Der Dürstende verlangt nach Wasser; das Vieh, das lange kein

Salz genommen hat, kommt in den „Salzhunger"; Menschen, die längere Zeit keine Kohlehydrate genommen haben, kommen in den „Kohlehydrathunger" usw.

Das Nahrungsbedürfnis richtet sich aber auch danach, die Speisen so auszuwählen, daß der Verdauungskanal in möglichst entsprechender Weise seine Arbeit leisten kann. So ist es, wie wir sehen werden, für die Arbeit des Verdauungsapparates zweckmäßig, daß wir vor dem Fleisch die Suppe, nach dem Fleisch die Mehlspeisen nehmen usw.

Die Auswahl der Nahrungsmittel richtet sich ferner nach der Verdauungs- und Resorptionsfähigkeit der aufzunehmenden Stoffe. Der Pflanzenfresser nimmt reichlich zellulosehaltige Nahrung auf, da er die Zellulose im Darm spalten und verwerten kann. Die Fleischfresser können das nicht; der Darm des Menschen, der sowohl Fleisch- als Pflanzenfresser ist, kann die Zellulose nicht verwerten; daher tritt die pflanzliche Nahrung beim Menschen in den Hintergrund.

Natürlich spielen bei der Aufnahme der Nahrungsmittel neben den eben erwähnten Momenten auch individueller Geschmack und individuelle Gewohnheit mit; sie findet inbesondere in der Art der Zubereitung der Speisen ihren Ausdruck. — Es muß auch erwähnt werden, daß neben jenen Stoffen, die der Organismus zur Leistung seiner Arbeit benötigt, auch solche aufgenommen werden, die im Haushalte des Stoffwechsels keine Verwendung finden und als bloßer Gaumenreiz, als Genußmittel dienen; zuweilen dienen diese Genußmittel dazu, den Appetit anzuregen, den Geschmack der Speise zu verbessern oder die Verdauungsarbeit zu fördern.

Die eigentlichen Nahrungsmittel sind: Eiweißkörper, die wir in Form von Fleisch, Milch, Eiern und eiweißhaltigen Gemüsen (Hülsenfrüchte, Rüben) aufnehmen; Kohlehydrate, die wir als Zucker, Mehl, Gemüse, Obst usw. aufnehmen; Fette in Form von Milch, Butter, Käse, Öl, Fleischfett usw. Salze nehmen wir als Kochsalz, im Fleisch, in der Milch, im Gemüse, Brot und Obst usw. auf. Ferner Wasser. In welcher Menge wir diese zur Erhaltung des Organismus notwendigen Substanzen aufnehmen müssen, soll im Kapitel über den Stoffwechsel abgehandelt werden. Es sei hier nur erwähnt, daß der menschliche Organismus keiner dieser fünf Gruppen von Nahrungsmitteln auf die Dauer entbehren kann, ohne zugrunde zu gehen. — Als Genußmittel dienen u. a.: Gewürze aller Art, Fruchtsäfte, Essig, Kohlensäure, Alkohol (dem neben seiner bekannten Giftwirkung auch ein recht hoher Nährwert zukommt) usw.

Die aufgenommenen Speisen können entweder direkt von der Wand des Magendarmtraktes resorbiert werden, oder sie unterliegen vorerst der Verarbeitung durch die Sekrete, die zum Zweck der Verdauung in den Verdauungskanal sezerniert werden. Wasser, Alkohol, Kohlensäure, ferner Salze (Kochsalz, Kalksalze aller Art, Phosphate) können direkt resorbiert werden. Die drei großen Nahrungsmittelgruppen: Eiweißkörper, Fette und Kohlehydrate unter-

liegen zunächst einer ausgedehnten Aufspaltung durch die Darmsekrete; sie werden in Zerstückelungsprodukte gespalten, die als
solche resorbiert werden oder zu neuen Produkten auf- und umgebaut und dann erst resorbiert werden. Die Art, wie sich der
Organismus auf diese Weise resorptions- und assimilierungsfähige
Substanzen schafft, soll uns eingehend beschäftigen.

a) Die Eiweißkörper. Wir nehmen, wie oben erwähnt, die
Eiweißkörper in Form von Fleisch, Milch, Eiern und eiweißhaltigen
Gemüsen, sowie im Brote auf. In ihnen finden sich diese Eiweißkörper in mannigfaltigster Form.

Ein Überblick über die Chemie der Eiweißkörper wurde in
einem der vorangehenden Kapitel gegeben (Kap. 1). Es erübrigt
hier nur, an einige Eigenschaften der Eiweißkörper zu erinnern.

Zunächst daran, daß die höheren, die nativen Eiweißkörper
kolloidaler Natur sind. Diese ihre kolloidale Natur bedingt, daß
sie durch tierische Membranen nicht diffundieren und daher von den
Zellen der Darmwand nicht ohne weiteres aufgenommen werden
können. Wohl aber sind die tieferen Abbauprodukte der Eiweißkörper diffusibel: Albumosen, Peptone, Aminosäuren usw. Es ist daher
Aufgabe der Verdauung, die Eiweißkörper in tiefere Spaltprodukte abzubauen. Dies geschieht im Magendarmkanal durch Fermente, die von
den Drüsen des Verdauungsapparates erzeugt werden. Es sei hier bezüglich der Fermente daran erinnert, daß die Fermente stets eine
spezifische Wirksamkeit entfalten, d. h. daß sich ihre Tätigkeit immer
nur auf ein bestimmtes Substrat richtet, dem das Ferment angepaßt
ist, in das der Ferment hineinpaßt, wie der Schlüssel in das Schloß.
Es sei ferner erwähnt, daß fast alle abbauenden Fermente den Abbau ihres Substrates unter Wasseraufnahme in das Substrat vollziehen.

Es ist daher zur Fermentwirkung die Anwesenheit von Wasser
notwendig. Die Fermente bedürfen zur Entfaltung ihrer Wirksamkeit in der Regel eines bestimmten chemischen Milieus: die einen
wirken am besten bei saurer, die anderen bei alkalischer Reaktion.
Die Säuren und das Alkali, das den Fermenten das ihnen passende
chemische Milieu verschafft, werden von den Drüsen des Verdauungskanals produziert. — Noch einen anderen Zweck außer der durch
sie ermöglichten Schaffung diffusibler Produkte verfolgt der fermentative Abbau der Eiweißkörper im Verdauungstrakt: den einer
fremden Tierart entstammenden Eiweißkörpern kommt
eine gewisse Giftwirkung zu. Derselbe Fleischsaft des Rindermuskels, der, als Speise genossen, unsere Ernährung fördert, ruft,
wenn man ihn wiederholt unter die Haut spritzt, schwere allgemeine
Vergiftungserscheinungen hervor. Der Abbau der Eiweißkörper im
Magendarmkanal bedingt, daß die Eiweißkörper ihres artfremden Charakters und somit ihrer Giftwirkung beraubt werden. Die
niederen Abbauprodukte, die im Darmkanal durch Fermentwirkung
entstehen, haben keinen artfremden Charakter mehr. Wohl aber

werden aus ihnen nach ihrer Resorption arteigene Eiweißkörper gebildet.

Alle Fermente des Magendarmtraktes werden von den in Drüsen enthaltenen Zellen erzeugt. Meist erfolgt die Fermentproduktion erst auf bestimmte Reize hin, die weiter unten ihre Besprechung finden sollen. Die Fermente sind die Produkte aktiver Zelltätigkeit; wir können sie als Stoffwechselprodukte derselben auffassen. Sie werden in der Regel nicht als fertige Produkte erzeugt, sondern als Vorstadien (Profermente), die erst, fern von der Zelle, in der sie entstanden sind, zu dem arbeitsfähigen Ferment aktiviert werden. Das ist insbesondere dann der Fall, wenn die Fermente als Sekret in das Darmlumen fließen. Es gibt im Verdauungstrakt drei Fermente, von denen jedes in eigentümlicher Weise am Eiweißabbau teilnimmt.

1. Das Pepsin, das von der Magenschleimhaut produziert wird. Es entfaltet seine Tätigkeit nur bei saurer Reaktion, die durch die von den Magenwanddrüsen produzierte Salzsäure geschaffen wird. Pepsin, Salzsäure und Wasser bilden die Hauptbestandteile des vom Magen sezernierten Magensaftes. Das Pepsin entfaltet seine Wirksamkeit im Magen; es spaltet die nativen Eiweißkörper nur bis zu Peptonen. Seine Tätigkeit wird durch die Salzsäure des Mageninhaltes unterstützt, die die Eiweißkörper zur Quellung bringt. Alkalische Reaktion zerstört das Pepsin.

2. Das Trypsin. Es ist das wichtigste Verdauungsferment; seine Fermenttätigkeit spielt sich im Dünndarm ab. Es wird in der Bauchspeicheldrüse erzeugt und ergießt sich als Bestandteil des Sekretes derselben in den mittleren Anteil des Zwölffingerdarmes. Seine Wirksamkeit hat ihr Optimum bei alkalischer Reaktion. Alkali steht im Darminnern reichlich zur Verfügung. Es stammt hauptsächlich von der Galle und dem Bauchspeicheldrüsensekret. Das Trypsin baut die Eiweißkörper energischer und tiefer ab als das Pepsin. Es entstehen bei seiner Tätigkeit der Hauptsache nach Aminosäuren.

3. Das Erepsin. Es ist ein intracelluläres Ferment. Im Gegensatz zu den eben genannten Fermenten wird es daher nicht in das Darminnere sezerniert, sondern entfaltet seine Tätigkeit in der Darmwand, die es nicht verläßt. Es findet sich im Dünndarm, doch auch im Pförtnerteil des Magens. Saure und alkalische Reaktion fördern seine Tätigkeit. Es baut die Peptone und deren niedere Spaltprodukte zu ihren Endprodukten ab. Höhere Eiweißkörper hingegen kann es nicht angreifen.

Pepsin, Trypsin und Erepsin sind die eiweißverdauenden Fermente des Verdauungskanals. Ihrer Wirksamkeit ist die Aufspaltung des Eiweißes in seine letzten Zerstückelungsprodukte zuzuschreiben. Ihre Tätigkeit wird aber noch außerhalb des Dünndarms — im Dickdarm — durch die sich dort aufhaltenden Bakterien unterstützt. Während der Dünndarm des gesunden Menschen frei von Bakterien ist, halten sich im Dickdarm Millionen von Bakterien auf, die in

Gemeinschaft (Symbiose) mit unserem Körper leben. Sie führen in dem Eiweiß des Speisebreies — in der Regel findet sich im Dickdarm noch eine geringe Menge unverdauten Eiweißes — eine Zersetzung herbei, bei welcher Spaltprodukte des Eiweißes entstehen, die daselbst resorbiert werden. Diese bakterielle Fäulnis im Dickdarm beschließt also die Eiweißspaltung im Darme. Der normale Stuhl enthält kein oder nur sehr geringe Mengen Eiweiß.

Noch ein Ferment spielt bei der Eiweißverdauung eine Rolle. Es ist das Labferment, das von der Magenwand produziert wird. Ihm fällt die Aufgabe zu, das gelöste Kasein der Milch zu koagulieren. Diese Koagulation verfolgt den Zweck, in der Milch feste Bestandteile zu erzeugen, wodurch, wie wir sehen werden, die Hinausschaffung der Milch aus dem Magen verzögert und somit die Einwirkung des Pepsins und der Salzsäure auf ihr Eiweiß verlängert wird.

Die Zerstückelungsprodukte des Eiweißes werden von der Darmwand resorbiert. Diese Resorption findet teilweise schon im Magen, zum großen Teil im Dünndarm, zum kleinsten im Dickdarm statt. Unmittelbar nach der Resorption, schon teilweise in der Darmwand, erfolgt aus den resorbierten Zerstückelungsprodukten der Aufbau zum arteigenen, nativen Eiweiß. Aus der Darmwand gelangt das Eiweiß in die Wurzelgefäße der Pfortader und mit dieser in die Leber.

b) Die Kohlehydrate. Es sei aus den oben (Kap. I) angeführten Angaben über die Kohlehydrate hier nochmals erwähnt, daß es Zuckerarten gibt, die nur ein Molekül Zucker enthalten, Monosaccharide (Dextrose, Lävulose, Galaktose), ferner solche mit mehreren Molekülen Zucker, Polysaccharide (Stärke, Glykogen), unter welchen den Kohlehydraten mit zwei Molekülen Zucker (Maltose, Laktose, Rohrzucker) eine besonders wichtige Rolle zukommt. Stärke, Laktose (Milchzucker), Rohrzucker, Dextrose (Traubenzucker), Lävulose (Fruchtzucker) nehmen wir in den Speisen auf.

Vom Darme aus können nur Zuckerarten mit einem Moleküle Zucker resorbiert werden und zwar Dextrose, Lävulose und Galaktose. Alle Zuckerarten müssen daher, wenn sie zur Resorption kommen sollen, in einfache Zucker aufgespalten werden. Wir wollen diesen Weg der Aufspaltung, wie er nach der Nahrungsaufnahme vor sich geht, verfolgen.

Im Munde bereits findet sich ein Ferment, das die Kohlehydratverdauung einleitet. Es ist das Ptyalin des Speichels (Diastase).[1] Es sprengt das Stärkemolekül und führt es über mehrere Zwischenstufen in das in Wasser lösliche Dissaccharid Maltose über.[2] Diese Umwandlung geschieht aber nur zum geringsten Teil im Munde,

---

[1] S. Kap. I.
[2] Stärke ist im Wasser unlöslich; die Stärkekörner werden von Wasser nur aufgeschwemmt.

zum größeren im Mageninnern, solange dort nicht saure Reaktion herrscht. Ist einmal die Salzsäure ins Mageninnere eingedrungen, und herrscht dort saure Reaktion, so hört die Ptyalinverdauung auf. Im Dünndarm wird die Stärkeverdauung fortgesetzt. Das stärkeverdauende Ferment ist das Ptyalin, das in der Bauchspeicheldrüse erzeugt wird und sich mit deren Sekret in den Darm ergießt. Es wirkt wie das Ptyalin des Speichels. Es führt die Stärke schließlich in Maltose über, die noch aus zwei Molekülen Traubenzucker (Dextrose) besteht. Diese Maltose stößt nun auf ein von der Darmwand produziertes Ferment, die Maltase, welche das Maltosemolekül in zwei Moleküle Traubenzucker zerlegt; das Monosaccharid Traubenzucker wird nunmehr von der Darmwand resorbiert.

Ebenso wird das Dissacharid Rohrzucker in seine beiden Komponenten, die Monsaccharide Dextrose und Lävulose zerlegt. Es geschieht das durch das Ferment Invertin, das ebenfalls von der Wand des Dünndarms produziert wird. Das Dissacharid Milchzucker zerfällt durch das gleichfalls hier produzierte Ferment Laktase in seine Monosaccharide.

Die Monosaccharide werden von der Darmwand resorbiert und gelangen mit dem Blute der Darmwand in die Leber, wo sie in Form von Glykogen deponiert werden.

c) Die Fette. Wir nehmen die Fette meist als Neutralfett in Form von Butter, Rahm, Öl, Milch, Fett in Fettsorten auf. Die Milch enthält das Fett (etwa 4 Proz.) in Form einer Suspension der Fetteilchen. Solche Fettsuspensionen, die durch die Gegenwart von Eiweiß, Seifen oder Gummi bedingt werden, werden als Fettemulsionen bezeichnet.

Die Fette sind im Wasser unlöslich. Aufgabe der Verarbeitung der Fette im Darm ist es nun, die Fette in lösliche und daher resorbierbare Form überzuführen.

Wir erinnern hier an das Schema, das wir im Kapitel I, S. 23 über den Aufbau des Fettmoleküls gegeben haben:

$$\text{Neutralfett} = \text{Glyzerinradikal} \begin{cases} \text{Fettsäureradikal} \\ \text{Fettsäureradikal} \\ \text{Fettsäureradikal} \end{cases}$$

Die in den Fetten als Fettsäureradikal hauptsächlich vorkommende Fettsäure ist die Ölsäure, dann Stearin- und Palmitinsäure.

Wird die salzartige Verbindung zwischen Glyzerinradikal und den drei Fettsäureradikalen, die im Fettmolekül statthat, gesprengt, so werden die Fettsäuren aus dem Neutralfett frei. Mit Kalium und Natrium, das im Darm überall zur Verfügung steht, bilden die frei gewordenen Fettsäuren Seifen. Neutralfette können Emulsionen bilden, sind aber wasserunlöslich; Fettsäuren sind unlöslich in Wasser, nur die Ölsäure ist in der Galle löslich; Seifen lösen sich in Wasser. Daraus erkennt man, daß der Darm, da es ihm auf lösliche und daher resorbierbare Fettprodukte ankommt, das Fett in Ölsäure, die in Galle,[1]) oder in Seifen, die in Wasser löslich sind, überführen muß.

Die Spaltung der Fette wird im Darm durch Fermente bedingt, die man als Lipasen bezeichnet.

Verfolgen wir nun die Schicksale der Fette im Darmkanal. Im Magen findet sich ein schwach fettspaltendes Ferment, das die Neutralfette teilweise in Glyzerin und Fettsäuren zerlegt. Nach dem Durchtritt durch den Pförtner stößt das Fett auf Galle und Pankreassaft; diese führen zunächst eine Emulgierung der Fette herbei; die Fette werden feinst zerstäubt, und so wird es ermöglicht, daß das eigentliche fettspaltende Ferment des Darms, das Steapsin des Pankreassaftes an einer möglichst großen Oberfläche angreifen kann. Das Steapsin zerlegt das Fett in Glyzerin und Fettsäuren. Diese letzteren bilden nun mit Alkali die lösliche Seife, oder aber, wenn es sich um Ölsäure handelt, wird diese von Galle gelöst. In dieser gelösten Form gelangen die Fette zur Resorption. Haben sie das Darmepithel passiert, so findet noch in der Darmwand die Synthese von Fettsäuren zu Fett statt. Die Fettsäuren der Seifen, resp. die Ölsäure werden mit Glyzerin, das in der Darmwand massenhaft zur Verfügung steht, zu Neutralfetten gepaart.

Das Neutralfett gelangt von der Darmwand in die kleinen Lymphgefäße des Darms, die sich zu immer größeren Stämmen und schließlich zum Hauptlymphgefäß des Körpers, dem Ductus thoracicus, vereinigen, der das Fett in die großen Venenstämme am Halse ergießt. So gelangt das Fett vom Darm durch den Ductus thoracicus ins Blut, während Kohlehydrate und Fette ihren Weg in die Leber nehmen.

Die Sekrete des Verdauungskanals.

Die Verarbeitung der Eiweißkörper, Kohlehydrate und Fette, geschieht, wie wir eben gehört haben, mit Hilfe von Fermenten. Die Zellen der Drüsen produzieren die Fermente. Und zwar produzieren bestimmte Drüsen immer bestimmte Fermente. Da aber die Fermente nur bei einer gewissen Reaktion — die einen in saurer, die anderen in alkalischer — wirken, werden gleichzeitig auch immer Säfte von der Wand des Verdauungskanals produziert, deren chemische Eigenschaften der Tätigkeit der betreffenden Fermente förderlich ist. So wird für das Pepsin des Magens die Salzsäure, für das Trypsin das alkalische Sekret des Darmes erzeugt.

1. Der Speichel. Der Speichel wird von mehreren Drüsen erzeugt. Von den großen Speicheldrüsen, die beiderseits am Boden der Mundhöhle und unterhalb derselben liegen, ferner von den beiden Parotisdrüsen, die an den Wangen vor dem Ohre liegen. Es finden

---

[1]) Es enthalten nicht alle, aber sehr viele Fette Ölsäure.

sich ferner im Munde zerstreut sehr zahlreiche kleinere Speicheldrüschen. Der Speichel dieser verschiedenen Drüsen ist verschieden zusammengesetzt. Er besteht aus Wasser, Salzen und organischen Bestandteilen in verschiedener Mischung. Unter den organischen Bestandteilen kommt vor allem das Mucin in Betracht, die Schleimsubstanz, und das diastatische Ferment, das im Munde und Magen (s. o.) die Kohlehydratverzuckerung besorgt. Der Speichel wird kontinuierlich sezerniert. Täglich etwa 1½ Liter. Die Menge und Zusammensetzung des sezernierten Speichels ist aber zur Zeit der Nahrungsaufnahme und zur Zeit außerhalb dieser sehr verschieden.

Zur Zeit, da keine Nahrungsaufnahme stattfindet, wird eine mäßige Menge Speichel sezerniert, der reich an Wasser, arm an organischen Substanzen ist. Er dient dazu, den bakterienreichen Mund durchzuspülen und seine Schleimhäute feucht zu erhalten.

Bei Nahrungsaufnahme findet eine mächtige Steigerung der Speichelsekretion statt. Menge und Zusammensetzung des Speichels richten sich nach der Art der Nahrung. Feste Nahrung bedingt viel Speichelfluß, flüssige wenig. Denn feste Speisen müssen, nachdem sie zerkaut sind, mit Flüssigkeit durchtränkt werden, damit aus ihnen ein Bissen formiert werden kann, der genügend weich und schlüpfrig ist, in den Schlund zu gleiten. Das Hinunterschlucken trockener Speisen ist nicht möglich. Der Speichel dient hier ferner als Lösungsmittel, da wir nur gelöste Substanzen schmecken können, für feste Substanzen hingegen die Endigungen der Geschmacksnerven im Munde unempfindlich sind. Nach Aufnahme von chemisch reizenden Substanzen, von Säuren, Alkalien und Gewürzen wird viel Speichel produziert, um die chemisch reizende Substanz zu verdünnen. Wie angepaßt die Speichelsekretion der eben zu leistenden Arbeit ist, erkennt man aus folgendem Versuch. Bringt man einem Hunde einen größeren Stein in den Mund, so wird nur wenig Speichel produziert. Der Hund bringt durch Muskeltätigkeit den Stein mühelos heraus; läßt man ihn aber kleine Steinchen fressen, so produziert er massenhaft Speichel, um mit ihrer Hilfe die allenthalben anhaftenden Steinchen herauszuspülen.

Auch die Art der Zusammensetzung des Speichels ist verschieden je nach der Art des Reizes. Bloße mechanische und chemische Reize der Mundschleimhaut rufen einen wasserreichen Speichel hervor, der arm an Fermenten ist. Nahrung hingegen, bei welcher der Speichel Verdauungstätigkeit zu leisten hat, ruft einen fermentreichen Speichelfluß hervor.

Aus alledem sehen wir, daß die Speicheldrüsen auf alle Arten Reize, die von der Mundhöhle aus gesetzt werden, mit einer gesteigerten Sekretionstätigkeit reagieren; diese auf den Reiz erfolgende Drüsentätigkeit ist der jeweilig zu leistenden Arbeit präzise angepaßt. Wir müssen den ganzen Vorgang als einen Reflexakt auffassen; die sensiblen Nervenendigungen in der Mundhöhle nehmen den gesetzten Reiz auf und leiten ihn zentripetal zum Gehirn (das Zentrum der

Speichelsekretion im Gehirn ist bekannt); vom Gehirn führen zentrifugale Nerven zu den Speicheldrüsen, die den gesetzten Reiz mit ihrer sekretorischen Tätigkeit beantworten.

Aber nicht nur lokale Reize in der Mundhöhle rufen Speichelsekretion hervor. Daß dem Gierigen beim Anblick der Speise usw. das Wasser im Munde zusammenläuft, ist eine allbekannte Sache. Tatsächlich ruft auch schon das Erblicken von Speisen, ja nur der Gedanke an solche beim Hungernden Speichelfluß hervor. Wenn man einem Hunde ein Fleischstück zeigt, beginnt er zu speicheln. Läßt man gleichzeitig mit dem Fleischstück, das man dem Hunde zeigt, bestimmte Töne erschallen, so wird der Hund, wenn er sie öfter gehört hat, bloß auf die Tonreihe, die in ihm die Erinnerung an das Fleisch wachruft, zu speicheln beginnen.

So sehen wir denn, daß die Speichelsekretion auch durch psychische Reflexe ausgelöst werden kann, ein Vorgang, dem wir auch bei der Magensaft- und bei der Pankreassekretion begegnen werden.

2. Der Magensaft. Der Magensaft ist das Sekret der Magenschleimhaut. Er setzt die vom Speichel begonnene Verdauungsarbeit fort. Seine Hauptbestandteile sind: Wasser, Salzsäure, Pepsin als eiweißverdauendes Ferment, Labferment als eiweißkoagulierendes Enzym, Lipase als fettspaltendes Ferment. Daneben kommen in geringer Menge eine Reihe von Salzen, etwas Schleim und einige Verbindungen organischer Natur vor.

Die Zusammensetzung des Magensaftes wechselt je nach der Art der Nahrung, je nach den Anforderungen, die durch die fallweise zu leistende Verdauungsarbeit gestellt werden.

Die Hauptmenge des Magensaftes wird im Hauptteile des Magens (im Magenfundus), also in jenem Teile, der gegen die Speiseröhrenmündung hin gelegen ist, erzeugt, während im pylorischen (Pförtner-) Anteil des Magens nur wenig Magensaft gebildet wird. Sehr dicht stehen die Drüsenschläuche in der Schleimhaut des Hauptmagens.

Die Sekretion des Magensaftes erfolgt im Gegensatz zu der des Speichels nicht kontinuierlich, sondern periodisch. Sie erfolgt nur auf gewisse Reize hin, die teils als fernwirkende Reize, als Reflexe aufgefaßt werden müssen, teils direkt von der Magenschleimhaut aus wirken.

Unter den fernwirkenden Reizen sind in erster Linie psychische Reflexakte zu nennen, die zur Magensaftsekretion führen. An Hunden, denen experimentell eine Öffnung des Magens operativ angelegt und in die Bauchwand eingenäht wurde, aus der der Magensaft aufgefangen werden konnte, beobachtete man, daß bloßer Hunger oder das Zeigen von Speisen in wenigen Minuten zu starkem Magensaftfluß führt. Man nennt den auf diese Weise gewonnenen Magensaft Appetitsaft. Es ist vollkommen verdauungsfähiger Magensaft, der dazu bestimmt ist, die aufzunehmende Nahrung zu empfangen. Umgekehrt kommt es zum Ausbleiben oder zur herabgesetzten Produktion von Appetitsaft, wenn die Aufmerksamkeit des Hungernden vom Essen abgelenkt wird, wenn der oben erwähnte im Versuch stehende Hund erschreckt wird, usw. Es ist daher für die Verdauung keineswegs gleichgültig, ob wir mit oder ohne Appetit essen, ob wir die Aufmerksamkeit auf das Essen konzentrieren oder nicht. Wirken so schon vor der Nahrungsaufnahme Reflexe ein, die die vorbereitende Sekretion des Appetitsaftes bedingen, so finden sich unmittelbar nach der Nahrungsaufnahme neue Wege, die reflektorisch die Magensaftbildung anregen; das sind die Reflexe, die von der Schleimhaut der Mundhöhle zu den Magenwanddrüsen gehen; ferner ruft das bloße Schlucken von Speisen Magensaftproduktion hervor.

Gehen auf diese Weise, wie wir sehen, fernwirkende Reflexe von jenen Organen aus, deren Tätigkeit in Anspruch genommen wird, bevor die Speisen in den Magen kommen, so gehen während und nach der Nahrungsaufnahme fernwirkende Reflexe von jener Gegend aus, die rings um den Pförtner (Pylorus) des Magens liegt. Sorgfältig wacht der Pförtner, daß der Speisebrei den Magen nicht zu früh verläßt, daß er gut und zweckmäßig im Magen durchgearbeitet wird. In kleinen Mengen läßt der Pförtner den Speisebrei passieren; nur auf der Seite des Magens darf saure Reaktion infolge des salzsauren Magensaftes herrschen, während auf der Seite des Darmes die Säure sofort von dem alkalischen Darmsaft neutralisiert werden muß. Solange auf seiten des Darmes durch den ausgespritzten Magensaft saure Reaktion ist, verschließt sich der Pylorus, bis es den Darmsäften gelungen ist, die Säure zu neutralisieren. Auf diese Weise läßt der Pförtner nur sehr langsam den Speisebrei aus dem Magen austreten. Es dauert stundenlang, bis eine größere Mahlzeit den Magen verläßt. So kann die Magenverdauung lange Zeit fortgehen und immer neues Sekret von der Magenwand gebildet werden. Noch andere Reflexe sind bekannt, die vom Pylorus her die Magensaftproduktion regulieren. In der Gegend des Pylorus findet die Resorption bestimmter Eiweißstoffe statt, besonders von Peptonen und Extraktivstoffen. Die letzteren sind aus dem Fleisch auslaugbare Substanzen, die besonders reichlich im Fleischextrakt enthalten sind, die ersteren Eiweißabbauprodukte, die durch die Pepsinverdauung entstehen. Die Resorption beider ruft Magensaftfluß hervor. Es ist interessant, daß in der Rindsuppe, mit deren Aufnahme wir ja häufig die großen Mahlzeiten beginnen, diese Stoffe (Fleischextrakt) enthalten sind, die die Magenverdauung einleiten und anregen. Diese Tatsache zeigt, wie zweckmäßig eine Essensgewohnheit ist, die wohl seit Jahrhunderten unbewußt gepflegt wird. Noch aus einem anderen Grunde verdient dieser Befund hohes Interesse. Fleischextrakt (der die genannten Extraktivstoffe enthält) oder Peptone erregen allein die Magendrüsen nicht; injiziert man sie ins Blut, so regen sie die Magendrüsen nicht an; werden sie aber, wie gesagt, von dem Pylorusteil des Magens resorbiert und gelangen so ins Blut, so beladen sie sich offenbar mit Substanzen, mit denen vereinigt sie die Magendrüsen zur Tätigkeit anregen. Es müssen also in der Schleimhaut des Pylorus Substanzen vorgebildet sein, die sich mit den resorbierten Extraktivstoffen und Peptonen verbinden, ins Blut gelangen und vom kreisenden Blute zu den Magendrüsen geführt werden, deren Tätigkeit sie anregen. Solche Körper konnten auch experimentell aus der Pylorusschleimhaut dargestellt werden. Man nennt sie Hormone ($\delta\varrho\mu\acute{\alpha}\omega$ = ich bewege). Endlich sei noch ein Reflex erwähnt, der von der Pylorusgegend ausgeht. Fette, die in den Darmteil, der dem Pylorus anliegt, gebracht werden, hemmen, wie das Tierexperiment lehrte, die Magensaftbildung. — Auch durch Beeinflussung des Nervus vagus[1]) kann die Magensaftsekretion geändert werden; Lähmung des Nervus vagus durch Durchschneidung, durch Gifte bewirkt eine Herabsetzung, Reizung desselben eine Steigerung der Magensaftproduktion.

Neben den fernwirkenden Reflexen, die die Magensaftproduktion regulieren, gibt es auch solche, die direkt auf die Magenschlcimhaut wirken und hier, sei es nun als chemischer Reiz, sei es als nervöser Reflexakt die Saftbildung anregen oder hemmen. Bloßer mechanischer Reiz bewirkt keine Anregung der Magensaftbildung. Streicht man über die Schleimhaut des Magens mit einem Pinsel, so sezerniert sie noch keinen Magensaft. Eine massige Sekretion von Magensaft erzielt man durch Wasser, schwache Säuren und Alkalien; eine stärkere durch Speichel; gewisse Gewürze scheinen die Magensaftsekretion anzuregen; desgleichen Alkohol, Kaffee, die aber vielleicht beide nicht direkt, sondern auf dem Umwege durch nervöse Bahnen wirken. — Fett und Zucker hemmen die Magensaftproduktion.

Die Art der Zusammensetzung des Magensaftes ist, wie bereits erwähnt wurde, eine wechselnde. Bei der Salzsäurebildung finden sich große individuelle Schwankungen, die vorwiegend nervöser Natur sind, dann aber auch den Lebensgewohnheiten der betreffenden Individuen entsprechen. Der Engländer, der gewohnt ist, durch reichliche Fleischnahrung den Magensaft stark in Anspruch zu nehmen, wird mehr Salzsäure produzieren als der Lappländer, der vorwiegend Fett nimmt. Aber auch die verschiedenen aufgenommenen Nahrungsmittel rufen eine Saftproduktion hervor, die sowohl in ihrem Salzsäure-, als auch in ihrem Pepsingehalt sehr verschieden ist. So kommt es, daß die Verdauungskraft des nach Nahrungsaufnahme sezernierten Magensaftes je nach der Art der Zusammensetzung der Nahrung verschieden ist. Stärkehaltige Speisen, z. B. Brot, erzeugen den verdauungsfähigsten Magensaft, Fleisch und Milch einen verdauungsschwächeren. Die Menge des produzierten Magensaftes beträgt bei einer größeren Mahlzeit etwa 400 ccm, im Tag ca. $1^1/_2$ Liter. Der Salzsäuregehalt beträgt beim Gesunden im Durchschnitt etwa $0{,}12\,^0/_0$.

Welches sind nun die Aufgaben des Magensaftes bei der Verdauung? Das Pepsin verdaut, wie oben erwähnt wurde, das Eiweiß; es verdaut ferner als einziges Ferment dieser Art die bindegewebigen Fasern (Sehnen) des Fleisches. Das Labferment koaguliert das

---

[1]) S. Kap. XI.

Kasein der Milch; die **Lipase** spaltet Fett. Die Salzsäure unterstützt die Tätigkeit des Pepsins. Sie verschafft ihm das saure Milieu, sie bringt die Eiweißkörper zum Quellen. Damit ist aber die Aufgabe der Salzsäure noch nicht erschöpft. Es kommt ihr auch eine recht bedeutende desinfizierende Kraft zu, d. h. sie tötet Bakterien ab, die der Nahrung beigemischt sind.

Schließlich sei noch erwähnt, daß die Mundspeichelverdauung bei saurer Reaktion unterbrochen wird. Da aber die aus der Speiseröhre nachfließenden Speisen immer in die Mitte des im Magen befindlichen Breies zu liegen kommen, so dauert es eine geraume Weile, bis der Magensaft in das Innere des Breies vorgedrungen ist; in dieser Zeit schreitet die Ptyalinverdauung noch vor.

Dem Magensafte kommt schließlich auch eine mechanische Bedeutung zu. Seine große Menge, seine intensive Verdauungskraft, die 5—7 Stunden nach einer größeren Mahlzeit währt, bewirkt eine bedeutende Verflüssigung der aufgenommenen Speisen. Es entsteht der sog. Chymusbrei, der nun leichter fortgeschafft werden kann und der durch die große Oberfläche, die der Brei bietet, von den Darmsekreten leichter angegriffen werden kann.

Noch ein sehr interessantes Problem soll hier gestreift werden. Wieso sind die Magendrüsen imstande, aus dem **alkalischen** Blut eine **Säure** zu bilden? Das kann nur durch aktive Zelltätigkeit bedingt sein, bei der vielleicht folgender Vorgang eine Rolle spielen mag. Das Cl der Salzsäure (HCl) dürfte aus dem Kochsalz (NaCl) bezogen werden, das reichlich im Blute vorhanden ist. NaCl ist ein neutrales Salz. Es gelingt nun im Reagenzglas, durch Massenwirkung von Kohlensäure aus Neutralsalzen Mineralsäuren zu erzeugen. Vielleicht vollzieht sich ein ähnlicher Prozeß in der Magenwand.

3. Die **Sekrete im Dünndarm**. a) **Pankreassaft**. Die Bauchspeicheldrüse liefert durch ihren großen Ausführungsgang ihr Sekret in den mittleren Anteil des Zwölffingerdarmes (Duodenum) Die Bauchspeicheldrüse liefert ihr Sekret nicht so kontinuierlich wie die Speicheldrüsen; sie liefert es aber auch nicht so wie die Magenwanddrüsen, die bloß bei Nahrungsaufnahme sezernieren; vielmehr liefert das Pankreas auch im Hungerzustand alle 2 Stunden durch etwa 10—20 Minuten ein Sekret, dessen Aufgabe es ist, die Därme leer zu spülen. Nahrungsaufnahme setzt einen starken Reiz für die Saftproduktion des Pankreas. Schon 1—2 Minuten nach der Nahrungsaufnahme beginnt das Pankreas zu sezernieren. Ob dieser durch die Nahrungsaufnahme gesetzte Reiz rein psychisch ist und über die Sekretionsnerven des Pankreas, den Nervus vagus und Nervus sympathicus verläuft, oder ob von der Mundhöhle, bzw. vom Magen rasch resorbierte Stoffe das Pankreas zur Sekretion anregen, ist noch ungewiß. Wasser, Fette und Seifen, die ins Duodenum gebracht werden, rufen von hier Pankreassekretion hervor. Besonderes Interesse verdient aber ein Hormon, das durch die im Duodenum resorbierte Salzsäure, die mit dem Speisebrei aus dem Magen kommt, aktiviert wird. Dringt die Salzsäure durch die

Epithelien der Duodenumschleimhaut in diese ein, so vereinigt sie sich mit dem dort vorgebildeten Hormon, dem sog. Prosekretin[1]), zu einer neuen Substanz, dem Sekretin, das, in den Blutkreislauf gelangt, die Pankreasdrüsenzellen zu lebhafter Sekretion anregt. Man kann im Experiment, Duodenalschleimhaut mit Salzsäure verrieben einem Tier ins Blut injizieren und erhält, da nun auch das Hormon aktiviert wurde, mächtige Pankreassekretion.

Das Pankreassekret enthält reichlich Wasser, reichlich Alkali (Natriumkarbonat) und Fermente. Aufgabe des Alkalis ist es, die Salzsäure des Magensaftes abzustumpfen. Die Fermente des Pankreassaftes sind folgende:

Das Trypsin, das in der Regel als Proferment[2]) sezerniert und dann erst im Darm durch die Enterokinase aktiviert wird; die Enterokinase wird von der Darmschleimhaut erzeugt. Das Trypsin ist ein eiweißverdauendes Ferment. Seine Wirksamkeit wurde oben besprochen, s. S. 161.

Das Ptyalin, das diastatische Ferment des Pankreassaftes. Es wird als fertiges Ferment produziert. Seine Aufgabe ist es, die Verzuckerung der Stärke, die der Speichel begonnen hatte, fortzusetzen.

Das Steapsin spaltet Neutralfette in Glyzerin und Fettsäuren. Es wird als Proferment sezerniert. Seine Aktivierung findet im Darmlumen durch die Galle statt.

b) Die Galle. Die Galle wird in der Leber erzeugt. Über die Produktion der Galle durch die Leberzellen soll bei der Leber gesprochen werden. Hier soll nur von der Rolle die Rede sein, die der Galle im Verdauungstrakt zukommt. Die Galle betritt durch den großen Gallengangsleiter den Darm. Seine Einmündungsstelle findet sich im Mittelstück des Duodenums, dem Pankreas-Ausführungsgange unmittelbar benachbart. Der Gallenzufluß zum Darm findet kontinuierlich statt; durch Nahrungsaufnahme wird er gesteigert. Insbesondere, wenn Fette und Albumosen ins Duodenum kommen, fließt die Galle reichlich in den Darm.

Die Galle enthält keine Fermente. Bei der Verdauung der aufgenommenen Nahrung hilft sie durch ihre Salze mit. Wie wir eben hörten, aktiviert die Galle (u. a. durch einen Teil ihrer Salze) das Pankreassteapsin. Es kommt ferner den Salzen der in der Galle enthaltenen Gallensäuren die Fähigkeit zu, Seifen und vor allem Fettsäuren (Ölsäure) zu lösen. In diesen gallensauren Salzen gelöst, werden die Fettsäuren resorbiert. Die Galle spielt daher eine ungemein große Rolle bei der Fettverdauung.

c) Der Dünndarmsaft. Er wird von den Drüsen des Dünndarms produziert. Zum Unterschied von den bisher besprochenen Sekreten erfolgt auf bloße mechanische Berührung der Dünndarmschleimhaut Sekretion von Darmsaft. Ja, wenn man nur eine Stelle

---

[1]) Prosekretin allein ist unwirksam.
[2]) S. S. 30.

des Dünndarms berührt, beginnt sofort der ganze Dünndarm zu sezernieren. Chemische Reize, wie die Salzsäure und die Seifen regen ebenfalls die Sekretion des Darmsaftes an.

Der Dünndarmsaft enthält neben einer großen Wassermenge reichlich Alkali zur Abstumpfung der Magensäure und zur Schaffung einer stark alkalischen Reaktion; ferner enthält er Fermente. Die Fermente des Darmsaftes zeichnen sich von denen, die wir bisher im Verdauungskanal fanden, dadurch aus, daß ihnen die Eigenschaft fehlt, höheres natives Eiweiß oder unverdaute Stärke verdauen zu können; sie können vielmehr nur die im Ablauf der Verdauung bisher entstandenen Verdauungsprodukte weiter abbauen:

Maltase. Sie zerlegt die durch die Ptyalinverdauung bis zur Maltose abgebaute Stärke in die beiden Dextrosemoleküle, die das Dissaccharid Maltose bilden.

Invertin. Zerlegt das Dissaccharid Rohrzucker in die es zusammensetzenden Monosaccharide Dextrose und Lävulose.

Laktase. Zerlegt Milchzucker in Glukose und Galaktose. Sie findet sich interessanter Weise nur nach Milchgenuß, bzw. nach Genuß von Milchzucker.

Erepsin. Es ist ein eiweißverdauendes Ferment. Zum Unterschied von den bisher besprochenen kann es aber nur die tieferen, durch Trypsin- oder Pepsinverdauung entstandenen Produkte, nämlich Peptone und Albumosen, verdauen und zu ihren Endprodukten abbauen (vgl. S. 161).

Lipase. Sie ist ein fettspaltendes Ferment, das von der Darmwand produziert wird.

d) Ein Dickdarmsekret ist nicht bekannt.

Die Bewegungserscheinungen im Verdauungstrakt.

Die aufgenommene Speise bleibt im Verdauungskanal nicht unverändert. Sie wird mit Körpersäften durchmischt, von ihnen verdaut, zerkleinert, die so vorbereiteten Nahrungsstoffe werden aufgesaugt und nur ein kleiner Bruchteil davon verläßt als Schlacke den Körper. Die Verdauungsprodukte haben das ganze Magendarmrohr zu passieren; auf diesem Wege werden sie durch Muskeltätigkeit weiterbefördert.

Der gekaute und eingespeichelte Bissen oder das aufgenommene Flüssigkeitsquantum gelangt durch den Schlund in die Speiseröhre. Die Berührung der Schleimhaut des Zungengrundes löst den Schluckreflex aus. Der Bissen wird durch die Zunge nach hinten geschoben und durch die Kontraktion des Schlundringes nach unten befördert. Der Schluckreflex hat sein Zentrum im Gehirn. Er wird von der quergestreiften Muskulatur des Mundes besorgt und ist daher willkürlich.

Der Pharynx steht mit der Nasenhöhle und mit dem Kehlkopf in offener Verbindung; beim Schluckakt werden jedoch sowohl die Nase, als auch der Kehlkopf gegen den Schlund hin verschlossen. Der Verschluß gegen die Nase geschieht dadurch, daß das Gaumensegel nach hinten und oben gehoben wird und so der Zugang zur Nase verschlossen wird; der Kehlkopf wird beim Schluckakt dadurch verschlossen, daß er nach oben gedrängt wird und sein Eingang während des Schluckens unter die hintere Zungenmuskulatur zu liegen kommt. So führt nach Verschluß des Nasen- und Kehlkopfeinganges der direkte Weg für die geschluckten Speisen in die Speiseröhre (vgl. Fig. 41).

Hat der Bissen einmal den Anfangsteil der Speiseröhre zurückgelegt, so gerät er aus dem Bereiche der willkürlich innervierten quergestreiften Muskulatur in das der glatten Muskulatur, die im Verdauungstrakt vorherrscht. Wir wissen, daß das Darmrohr einen typischen Aufbau zeigt. Zu innerst liegt die Schleimhaut, mit der wir uns gegenwärtig nicht weiter zu beschäftigen haben. Durch Bindegewebe damit verbunden, wird sie von der Muskelschicht umgeben. Diese besteht im allgemeinen aus zwei Anteilen, einem, dessen Fasern ringförmig den Darm umkreisen (Ringschicht), und einem zweiten, dessen Faserrichtung der Längsachse des Darmes entspricht (Längsmuskeln). Diese beiden Schichten verlaufen voneinander getrennt. Zu innen ist die mächtige Ringmuskulatur, zu außen die zartere Längsschicht angeordnet. In beiden liegt, nur durch ein zerstreutes Bindegewebe getrennt, Muskelfaser an Muskelfaser, so daß beide kontinuierliche Röhren bilden, die die Schleimhaut überziehen. Eine Zusammenziehung der Ringschicht verengert das Darmlumen, eine der Längsschicht erweitert es. So ist die Anordnung wenigstens im Dünndarm, wo sie am reinsten zum Ausdruck kommt. Dieser Typus wird aber nicht allenthalben eingehalten. So sind am Magen die beiden Schichten nicht streng geschieden, größere Fasermassen verlaufen schief, wodurch eine gewisse Durchflechtung der Muskulatur zustande kommt. Am Dickdarm bildet die Längsmuskulatur kein gleichmäßiges Rohr, sondern sie ist in einigen dickeren Streifen zusammengefaßt. An anderen Stellen, etwa an dem Pförtner des Magens oder am After ist die Ringmuskulatur besonders mächtig angehäuft, zu Schließmuskeln geordnet.

Das Grundelement dieser Schichten ist die glatte Muskelfaser, eine lange spindelförmige Zelle. Sie ist kontraktil, sie kann sich zusammenziehen (s. Fig. 9). Reizen wir ein Stück Darm mit dem elektrischen Strom, so zieht er sich zusammen, sein Lumen verschwindet; das Darmstück wird dünn und hart. Diese Zusammenziehung erfolgt nicht rasch und blitzartig, wie die Zuckung der Skelettmuskulatur, sondern langsam, kriechend. Dies ist ein funktioneller Unterschied, ein zweiter ist der, daß die Bewegungen der glatten Muskulatur im allgemeinen unserem Willen nicht unterworfen sind, daß sie unwillkürlich verlaufen, meistens, ohne zu unserem Bewußtsein zu gelangen. Die brüske Reizung mit dem elektrischen Strom kann uns von der Kontraktilität der Muskelfasern überzeugen, Aufschluß über die eigenartigen Gesetze ihrer Bewegung gibt sie nicht.

Öffnen wir die Bauchhöhle eines Kaninchens auf der Höhe der

Verdauung, so sehen wir, daß sich die Därme in einer eigentümlichen Bewegung befinden. Es sind kriechende, wurmartige Bewegungen, die an ihnen ablaufen und den Speisebrei weiterbefördern. Ein Darmstückchen zieht sich zusammen: Wie eine langsam sich fortpflanzende Welle schreitet diese Kontraktion am Darmrohr nach vorwärts.

Die Darmpartie vor der Welle ist schlaff, bis die Kontraktion auch sie erreicht; das Darmstück hinter ihr, das eben noch kontrahiert gewesen ist, erschlafft wieder. Der Kontraktionsreiz pflanzt sich von Muskelfaser zu Muskelfaser fort, ergreift ein Darmstückchen und verläßt es. So kommt ein Kontraktionsring zustande, der das Lumen verschließt und, langsam fortschreitend, geeignet ist, Darminhalt vor sich herzutreiben und weiterzubefördern. Die Hauptaufgabe der Bewegungsleistung kommt der Ringmuskulatur zu, die Längsmuskulatur bereitet nur den Darm zur Aufnahme von Inhalt vor, indem ihre Kontraktion, der Ringwelle etwas vorauseilend, das Darmlumen erweitert. Wir sehen in dieser Bewegung des Darmes, die Peristaltik heißt, die Arbeit unzähliger Muskelfasern in zweckmäßiger Weise kombiniert, zusammengefaßt und zusammengeordnet.

Wie erfolgt dies? Nimmt man ein Stück Darm aus dem Körper eines frisch getöteten Tieres und bringt es in eine Salzlösung von geeigneter Konzentration und Temperatur, so laufen an ihm durch Stunden schöne und regelmäßige peristaltische Wellen ab. Die Fähigkeit zur Peristaltik liegt also innerhalb des Darmes, wird ihm nicht von außen zugeführt. Zwischen Muskelschicht und Schleimhaut liegt im Bindegewebe ein reich entwickeltes Nervengeflecht. Vielleicht ist dieses das Zentralorgan? Wir können aber einen Streifen Muskelschicht von der Schleimhaut trennen und noch immer zeigt er Peristaltik! Noch weiter! Auch Längsmuskelschicht und Ringmuskulatur läßt sich voneinander abziehen; nunmehr weisen aber nur die Längsstreifen peristaltische Wellen auf, die Ringmuskulatur liegt still, ist aber fähig, auf elektrische oder chemische Reize sich zu kontrahieren und den Reiz fortzuleiten.

Untersuchen wir den sich bewegenden Längsstreifen näher, so finden wir, daß an ihm ein zweites Nervengeflecht haftet, das, ursprünglich zwischen den beiden Muskelschichten gelegen, bei ihrer Trennung von der Längsmuskulatur folgt. In ihm haben wir aller Wahrscheinlichkeit nach das Zentrum der Peristaltik zu sehen.

Die Peristaltik paßt sich den Bedürfnissen des Darmes an, sie verläuft rasch im gefüllten Darm, spärliche Wellen weist der leere auf. Chemische Reizung der Schleimhaut regt sie an. Es müssen also kurze Reflexe im Darmrohr von der Schleimhaut zur Muskulatur verlaufen, welche regulierend einwirken. Auch sonst sind die Darmbewegungen zu beeinflussen, selbst von psychischen Zuständen sind sie nicht unabhängig. Bekannt ist das Vorkommen nervöser Diarrhöen bei Angstzuständen.

Die Nervenfasern, die derartige Impulse bringen können, verlaufen auf zwei Bahnen: auf der des Nervus vagus und des Nervus sympathicus. Im einzelnen soll auf die Art der Nervenversorgung und die Bedeutung derselben nicht eingegangen werden, vieles ist noch unklar, einzelnes wird im folgenden gesagt werden; im allgemeinen läßt sich zusammenfassen, daß die Vagusfasern die Bewegungen des Magendarmrohres fördern, die Sympathikusfasern sie hemmen. Die Hauptrolle aber an den Bewegungen haben nicht die ihm aus diesen Nerven zufließenden Impulse, sondern die autonomen, im Darme selbst entstehenden und durch die im Darme untergebrachten Reflexmechanismen regulierten Reize der Peristaltik. Es besteht in dieser Beziehung eine gewisse Analogie mit der Arbeit des Herzens.

Die Aufgabe der Bewegungen im Magendarmtrakt ist es, die Speise weiterzubefördern, sie mit den Verdauungssekreten zu mengen, sie dadurch zur Verkleinerung und Aufspaltung vorzubereiten und den so entstandenen Speisebrei in innige, immer wiederholte Berührung mit der Darmwand zu bringen, die die Aufsaugung der Nährmittel besorgt.

Hat der Bissen die Speiseröhre erreicht, so wird er durch eine peristaltische Bewegung in den Magen gebracht. Flüssigkeit wird durch den Schluckakt einfach durchgespritzt. Beide finden die Kardia (S. 154), die Magenöffnung, offen. Diese ist von Muskelzügen umgeben, die sie während der Magentätigkeit gewöhnlich geschlossen halten und so ein Rückströmen der Speise verhüten. Die aufgenommene Nahrung füllt nun den Hauptteil des Magens an. Dieser ist ungemein aufnahmefähig. Der leere Magen ist ein verhältnismäßig kleines Organ, aber wir wissen, daß wir eine reichliche Mahlzeit, daß wir mehrere Liter Flüssigkeit darin unterbringen können. Noch größer ist die Aufnahmefähigkeit verhältnismäßig bei Tieren. Wenn z. B. ein Frosch eine große Schnecke verschlingt, und wenn dann der Umfang seines Magens ums Zwanzigfache gewachsen ist, ist dann wirklich die einzelne Muskelfaser zwanzigfach so lang, so vielfach gedehnt worden? Das hat man sich bis vor kurzem so vorgestellt, aber es ist nicht richtig. Die glatte Muskulatur hat, dank der Anordnung des sie verknüpfenden Bindegewebes, die Fähigkeit, ihre Schichtenanzahl zu verkleinern, sich auseinanderzufalten, wie etwa eine dichte Kompagnieformation sich durch eine einfache Evolution in eine dünne Schwärmerkette verwandelt. Die dichten Muskelbündel werden zu flachen Lagen. Dieser Eigenschaft, die als Umschichtung bezeichnet wird, hat auch der Magen seine große Aufnahmefähigkeit zu verdanken. Sie steht unter dem Einfluß von nervösen Reflexvorgängen, die über den Nervus vagus verlaufen.

Im Hauptteil des Magens laufen peristaltische Wellen ab, die nicht nur die Nahrung weiterzubefördern suchen, sondern sie auch mit dem Magensaft durchmischen. Diese Wellen sind aber wenig energisch. Gibt man z. B. einer Ratte mehrfach gefärbtes Futter zu fressen und öffnet man nach einiger Zeit den Magen, so wird man finden, daß die einzelnen Portionen sich nicht gemischt haben, sondern voneinander getrennt bleiben, die letzte Portion in der Mitte. Der gleiche Vorgang ist auch bei einer ganzen Reihe von Tieren nachgewiesen.

In dem Fundus bleiben nun die Speisen der verdauenden Einwirkung des Magensaftes ausgesetzt, ein kleinerer, wohlvorbereiteter Teil wird immer durch die Bewegung der Wände nach vorwärts gegen den Pylorus geschoben. In diesem Abschnitt, dem Vorraum des Pylorus, ist die Peristaltik weit kräftiger und energischer. Während des Ablaufs dieser Wellen wird durch eine eigentümliche Anordnung der Muskulatur die Verbindung des Hohlraumes dieses Magenanteils mit dem Hauptmagen unterbrochen.

Öffnet sich nun der Pylorusring, der den Magenausgang verschlossen hält, wie dies von Zeit zu Zeit geschieht, dann tritt die lebhafte Peristaltik des Vorraumes ihren Inhalt in das Duodenum, den angrenzenden Darmteil. Dann schließt sich der Pylorus wieder, der Vorraum füllt sich aus dem Hauptmagen, und das Spiel wiederholt sich vom neuen. Die Tätigkeit des Pylorus wird durch Reflexe geregelt, die weiter oben näher besprochen wurden. Es wurde dort ausgeführt, wie der Pförtner darüber wacht, daß nur kleine Mengen des salzsauren Mageninhaltes in das Duodenum übertreten. Ferner veranlassen grobe, ungenügend verkleinerte Nahrungsbestandteile ihn zu einer Kontraktion, so daß er geschlossen bleibt, so lange der angrenzende Darmabschnitt stärker gefüllt ist. Auf diese Weise gelangt die Speise normalerweise nur wohlverkleinert und in kleinen Portionen in den Darm; so wird der Magen zum Schutzapparat und zur Vorratskammer für diesen. Seine Entleerung geschieht nur langsam; es dauert viele Stunden, bis die letzten Reste einer ausgiebigen Mahlzeit den Magen verlassen.

Die Bewegungen des Dünndarms, des folgenden Darmabschnittes, sind bereits eingehend geschildert worden: hinzuzufügen ist noch, daß außer der Peristaltik, die auf lange Strecken den Speisebrei vorsichhertreibt, kurze Wellen auftreten, die, immer wieder an einer Schlinge ablaufend, als Pendelbewegungen bezeichnet werden. Sie dienen nicht der Fortbewegung, sondern der Mischung und Durchknetung des Speisebreies und bringen auch stets neue Partien in innige Berührung mit der Darmwand.

Der Weg durch den langen Dünndarm wird vom Darminhalt in verhältnismäßig kurzer Zeit, 1—2 Stunden, zurückgelegt, und dann gelangt der Brei durch den ventilartigen Verschluß der Baudhinschen Klappe in den Dickdarm.

In diesem Darmabschnitt verweilt er für gewöhnlich durch längere Zeit. Es ist nicht nur die forttreibende Peristaltik des Dickdarms langsam, sondern es kommen auch entgegengesetzt gerichtete Bewegungen vor. Legt man auf irgendein Stück Dickdarm ein Stückchen eines Natriumsalzes, etwa Chlornatrium, Kochsalz, so tritt, durch die chemische Reizung veranlaßt, Peristaltik auf, die, wie gewöhnlich, in der Richtung zum After verläuft. Nimmt man aber ein Kaliumsalz, z. B. Chlorkalium, so entsteht eine Peristaltik, die in entgegengesetzter Richtung, zum Munde hin, sich bewegt, eine Antiperistaltik. Während aber Magen und Dünndarm von dieser Fähigkeit zur Antiperistaltik normalerweise keinen Gebrauch machen, gehört sie am Dickdarm zu den normalen Erscheinungen.

So durchwandert der Inhalt langsam im Laufe vieler Stunden den Dickdarm, er wird auf diesem Wege zu Kot eingedickt. Dieser gelangt schließlich in den Mastdarm. Die Stuhlentleerung steht insofern unter dem Einfluß des Willens, als ein quergestreifter, willkürlich innervierter Schließmuskel den After verschlossen hält.

Über die Resorption der Nahrungsmittel.

Im Munde findet nur eine ganz schwache Resorption von Salzen statt. Der Magen resorbiert reines Wasser nicht; hingegen Salze, Zucker, Peptone und mit diesen wohl etwas Wasser. Die Hauptresorption findet im Dünndarm statt. Hier werden Salze und Wasser, ferner Zucker, Eiweißkörper und Fette resorbiert. Zucker und Eiweißkörper gelangen durch die Darmschleimhaut in das Blut, das in der Pfortader vom Darm in die Leber abfließt; der Zucker wird aus dem Darm als solcher aufgenommen und fließt der Leber zu, wo er als Glykogen zunächst deponiert wird; die Eiweißkörper werden von der Darmschleimhaut als Aminosäuren aus dem Darm resorbiert und wahrscheinlich schon in der Darmwand zu hochzusammengesetztem Körpereiweiß umgewandelt. Die Fette werden als Fettsäuren resorbiert und schon in der Darmwand mit Glyzerin zu Fett aufgebaut. Sie werden von den Lymphbahnen der Darmwand aufgenommen, die sie dem Ductus thoracicus zuführen, der sie in den großen Blutkreislauf leitet.

Im Dickdarm findet eine noch immerhin beträchtliche Resorption der noch übrigen Speisereste — insbesondere von Wasser und Salzen — statt.

Der nähere Vorgang der Resorption dürfte in erster Reihe beherrscht werden von den osmotischen Druckverhältnissen im Darminhalt auf der einen, in der Darmwand auf der anderen Seite. Beiderseits sind ja Flüssigkeiten mit den in ihnen gelösten Substanzen, die einen mächtigen Diffusionsstrom hervorrufen. Deswegen ist ja die Verdauungsarbeit darauf gerichtet, diffusible Abbauprodukte der Nahrung zu schaffen. Jedoch scheint der Vorgang der Diffusion nicht der einzige Träger der Nahrungsmittelresorption zu sein. Da verschiedene, die Zelle der Darmschleimhaut schädigende Substanzen, die die Diffusionsverhältnisse nicht ändern, wie gewisse Narkotika die Resorption der Nahrung verlangsamen, ist anzunehmen, daß neben der Diffusion auch eine aktive Zellbetätigung bei der Resorption statthat, deren chemisch-physikalische Grundlage noch nicht bekannt ist.

Über den Ablauf der Verdauung in den einzelnen Anteilen des Magendarmkanals.

Die Verdauungstätigkeit beginnt in gewissem Sinne schon vor der Nahrungsaufnahme. Der Hunger als solcher, der Gedanke des Hungernden an das Essen, das Erblicken der Speisen, der Geruch derselben ruft jene Appetitsaftsekretion hervor, die bestimmt ist, den Magen nicht im unvorbereiteten Zustande mit Speise zu erfüllen.

Die Nahrung, die wir aufnehmen, ist durch das Kochen einigermaßen vorverdaut. Das Kochen hat nicht nur den Zweck, die Speisen schmackhafter zu machen. Vielfach werden sie auch für die Verdauung vorbereitet. Die bindegewebigen Fasern (Sehnen) des Fleisches quellen beim Kochen, durch die Siedehitze erfolgt Koagulation des Eiweißes, die für eine längere Verdauung im Magen vorteilhaft ist. Gemüse wird durch Kochen erweicht usw.

Die Aufnahme der Nahrung durch den Mund läßt den Geschmacksinn auf seine Rechnung kommen. Überall im Munde finden sich die Geschmacksknospen, die Enden der Geschmacksnerven. Sie können nur gelöstes als Reiz empfinden. Der Speichel löst alles Lösliche auf.

Die Verarbeitung der Nahrung nimmt ihren Anfang im Munde. Die Zähne besorgen die Zerkleinerung der Speisen. Die Speicheldrüsen setzen mit der Speichelabsonderung ein; reichlich strömt diastatisches Ferment auf den Speisebrei; die Verdauung der Kohlehydrate setzt mächtig ein. Die Speisen nehmen den Speichel auf und werden dadurch gleitfähig. Die Zunge im Verein mit den wandbekleidenden Muskeln der Mundhöhle bildet und formt den Bissen, der nun dem Schlunde zugeschoben wird. Von der Mundhöhle aus werden Reflexe für die Magensaftproduktion angeregt. Durch den Schluckreflex werden die in der Mundhöhle gebildeten Bissen in die Speiseröhre befördert, wobei Flüssiges direkt in den Magen gespritzt wird, während Festes nur langsam die Speiseröhre passiert. Der schwache Kardiaverschluß des Magens wird reflektorisch geöffnet, und der Speisebrei gelangt in den Magen. Er fließt von der Speiseröhre direkt in das Mageninnere. Hier verweilt er, bis der nachrückende Speisebrei ihn mit der Magenwand in Berührung bringt. Der Magensaft unterbricht die Verzuckerung der Kohlehydrate und beginnt mit der Eiweißverdauung. Das Pepsin entfaltet seine Tätigkeit: es greift das Eiweißmolekül an und spaltet es zu Albumosen. Die Magenmuskulatur knetet den Speisebrei durch und immer inniger mischt sie den Mageninhalt mit dem Sekret des Magens. Die Resorption im Magen ist nur gering. Auch eine geringe Fettspaltung findet — wie erwähnt — im Magen statt. Zucker und Peptone (die mit der Speise aufgenommen wurden), Salze, Kohlensäure können hier resorbiert werden. Die Hauptmenge strömt aber nach mehrstündiger Verweildauer durch den Pylorus dem Darme zu. Ruckweise öffnet sich der Ringmuskel am Pylorus und läßt spritzweise kleine Mengen des nun

gut verdauten Mageninhaltes durch. Diese „kleinen Spritzer" Mageninhaltes werden durch den schon während der Magenverdauung, ja
schon während des Essens sezernierten Darmsaft in Empfang genommen.
Der Darmsaft ist alkalisch und stumpft die Säure des Mageninhaltes,
der in das Duodenum kommt, ab. So oft jenseits des Pförtners im
Duodenum durch den eingespritzten Magenbrei saure Reaktion herrscht,
schließt sich der Pylorus wieder reflektorisch und wartet, bis der
alkalische Darmsaft die Säure abgestumpft hat. Dann öffnet er sich
aufs neue.

So strömt der Mageninhalt langsam in den Darm, in dem er
das Sekret des Pankreas, ferner das Sekret der Darmschleimhaut und
die Galle teilweise schon vorbereitet antrifft; teilweise fließen diese Sekrete jetzt mächtig dem Speisebrei zu. Das Trypsin baut die Albumosen
zu Peptonen und noch tiefer ab, das Erepsin der Darmwand führt die
Verdauung der Peptone weiter. Die Fette werden gespalten, die Kohlehydrate durch die Pankreasdiastase verzuckert. Die Verdauungsarbeit
erreicht ihren Höhepunkt. Die Resorption der Nahrungsmittel setzt
ein. Wasser wird reichlich resorbiert. Zucker wird glatt aufgenommen;
die Eiweißabbauprodukte werden von der Darmwand aufgenommen
und hier, in der Darmwand, zu neuen Eiweißkörpern aufgebaut; die
Fettsäuren werden ebenfalls schon in der Darmwand zu Fett verwandelt und von den Lymphspalten aufgenommen, die sie durch die
Lymphgefäße dem Ductus thoracicus zuführen. — Die Reste der Nahrung gelangen zur Baudhinschen Klappe, die ähnlich wie der Pylorus
einen festen Verschluß bildet und nur langsam, Spritzer für Spritzer
den nunmehr eingedickten Brei in den Dickdarm treten läßt. Hier
wirken die mitgeführten Darmfermente teilweise noch fort, teilweise
übernehmen die Bakterien den Eiweißabbau. Eiweiß, Zucker, Salze,
Wasser können auch im Dickdarm noch resorbiert werden. Unter
anderem lernte man diese resorptive Tätigkeit des Darmes von jener
Form der künstlichen Ernährung kennen, bei der die genannten
Nahrungsmittel durch den After dem Körper zugeführt werden.
Die Schlaken der Nahrung und der Sekrete bestehen aus pflanzlicher
Zellulose, Bakterien, Gallenfarbstoffen, Salzen und mitgerissenen Darm-
wandepithelien. Sie verlassen in Form von Kot den Darm. Ein
willkürlicher, quergestreifter Muskel umkreist den After, durch den
der Kot entleert wird. Der Stuhl des normalen Menschen ist fest
und geformt. Sein fester Zustand rührt daher, daß im Dickdarm
das zurückgebliebene Wasser der Nahrung und Verdauungssekrete
resorbiert wird. Geformt wird der Stuhl im Mastdarm, wo er in
der Regel einige Stunden liegen bleibt.

Über Krankheitserscheinungen des Magendarmtraktes.

Zwei Momente bedingen es, daß Erkrankungen des Magendarmtraktes so außerordentlich häufig vorkommen. Zunächst der
Umstand, daß mit der Nahrung zahlreiche Bakterien und Gifte auf-

genommen werden können; dann aber die enge Verbindung des Verdauungsapparates mit den nervösen Zentralorganen, die wohl die Ursache für die häufigen nervösen Erkrankungen des Verdauungsapparates ist.

Die meisten Erkrankungen des Magendarmtraktes beschränken ihre krankmachende Wirkung nicht nur auf die Stelle der Erkrankung, sondern rufen durch Fernwirkung eine große Reihe von Schädigungen hervor. Diese Fernwirkung erstreckt sich zunächst auf andere Partien des Magendarmtraktes. Wir haben ja gesehen, wie innig die einzelnen Abschnitte des Verdauungskanals miteinander arbeiten; wie zweckmäßig ihre Funktionen ineinandergreifen; wie zahlreiche Korrelationen zwischen ihnen bestehen. Erkrankt nun eine Partie des Verdauungskanals, so fällt ihre Arbeit aus, und dadurch wird auch die Verdauungsarbeit der anderen Partien erschwert oder aufgehoben. So z. B, kann bei einem Magenkatarrh die Salzsäureproduktion der katarrhlisch affizierten Schleimhaut daniederliegen; infolgedessen werden — namentlich die Eiweißkörper — in schlecht verdautem Zustande den Magen verlassen. Der reflektorische Pylorusverschluß, den der salzsaure Mageninhalt nach seinem Durchtritt durch den Pylorus hervorruft, wird ausbleiben; es treten daher um so größere Massen unverdauten Mageninhaltes in das Duodenum über; diese unverdauten Massen üben einen abnormen chemischen Reiz auf das Duodenum und den übrigen Dünndarm aus; sie führen zur gesteigerten Peristaltik, ev. auch zur Entzündung des Dünndarmes. Die gesteigerte Peristaltik des Dünndarmes führt die schlecht verdauten Massen nun ihrerseits dem Dickdarme zu, wo diese neue abnorme Reize setzen, wo abermals Entzündung, gesteigerte Peristaltik usw. entsteht.

Andererseits können namentlich bei chronischen Erkrankungen diese Fernwirkungen ausgeglichen werden, so daß die gesamte Verdauungsarbeit keinen Schaden leidet. Dies ist nur dadurch möglich, daß eine gesunde Partie des Verdauungstraktes die ausgefallenen Funktionen der erkrankten Partie übernimmt. So kommt es häufig vor, daß selbst bei schweren chronischen Magenkatarrhen, wo die Magenverdauung aufs schwerste gestört ist, die gesamte Verdauungsarbeit des ganzen Magendarmkanals nicht viel anders verläuft als bei magengesunden Individuen, da der benachbarte Dünndarm durch Mehrleistung von Verdauungsarbeit die ausgefallene Magenarbeit ersetzt und da er sich in seiner Arbeit durch den Ausfall der vorbereitenden Magenverdauung nicht stören läßt. Es tritt demnach ein Kompensationsvorgang auf, wie wir ihn oft bei krankhaften Vorgängen zu sehen Gelegenheit haben.

Die andere Fernwirkung krankhafter Vorgänge im Verdauungskanal erstreckt sich auf den ganzen Organismus. Denn einerseits geht die Ernährung des Organismus durch den Verdauungskanal, und jede Störung in demselben muß eine Ernährungsstörung des ganzen Organismus nach sich ziehen. Andererseits können vom Verdauungskanal bei Erkrankungen desselben Gifte verschiedenster Art oder schlecht verdaute Nahrungsbestandteile zur Resorption kommen und im Organismus Schaden anrichten.

Die verschiedenen Partien des Verdauungskanals können natürlich in mehr oder minder ausgedehnter Weise erkranken. Wir wollen ganz allgemein die wichtigsten pathologischen Zustände im Magendarmtrakt besprechen.

Erkrankungen der Schleimhaut. Katarrhalische Affektionen der Magendarmschleimhaut sind ungemein häufig. Sie werden durch Gifte aller Art, durch verdorbene Nahrungsmittel und durch Bakterien hervorgerufen; schlechtes Kauen, zu heiße oder zu kalte Nahrung rufen zuweilen ebenfalls Katarrhe der Magendarmschleimhaut hervor. Diese katarrhalischen Affektionen können akuter und chronischer Natur sein. Es würde zu weit führen, alle unorganisierten Gifte aufzuzählen, die zu katarrhalischer Entzündung des Magendarmkanals führen. Es sind dies natürlich Gifte, die allgemein auf Zellen schädigend einwirken (starke Säuren, Basen, Schwermetallsalze, Phosphor usw.); dann aber auch Gifte, denen sonst keine allgemeine Giftwirkung zukommt. So jene Substanzen, die beim Ranzigwerden der Butter, beim Faulen des Fleisches entstehen usw. Die Bakterien, die Magen- und Darmkatarrhe hervorrufen können, sind nur teilweise bekannt. Zu ausgedehnten schwersten katarrhalischen Prozessen in der Darmschleimhaut führt z. B. der Bazillus der Cholera asiatica. Es wird an anderer Stelle ausführlicher darüber berichtet werden, daß eine katarrhalische Affektion der Schleimhäute immer mit einer Steigerung der sonst geringen Schleimproduktion der Schleimhäute einhergeht. Dies ist auch bei den Katarrhen der Verdauungswege der Fall: es werden starke Schleimmassen produziert und den Verdauungssäften beigemengt. Durch diese Schleimproduktion wird die Verdauungsarbeit erschwert: indem der Schleim die verdauenden Nahrungsbestandteile einhüllt und die Fermente nicht gut an sie herankönnen. Aber auch abgesehen von diesem Vorgange, ist das Verdauungsgeschäft im Bereiche der katarrhalisch affizierten Schleimhaut schwer gestört: der Katarrh ergreift auch die fermentproduzierenden Drüsen; die Fermentproduktion wird mangelhaft, und schon infolge dieses Umstandes liegt die Resorption der Nahrungsbestandteile danieder; dann aber auch, weil die resorbierenden Organe der Schleimhaut vom Katarrh ergriffen werden und schlechter arbeiten als im gesunden Zustande.

Neben katarrhalischen Affektionen der Schleimhaut des Verdauungskanals ist Geschwürsbildung eine häufige Erkrankung derselben. Sowohl in der Magen-, als auch in der Darmschleimhaut kommt es nicht so selten zur Geschwürsbildung. Die Entstehungsursache des Magengeschwürs ist in der Regel unbekannt; äußerst selten ist sie auf bekannte Erreger (Tuberkulose, Syphilis) zurückzuführen. Die Geschwüre der Darmschleimhaut werden erzeugt durch den Typhus-, durch den Tuberkulose- und Dysenterieerreger; nur selten durch andere Erreger oder mechanische Momente.

Die Geschwüre schreiten zuweilen von der Schleimhaut aus gegen die Muskelschicht und gegen den Bauchfellüberzug vor, ergreifen diesen und durchbrechen ihn; auf diese Weise gelangt Darminhalt in die freie Bauchhöhle und erzeugt hier eine Bauchfellentzündung.

Die Geschwüre des Magens und auch die der oberen Darmabschnitte vereitern selten; hingegen kommt es im Wurmfortsatz des Blinddarmes nicht selten zur Abszeßbildung; auch diese Abszesse können in die Bauchhöhle durchbrechen; auf diese Weise gelangt Eiter oder Darminhalt in die freie Bauchhöhle und ruft ebenfalls eine Bauchfellentzünduug hervor. Man nennt diese in der Regel eitrigen Entzündungen des Wurmfortsatzes des Blinddarmes Blinddarmentzündung. Die Ursache dieser so häufigen Erkranknng ist noch unbekannt.

Neubildungen (Krebs, Sarkom) im Bereich des Verdauungskanals sind nicht selten, insbesondere der Magenkrebs gehört zu den häufigsten Krebskrankheiten.

Insofern die Drüsen ihren Sitz allerorts in der Schleimhaut des Magendarmkanals haben, müssen wir auch ihre Erkrankungen hier zur Sprache bringen. Sie sind selbstverständlich an allen organischen Schleimhautaffektionen beteiligt. Katarrhe, Geschwürsbildungen, Neubildungen beziehen die Drüsen in das krankhafte Gebiet ein. Die Erkrankung jener Drüsen, die die Produktion der Verdauungssekrete besorgen, ruft selten eine Steigerung, in der Regel eine Herabsetzung der Drüsentätigkeit hervor. Bei der daniederliegenden Drüsensekretion ist selbstverständlich die Verdauung auf das schwerste gestört.

Die Drüsen der Magenschleimhaut, viel seltener, wenn überhaupt, die des Darms, zeigen häufig Störungen der Funktion, die auf einer nervösen Basis beruhen; die Drüsenfunktion verläuft im Sinne einer übermäßig gesteigerten oder einer herabgesetzten Produktion ihres Sekrets. Diese funktionellen Störungen der Drüsensekretion verlaufen, wie alle Störungen auf nervöser Basis, ohne erkenntliche anatomische Erkrankung der Zellen. Sie kommen meist bei nervösen Individuen vor und dürften auf nervöse Reiz- oder Lähmungszustände gewisser Nerven zurückzuführen sein.

An dieser Stelle müssen wir noch jener Eingeweidewürmer gedenken, die sich im Darme des Menschen aufhalten können. Neben jenen Eingeweidewürmern (Oxyuris, Askariden usw.), die als Parasit nur „einen Wirt" bewohnen, bei denen demnach die Entwicklung vom Ei zum reifen Wurm schon im menschlichen Darme stattfinden kann, gibt es solche, die Bandwürmer, bei denen das reife Tier sich im Darme der Menschen aufhält, hier massenhaft Eier produziert, die mit dem Stuhle abgehen und von einem anderen Tiere (s. u.) gefressen werden, in dessen Körper sich nun aus dem Ei die Larve, Finne genannt, entwickelt. — Am häufigsten ist beim Menschen der Bandwurm, der als Schweinefinne seinen Jugendzustand im Schweinfleisch durchmacht, und jener, der als Rinderfinne im Rinderfleisch sein Finnenstadium hat. Mit zuwenig gekochtem, finnigem Fleische infizieren sich die Menschen. Es entwickelt sich ein Bandwurm im Darme. Dieser macht nur wenige Beschwerden. Sehr selten durchwandern die Eier die Darmwand des Menschen und entwickeln sich im menschlichen Körper zu Finnen.

Erkrankungen im Bereiche der Motilität. Magen. Unter den abnormen Bewegungserscheinungen am Magen ist diejenige am häufigsten, mittels derer sich der Magen rasch seines Inhalts entledigen kann, das Erbrechen. Dieses erfolgt reflektorisch, das Brechzentrum liegt im Gehirn. Das Erbrechen kann in vielfacher Weise ausgelöst werden. Überfüllung des Magens, Erkrankungen seiner Schleimhaut (Katarrh), ekelerregende Gerüche, Kitzeln im Schlund, Schaukeln, Gifte sind nur einige Beispiele der möglichen Ursachen. Das Erbrechen erfolgt, indem bei offener Kardia durch eine krampfhafte Kontraktion des Magens, des Bauchmuskels und des Zwerchfells der Mageninhalt durch die Speiseröhre hinausgepreßt wird.

Die Entleerung des Magens in den Darm kann zu rasch erfolgen. Gewöhnlich ist dann das Spiel des Pylorusreflexes nicht in Ordnung. Der Darm gerät in Gefahr, mit ungenügend zerkleinerter Nahrung allzu rasch überschwemmt zu werden.

Wichtiger ist die Behinderung der Magenentleerung. Diese kann durch ein mechanisches Hindernis, durch eine Verengerung des Pförtners bedingt sein. In dessen Gegend sind nicht so selten Geschwüre gelegen, die, unter Narbenbildung ausheilend, den Weg für die Speise verengern, stenosieren. Es stellt für die Magenmuskulatur zweifellos eine Mehrarbeit dar, den Speisebrei durch das enge Loch zu pressen. Dementsprechend nehmen auch die Wände des Magens an Muskulatur zu, die werden dicker und kräftiger, sie hypertrophieren, sowie der Skelettmuskel bei stärkerer Arbeit an Masse gewinnt. Die peristaltischen Bewegungen erfolgen mit größerer Kraft und Ausgiebigkeit. Dies geht so weit, daß sie durch die Bauchdecke hindurch sichtbar werden, ja zuweilen gerät die ganze Magenwand in eine krampfhafte Kontraktion, so daß sieh die Konturen des Magens am Bauche abzeichnen und die „Steifung" des Organs zu fühlen ist. Reicht aber die Bemühung der Muskulatur zur Behebung des Defekts nicht aus, so kommt es zur Stauung. Der Magen nimmt an Größe zu, er wird zwischen den Mahlzeiten nicht völlig entleert, Speisereste häufen sich in ihm an und geraten in abnorme Gärungen und Zersetzungen, es kommt zum Erbrechen. Die langsam weiterbeförderte Speisemenge reicht nicht aus, um den Körper zu ernähren, es kommt zu hochgradiger Abmagerung und Wasserverarmung des Organismus.

Eine Verlangsamung der Entleerung des Magens kann auch ohne Verengerung desselben eintreten. Dann ist das Organ anatomisch intakt, seine funktionelle Leistung aber herabgesetzt. Die Reize, die das normale Organ zur Entleerung veranlassen, genügen unter Umständen für das erkrankte nicht, oder nicht in der gleichen

Zeit. Die Kontraktionsfähigkeit, die Spannung der Magenwände kann herabgesetzt sein, es ist dies ein Zustand, den wir als Magenschlaffheit, Atonie, bezeichnen. Seine Ursache kann in einer angeborenen Minderwertigkeit des Organs liegen, sie kann nervös sein oder in einer Schleimhauterkrankung, etwa einem Katarrh, bedingt sein.

Darm. Wie beim Magen, so haben wir auch beim Darme Steigerungen und Herabsetzung seiner Bewegungen zu verzeichnen. So haben wir in einer Beschleunigung der Peristaltik die Ursache der Diarrhöen, des Durchfalls, zu sehen. Dabei kommt in erster Linie ein rasches Durcheilen des Dickdarms in Betracht, in dem ja der Darminhalt besonders lange verweilt. Die Veranlassungen hierfür sind bekanntlich sehr zahlreich.

Der Reiz verdorbener Speisen oder das Eindringen von abnormen Bakterien seien als Beispiele angeführt. Es ist allgemein geläufig, daß man auch künstlich, durch Abführmittel die Peristaltik steigern kann. Die Wirkungsweise derselben ist verschieden, einzelne, z. B. Senna, wirken als chemischer Reiz auf die Schleimhaut, andere regen direkt eine leichte Entzündung herbei, wieder andere wirken auf die Darmnerven (z. B. Physiostigmin), andere (die Bittersalze) mechanisch, indem die schwer aufsaugbaren Salze Wasser an sich ziehen.

Ebenso, wie wir die Peristaltik zu beschleunigen imstande sind, können wir sie hemmen, wir können mit Opium die Erregung des Darmnervensystems beruhigen, mit gerbsäurehaltigen Drogen den Reizzustand der Schleimhaut mildern, wodurch die erregte Peristaltik zur Ruhe kommt.

Herabsetzung der Peristaltik des Dickdarms liegt manchen Formen der Stuhlverhaltung, der Obstipation zugrunde. Ihre Ursachen können verschiedenartig sein. So kann eine allzu schlackenarme Kost nicht den genügenden Reiz für den Darm abgeben, oder der Darm ist untererregbar, er antwortet auf den ausreichenden Reiz des Inhalts nicht energisch genug. Die Stuhlentleerung wird vielfach und in individuell wechselnder Weise reflektorisch beeinflußt. So löst starke körperliche Bewegung beim einen Diarrhöen, beim anderen Stuhlverstopfung aus, so wirken Krankheitszustände anderer Organe hemmend ein. Stuhlverhaltung kann aber auch ausgelöst werden, wenn eine allzugroße Spannung, eine Kontraktur einzelner Darmabschnitte dem Vorschreiten des Speisebreis einen Widerstand setzt. Die hartnäckige, mit heftigen Schmerzen verbundene Obstipation bei der Bleivergiftung sei als Beispiel für diese zweite Art der Stuhlverhaltung angeführt, die als spastische, krampfartige Obstipation im Gegensatz zur ersten Form, der schlaffen, atonischen bezeichnet wird.

Von großer Bedeutung sind jene unter schweren Allgemeinerscheinungen einsetzenden Darmzustände, die als Darmverengung oder -verschluß bezeichnet werden. Sie treten auf, wenn das Lumen des Darms verengt oder verschlossen wird. Eine solche Verengerung kann z. B. durch eine bösartige Neubildung oder durch eine sich zusammenziehende Geschwürsnarbe verursacht werden. Dann sind die Erscheinungen ähnlich, wie bei der Magenstenose. Die zuführende Schlinge, die größere Arbeit zu leisten hat, nimmt an Muskelkraft und Muskelmasse zu. Zwar tritt oberhalb der Stenose eine gewisse Stauung des Darminhalts auf, Gase blähen den Darm, aber eine Zeitlang vermag die Arbeit der hypertrophischen Muskulatur den Defekt halbswegs auszugleichen. Ebenso wie beim Magen können die mächtigen peristaltischen Wellen und die Steifung der Schlinge durch die Bauchdecken fühlbar werden, endlich reichen sie nicht mehr aus. Dann gleicht der Zustand jenen, wie er bei plötzlichem Darmverschluß eintritt. Auch dieser kann durch mannigfache Ursachen bedingt sein. Allgemein bekannt ist das Vorkommen von Darmbrüchen. Das sind Darmschlingen, die durch Lücken der Muskelbedeckung des Leibes den Weg aus der Bauchhöhle gefunden haben, und die am häufigsten in der Gegend der Schenkelbeuge unter die Haut treten. Sie sind durchgängig. Doch kann es vorkommen, daß das Lumen dieser Darmschlingen verschlossen wird, daß der Bruch in der engen Bruchpforte, durch die er durchtritt, „eingeklemmt" wird. So kann die zuführende Schlinge zufällig stark gebläht werden und durch ihre Größe die abführende komprimierend einen Ventilverschluß darstellen. Die nachrückenden Darmmassen verschlechtern den Zustand. Es kommt zur Stauung, zu abnormen Zersetzungen des gestauten Inhalts, zu mächtiger Gasentwicklung, die den Leib auftreibt. Aus den stagnierenden, von Bakterien wimmelnden Massen werden Gifte resorbiert, reflektorische Einflüsse summieren sich dazu, um jene schwere Störung des Allgemeinbefindens zu erzeugen, die als akuter Darmverschluß bezeichnet wird. Es kommt zum Erbrechen, auch kotig riechender Massen, die Herztätigkeit wird schlecht, zuletzt tritt Darmlähmung ein. Durch die gelähmte Darmwand wandern Bakterien in die Bauchhöhle ein und erzeugen höchst gefährliche Bauchfellentzündung. In den meisten Fällen des Darmverschlusses vermag nur die rechtzeitige Operation das Darmlumen zu öffnen und Heilung zu bringen, wo die Ursache zur Stenose nicht bösartig war, in einigen anderen kann der Arzt ohne Operation sein Auslangen finden, z. B. indem er einen eingeklemmten Bruch reponiert, in die Bauchhöhle zurückschiebt, wo dies noch möglich ist.

Der Darmverschluß ist ein schweres und quälendes Krankheitsbild, auch bei der Darmverengerung werden z. B. die Steifungen der befallenen Schlingen als heftige Kolikschmerzen empfunden. Wir sind gewohnt, viel von Magenschmerzen und Darmschmerzen zu reden, und doch ist in den letzten Jahren dem Magen und dem Darme von durchaus ernster Seite jedes Empfindungsvermögen abgesprochen worden.

Es gibt Patienten, die man etwa mit Rücksicht auf ihr Herz einer allgemeinen Narkose nicht unterziehen darf. Unbedingt notwendige Operationen müssen an ihnen in „lokaler Anästhesie" vorgenommen werden, d. h. man macht durch Injektion entsprechender Mittel die Stellen der Operation unempfindlich. Hat man in dieser Weise die Bauchhöhle eröffnet, so zeigt sich, daß der Magen und Darm und seine Umhüllung gegen jeden Eingriff, Stechen und Schneiden und Brennen völlig unempfindlich ist. Dagegen lösen Berührung des Wandteils des Bauchfells und Zug am Gekröse des Darms sofort lebhaften Schmerz aus. Auf Grund dieser Tatsache wurde die Behauptung aufgestellt, daß die Schmerzen bei abnormer Magen- und Darmtätigkeit ausschließlich auf dem Umwege über das Bauchfell oder durch Zug an dem Aufhängeapparat zustande kommen. Streng bewiesen ist diese Vermutung nicht. Die Öffnung der Bauchhöhle, die Verwendung der lokalen Betäubungsmittel lassen die Verhältnisse nicht als physiologisch erscheinen. Und wenn auch Berührung und Schnitt normalerweise nicht empfunden werden, so kann dennoch der Magendarmtrakt auf Reize anderer Art (chemischer Natur und entzündlich!) mit Schmerz antworten. In diesem Sinne können wir an der alten Vorstellung, die z. B. im Kolikschmerz den Ausdruck einer krampfartigen Kontraktion der Darmmuskulaltur sieht, festhalten, daß Magen und Darm selbst empfindlich sind, und nicht nur auf Umwegen Schmerzen vermitteln.

Wir haben in vorstehendem die Erkrankungen der Schleimhaut und der Muskulatur des Darmrohres getrennt besprochen. Jedoch greifen die Krankheitserscheinungen, die durch Erkrankungen dieser beiden Schichten der Darmwand hervorgerufen werden, immer ineinander. Wir haben ja oben gesehen, wie innig die Tätigkeit der Schleimhaut (Sekretions- und Resorptionsvorgänge) und die der Muskulatur aufeinander eingestellt sind. Und es ist daher selbstverständlich, daß die Erkrankung der Schleimhaut Störungen im Bereich der Motilität und Störungen der Motilität Störungen der Schleimhauttätigkeit nach sich ziehen.

Auf die klinischen Erscheinungen, die diese krankhaften Vorgänge im Magendarmtrakt hervorrufen, einzugehen, würde zu weit führen. Wir erwähnen hier nur als hervorragendste Symptome dieser krankhaften Zustände: Appetitlosigkeit, Aufstoßen, Erbrechen, Diarrhöen, Schmerzen, Fieber, Abmagerung, Blässe usw.

Bevor wir diese kurze Besprechung der krankhaften Vorgänge im Magendarmtrakt verlassen, wollen wir noch eine kurze Bemerkung über die Diagnose und Therapie derselben machen. Neben jenen so zahlreichen subjektiven Beschwerden und objektiven Symptomen, die schon den alten und ältesten Ärzten seit Hippokrates und wohl noch früher bekannt waren, werden in neuester Zeit drei Untersuchungsmethoden angewendet, die ganz besonders mithelfen, Aufschluß zu gewinnen über den Ablauf der Verdauungsvorgänge und über die Existenz und Natur krankhafter Erscheinungen im Verdauungsapparat. Es ist das: 1. Die Magenausheberung. Es wird eine bestimmte Probemahlzeit verabreicht und nach einer gewissen Zeit mit einem dünnen Schlauch der Mageninhalt ausgehebert. Man kann dessen Salzsäure und Pepsingehalt, den Gehalt an Labferment, den Grad der Verdauung nach verschiedenen Richtungen bestimmen. Man gewinnt aus der Menge der noch im Magen vorhandenen Speisereste Aufschlüsse über die motorische Leistung des Magens; man erkennt beigemischte pathologische Bestandteile, Blut, Schleim usw. 2. Die Stuhluntersuchung. Sie gibt uns Aufschluß über die Güte der Resorption, über die Art der Darmmotilität; wir können auch hier wieder pathologische Bestandteile auffinden (Schleim, Eiter, Blut, Protozoen, Bakterien, Eier von Würmern usw.). 3. Das Röntgenverfahren. Man verabreicht eine Mahlzeit, die für Röntgenstrahlen undurchlässige Partikel enthält (Wismutbrei); man sieht dann bei der Durchbuchtung den Brei passieren; die Beobachtung der Art der Passage ermöglicht bestimmte Rückschlüsse auf die motorischen Verhältnisse im Verdauungsrohr.

Und nun noch einige Worte über die Therapie. Neben einem großen Arsenal von Arzneischätzen spielt in der modernen Behandlung der Verdauungskrankheiten die Regelung der Diät die größte Rolle. Der Arzt behandelt die Verdauungsstörung, indem er dem gestörten Magendarm die Arbeit zu verrichten gibt, die er bei seiner Störung leisten kann; durch weitere Regelung der Diät trachtet der Arzt, den kranken Verdauungsapparat wieder zu normaler Arbeitsleistung zu erziehen. Dabei aber sei ausdrücklich bemerkt, daß — im Gegensatz zur Anschauung der Laien — die Anpassung des kranken Darmes an seine Arbeit, die der Arzt durch Regelung der Kost durchführt, keineswegs immer gleichbedeutend ist mit einer Schonung des Darmes durch zarte Kost. Im Gegenteil: häufig muß der Arzt dem Patienten eine gröbere Kost vorschreiben, als er bis dahin genommen hat. Wie es überhaupt das Kulturleben mit sich bringt, daß wir der groben Kost allzusehr entraten.

Die Leber.

1. Anatomische Vorbemerkungen. Die Leber ist das größte Organ von drüsigem Aufbau. Sie liegt (s. Fig. 42) im oberen rechtsseitigen Teile der Bauchhöhle. Ihre kuppelartige Wölbung liegt der Unterseite des Zwerchfelles an, dessen Bewegungen bei der Atmung die Leber folgt. Die großen Gefäße, die zur Leber führen, und die Austrittstellen des Gallenleiters, die die Galle abführen, finden sich an der Unterseite der Leber, in der Leberpforte. Hier führt die Leberarterie der Leber das arterielle, aus der großen Bauchschlagader stammende Blut zu, das die Leberzellen zu ihrer eigenen Ernährung bedürfen. Hier tritt die Pfortader ein, die den mächtigen Blutstrom in die Leber leitet, der vom Darme her der Leber zufließt. Mit dem Blute der Pfortader fließt ein großer Teil der Nahrungsmittel, die im Darme aufgenommen wurden, zur Leber und findet hier seine weitere Verarbeitung; das durch die Tätigkeit der Leber verarbeitete

Material tritt an der Hinterseite der Leber durch die Lebervenen aus und fließt von da durch die große untere Hohlvene dem Herzen und dem großen Kreislauf zu. In der Leberpforte tritt ferner der große Gallenleiter aus, der die in der Leber produzierte Galle dem Darme zuführt. Er steht durch den Ausführungsgang der Gallenblase mit dieser in Verbindung. Die Gallenblase ist nur ein Reservoir für die überschüssig produzierte Galle. Mikroskopisch zeigt die Leber einen Aufbau aus sehr gleichartigen Zellen, den Leberzellen. Diese sind zu Bälkchen angeordnet, die übereinandergeschichtet, ein schlauchartiges Aussehen gewinnen. Jeder dieser Leberschläuche ist umsponnen von den feinsten Ästen der Pfortader, die der Leberzelle das Darmblut zuführen. In der Mitte der Leberschläuche entspringen kleinste Venen, die das in der Leber verarbeitete Blut abführen und sich weiterhin zu den Lebervenen vereinigen, die, wie oben gesagt, das Blut der Leber zum großen Kreislaufe zurückleiten. Die Leberzellen bil-

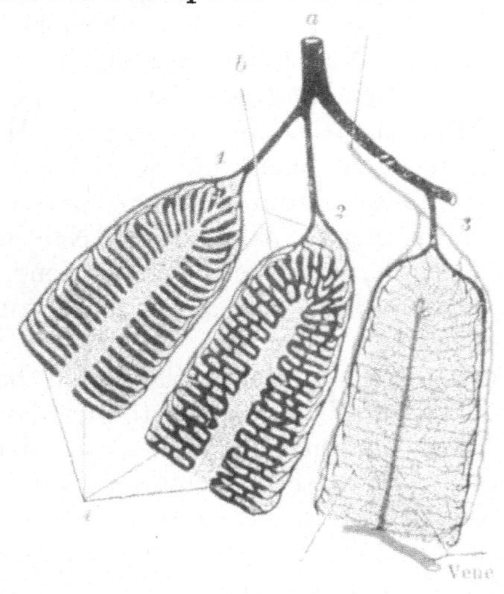

Fig. 43.

Schema von Leberläppchen: Die Leberzellenbalken (*4*) sind umsponnen von Pfortaderästchen, die aus den größeren Ästen (*1*, *2*, *3*) stammen; diese entspringen aus dem großen Pfortaderast (*a*). Die blaugezeichnete Vene ist eine abfließende Vene. Die rotgezeichneten Blutgefäße sind die Verzweigungen der Pfortader. — Am Rande verlaufen feinste Äste des Ausführungsganges, die die Ursprungsäste des Gallenleiters sind. (Nach Stöhr.)

den ferner die Wand von kleinsten Kanälchen, die die Galle abführen und sich schließlich zu den großen Gallengängen vereinigen. — Die Leberzellen haben keine spezifischen Eigenschaften, die sie vor anderen ähnlichen Zellen charakterisieren würden. Erwähnt sei nur ihr Eisenreichtum; das Eisen findet sich teils in anorganischer Form an Phosphate gebunden, teils in Form von eisenhaltigen Eiweißkörpern (Fig. 43).

2. Physiologie der Leber. Der Leber als einem Organ von drüsigem Aufbau kommt auch eine echte sekretorische Drüsenfunktion zu. Sie produziert die Galle, die sie durch den großen Gallenleiter dem Darme zuführt. Aber die Erzeugung dieses Sekrets ist lange nicht die einzige Aufgabe dieses großen Organs. Ein ungemein großer Blutstrom durchzieht das an Zellen überreiche Organ. Es ist der Blutstrom, der die im Darme resorbierten Stoffe der Leber zuführt. Eine große Zahl von Nahrungsstoffen einerseits, von Giften andererseits strömt hier der Leber zu. Nahrungsstoffe und Gifte haben ja gewisse Beziehungen zueinander. Beide wirken zunächst als Fremdkörper auf die Zelle, und mancher Nahrungsstoff müßte,

würde er nicht seiner zweckmäßigen Bearbeitung im Stoffwechsel unterliegen, als Gift wirken. Würde aller Zucker, den wir in einer zuckerreichen Nahrung genießen, ohne in der Leber deponiert zu werden, direkt ins Blut übergehen, so würde er sicherlich als Gift wirken. Nun stößt aber ein großer Teil dessen, was im Darme aus der aufgenommenen Nahrung resorbiert wird, Nahrungsmittel wie Gifte, zunächst auf die Leber. Hier findet ein Teil der Nahrungsmittel, vor allem die Kohlehydrate, eine Umwandlung und Aufstapelung. Dadurch kommt der Leber eine große Rolle im Nahrungshaushalte zu. Wie auf die Nahrungsstoffe wirkt die Leber auf die Gifte, die, vom Darm her kommend, die Leber passieren. Einem Filter gleich vermag die Leber Gifte zurückzuhalten. Metalle, Pflanzengifte (vor allem das Morphium), ja auch Toxine hält sie zurück, deponiert sie eine Zeitlang und besorgt dann auf eine noch nicht bekannte Weise die Zerstörung der Gifte, resp. deren Ausscheidung. Näher bekannt ist der Vorgang der Entgiftung nur bei den giftigen Produkten der Eiweißfäulnis im Darme, die als Phenole mit der Nahrung resorbiert werden und in der Leber mit anderen Substanz zu ungiftigen Körpern gepaart dem Kreislaufe zur Ausscheidung durch die Nieren übergeben werden. Auch die letzten Zerstückelungsprodukte des im Organismus verbrannten Eiweißes, gewisse Ammoniakverbindungen, werden in der Leber in Harnstoff und Harnsäure umgewandelt und auf diese Weise ihre Ausscheidungsfähigkeit bedingt.

Eine andere Fähigkeit der Leber ist die, rote Blutkörperchen, bzw. deren Farbstoff zu zerstören, aus dem sie die Gallenfarbstoffe bereitet. Während des embryonalen Lebens scheint hingegen die Leber an der Blutbildung teilzunehmen. Es sei schließlich noch erwähnt, daß der Leber durch ihren großen Blutgehalt auch eine rein mechanische Funktion für den Körper zukommt. Sie entlastet dadurch, daß sie ein großes Blutreservoir darstellt, den Kreislauf. Wie ein Schwamm saugt sie das Blut aus dem Darme auf, bevor es der rechten Herzkammer zuströmt.

Im folgenden soll nun auf die Rolle, die die Leber im Stoffwechsel innehat, sowie auf die Gallenbereitung des näheren eingegangen werden.

Die Aufgaben der Leber im Nahrungshaushalte. a) Im Kohlehydratstoffwechsel. Im Kohlehydratstoffwechsel fällt der Leber die Aufgabe zu, den ihr zuströmenden Zucker in die tierische Stärke (Glykogen) überzuführen und solches zu deponieren, um es im Bedarfsfalle wieder an den Kreislauf abzugeben.

Alle in der Nahrung genossenen Kohlehydrate werden im Darme zu Zucker aufgespalten und als solcher resorbiert. Durch das Pfortaderblut gelangt der Zucker in die Leber und wird hier in das Glykogen umgewandelt.[1]) Dieses ist ein den pflanzlichen Stärkearten nahe verwandter Körper und wird auch als tierische Stärke ange-

---

[1]) S. Kap. I, S. 22.

sprochen. Das Glykogen findet sich beim Erwachsenen in größter Menge in der Leber, in kleinerer Menge in den Muskeln. Leber wie Muskeln werden als Glykogendepots aufgefaßt. Doch auch sonst findet sich das Glykogen, wenn auch nur in Spuren, fast in allen Säften und Zellen des Organismus, besonders in den entwicklungsfähigen Zellen, in den embryonalen Zellen und in den weißen Blutkörperchen. Ebenso in den den embryonalen Zellen nachstehenden pathologischen Geschwülsten.

Am reichsten ist die Leber an Glykogen nach Aufnahme von kohlehydratreicher Nahrung. Vierzehn bis sechzehn Stunden nach einer stärke- und zuckerreichen Nahrung kann der Gehalt der Leber an Glykogen 14 bis 16 Proz. der Trockensubstanz betragen, während er für gewöhnlich 1 bis 4 Proz. beträgt. Im Hunger schwindet der Glykogenvorrat rasch, aus der Leber rascher als aus den Muskeln.

Bedarf der Organismus für seine Arbeit der Kohlehydrate, so schwinden die Glykogenvorräte aus der Leber, während dieselben in der Ruhe (z. B. im Winterschlaf) bedeutend zunehmen. Bei angestrengter Arbeit schwindet der Glykogenvorrat der Leber fast vollständig und auch hier wiederum rascher als in den Muskeln.

Das Glykogen wird wie jede Stärkeart durch diastatische Fermente abgebaut und hierbei je nach der Natur dieser Fermente in verschiedene Zuckerarten übergeführt.

Jene Substanzen, welche imstande sind, Glykogen zu bilden, werden als Glykogenbildner bezeichnet. In erster Linie stehen hier die Kohlehydrate, wobei die verschiedenen im Darme zur Resorption kommenden Zuckerarten nicht in gleicher Weise der Glykogenbildung dienen. Der Traubenzucker ist der kräftigste Glykogenbildner. Rohrzucker, Milchzucker und andere Zuckerarten wirken auch noch kräftig glykogenbildend. Aber auch andere Substanzen können herangezogen werden, den für den Stoffwechsel so wichtigen Glykogenbestand der Leber zu ergänzen. Neben einer Reihe von Substanzen (Leim, Glyzerin . . .) usw. sei hier das Eiweiß besonders erwähnt, das auch dann Glykogen bilden kann, wenn es in seinem Molekül keine Kohlehydratgruppe enthält. Daß Fette Glykogen bilden können, erscheint wahrscheinlich, wenn auch nicht sicher bewiesen.

b) Im Eiweißstoffwechsel. Im Kohlehydratstoffwechsel kommt der Leber vorwiegend die Rolle zu, den im Darme resorbierten Zucker in Form von Glykogen aufzustapeln; im Eiweißstoffwechsel fällt ihr der Hauptsache nach eine andere Aufgabe zu. Aller Wahrscheinlichkeit nach ist die Leber der Ort, wo die stickstoffhaltigen Schlacken des im Organismus verbrannten Eiweißes ihre Umwandlung in Substanzen erfahren, die durch die Niere im Harne ausgeschieden werden.

Der größte Teil jener stickstoffhaltigen Abbauprodukte, die bei der Verbrennung des Eiweißes im Stoffwechsel, im Haushalte des Organismus entstehend, nicht weiter verwendet werden können, wird als Harnstoff im Harne ausgeschieden. Harnstoff hat die Formel $CO\diagdown{}^{NH_2}_{NH_2}$ und stellt demnach die Verbindung eines Kohlensäurerestes (CO-Gruppe) mit zwei Ammoniakresten (NH_2-Gruppen) dar.

Daß der Harnstoff vorwiegend in der Leber entsteht, wurde experimentell bewiesen, indem man im Blute der Lebervenen, also in dem von der Leber abfließenden Blute mehr Harnstoff fand als in dem ihr zufließenden. In der Leber entsteht aber nur die Hauptmenge des Harnstoffes; geringe Mengen desselben dürften auch in anderen Organen gebildet werden. Die Leber bildet den Harnstoff aus Aminosäuren, den letzten Bausteinen des Eiweißes. Der nähere Chemismus der Harnstoffbildung in der Leber ist noch nicht völlig aufgeklärt.

Ebenso wie der Harnstoff ist die Harnsäure eine harnfähige Substanz, deren Hauptmenge in der Leber erzeugt werden dürfte. Sie stammt aus den Purinen, Eiweißkörpern, die die Zellkerne enthalten und die bei normalem und pathologischem Zellzerfall frei werden, in die Leber kommen und hier in Harnsäure umgewandelt werden. Aber auch in der Nahrung, besonders der Fleischnahrung, nehmen wir Purine auf, die in der Leber in Harnsäure umgewandelt werden.

Die Bildung und Sekretion der Galle. Das Sekret, das die Leber nach außen liefert, ist die Galle. Diese fließt durch den großen Gallengang dem Darme zu; ihre Bedeutung für die Verdauung der Nahrung im Darme ist an anderer Stelle besprochen worden.

Es wurde dort erwähnt, daß der Galle eine große Rolle bei der Fettverdauung zukommt. Sie aktiviert das Pankreassteapsin; sie löst Fettsäuren und bringt sie in dieser Lösung zur Resorption.[1]

Die Galle hat eine gelbgrüne Färbung und einen charakteristischen bitteren Geschmack; neben Wasser, von dem sie 97 Proz. enthält, führt sie eine Reihe von Substanzen, die, um nicht zu sehr ins Detail zu gehen, hier nicht weiter erwähnt werden sollen. Zwei Gruppen von Substanzen verleihen der Galle das charakteristische Gepräge: die Gallenfarbstoffe und die Gallensäuren.

Die Gallenfarbstoffe stammen aus dem Blutfarbstoffe ab. Nach Injektionen von Blutfarbstoff in den Organismus wurde stark vermehrte Gallenfarbstoffbildung beobachtet. Es muß also, da die Leber der Ort der Gallenfarbstoffbildung ist, roter Blutfarbstoff (Hämoglobin) in der Leber zerstört und in Gallenfarbstoffe übergeführt werden. Da nun das Hämoglobin eisenhaltig, die Gallenfarbstoffe aber eisenfrei sind, so wird in der Leber, bzw. im Organismus Eisen zurückbehalten, das wahrscheinlich für den Neuaufbau von Hämoglobin verwendet wird.

Der zweite Hauptbestandteil der Galle, die Gallensäuren, stammen

---

[1] S. Seite 170.

aus schwefelhaltigen Eiweißkörpern ab, deren Zugrundegehen der Gallensäurebildung in der Leber vorausgehen muß.

Ein großer Teil der Gallensäure, die mit der Galle in den Darm gelangt, wird von der Darmschleimhaut wieder resorbiert, gelangt von da mit dem Pfortaderblut wieder in die Leber und wird wieder zur Gallenbildung verwendet. Es besteht demnach in gewissem Sinne ein geschlossener Kreislauf der Gallensäuren.

Die Menge der täglich sezernierten Galle dürfte eine beträchtliche sein und ca. $^1/_2$—1 Liter betragen.

Die Sekretion der Galle unterscheidet sich von der Sekretion der Produkte anderer Drüsen dadurch, daß sie kontinuierlich erfolgt. Allerdings wird sie im Hunger stark eingeschränkt, ohne jedoch ganz zu versiegen. Nahrungsaufnahme steigert die Gallensekretion. Und zwar steigern die verschiedenen Nahrungsmittelgruppen die Gallenproduktion in verschiedener Weise. Eiweißkost fördert sie am meisten, weniger Fette und am allerwenigsten Kohlehydrate. Die Steigerung des kontinuierlichen Gallenflusses findet erst einige Zeit nach der Nahrungsaufnahme statt.

Die in den Darm ausgeschiedene Gallensäure wird zum Teil wieder von der Darmwand resorbiert und wieder der Leber zugeführt, wo sie neuerdings als Galle ausgeschieden wird, zum Teil werden die Gallenfarbstoffe im Darme umgewandelt und nun entweder mit dem Kote ausgeschieden;[1]) oder aber sie gelangen als umgewandelte Farbstoffe ins Blut und werden dann durch die Niere ausgeschieden. Interessant ist, daß auch von artfremder Galle, die man Tieren zu fressen gibt, einzelne Bestandteile im Darme resorbiert werden und wieder als Galle von der Leber in den Darm ausgeschieden werden. Dadurch ist der Kreislauf der Galle sicher bewiesen worden.

Erkrankungen der Leber. An Häufigkeit nehmen unter den Lebererkrankungen diejenigen die erste Stelle ein, die durch Erkrankung der Gallenabführungswege oder der Gallenproduktionsstätten zur Gelbsucht führen.

Die Gelbsucht — die nach der gelben Hautfarbe der mit ihr behafteten Kranken so benannt wird — geht einher mit einer Verschleppung der Galle in alle Körperteile. Schon mit bloßem Auge zeigen die Hautdecken, die Schleimhäute und bei Operationen oder Obduktionen auch die inneren Organe Gelbfärbung; mit dem Mikroskop können wir fast überall die Ablagerung von Gallenfarbstoff erkennen; im Harn wird unveränderter Gallenfarbstoff ausgeschieden. Auch im Blut, bzw. im Serum von Gelbsüchtigen ist unveränderter Gallenfarbstoff nachweisbar. Es kommt demnach bei dieser Krankheit zu einer abnormen Resorption der Galle ins Blut; mit dem Blute wird sie nach allen Körperregionen verschleppt.

Seit jeher beschäftigte man sich mit der Frage nach dem

---

[1]) Den (umgewandelten) Gallenfarbstoffen verdankt der Stuhl seine braune Farbe.

Zustandekommen der Gelbsucht. Diese Frage war dort leicht zu beantworten, wo es sich um eine mechanische Behinderung des Abflusses der Galle aus der Leber handelt. Dies ist der Fall, wo Hindernisse aller Art an dem großen Gallenleiter und seinen Ursprungsästen sitzen. So können Gallensteine, von denen späterhin die Rede sein soll, ein vollkommenes oder partielles Hindernis für den Gallenabfluß bedeuten; Geschwülste können die großen Gallenabführungswege verschließen. Derartige Verschlüsse der Gallenwege rufen eine Stauung der Galle, die abfließen soll, hervor; diese pflanzt sich bis in die feinsten Gallenabführungsgänge fort; es kommt zum Übertritt der gestauten Galle ins Blut. Ist der Gallenabfluß komplett behindert, so kommt keine Galle in den Darm. Ein Zeichen hierfür sind die weißlichen Stühle, die des Gallenfarbstoffes entbehren.

Schon schwieriger war die Beantwortung der Frage nach Entstehung der Gelbsucht dort, wo ein derartig greifbares Hindernis nicht besteht. Dies war zunächst bei jener so häufigen Erkrankung, der katarrhalischen Gelbsucht, der Fall. Diese Gelbsucht tritt meist mit akutem Magen- oder Darmkatarrh auf, zuweilen aber auch, ohne daß Erscheinungen einer katarrhalischen Affektion im Verdauungstrakt bestehen. Die katarrhalische Gelbsucht ist fast immer eine kurzdauernde, gutartige Krankheit. An dieser so häufigen Krankheit kann man erkennen, wie viele Schwierigkeiten in der medizinischen Erkenntnis und Forschung gelegen sind. Man stellte sich die Frage, woher kommt diese Gelbsucht zustande? Handelt es sich um eine vermehre Gallenbildung oder nur um eine Stauung der Galle durch ein Abflußhindernis? Da derartige Kranke fast niemals zur Obduktion kommen, war es schwer, diese Frage zu beantworten. Heute nimmt man nach vereinzelten Befunden an Leichen fast allgemein an, daß kleine Schleimpfröpfe in den Gallenabführungswegen zur Gelbsucht führen können und daß wahrscheinlich bei der katarrhalischen Gelbsucht der große Gallenleiter von einem schleimbildenden Katarrh erfaßt wird, der als ein Übergreifen eines Magendarmkatarrhs aufzufassen ist.

Endlich gibt es eine Reihe von Giften, die zur Gelbsucht führen, ohne daß ein mechanisches Abflußhindernis für die Galle besteht. Eine derartige Gelbsucht tritt bei Phosphor- und Arsenvergiftung auf, ferner im Verlauf bakterieller Infektionen, insbesondere der Sepsis, der allgemeinen Überschwemmung des Körpers mit Eiterbakterien („Blutvergiftung"). Diese Gelbsucht dürfte dadurch zustande kommen, daß diese Gifte zu vermehrter Gallenbildung führen, oder aber, daß die geschädigte Leber die Ausfuhr der in normaler Weise gebildeten Galle nicht zu bewältigen vermag.

Der Übertritt der Galle ins Blut ruft eine Reihe von Symptomen hervor, die da und dort bei der Gelbsucht sich geltend machen. Es besteht Hautjucken, das wahrscheinlich durch den in der Haut abgelagerten Gallenfarbstoff herbeigeführt wird; häufig findet Pulsverlangsamung statt. Die Gallensäuren wirken giftig auf das Nervensystem. Zuweilen treten bei Gelbsucht auch psychische Störungen auf. Besteht ein großes Hindernis für den Gallenabfluß im Darme, so macht sich das Fehlen der Galle im Darm durch das Fehlen ihrer antiseptischen Wirkung und durch schlechtere Fettverdauung geltend.

Unter jenen mechanischen Hindernissen, die zur Gelbsucht führen können, erwähnten wir auch die Gallensteine. Die Gallensteinbildung kann überall in den größeren Gallenwegen vor sich gehen. Die Gallensteine bilden sich aus der Kalkverbindung des Gallenfarbstoffs; in der Regel entstehen sie in der Gallenblase. Es entstehen ein oder mehrere Steine meist von Erbsen- bis Haselnußgröße, zuweilen aber sind sie noch viel größer. Die Anregung zur Steinbildung erfolgt wahrscheinlich dadurch, daß durch eine bakterielle Infektion der Gallenwege oder auch nur der Galle ein Kristallisationspunkt gegeben wird zum kristallinischen Ausfallen der Gallensteine.

Durchwandert ein Gallenstein die Gallenwege, so kommt es zu den schmerzhaften Gallensteinkoliken. —

Eine große Gruppe von Schädlichkeiten, vor allem chronischer Alkoholgenuß, Anomalien der Lebensweise und Ernährung, chronische Gallenstauung und chronische Blutstauung in der Leber (s. u.), Syphilis, zuweilen auch Tuberkulose, führen zur Lebercirrhose (Leberverhärtung). Bei dieser Erkrankung kommt es zur Wucherung des zwischen den Leberzellen gelegenen Bindegewebes. Dieses wuchernde Bindegewebe bewirkt eine Zerstörung des eigentlichen Lebergewebes. Es werden aber auch da und dort unter Umständen die feinsten Gallenkapillaren verlegt, wodurch es zu erschwertem Gallenabfluß und zur Gelbsucht kommt; ebenso gehen die feinsten Blutgefäße zugrunde, wodurch das Pfortaderblut nicht mehr leicht in die abführenden Äste abströmen kann, es staut sich und es kommt zur Ansammlung von Blut in den Venen der Baucheingeweide, die die Wurzeln der Pfortader sind. Ähnlich, wie es bei den Ödemen zum Austritt von Flüssigkeit in die Gewebe kommt, so tritt auch bei Blutstauungen in den Wurzeln der Pfortader Flüssigkeit aus den gestauten Gefäßen in die freie Bauchhöhle aus. Es entsteht die Bauchwassersucht (Ascites).

Endlich sei noch erwähnt, daß der große Blutgehalt bedingt, daß allgemeine Störungen der Blutzirkulation leicht Blutstauung in der Leber hervorrufen. Dies ist insbesondere bei Störungen in der rechten Herzkammer der Fall. Es staut sich dann das Blut zunächst in der großen Hohlvene und weiterhin in der Leber. Die Leber wird durch das in ihr gestaute Blut vergrößert und in ihrer Funktion behindert; auch hier kommt es nicht selten zur Ascitesbildung.

Die Bauchspeicheldrüse (Pankreas).

Auch das Pankreas ist eine Drüse von ansehnlicher Größe. Sie liegt eingebettet zwischen dem Zwölffingerdarm und dem Magen. Ihre Drüsenausführungsgänge vereinigen sich zu dem Hauptausführungsgange, der in unmittelbarer Nachbarschaft des großen Gallenleiters in den Zwölffingerdarm einmündet. Durch diesen Ausführungsgang schickt sie ihr Drüsensekret, das neben Wasser und basischen Salzen die Fermente Trypsin, die Pankreasdiastase und eine Lipase enthält, in den Darm. Die große Bedeutung dieser Fermente für die Darmverdauung wurde bei Besprechung derselben abgehandelt.

Das Pankreas produziert demnach ein äußeres Sekret; gleichzeitig liefert es aber auch ein inneres Sekret, das nicht den Weg durch die Ausführungsgänge nimmt, sondern direkt ins Blut abgegeben wird. Über dieses innere Sekret soll im Kapitel über innere Sekretion (Kap. IX) abgehandelt werden. Hier sei nur kurz erwähnt, daß operative Entfernung des ganzen Pankreas beim Hunde zur Zuckerausscheidung im Harne führt; daß aber bei Belassung auch nur eines kleinen Stückes der Bauchspeicheldrüse diese Zuckerausscheidung nicht auftritt. Es kommt demnach dem inneren Sekrete des Pankreas eine große Rolle im Zuckerstoffwechsel zu, die an anderer Stelle erörtert werden soll.

Erkrankungen des Pankreas sind nicht häufig. Zuweilen verschließen Steine, die sich daselbst bilden, die Ausführungsgänge des Pankreas; ebenso können Neubildungen dieselben verschließen. Es kommt dann das Pankreassekret nicht in den Darm, wodurch die Verdauung sehr behindert werden kann. — Auch bakterielle Erkrankungen des Pankreas (Tuberkulose) kommen vor.

Das Bauchfell (Peritoneum).

Bevor wir die Besprechung des Verdauungstrakts und seiner Anhangsdrüsen verlassen, müssen wir noch der Bedeutung jener Auskleidung gedenken, die dem Bauchfell (Peritoneum) zukommt. Das Peritoneum ist eine papierdünne Membran, die auf ihrer, der freien Bauchhöhle zugewendeten Seite einen epithelialen Überzug hat. Dem freien Auge imponiert sie als weiße, glänzende, besonders glatte Fläche. Das Peritoneum bekleidet die ganze Innenwand der Bauchhöhle. Also ihre seitlichen Wände, den Boden, der im Becken gelegen ist, und die Unterseite des Zwerchfelles, das die Bauchhöhle nach oben abschließt. Es bekleidet ferner vollständig den Magen, die Därme und ihr Gekröse; ebenso die Leber und Milz. Der peritoneale Überzug der Eingeweide und der Wände der Bauchhöhle gehen ineinander über und bilden demnach ein geschlossenes Ganze, dessen Höhlung die freie Bauchhöhle ist.

Man wird die Aufgabe des Bauchfelles wohl am besten verstehen, wenn wir es mit dem glatten Überzug der Knochen in den Gelenken vergleichen. Hier wie dort wird durch einen glatten Überzug eine möglichst reibungslose Bewegung ermöglicht. Wie die Knochenenden an den Gelenken leicht sich gegeneinander bewegen, so können auch die Därme mit ihrem glatten peritonealem Überzug sich leicht gegegeneinander verschieben. Es sei noch erwähnt, daß die Niere, die Harnleiter, die Blase und die Geschlechtswerkzeuge und das Pankreas außerhalb der durch das Bauchfell abgeschlossenen freien Bauchhöhle liegen; diese Organe liegen hinter, unter und vor dem Bauchfell.

Das Bauchfell neigt zu vielen, vor allem entzündlichen Krankheiten. Akute und chronische Entzündungen etablieren sich nicht selten im Peritoneum. Sie kommen häufig, z. B. bei der Blinddarmentzündung, bei der Darmverschlingung dadurch zustande, daß Bakterien durch den entzündlich veränderten Darm in das Peritoneum einwandern und dasselbe infizieren. Ihre große Gefahr besteht darin, daß sie sich leicht über das ganze Bauchfell ausbreiten. Akute Entzündungen bilden deswegen eine besondere Gefahr, weil die große Fläche des Peritoneums mit vielen offenen Lymphspalten versehen ist, die durch Resorption des Entzündungserreger und Entzündungsprodukte beide in den ganzen Körper verschleppen können. Chronische Bauchfellentzündung wird häufig durch den Tuberkelbazillus hervorgerufen. Die entzündlichen Vorgänge im Bauchfelle führen zu Verwachsungen des Bauchfells, das die Wand auskleidet, mit Partien, die die Eingeweide überziehen, oder Eingeweidebauchfell verwächst mit dem Überzug eines anderen Eingeweides. Dadurch kommt es zunächst zur Absackung des Entzündungsherdes und späterhin zur Vernarbung.

Achtes Kapitel.

Der Stoffwechsel.

Von Dr. Carl Rudinger.

Definition des Stoffwechsels und Aufbau seiner Faktoren. Die Nahrung als Baumaterial des Körpers und als Kraftquelle. Einteilung der Nährstoffe. Bedeutung des Eiweißes: seine Veränderungen im Stoffwechsel; Bedeutung der Kohlehydrate und Fette. Stoffwechsel bei Ernährung und im Hunger. Eiweißstoffwechsel bei reiner Eiweißkost, bei eiweißfreier Kohlehydratfettkost, bei gemischter Ernährung. Stoffwechsel im Hunger. Verhalten und Bedeutung des Wassers und der mineralischen Nährstoffe im Stoffwechsel. Extraktivstoffe, Gewürze und Alkohol. Die Größe des Kraftbedarfes. Regulierung der Stoffwechselvorgänge. Wärmebildung und Wärmeregulation.

Der menschliche Organismus ist eine rastlos tätige Maschine. Im Schlaf ruhen nur jene Organe, die die nach außen hin sichtbaren Leistungen bestreiten. Vollständige Ruhe des Körpers — das Sistieren jeglicher Tätigkeit — ist gleichbedeutend mit dem Tode; das Leben aber ist an eine Unzahl von Vorgängen im Körperinnern, an eine unendlich vielgestaltige Arbeit der Zellen gebunden, die keine Unterbrechung erfahren darf. Jede einzelne Zelle des Körpers hat ihre genau begrenzte Aufgabe zu erfüllen. Die Möglichkeit, geistige und Muskelarbeit zu verrichten, ergibt sich schließlich aus einer Unsumme vorbereitender Vorgänge, durch das Zusammenwirken zahlreicher, zweckmäßig und präzise arbeitender Apparate. Jede Arbeit erfolgt durch Umsetzung von chemisch-physikalischen Spannkräften (Energien). Dieses Gesetz gilt auch für den menschlichen Organismus. Seine Leistungsfähigkeit ist durch die Größe der verfügbaren Kräfte begrenzt. Die Kraft muß er selbstverständlich von außen beziehen, und er erhält sie in der Form der Nahrung. Aus dieser werden durch sehr komplizierte Vorgänge die Energien freigemacht. Diesem Zwecke dient der Verdauungsapparat, der, wie im Kap. VII dargestellt wurde, die Nahrung zertrümmert, verarbeitet und die für den Körper geeigneten Stoffe auswählt, ferner die Leber, die hier kurz als Kessel des Körpers bezeichnet werden soll, und die Lungen, die den

Eintritt des für diese Vorgänge unbedingt nötigen Sauerstoffes in das Innere des Körpers ermöglichen. Ein anderer Apparat wacht darüber, daß die im Körper erzeugte Kraft den arbeitenden Organen in der verlangten Menge zur Verfügung gestellt wird, also ein Regulierungsmechanismus, der sich den wechselnden Ansprüchen anzupassen vermag und eine Vergeudung des Kraftmaterials verhindert. Dieser Apparat setzt sich aus einer Reihe von Organen zusammen, die als Blutdrüsen oder Drüsen mit innerer Sekretion bezeichnet werden und unter der Herrschaft eines eigenen Nervensystems stehen. Das in bestimmten Organen verankerte Kraftmaterial muß selbstverständlich, nachdem es freigemacht wurde, an den Ort des Anspruches gelangen können. Dies ist Aufgabe des Zirkulationsapparates — Herz- und Blutgefäßsystem. Das Herz pumpt das Blut durch alle Organe; das Blut nimmt in den Kraftdepots die freigemachten Energieträger auf und führt sie den konsumierenden Organen zu. Konsument ist schließlich jede einzelne Zelle des Körpers.

Eine Folge der Arbeit ist eine Abnutzung des arbeitenden Materials. Durch die ununterbrochene Tätigkeit geht auch die menschliche Zelle zugrunde. Ja, es gibt bestimmte Zellgruppen, die nur durch Opferung der Substanz ihre Funktion erfüllen können. Die zugrunde gegangenen Zellen müssen natürlich ersetzt werden, sonst würde sich der Körper in kurzer Zeit aufbrauchen. Ein anderer Vorgang, der dem des Zellersatzes nahesteht, ist die Zellneubildung, das Wachstum des Körpers. Während aber der Zellersatz das ganze Leben hindurch anhält, ist das Wachstum des Körpers an einen begrenzten Lebensabschnitt gebunden. Bei jeder Arbeit gibt es Abfälle. Würden diese im Körper zurückgehalten, so wäre eine Folge davon eine Verlegung der arbeitenden Apparate, eine Beeinträchtigung ihrer Leistungsfähigkeit. Der bei der Arbeit entstehende Schutt muß beiseite geschafft werden. Diese Reinigungsarbeit besorgen die Nieren, der Darm, die Lunge und die Haut. Der Leber kommt hiebei eine sehr wichtige Aufgabe zu, nämlich die, Aschenbestandteile, die an sich nicht ausscheidungsfähig sind, durch bestimmte Veränderungen ausscheidungsfähig zu machen (vgl. Kap. VII).

Der menschliche Körper arbeitet trotz der Vollkommenheit seiner Einrichtungen nicht mit vollem Nutzeffekt. Die Arbeitsleistung ist geringer, als dem verbrauchten Kraftmaterial entsprechen würde. Ein großer Teil der Energien geht als Wärme verloren. Diese muß selbstverständlich an die Umgebung abgegeben werden, und darüber wacht ein eigener Mechanismus, der die Konstanz der Eigentemperatur der Warmblütler trotz schwankender Außentemperatur garantiert.

Wir sehen also, daß der Körper neben der an äußeren Effekten erkennbaren geistigen und Muskelarbeit noch eine sehr mannigfache Innenarbeit zu besorgen hat, deren Ziel es ist, erstens die körperliche Maschine an sich zu erhalten und instand zu halten, und zweitens die für die Außenarbeit notwendige Kraft zu produzieren. An dieser Aufgabe beteiligen sich alle Zellen, so zwar, daß bestimmte

Gruppen ständig und ausschließlich zu einer bestimmten Arbeitsleistung herangezogen werden. Aus der Anordnung der Zellgruppen zu Organen läßt sich wohl das Bestreben erkennen, arbeitsverwandte Apparate in nahe, örtliche Beziehung zu bringen — man vergleiche z. B. die Anlage des Verdauungsapparates. Andererseits finden sich aber in einem und demselben Organe Funktionen verschiedenster Art vereinigt. Die vielgestaltigen Leistungen der Leber sind ein treffendes Beispiel hierfür. Alle Zellen des Organismus stehen miteinander in Kontakt. Die Notwendigkeit einer solchen Anlage ergibt sich schon aus der Forderung einer zweckmäßigen Arbeit. Jede, selbst die geringfügigste Veränderung im menschlichen Organismus erfolgt durch lebendige Kraft, durch zielbewußte Arbeit, nichts bleibt dem Zufall überlassen. Die Summe aller Vorgänge im Organismus, die auf einer Veränderung der Substanz beruhen, bezeichnet man als Stoffwechsel.

Im allgemeinen kann man drei Abschnitte des Stoffwechsels unterscheiden. Der erste Abschnitt umfaßt die Umwandlung der Nahrungsmittel im Verdauungstrakte. Der zweite Abschnitt umfaßt die Vorgänge im Körperinnern zwischen der Darmwand und den Ausscheidungsorganen (Niere). Man bezeichnet diesen Abschnitt als intermediären Stoffwechsel. Der dritte Abschnitt umfaßt jene Organe, die die durch die Arbeit entstandenen Schlacken ausscheiden.

Der Körper bezieht seine Kraft aus bestimmten, in der Nahrung enthaltenen Stoffen. Die Nahrung des Menschen ist eine gemischte; sie stammt aus dem Tier-, Pflanzen- und Mineralreich. Ihre Elemente sind:

1. Stoffe, die als Kraftbildner und die dem Aufbau des Körpers dienen (Eiweißkörper, Kohlehydrate, Fette).
2. Substanzen, deren Verwendungsform noch nicht ganz aufgeklärt ist, die beständig und unverändert ausgeschieden werden und stets wieder ersetzt werden müssen, weil ihre dauernde Abwesenheit die schwersten Schädigungen des Körpers, ja selbst den Tod zur Folge hätte. Hierher gehören mineralische Bestandteile wie: Schwefel, Kalium, Natrium, Magnesium, Phosphor, Eisen usw. und das Wasser.
3. Extraktivstoffe und Gewürze als Reizmittel.

Unentbehrlich für den Körper ist der Sauerstoff, der zur Unterhaltung der Verbrennungen notwendig ist. Er wird aus der atmosphärischen Luft durch die Atmung aufgenommen.

Der Repräsentant der Eiweißkörper ist das Eiereiweiß. Eiweißkörper finden sich ferner im Fleisch, in den Körpersäften (Blut) und deren Produkten (Milch) als tierisches (animalisches) Eiweiß und in den Getreidearten, Hülsen- und Knollenfrüchsen und im Gemüse als pflanzliches (vegetabilisches) Eiweiß. Der Volksglaube hat dem tierischen und pflanzlichen Eiweiß eine verschiedene Bedeutung für den Körper zugeschrieben. Ein solcher Unterschied besteht tatsächlich nicht. In gleichen Quantitäten genommen, ist tierisches und pflanzliches Eiweiß für den Körper gleichwertig. Die Nahrungsmittel, die wir aus dem Tierreich beziehen, sind allerdings im Verhältnis viel eiweißreicher als die des Pflanzenreiches. Im Körper wird das zugeführte Eiweiß verbrannt, d. h. es zerfällt unter Aufnahme von Sauerstoff zu niedrig zusammengesetzten Verbindungen. Die Endprodukte der Eiweißverbrennung werden zum Teil durch die Lunge ausgeatmet — es ist dies die aus dem Eiweiß stammende Kohlensäure —, zum Teil durch Nieren, Darm und Haut ausgeschieden. Auf diesen Wegen, und zwar zum weitaus größten Teil durch die Nieren, zum geringeren Teil durch die Haut und den Darm, verlassen die stickstoffhaltigen Endprodukte des Eiweißes (Harnstoff, Ammoniak, Harnsäure, Kreatinin usw.; vgl. Kap. I) den Körper.

Die Nahrungskohlehydrate kommen zum größten Teil aus dem Pflanzenreiche; sie finden sich in allen Knollenfrüchten und Getreidearten. Ihr Repräsentant ist der Zucker. Im tierischen Organismus befindet sich Kohlehydrat in nennenswerter Menge nur in der Milch als Milchzucker. Auch das Blut enthält kleine Mengen von Zucker (Blutzucker). Die Veränderungen der Kohlehydrate im Verdauungstrakt sind im Kap. VII beschrieben worden.

Das Nahrungsfett kommt nur zum kleineren Teile aus der Pflanzen-, zum größeren Teile aus der Tierwelt. — Das Endprodukt der Kohlehydrat- und Fettverbrennung ist die Kohlensäure. Ihre Ausscheidung erfolgt durch die Lunge.

Die Nahrung, die wir täglich zu uns nehmen, bildet, wie erwähnt, die Quelle unserer Arbeitskraft und das Material für den Aufbau der Körperzellen. Unter normalen Verhältnissen — im Zustande der Gesundheit — bestimmt das Hunger- und Sättigungsgefühl die Größe der Nahrungsaufnahme, der Appetit beeinflußt die Auswahl der Speisen. Diese Organgefühle sind die besten Wächter der Bedürfnisse des gesunden Körpers. Unter ihrer Kontrolle erhält sich der erwachsene Mensch jahrelang im gleichen Körpergewichte. — Eine vieltausendjährige Übung verteilt die Nahrungsaufnahme auf mehrere Mahlzeiten; dadurch wird die Nahrung im Verdauungstrakt bedeutend besser ausgenutzt. Nur kleine Bruchteile gehen unresorbiert ab, während das Resorptionsdefizit mächtig anwächst, wenn die Nahrungsaufnahme zu kompendiös ist. Unsere Ernährung ist eine gemischte und stellt in der Regel ein Gemenge aller drei Nährstoffe, Eiweiß, Kohlehydrat und Fett, dar. Da diese aber in der täglichen Nahrung in stets wechselnder Menge enthalten sind, der tägliche Kraftbedarf aber bei gleicher Lebensweise ungefähr derselbe ist, so ergibt sich daraus, daß alle drei Nahrungsstoffe im Organismus zur Kraftbildung herangezogen werden müssen. In diesem Sinne sind sie auch tatsächlich gleichwertig. Ein Unterschied ist jedoch gegeben durch die Bedeutung der Nahrung als Baumaterial des Körpers. Hier kommt unter den drei Nährstoffen nur das Eiweiß in Betracht. Eiweiß ist der Hauptbestandteil der lebenden Zelle. Eine dauernde

Entziehung desselben verträgt der Organismus nicht; denn weder der Mensch noch das Tier sind imstande, das Körpereiweiß aus den Grundelementen[1]) (Stickstoff, Wasserstoff und Kohlenstoff) aufzubauen. Diese Fähigkeit kommt nur der Pflanzenzelle zu. Sie ist imstande, aus den niedrigsten Stickstoffverbindungen (Ammoniak, Nitrite, Nitrate) und mit Unterstützung bestimmter Bakterien vielleicht sogar aus dem Stickstoff der Luft ihr Zelleiweiß aufzubauen. Der menschliche und tierische Organismus kommt mit diesen niedrigsten Verbindungen nicht aus. Damit soll aber nicht gesagt werden, daß der Organismus überhaupt nicht die Fähigkeit besitze, Eiweiß aufzubauen — eine Anschauung, die noch vor nicht langer Zeit gang und gäbe war. Die neuere Forschung hat uns gelehrt, daß die Verdauung des Eiweißes sogar zum größten Teil bis zu Produkten erfolgt, die keine Eiweißähnlichkeit mehr haben. — Sollten diese Substanzen für den Körper ganz verloren gehen oder nur als Kraftmaterial dienen? — Es erscheint dies unwahrscheinlich und wird außerdem durch die Tatsache widerlegt, daß es gelingt, bei einem Tiere, das ausschließlich mit solchen tief abgebauten Eiweißprodukten ernährt wird, noch Eiweißansatz zu erzielen. Es läßt sich sogar sagen, daß wir in diesen niedrigsten organischen Stickstoffverbindungen (Aminosäuren) die Bausteine des Zelleiweißes zu sehen haben. Diese tiefgreifende Veränderung des Eiweißes hat ihre besondere Bedeutung. Die verschiedenen Eiweißarten sind nicht identisch. Der Unterschied ist wohl weniger ein qualitativer als ein quantitativer, d. h. die einzelnen Elemente, aus denen sich das Eiweißmolekül aufbaut, sind wohl die gleichen, aber ihre Zahl schwankt. Dadurch, daß der Organismus das ihm zugeführte artfremde Eiweiß tief abbaut, ist er imstande, durch Auswahl der Elemente ein seinem Körper entsprechendes „arteigenes"[2]) Eiweiß zu bilden. Der Aufbau des Körpereiweißes aus den Produkten des Nahrungseiweißes geschieht höchstwahrscheinlich in der Darmwand; wenigstens gelingt es nicht, in dem Blute, das die Darmwand verläßt, Aminosäuren — die Verdauungsprodukte des Eiweißes — in größerer Menge nachzuweisen. Das Eiweiß wird an die Blutbahn abgegeben, und die einzelnen Organe greifen aus dem zirkulierenden Blute die zum Ersatz notwendige Eiweißmenge heraus, der übrige Teil dient der Kraftbildung. Läßt man den Organismus hungern, so bezieht er einen Teil der zur Arbeit notwendigen Kraft aus dem Eiweiß der einzelnen Organe. — Das Organeiweiß wird abgebaut, wobei der Abbau des Eiweißes erfolgt durch Fermente in den Zellen, höchstwahrscheinlich ebenso, wie dies mit dem Nahrungseiweiß im Verdauungstrakte geschieht; es werden höhere Stickstoffverbindungen zu niedereren und niedrigsten abgebaut. Dieser Vorgang findet aber auch zu normalen Zeiten statt und setzt den Organismus in die Lage, das Eiweiß umzubauen, d. h. aus niedrigen

---

[1]) Über die Zusammensetzung des Eiweißes siehe Kap. I.
[2]) Über die Bedeutung der Arteigenheit des Eiweißes s. Kap. I u. II.

Spaltprodukten anders beschaffenes Eiweiß aufzubauen. So findet sich z. B. in der Milch ein besonderer Eiweißkörper, das Kasein, das sonst nirgends im Körper anzutreffen ist. Da die Milch auch im Hungerzustande sezerniert wird, so muß in diesem Falle das Kasein aus dem Körpereiweiß hervorgegangen sein. Im Hungerzustande leben überhaupt die wichtigsten Organe auf Kosten der weniger wichtigen, und da das Eiweiß der verschiedenen Organe Unterschiede des Aufbaues aufweist, so muß auch hier ein Umbau des Eiweißes stattfinden. Ein gutes Beispiel für diesen Vorgang gibt der Rheinlachs. Dieser verläßt sehr gut genährt das Meer und verbringt mehrere Monate hungernd im Flußwasser. Dabei magert er selbstverständlich hochgradig ab, aber seine Geschlechtsorgane entwickeln sich mächtig auf Kosten der Skelettmuskulatur.

Das in der Nahrung enthaltene Eiweiß dient ferner auch, und zwar mit seinem größten Anteil, als Kraftbildner; denn die Menge des Eiweißes, das für den Zellersatz beansprucht wird, ist beträchtlich geringer als die tägliche Zufuhr. Aber auch als Kraftbildner nimmt das Eiweiß eine gewisse Vorzugsstellung gegenüber den Kohlehydraten und Fetten ein. Es wird bei gleichzeitiger Zufuhr früher und in bedeutend größerem Umfange verbrannt. Der Organismus hat nicht das Bestreben, Eiweiß überschüssig aufzustapeln, er verbrennt es so ziemlich vollständig binnen 24 Stunden nach der Aufnahme. Es ist also irrig, anzunehmen, daß reichlicher Fleischgenuß den Muskeln zugute kommt. Führt man aber dauernd überreiche Eiweißmengen dem Körper zu, so wird der Überschuß in Fett verwandelt und angesetzt. Diese Umwandlung geht höchstwahrscheinlich so vor sich, daß aus dem Eiweiß zuerst Zucker gebildet wird und dieser überschüssige Zucker erst in Fett übergeht. Die Zuckerbildung aus Eiweiß ist eine feststehende Tatsache; sie spielt sich in der Leber ab.

An zweiter Stelle neben den Eiweißkörpern rangieren die Kohlehydrate. Zucker ist das wichtigste, wenn nicht ausschließliche Brennmaterial für den Muskel. Die Kohlehydrate werden als Monosaccharide aus dem Darmkanal aufgesogen und gehen in der Blutbahn in die Leber über. Hier werden sie zurückgehalten, soweit sie nicht sofort der Verbrennung zugeführt werden. Die Leber bildet das große Zuckerdepot des Organismus. Das Blut selbst kann nicht unbegrenzte Zuckermengen aufnehmen, seine Aufnahmefähigkeit für Zucker ist sogar eine recht geringe. 0,08—0,1 Proz. ist der normale Zuckergehalt des Blutes. Wenn er unter pathologischen Verhältnissen zunimmt, so kommt es zur Zuckerausscheidung mit dem Harn (Zuckerkrankheit). Da jedoch der Zucker bei der Muskelarbeit dem Blute ständig entnommen wird, ist die Anlage eines Depots, das die Nachschaffung des verbrauchten Zuckers besorgt, notwendig. Und dieses Zuckerdepot stellt eben die Leber dar. Sie hält unter normalen Verhältnissen den Zucker zurück und gibt nur so viel ab, als den Bedürfnissen entspricht. Werden nun mit der Nahrung aber dauernd große Mengen von Kohlehydraten zugeführt, so wäre die Leber bald überfüllt, wenn sie nicht die Fähigkeit besäße, den überschüssigen Zucker in Fett umzuwandeln und dieses in die weitaus umfangreicheren Aufnahmsräume des Unterhautzellgewebes — in die sog. Fettzellen — abzuschieben. Diese Tatsache ist in der Landwirtschaft schon lange bekannt und praktisch verwertet. Die Mästung der Haustiere beruht auf der Überfütterung mit Kohlehydraten (Schlempe, Melasse). Die große Bedeutung des Zuckers für den Stoffwechsel ergibt sich aus den Folgen, die seine Abwesenheit in der Nahrung nach sich zieht. Schon nach einigen Tagen treten Erscheinungen auf, die auf eine Störung der Fettverbrennung bezogen werden. In den Ausscheidungen lassen sich Körper nachweisen — Azeton und Azetessigsäure —, die darauf hinweisen, daß wenigstens ein Teil des zur Kraftbildung herangezogenen Fettes nicht vollständig bis zu Kohlensäure verbrennt, sondern daß Vorstufen des Endproduktes — eben jene Körper — ausgeschieden werden. Mit ungefähr 30—50 g Kohlehydrat in der täglichen Nahrung kann dieser Störung vorgebeugt werden.

Das Fett nimmt den dritten Rang unter den Nährstoffen ein. Die Veränderungen, die das Nahrungsfett im Darme erfährt, sind im Kap. VII beschrieben worden. Das in der Darmwand wieder aufgebaute Fett gelangt im abführenden großen Lymphgange (Ductus thoracicus) in den großen Kreislauf und wird in den Fettzellen des Unterhautzellgewebes und in den Maschen des Bauchfelles abgelagert. Nur ein kleiner Teil verbrennt sofort. Aus den Depots gelangt zur Zeit des Bedarfes das Fett wieder rückläufig in die Leber, um hier verarbeitet zu werden. Das Fett ist scheinbar ganz entbehrlich in der Nahrung. Sein Mangel bedingt keine Störungen des Stoffwechsels, erschwert aber die Ernährung an sich. Die Bedeutung des Fettes liegt nämlich — darüber wird später noch berichtet — in dem hohen Brennwerte. Es ist in gleicher Gewichtsmenge ein bei weitem ausgiebigeres Brennmaterial als Eiweiß und Zucker. Eine nur aus diesen beiden Stoffen bestehende Nahrung müßte, um den Bedürfnissen zu entsprechen, sehr kompendiös sein. Daraus würden verschiedene Mängel resultieren, nicht zumindest der, daß eine so massige Nahrungsaufnahme die Resorption der Verdauungsprodukte schädigen würde, wie dies einmal schon betont wurde. Dagegen gestattet die Beimengung von Fett, das Nahrungsquantum beträchtlich zu reduzieren, ohne daß der Nährwert vermindert würde. Ferner stellt das Fett die Kraftreserve dar, die der Organismus in guten Zeiten aufspart, um sie zuzeiten gesteigerter Ansprüche oder verminderter Ernährung in Dienst zu stellen.

Der Stoffwechsel bei Ernährung und im Hunger.

A. Eiweißstoffwechsel bei reiner Eiweißkost.

Unsere Erfahrungen über das Verhalten des Eiweißes bei reiner Eiweißkost stammen zum größten Teil aus Untersuchungen am Hunde. Der Mensch eignet sich nämlich zu solchen Untersuchungen nicht, da er nicht durch längere Zeit seinen ganzen Bedarf mit Eiweiß decken kann. Auf Zufuhr größerer Fleischmengen antwortet er schon nach wenigen Tagen mit Appetitlosigkeit und sogar Widerwillen gegen eine so beschaffene Nahrung. Außerdem stellen sich schwere Magendarmstörungen ein, die die Verwertung des Stoffwechselversuches unmöglich machen. Der Hund dagegen verträgt große Quantitäten Fleisch, die über seinen Nahrungsbedarf weit hinausgehen können. Da der Eiweißstoffwechsel des Hundes keinen wesentlichen Unterschied gegenüber dem des Menschen aufweist, sind die hier gewonnenen Erfahrungen auch für den Menschen anwendbar.

Diese Untersuchungen lehren, daß — wie schon früher erwähnt wurde — der Organismus das ganze Nahrungseiweiß verbrennt. Selbstverständlich muß das Quantum, das gereicht wird, seinen Nahrungsbedarf decken. Geschieht dies nicht, so greift er seinen eigenen Eiweißbestand an und deckt damit das Nahrungsdefizit. Bei einer Zufuhr aber, die den Bedarf überschreitet, bleibt für einige Tage Eiweiß im Körper zurück. Bald aber steigert sich — aus nicht begreiflichen Gründen — die Eiweißzersetzung, und die Ausscheidung der Eiweißprodukte erreicht die Höhe dez Zufuhr. Man faßt diese Tatsache in den Satz zusammen, daß der Organismus die Fähigkeit besitzt, sich mit verschiedenen Eiweißmengen ins Gleichgewicht zu stellen.

Eine weitere auffallende Erscheinung tritt auch zutage, wenn man einem Hunde nach mehrtägigem Hunger nur jene Eiweißmenge als Nahrung reicht, die der Eiweißverbrennung am letzten Hungertage entspricht. Da zeigt es sich, daß der Hund sich mit diesem Quantum nicht ins Gleichgewicht setzen kann, sondern daß die Verbrennung jetzt mehr als doppelt so groß ist, als im Hunger. Der Hund verbrennt nicht nur das Nahrungseiweiß vollständig, er greift von seinem Organeiweiß sogar noch mehr an, als im Zustande vollkommenen Hungers. Diese Tatsache faßt man in den Worten zusammen, daß jede Eiweißzufuhr die Eiweißzersetzung steigert.

B. Eiweißstoffwechsel bei eiweißfreier Kohlehydrat-Fettkost.

Vermeidet man in der Ernährung das Eiweiß und führt man nur Kohlehydrat und Fett in einem ausreichenden Maße zu, so stellt sich der Organismus nach einigen Tagen auf eine sehr niedrige und konstante Eiweißzersetzung ein. Es werden im ganzen 18—25 g Eiweiß verbraucht. Also trotz ausreichender Ernährung wird doch Körpereiweiß zersetzt, und die Ursache liegt in der Abnutzung der Zellen durch die Arbeit. Die Notwendigkeit, die Zellen lebenswichtiger Organe wieder zu ersetzen, bedingt, daß das Eiweiß weniger lebenswichtiger Organe (Muskeln) hierzu herangezogen wird; denn der Organismus ist ja nicht imstande, Eiweiß aus den Grundelementen (Stickstoff, Kohlenstoff und Wasserstoff) aufzubauen. Bei diesem Umbau geht ein Teil verloren; dieser erscheint in den Ausscheidungen und zeigt jene Eiweißzersetzung an, die für den Unterhalt der Lebensfunktion im Organismus notwendig ist. Setzt man diese Ernährung im Tierversuch durch lange Zeit fort, so geht das Tier trotz ausreichender oder sogar überreicher Ernährung zugrunde. Die Quellen, aus denen das Ersatzmaterial bezogen wird, versiegen, und es verbrauchen sich die lebenswichtigen Organe.

C. Eiweißstoffwechsel bei gemischter Ernährung.

Diese Ernährungsform ist die für den Menschen gewöhnliche. Der Kraftbedarf wird von allen drei Nährstoffen gedeckt. Die Eiweißzufuhr kann eine recht geringe sein; sie muß nur unbedingt so groß sein, um dem Zellersatz zu genügen. Wird Eiweiß aber in größerer Menge gereicht, so deckt es auch den Kraftbedarf mit seinem ganzen Überschuß, d. h. auch bei gemischter Kost wird Eiweiß nicht im Körper zurückgehalten, sondern in seiner Gänze verbrannt. Es tritt als erstes in den Verbrennungsprozeß ein. Dann erst folgen die Kohlehydrate. Auch sie werden total verbrannt, und der Rest des Kraftbedarfes wird durch Fett gedeckt. Über die Größe der Eiweißzufuhr, die zur Erhaltung des Eiweißgleichgewichtes im Körper bei gemischter Kost notwendig ist, liegen zahlreiche Untersuchungen vor. Nach älteren Angaben soll der Mensch 1,5 g Eiweiß pro 1 kg Körpergewicht und Tag aufnehmen, um seinen Eiweißbestand zu erhalten. Ein 70 kg schwerer Mensch braucht also ungefähr 118 g Eiweiß pro Tag[1]). Untersuchungen jüngeren Datums zeigen aber, daß man mit geringeren Quantitäten (ca. 50 bis 60 g pro Tag) auskommen kann, wenn man durch längere Zeit allmählich die Quantität des aufgenommenen Eiweißes bis zu dieser Größe vermindert und den Rest mit eiweißfreiem Material deckt. Der Organismus stellt sich dann auf diese geringe Zufuhr ein, ohne von seinem Eiweiß etwas abzugeben. Das Eiweiß kann also als Energieträger durch Kohlehydrat und Fett ersetzt werden; dabei besitzt das Kohlehydrat in größerem Maße die Fähigkeit, das Eiweiß aus der Verbrennung zu verdrängen, als das Fett.

D. Stoffwechsel im Hunger.

Entzieht man dem Organismus vollständig die Nahrung, so bleibt seine Tätigkeit doch verhältnismäßig recht lange erhalten.

---

[1]) Von 118 g Eiweiß der Nahrung werden nur ca. 105 g im Darme resorbiert. Der Rest geht mit dem Kote ab.

Die Nahrungszufuhr ist in der Regel nicht so knapp bemessen, daß sie nur dem augenblicklichen Kraftbedarf genügen würde; sie enthält vielmehr einen Überschuß, den der Organismus aufspart. Diese aufgesparte Kraft ist zum größten Teil im Körperfett enthalten. Es wird ja das überschüssige Kohlehydrat und Eiweiß in Fett verwandelt und das Nahrungsfett als solches angesetzt. Kohlehydrat und freies Eiweiß stehen dem Organismus im Hungerzustande nur in sehr bescheidenem Umfange zur Verfügung. Sie werden wohl in den zwei ersten Hungertagen ganz verbrannt. Dann bestreitet das vorrätige Fett ganz den Kraftbedarf. Vom Organeiweiß wird zur Krafterzeugung vielleicht nichts, höchstens nur sehr wenig abgegeben. Trotzdem besteht eine Eiweißzersetzung im Hunger, sie ist aber sehr gering und ist eine Folge des Eiweißumbaues zum Zwecke der Zellersatzes der lebenswichtigen Organe. Solange der Körper über Fett verfügt, verträgt er den Hunger ohne wesentlichen Schaden. Die wichtigen Körperfunktionen leiden im großen und ganzen wenig. Der Puls wird etwas beschleunigt, das Herz reagiert leichter auf kleine Reize mit einer Beschleunigung seiner Tätigkeit, die Körpertemperatur ist etwas niedriger. Das Körpergewicht sinkt um etwa 1 Proz. pro Hungertag. An der Gewichtsabnahme beteiligen sich aber die Gewebe nicht gleichmäßig. Die Organe, die eine lebenswichtige Funktion zu erfüllen haben, werden auf Kosten anderer, funktionell weniger bedeutungsvoller Organe erhalten. So erfährt das Nervensystem so gut wie keine Gewichtsverminderung; ebenso nimmt das Herzgewicht sehr wenig ab. Auch das Knochensystem wird wenig verändert, deshalb aber, weil seine Substanz als Nahrungsfaktor nicht in Betracht kommt. Hingegen wird aber, wie erwähnt, das Fett bei lange dauerndem Hunger vollständig aufgezehrt. In zweiter Linie kommt für die lebenswichtigen Organe als Nahrung die Skelettmuskulatur in Betracht.

Ist aber das Körperfett ganz aufgebraucht, so bleibt nur das Organeiweiß als Nahrungsmittel zurück. Jetzt muß der Kraftbedarf vom Eiweiß allein gedeckt werden, und die Folge davon ist eine enorme Eiweißeinschmelzung, die lebenswichtigen Organe leiden in der Ernährung, und das schließliche Sistieren ihrer Funktion ist in kurzer Zeit unausbleiblich. Der Schaden, der durch die stärkere Inanspruchnahme des Organeiweißes angestiftet wird, ist so groß, daß selbst eine jetzt einsetzende Ernährung den fortschreitenden Zerfall nicht mehr aufhalten kann. Bis es aber so weit kommt, vergehen Wochen. Eine vergangene Zeit konnte feststellen, daß Geisteskranke eine absolute Nahrungsverweigerung 40 Tage ertrugen, und bekannte Hungerkünstler enthielten sich bis zu 30 Tagen jeglicher Nahrung ausschließlich des Wassers. Hunde halten eine Nahrungsentziehung bis zu 60 Tagen aus.

Verhalten und Bedeutung des Wassers und der mineralischen Nährstoffe im Stoffwechsel.

Das Wasser findet sich in allen Geweben des Organismus. Über die Größe des Wassergehaltes wurde im Kap. I berichtet. Es dient als Lösungs- und Quellungsmittel für die in den Gewebssäften enthaltenen Verbindungen, die auch durch das Wasser nach allen Teilen des Körpers befördert werden. Die tägliche Zufuhr von Wasser schwankt in breiten Grenzen. Sie ist abhängig von der Nahrungszufuhr, von der Größe der Arbeit, von Temperatur und Feuchtigkeitsgehalt der Luft. Im Durchschnitt nimmt der erwachsene Mensch 2000—3000 g Wasser zu sich. Daneben entsteht noch eine geringe Menge Wasser im Organismus selbst, indem sich der bei der Verbrennung frei werdende Wasserstoff mit Sauerstoff verbindet. Unter normalen Verhältnissen wird alles aufgenommene Wasser wieder ausgeschieden. Der Hauptanteil wird von den Nieren sezerniert und erscheint als Harn in einer Quantität von ca. 2000 ccm bei Aufnahme von 3 l Wasser. Ein recht beträchtlicher Anteil (ungefähr 1000 ccm) tritt durch die Lungen als Wasserdampf und durch die Haut als Schweiß aus. Mit dem festen Stuhle gehen nur geringe Mengen ab. Schwerere Arbeit bedingt durch stärkere Schweißabsonderung und vermehrte Wasserdampfabgabe eine reichlichere Wasserzufuhr. Ist der Feuchtigkeitsgehalt der Luft vermehrt und dadurch die Wasserdampfaufnahme vermindert, so erscheint die Harnabsonderung gesteigert.

Vermehrte Wasseraufnahme hat keinen oder wenigstens keinen dauernden Einfluß auf den Stoffwechsel. Das überschüssig zugeführte Wasser wird, wenn keine Arbeit verrichtet wird, fast ausschließlich von den Nieren ausgeschieden. Entzieht man dem Organismus vollständig das Wasser, so schränkt der Körper die Wasserabgabe ein, im Harn erscheinen dann nur 300 g Flüssigkeit, und die Wasserdampfabgabe sinkt auf ungefähr 100 g. Der Flüssigkeitsverlust geht bei fortgesetztem Durste auf Kosten des Wassergehaltes der Organe. Bei vollständiger Nahrungsentziehung wird der Wassermangel verhältnismäßig leichter ertragen. Es steht dem Körper dann wenigstens das Flüssigkeitsquantum zur Verfügung, das bei der Verbrennung der eigenen Gewebssubstanz gebildet wird. Ernährung mit trockenem Futter dagegen ruft in kurzer Zeit schwere Erscheinungen hervor. Schon die Verdauung der trockenen Nahrung bedingt einen großen Flüssigkeitsverlust. Müssen doch zu diesem Zwecke massenhaft wässerige Sekrete in den Verdauungskanal sezerniert werden. Ferner werden bei der Verbrennung des zugeführten Nährmaterials bedeutend mehr Schlacken gebildet, die nur in wässeriger Lösung nach außen treten können. So wird es verständlich, daß z. B. Tauben, die eine vollständige Nahrungsentziehung durch 11—12 Tage überleben können, bei trockener Ernährung schon nach 2—7 Tagen unter allgemeinen Muskelkrämpfen eingehen.

Entzieht man einem Hunde bei sonst ausreichender Ernährung die in der gewöhnlichen Kost enthaltenen Salze (Chlor, Kalzium, Magnesium, Natrium, Eisen, Phosphor usw.), so treten schon nach einigen Tagen schwere Erscheinungen von seiten des Zentralnervensystems auf. Die Tiere werden matt, an den Extremitäten gelähmt. Dabei ist die Erregbarkeit gesteigert. Die Tiere erschrecken leicht, zucken zusammen, werden von allgemeinen Krämpfen befallen und gehen unter Erstickungserscheinungen ein. Der Stoffwechsel und die Verdauung sind dabei ungestört. Nur bei längerer Dauer des Versuches tritt eine Verzögerung der Verdauung und Erbrechen ein. Unterbricht man rechtzeitig den Versuch durch Zufuhr salzhaltiger Kost, so entwickeln die Tiere alsbald eine unglaubliche Gefräßigkeit, und die nervösen Erscheinungen gleichen sich im Laufe von Monaten wieder aus. Diese Versuche zeigen, wie wichtig die sog. Aschebestandteile für den Stoffwechsel sind. Wird doch vollständige Nahrungsentziehung leichter ertragen, als die Entziehung der Salze in einer sonst ausreichenden Kost.

Extraktivstoffe, Gewürze und Alkohol.

Die Extraktivstoffe und Gewürze haben an sich keinen Nährwert. Durch ihre Zutat wird die Kost aber schmackhaft, und außerdem üben sie auf die Verdauungssekrete produzierenden Zellen einen günstigen Reiz aus. Eine vollkommen reizlose Kost wird für die Dauer ungenießbar. Ihr Anblick erregt schon Widerwillen und Brechreiz trotz stärksten Hungergefühls. Die Genußmittel bereiten ja die Verdauung vor. Der bloße Anblick der den Geruch und Geschmack angenehm erregenden Speisen setzt schon die Magensekretion in Gang (vgl. Kap. VII). Andererseits hat ein jeder schon die Wahrnehmung gemacht, daß unappetitliche oder schlecht zubereitete Speisen zu Unlustgefühlen Veranlassung geben und Würgegefühl, ja selbst Brechreiz hervorrufen.

Der Alkohol verbrennt im Körper fast vollständig (95 Proz.) und tritt bei sonst ausreichender Ernährung für die anderen Nährstoffe (Eiweiß, Kohlehydrat und Fett) in bescheidenem Umfange ein, bewirkt also Fettansatz. Bei kleinen Dosen ist die Sparung des Nährmaterials naturgemäß eine sehr geringe, bei Darreichung großer Dosen stellen sich aber die bekannten Vergiftungserscheinungen ein, so daß der Alkohol höchstens als Reizmittel, keineswegs aber als Nährmaterial in Betracht kommt.

Die Größe des Kraftbedarfs.

Die Kraftquellen, über die der Organismus verfügt, sind: 1. die Nahrung und 2. die eigene Körpersubstanz. Die Nährstoffe zerfallen, wie die eigene Körpersubstanz bei Abwesenheit der ersteren, durch Aufnahme von Sauerstoff zu Kohlensäure. Sie erfahren also im

Organismus dieselben Veränderungen, wie außerhalb desselben im künstlichen Feuer — sie verbrennen. Die Nährstoffe entwickeln bei ihrer Verbrennung im intermediären Stoffwechsel dieselbe Wärmemenge, wie außerhalb des Körpers. Diese Feststellung ist von außerordentlicher Bedeutung, denn sie ermöglicht es, den Wärmewert der im Organismus verbrauchten Stoffe aus den Endprodukten zu ermitteln, gestattet also einen Schluß auf die Größe des Umsatzes und die Größe der Nahrungsmenge, die zur Lieferung einer bestimmten Kraftmenge notwendig ist. Der Brennwert der Nährstoffe ist abhängig von der Größe der ihnen innewohnenden Spannkräfte, die, durch die im intermediären Stoffwechsel vor sich gehenden Spaltungs- und Oxydationsvorgänge freigemacht, sich in lebendige Kräfte (Muskelbewegung, Wärme) umwandeln. Nur mit den Kräften, die dem Organismus als Nahrung zugeführt werden, kann der Körper arbeiten, und seine Leistungsfähigkeit ist proportional der zur Verfügung stehenden Kraftmenge. Diese Kräfte bestreiten die Innenarbeit: Herztätigkeit, Verdauung, Nervenarbeit usw., und verlassen als Wärme den Körper. Die in den Nährstoffen ruhende Kraft wird in Kalorien[1]) ausgedrückt. Der Brennwert der Nährstoffe beträgt, auf 1 g bezogen, für Eiweiß und Kohlehydrat 4,1, für Fett 9,3 Kalorien. Der Gesamtbedarf des Organismus an Kraft wird in den Berechnungen auf 1 kg Körpergewicht für die Tagesleistung bezogen. Er ist um so größer, je schwerer der Körper und je größer die Arbeitsleistung ist. Auch in der Ruhe wird Kraft verbraucht. Arbeiten doch zahlreiche Apparate ohne Unterbrechung, es muß auch die Wärme erzeugt werden, die der wärmere Organismus an die kalte Umgebungsluft abgeben muß. Mühevolle Untersuchuugen haben ergeben, daß der erwachsene Mensch im Ruhezustande 30—35, bei leichter Arbeit 35—40, bei schwerer Arbeit über 40 Kalorien pro 1 kg Körpergewicht und Tag braucht. Um ein Beispiel anzuführen, würde ein 70 kg schwerer Arbeiter bei mittelschwerer Arbeit ca. 3000 Kalorien brauchen. Die eine solche Wärmemenge bildende Nahrung muß — wie aus früheren Ausführungen hervorgeht — 118 g Eiweiß (1,5 g pro 1 kg) enthalten. Der Rest wird durch Kohlehydrate und Fett gedeckt. Der Arbeiter bevorzugt die billigeren Kohlehydrate und nimmt davon ca. 500 g und von Fett ca. 50 g. Die Berechnung ergibt:

$$
\begin{array}{lll}
118\ \text{g Eiweiß} \ . \ . \ . & = & 484 \text{ Kalorien} \\
500\ \text{g Kohlehydrate} \ . & = & 2050 \quad ,, \\
50\ \text{g Fett} \ . \ . \ . \ . & = & 465 \quad ,, \\
\hline
 & \text{Summa} & 2999 \text{ Kalorien,}
\end{array}
$$

das sind bei 70 kg Körpergewicht ca. 45 Kalorien pro 1 kg.

---

[1]) Eine Kalorie ist eine Wärmemenge, die imstande ist, die Temperatur 1 l Wasser bei 20° C um 1° zu erhöhen. Wir rechnen mit kleinen Kalorien, von denen 1000 eine große bilden.

Als Kraftbildner vertreten sich Eiweiß, Kohlehydrat und Fett entsprechend ihrem Brennwerte. Das heißt, man kann Fett mit der ungefähr $2^1/_2$ mal so großen Eiweiß- oder Kohlehydratmenge ersetzen, und in entsprechendem Verhältnis auch umgekehrt. Ist die Arbeit größer, als der Nahrungszufuhr entspricht, so wird das entfallende Kraftdefizit durch die Körpersubstanz gedeckt, und zwar tritt hier vorzugsweise oder ausschließlich das Körperfett in die Verbrennung ein.

Über den chemischen Vorgang bei der Verwertung der Nährstoffe zur Muskelarbeit läßt sich nichts mit Bestimmtheit sagen. Es hat den Anschein, als ob der Muskel seine Kraft nur aus dem Zucker beziehen würde. In diesem Falle müßte das Eiweiß und Fett zu Zucker umgewandelt werden. Wenn auch zahlreiche Erfahrungen dafür sprechen, so kann man die Untersuchungen über diese Verhältnisse noch bei weitem nicht als abgeschlossen erklären.

Im Gegensatz zur Muskelarbeit steigert geistige Tätigkeit die Verbrennungen nicht; dagegen beeinflußt das Alter die Größe des Stoffumsatzes. Im Kindesalter ist der Verbrauch um ungefähr 50 Proz. erhöht, im Greisenalter um 20—30 Proz. herabgesetzt. Das Geschlecht hat keinen Einfluß auf den Stoffumsatz.

Regulierung der Stoffwechselvorgänge.

Die Leistungsfähigkeit des menschlichen Organismus ist abhängig von der verfügbaren Kraftmenge. Bei der Arbeit wird die täglich zugeführte Nahrung verwertet. Ein etwaiger Überschuß derselben wird aufgespart. Ist die Arbeitsaufgabe größer als die Kraft, die in der zugeführten Nahrungsmenge enthalten ist, so werden die Reserven angegriffen. Eine wichtige Aufgabe fällt der Leber zu. Sie ist nicht nur Hauptdepot für Kohlehydrate, in ihr erfahren auch die Eiweißkörper und Fette Veränderungen, die sie erst geeignet machen, als Kraftbildner zu dienen. Diese Substanzen müssen also aus ihren Depots freigemacht und der Leber zugeführt werden. Der Nachweis, daß ein solcher Vorgang tatsächlich stattfindet, läßt sich sehr gut am Fett erbringen. Unsere Nahrung enthält nämlich Fette verschiedener Abstammung. Bei überschüssiger Ernährung wird das Nahrungsfett unverändert angesetzt. Wenn wir reichlich Butter zuführen, so erfolgt der Fettansatz in dieser Form, ebenso wie Schweinefett als solches angesetzt wird. Die verschiedenen Fette haben bestimmte Merkmale, die ihre Agnoszierung gestatten. Ein Hauptmerkmal ist der Schmelzpunkt des Fettes, der für die verschiedenen Fettarten verschieden, für die einzelnen aber konstant ist. Wenn man nun einem Hunde z. B., nachdem man ihn durch fortgesetztes Hungern fettarm gemacht hat, durch längere Zeit in einer überreichen Nahrung Butter zuführt und dann in einer gerade ausreichenden Nahrung statt Butter Schweinefett, in einer dritten Periode das Tier hungern läßt, so kann man schon nach einigen Hungertagen in der Leber ausschließlich eine Fettart, die Buttercharakter trägt, nachweisen.

Der fettlos gemachte Hund hat in der ersten Periode der Überfütterung vielleicht das ganze Nahrungsfett angesetzt; in der zweiten
Periode, in der das Kostausmaß den Bedürfnissen eben entsprach,
hat er die ganze Nahrung, also auch das Schweinefett, vollständig
verbrannt. Im Hungerzustande muß er das Reservefett wiederum
angreifen; das Unterhautzellgewebe wird fettärmer, weil ihm das
Fett entzogen wird, der Fettgehalt der Leber hingegen steigt enorm
an, weil ihr jetzt Fett in reicherer Menge zugeführt wird. Untersucht man bei diesem Tiere den Schmelzpunkt des Fettes in der
Leber, so findet man, daß er mit dem der Butter identisch ist.

Wir haben hier also einen Faktor der Stoffwechselregulierung,
der uns anzeigt, wie das in guten Zeiten aufgesparte Material zur
Zeit absolut oder relativ ungenügender Ernährung zur Kraftbildung
herangezogen wird. Es sei noch erwähnt, daß der Verbrauch auch
dann nur jene Größe erreicht, die dem Kraftdefizit entspricht, das
sich aus der Unterernährung ergibt. Nur wenn der Kraftanspruch
durch die Ernährung nicht ganz gedeckt werden kann, gelangt Körpersubstanz zur Verbrennung.

In der Leber erfolgt also die Umwandlung der Nährstoffe zu
Kraftbildnern. Diese werden vom zirkulierenden Blute aufgenommen
und den arbeitenden Zellen zugeführt. Die Ausgaben bei der Arbeit
werden, wie erwähnt, unmittelbar aus dem im Blute rollenden Vorrate
bestritten und der Verbrauch von der Leber aus wieder ersetzt. Über
diesen Vorgang orientiert uns der Zuckergehalt des Blutes, der leicht
und sicher bestimmbar ist. Die Untersuchung des Blutzuckers ergibt
nun die auffallende Tatsache, daß — normale Verhältnisse im Stoffwechsel vorausgesetzt — das Blut seinen Zuckergehalt unter allen
Umständen auf einer bestimmten Höhe zu erhalten bestrebt ist.
Der Blutzuckergehalt schwankt in sehr engen Grenzen um 0,08 Proz.
herum. Ganz gleichgültig, ob die Ernährung überreich ist, oder ob
der Organismus hungert, ob die Nahrung sehr viel Eiweiß oder sehr
viel Fett, ob sie mehr oder weniger Kohlehydrate enthält, der Blutzuckergehalt bleibt immer ziemlich der gleiche. Auch Ruhe und
mäßige Arbeit haben keinen Einfluß auf seine Größe. Nur sehr
schwere Arbeit treibt ihn ein wenig in die Höhe. Desgleichen wird
er durch Zufuhr sehr großer Traubenzuckermengen, wie sie aber in
der gewöhnlichen Ernährung niemals vorkommen, etwas vermehrt.

Nun ist aber der Blutzucker das wichtigste, wenn nicht gar das
ausschließliche Brennmaterial des arbeitenden Muskels, und wir wissen,
daß dessen Leistungsfähigkeit direkt abhängig ist von dem verfügbaren
Brennstoff. Bei schwerer Arbeit wird sicherlich viel mehr Zucker
verbrannt als bei leichter. Wenn aber dem Muskel nur eine bestimmte Menge Zucker zur Verfügung stehen würde, und diese nicht
vermehrt werden könnte, so wären der Leistungsfähigkeit des Muskels weit engere Grenzen gezogen, als sie tatsächlich sind. Es muß
also auf irgendeine andere Weise dieser scheinbare Mangel ausgeglichen
werden. Unter normalen Verhältnissen ist der Zuckergehalt des

Blutes ziemlich konstant und von äußeren Einflüssen unabhängig. Der Grund für diese Einstellung liegt darin, daß die Tragfähigkeit des Blutes für Zucker eine begrenzte ist. Das Blut ist wohl imstande, beträchtlich größere Zuckermengen aufzusaugen, aber es fehlt ihm die Fähigkeit, den Überschuß auch zu erhalten. Dieser wird vielmehr in den Nieren ausgeschieden und erscheint im Harn (Zuckerkrankheit). Wird das Vehikel zu stark belastet, so rollt der Überschuß ab. Wenn aber das Blut nur eine bestimmte Menge Zucker aufnehmen kann, so könnte der Muskel bei gleicher Durchströmung immer nur eine bestimmte Zuckermenge erhalten, und seine Arbeitsgröße könnte nicht über dieses Maß hinausgehen. Diesem Übelstande wird nun dadurch abgeholfen, daß bei gesteigertem Anspruch infolge vermehrter Muskelarbeit der Muskel rascher durchströmt wird, wobei sich gleichzeitig die Blutgefäße des Muskels erweitern, so daß die denselben passierende Blutmenge bedeutend größer ist. Tatsächlich ist unter diesen Verhältnissen die Herztätigkeit beschleunigt und, worauf es besonders ankommt, das Schlagvolumen des Herzens[1]), d. h. die durch eine einmalige Zusammenziehung der Herzkammer in die Gefäße geschleuderte Blutmenge, größer. Wir sehen also, wie sich das System, das den Transport der Energieträger zu bewerkstelligen hat, den variablen Verhältnissen anzupassen vermag.

Die fortlaufenden Ausgaben werden, wie vorhin schon erwähnt, aus dem Kraftbestande entnommen, der im Blute enthalten ist. Daß aber diese kleinen Kraftbestände nicht versiegen, daß sie vielmehr stets auf gleicher Höhe erhalten werden, dafür sorgt ein anderer Mechanismus. Die Leber ist das Hauptdepot der Energieträger, und von hier aus erfolgt die Ergänzung des verbrauchten zirkulierenden Kraftmaterials. Dieser Vorgang muß notwendig einer eigenen Kontrolle unterworfen sein. Da alles Geschehen im menschlichen Organismus plan- und zweckmäßig ist, muß der Mechanismus, dem die Erhaltung der eben geschilderten, so wenig verschiebbaren Verhältnisse im kreisenden Blute obliegt, aus zwei Faktoren bestehen. Der eine folgt die in der Leber deponierten Energieträger aus, der andere kontrolliert, daß diese Ausgabe nicht größer ist als die Tragfähigkeit des Vehikels — des Blutes, bzw. als der Anspruch.

Diese Aufgabe fällt einer Reihe von Organen zu — den sog. Blutdrüsen oder Drüsen mit innerer Sekretion, die im Kap. IX besprochen werden. Sie bilden ein System von Apparaten, die äußerst mannigfache Wechselbeziehungen ihrer Funktion aufweisen und mit dem normalen Ablauf der Stoffwechselvorgänge in engstem Zusammenhange stehen. Es ist bis jetzt noch nicht gelungen, den Wirkungskreis jeder einzelnen dieser Drüsen genau zu begrenzen, aber die Pathologie und das Experiment gestatten doch bestimmte Schlüsse hinsichtlich ihrer Bedeutung. Verhältnismäßig am genauesten erforscht ist die Funktion zweier Organe, die für die vorliegende Frage von

---

[1]) Vgl. Kap. V.

größter Wichtigkeit sind — des chromaffinen Systems (Nebennierenmark) und der Bauchspeicheldrüse. In dem Sekretionsprodukt des chromaffinen Systems — dem Adrenalin — haben wir jenen Faktor zu sehen, der die in der Leber fixierten Energieträger mobilisiert, während das Pankreas darüber wacht, daß die Mobilisierung nicht mächtiger ist als der Bedarf. Solange diese beiden Organe sich das Gleichgewicht halten, so lange ist z. B. der Blutzuckergehalt normal. Tritt aber eine Störung in der Funktion dieser Organe ein, so wird sie sich auch im Zuckergehalt des Blutes aussprechen. So ist es z. B. möglich, daß die Leistungsfähigkeit des Nebennierenmarkes vermindert ist. Wir haben dann zu erwarten, daß die Zuckermobilisierung in der Leber ungenügend wird, daß der Blutzuckergehalt sinkt. Die weitere Folge wäre eine verringerte Leistungsfähigkeit der Muskulatur, die bei ungenügender Zuckerzufuhr abnehmen muß. Ein solches Zustandsbild ist uns tatsächlich in der sog. Addisonschen Krankheit bekannt. — Andererseits kann durch eine Mehrproduktion des Adrenalins eine gesteigerte Zuckermobilisierung erfolgen. Diese Erscheinung ist in bestimmten Grenzen sogar eine physiologische. — Bei schwerer Muskelarbeit ist ja der Zuckergehalt ein weit größerer, und wir haben gehört, wie sich der Organismus dem entsprechend größeren Angebot durch eine bestimmte Regelung der Blutzirkulationsverhältnisse anpaßt. Aber auch in pathologischen Zuständen kann die Funktion des Nebennierenmarkes beträchtlich gesteigert sein, ohne daß hierfür eine uns bekannte Veranlassung gegeben ist. — Hier ist der Effekt der vermehrten Adrenalinwirkung abhängig von der Funktionstüchtigkeit der Bauchspeicheldrüse. Kommt sie mit ihrer Funktion der Adrenalinwirkung nach, so werden wir in dem Zuckergehalt des Blutes keine Veränderung nachweisen, denn in diesem Falle sind die Verbrennungen gesteigert und die vermehrte Zuckermobilisierung nur eine Folge eines größeren Anspruches. Ein solcher Zustand findet sich z. B. bei der Basedowschen Krankheit (vgl. Kap. IX).

Ist hingegen die Funktion der Bauchspeicheldrüse vermindert, so wird dadurch auch die Kontrolle der Zuckermobilisierung gestört, es wird mehr Zucker an das Blut abgegeben, als notwendig ist, und wenn das Vehikel überladen wird, so rollt, wie früher auseinandergesetzt wurde, der Überschuß ab: Er wird als Fremdkörper von den Nieren ausgeschieden; die verminderte Funktion der Bauchspeicheldrüse führt demnach zur Zuckerkrankheit. Hier haben wir also ein Mißverhältnis zwischen Angebot und Verbrauch, und da der Organismus nicht mehr Kraft erzeugt, als notwendig ist, wird das vermehrte Angebot ausgeglichen durch Ausscheidung des überschüssigen Materials.

Diese Beispiele sollen den Mechanismus illustrieren, der die Abgabe des Kraftmaterials an das zirkulierende Blut besorgt. Die ziemlich weit auseinanderliegenden Organe, aus deren präziser Zusammenarbeit der normale Effekt resultiert, werden von einem einheitlichen Zentrum aus beherrscht. Man könnte sich kaum vorstellen,

wie eine so feine Einstellung mehrerer, in ihrer Leistungsgröße
variabler und sehr empfindlicher Organe möglich wäre, wenn die
Aufforderung zu einer Leistung nicht von einer Zentrale ausginge,
in der das Erfordernis abgeschätzt und die Größe des Anspruches
dem einen, bzw. anderen Organe mitgeteilt wird. Die Zentrale für die
Stoffwechselregulierung haben wir im Gehirn, und zwar im verlängerten
Mark zu suchen; der Reiz, der von hier aus an die Blutdrüsen gelangen
soll, wandert auf dem Wege eines eigenen Nervensystems, das wegen
seiner Beziehungen zu den Eingeweiden der großen Körperhöhlen
auch das vegetative oder Eingeweidenervensystem genannt wird.
Über seine Ausbreitung und Funktion wird im Kap. XI berichtet.

Wärmebildung und Wärmeregulation.

Die in den Energieträgern enthaltene potentielle Energie wird
nicht vollständig in kinetische Energie umgewandelt. Wie früher
schon erwähnt wurde, arbeitet selbst eine so vollkommene Maschine,
wie sie der menschliche Körper darstellt, nicht ohne Kraftverlust.
Ein großer Teil der den Energieträgern innewohnenden Spannkräfte
— drei Viertel bis zwei Drittel — verläßt den Organismus nicht als
lebendige Kraft, sondern als Wärme. Die Wärmebildung selbst stellt
einen für das Leben unbedingt nötigen Faktor dar — ich erinnere
hier nur an den Erfrierungstod, der eintritt, wenn der Organismus
bei fortgesetzter starker Abkühlung nicht mehr imstande ist, die
erforderliche Wärmebildung aufrecht zu erhalten. Die Temperatur
des menschlichen Organismus ist wesentlich höher als die des umgebenden Mediums, der Luft. Der Körper gibt, wie ein geheizter
Ofen, ständig Wärme an die kühlere Umgebung ab und ist dabei
bis zu einem gewissen Grade von der Umgebungstemperatur unabhängig. Diese Fähigkeit, seine Temperatur auf einer bestimmten
Höhe zu erhalten, reiht den Menschen in die Klasse der Warmblüter
ein. Wenn wir aber von konstanter Temperatur sprechen, so dürfen
wir uns nicht vorstellen, daß der Körper sich auf einen bestimmten
Wärmegrad einstellen und ihn ständig so erhalten kann, wie z. B.
ein Thermostat. Fortlaufende Messungen eines und desselben Individuums ergeben, daß die Temperatur im Verlaufe eines Tages
Schwankungen aufweist, und wenn die Messung mehrere Tage fortgesetzt wird, kommt man zu der auffallenden Tatsache, daß diese
Schwankungen alltäglich sich in gleicher Form wiederholen. Ferner
ist die Temperatur nicht für alle Organe und Körperstellen die
gleiche. Der Unterschied zwischen wärmster und kühlster Körperstelle ist sogar recht beträchtlich. Er beträgt $4-5^{0}$. Das wärmste
Organ unseres Körpers ist die Leber, die früher schon als Kessel
des Organismus bezeichnet wurde. Die niedrigste Temperatur finden
wir an der Fußsohle und an der Haut, die das Schienbein bekleidet.
Im allgemeinen kann man sagen, daß die extremen Körperteile
— Gesicht, Hände und Füße — kälter sind, und daß jene Haut-

flächen, unter denen dicke Muskellagen hinziehen, wärmer sind, als
die über Knochen und Sehnen gelegenen.

Gewöhnlich wird die Temperatur in der Achselhöhle bestimmt.
Sie kann wohl auch in der Mundhöhle und im Dickdarm (After)
gemessen werden. Hier ist sie, weil diese Körperteile mit der Außenluft weniger oder nicht in Kontakt stehen, etwas höher. Die Temperatur des normalen Menschen, in der Achselhöhle gemessen, schwankt
während eines Tages um ungefähr 1°, sie bewegt sich zwischen
36 und 37°. Fortgesetzte Messungen ergeben nun, daß die Temperatur in den ersten Tagesstunden, zwischen 1 und 6 Uhr nach Mitter-
nacht, am niedrigsten ist. In den nächsten drei Stunden steigt sie an
und hält sich von 9 Uhr vormittags bis 8 Uhr abends auf der
Höhe, um dann allmählich bis zum Minimum abzusinken. Dieses
Verhalten ist ein absolut konstantes und begleitet den Menschen
durch alle Lebensalter. Nur in den ersten drei Lebenswochen wird
diese für den Menschen typische Temperaturschwankung vermißt.
Und gerade dieses Verhalten gibt uns einen Schlüssel für das Rätsel.
Die Schwankungen der Temperatur werden verursacht durch Muskelbewegungen. Die ersten Lebenstage verbringt der Säugling in ab-
soluter Ruhe. Er verschläft den größten Teil der Zeit und führt
keine oder so gut wie keine Bewegung aus. Nach einigen Wochen
wird er regsamer, und da stellen sich nun jene Temperaturschwankungen auch ein, die beim erwachsenen Menschen niemals
vermißt werden. Es ist nun auffallend, daß es nicht gelingt, den
Organismus durch eine entsprechende Änderung der Lebensweise zu
einer Umkehr der Temperaturschwankungen zu zwingen, so zwar,
daß bei Ruhe am Tage das Temperaturminimum in den Tagesstunden,
bei Arbeit während der Nacht das Maximum in den Nachtstunden
eintreten würde. Die Temperaturkurve wird durch dieses Verhalten
allerdings geändert. Wenn man sie aber mit Temperaturkurven aus
normalen Zeiten vergleicht, so findet man, daß die in der Nacht
auftretende leichte Steigerung der Temperatur auf das Temperaturminimum aufgesetzt ist, während die Tageskurve bei ruhigem Verhalten (ev. sogar Schlaf) dem entsprechenden Abschnitt aus der
Normalzeit vollständig entspricht. Die täglichen Schwankungen der
Temperatur sind eben von den gewollten Bewegungen ebenso unabhängig, wie von der Nahrungsaufnahme. Im Hungerzustande ist
im allgemeinen die Temperatur etwas niedriger als bei Ernährung,
aber die charakteristischen Schwankungen sind erhalten. Worauf es
hier ankommt, das sind die unbewußten Muskelbewegungen, mit
denen wir auf die Reize des Tages — Licht, Geräusch usw. —
reagieren, und die während der Stille der Nacht eben schwinden.
Die entsprechenden Aufnahmsorgane des Menschen sind so empfindlich,
daß die gewollte Ruhe am Tage und selbst der Schlaf nicht imstande
sind, das Eindringen der Reize, wie sie der Tag mit sich bringt, zu
verhindern. Bei minder empfindlichen Tieren, wie z. B. bei Affen,
die sich in den täglichen Temperaturschwankungen fast ganz analog

dem Menschen verhalten, gelingt eine vollständige Umkehr der täglichen Temperaturschwankungen durch Dunkelhalten während des Tages und kontinuierliche Belichtung zur Nachtzeit. Interessant ist auch, daß die Nachtvögel den umgekehrten Typus der Temperaturschwankungen aufweisen.

Wenn wir von einer Konstanz der Temperatur gesunder Menschen sprechen, so sehen wir von den eigentümlichen Schwankungen, wie sie eben beschrieben wurden, ab. Die Konstanz der Temperatur wird aber auch durchbrochen durch die Muskelarbeit. Bei anstrengender Muskelarbeit steigt die Temperatur recht beträchtlich an. Sie kann die Norm um 1, ja sogar um 2^0 überschreiten. Diese Erscheinung ist ein Ausdruck dafür, daß der Organismus nicht imstande ist, die Wärme sofort in der Menge abzugeben, in der sie produziert wird. Die Wärmeabgabe hinkt nach, und die Wärmestauung äußert sich in einer Temperatursteigerung. Diese wird aber sehr rasch ausgeglichen. Dem Zustande angestrengter Tätigkeit folgt das Ruhebedürfnis als Folge der Ermüdung. In dieser Zeit ist die Wärmebildung vermindert und die Wärmeabgabe erleichtert. Neben der Arbeit besitzt auch die Außentemperatur einen Einfluß auf die Wärmeabgabe, resp. Wärmebildung. Auch bei sehr tiefen Außentemperaturen ist der Organismus bestrebt, seinen Wärmegrad zu erhalten. Die Wärmeproduktion muß angeregt werden. Wie dies geschieht, wird im folgenden dargestellt. Hier sei nur hervorgehoben, daß eine langandauernde Kälteeinwirkung schließlich den Verlust der dem menschlichen Organismus eigenen Fähigkeit, seine Wärme zu erhalten, nach sich zieht. Die Funktionen des Zentralnervensystems erleiden dadurch großen Schaden; das betroffene Individuum ermüdet, sein Bewußtsein erlischt, und sein Körper erstarrt unter allmählicher Abgabe der Wärme (Erfrierungstod).

Wir sehen also, daß an jenen Apparat, der die Aufgabe hat, die Körperwärme auf einer bestimmten Höhe zu erhalten, sehr große Ansprüche gestellt werden. So empfindlich er auch auf alle Reize antwortet und so präzise seine Tätigkeit ist, er ist doch nicht imstande, die Forderung einer absoluten Temperaturkonstanz zu erfüllen. Der Grund hierfür ist in folgenden Momenten zu suchen. Der Organismus, der über eine bestimmte Wärmemenge verfügen muß, um seine Funktionstüchtigkeit erhalten zu können, kann die Wärmebildung nicht auf den momentanen Bedarf an Wärme allein einstellen, da ja daneben noch Aufgaben fortlaufen, die ebenfalls mit einer unkontrollierbaren Wärmeproduktion einhergehen (Muskelarbeit). Der Wärmeüberschuß kann nicht sofort abgegeben werden, und dadurch kommt eine Wärmestauung (Temperatursteigerung) zustande. Dagegen kann er sich gegenüber einem größeren Wärmebedarf leichter einstellen.

Als Ort der Wärmebildung müssen wir vorwiegend die quergestreifte Muskulatur betrachten. Die Wärmemenge, die das Herz, die Lungen und die Drüsen bei ihrer Arbeit erzeugen, tritt im Verhältnis zu der von den Muskeln produzierten fast ganz in den Hintergrund. Das geht schon daraus hervor, daß bei der Muskelarbeit ungefähr drei Viertel bis zwei Drittel der entwickelten Energie als Wärme erscheint. Selbst bei vollkommener Muskelruhe entsteht durch die zur Erhaltung der lebendigen Substanz notwendigen Stoffwechselvorgänge reichlich Wärme.

Der zur Erhaltung der Temperaturkonstanz bestellte Apparat hat eine doppelte Aufgabe zu erfüllen: 1. die überschüssige Wärme an die Umgebung abzugeben, um eine Wärmestauung zu verhindern, und 2. den Organismus vor zu großen Wärmeverlusten zu schützen. Die Wärmeabgabe erfolgt durch Atmung (Wasserdampf, Kohlensäure) und durch die Wärmestrahlung und Wasserverdunstung an der Körperoberfläche. Der Verlust, der durch die Erwärmung der eingeatmeten Luft und kalt genossener Nahrungsmittel bedingt wird, ist sehr gering zu veranschlagen. Dem Schutze gegen Wärmeverlust dient der die Wärme schlecht leitende Fettpolster im Unterhautzellgewebe und die Kleidung, die beim Menschen an Stelle des Pelzwerkes und Gefieders der Warmblütler aus der Tierwelt tritt. Der Unterschied zwischen der an der Kleideroberfläche und an der Hautoberfläche bestehenden Temperatur beträgt, wie Messungen ergeben haben, bei 10° Außentemperatur ungefähr 14°. Die Differenz wird selbstverständlich um so geringer, je höher die Lufttemperatur ist.

Die Temperaturregulierung erfolgt entsprechend den beiden Faktoren der Wärmestauung und des Wärmeverlustes durch Wärmeabgabe (physikalische Wärmeregulation) und durch Wärmebildung (chemische Wärmeregulation). Die letztere steht in inniger Beziehung zu den chemischen Vorgängen des Stoffwechsels. Bei niedriger Außentemperatur sind die Verbrennungen gesteigert, infolgedessen auch die Wärmebildung erhöht, bei hoher Temperatur sind die Verbrennungen und dadurch auch die Wärmebildung vermindert. Da die Wärmebildung von der Größe der Verbrennungen abhängt, ist es klar, daß selbst bei höchster Außentemperatur die Herabsetzung der Verbrennungen nicht unter jenen Grad gehen kann, der durch die zur Erhaltung des Lebens notwendigen chemischen Vorgänge begrenzt ist. Es ist also die obere Grenze der chemischen Regulation weit weniger beengt als die untere. Diesen Verhältnissen entspricht auch unsere Lebensweise. Bei hoher Außentemperatur liegt die Eßlußt danieder, und wir folgen leicht dem Gefühl der Ermüdung. Bei niederer Temperatur ist die Nahrungsaufnahme viel größer, und wir trachten, durch Bewegung den erstarrten Körper zu erwärmen. Im ersten Falle sind beide Mittel ebenso geeignet, den Stoffwechsel herabzudrücken, als im letzteren Falle denselben zu steigern. Der stoffwechselsteigernde Einfluß der Nahrung ist besonders für das Eiweiß früher schon betont worden. Wenn nun die chemische Regulation für die Wärmeabgabe nicht mehr genügt, so hilft die physikalische Regulierung aus. Die Schweißdrüsen werden zur Sekretion angeregt, d. h. die Wasserverdunstung an der Hautoberfläche ist beträchtlich größer, gleichzeitig ist die Atmung beschleunigt und damit die Wasserdampfabgabe begünstigt. Umgekehrt wird bei niederer Außentemperatur die Wasserverdunstung und Wasserdampfabgabe vermindert und die Wärmebildung durch Muskelbewegungen (Zittern) begünstigt.

Der Apparat, von dem aus die Anregung zu allen jenen Leistungen geht, aus denen sich die Wärmeregulation zusammensetzt, ist in seiner Gänze noch nicht bekannt. Wohl sind wir imstande, durch Reizung eines bestimmten Hirnabschnittes, des sog. Streifenhügels (vgl. Kap. XI), einen starken und lange anhaltenden Temperaturanstieg zu erzeugen. Aber dieses Organ ist sicher nicht das einzige, von dem aus die Temperaturregulierung erfolgt, da nach seiner vollständigen Zerstörung die Wärmeregulierung wohl Schaden erleidet, jedoch nicht vollständig aufgehoben ist.

Neuntes Kapitel.

Die Drüsen mit innerer Sekretion (Blutdrüsen).

Von Dr. Carl Rudinger.

―――――

Allgemeines über die innersekretorische Drüsentätigkeit und die Bedeutung der inneren Sekrete. — Das innere Sekret der Schilddrüse, der Nebenniere, der Epithelkörperchen, der Bauchspeicheldrüse, des Hirnanhanges, der Zirbeldrüse und der Keimdrüsen.

Unter innerer Sekretion versteht man die Abgabe von Stoffen direkt an die Blutbahn, die die sog. inneren Sekrete an den von der Produktionsstelle entfernt liegenden Bestimmungsort trägt. In diesem Verhalten drückt sich auch der Gegensatz zur äußeren Sekretion aus. In einem früheren Abschnitte wurden die Drüsen mit äußerer Sekretion besprochen, deren charakteristisches Merkmal ist, daß ihr Sekretionsprodukt gesammelt durch einen Ausführungsgang unmittelbar an den Bestimmungsort gebracht wird. Die Wirkung des Speichels, der von den Speicheldrüsen kommt, ist auf die Mundhöhle beschränkt, die von der Leber und der Bauchspeicheldrüse abgeschiedenen Produkte erfüllen ihre Aufgabe im Dünndarm. Im Gegensatz hierzu ist das Wirkungsgebiet der sog. inneren Sekrete ein weitaus größeres. Wenn man unter innerer Sekretion die Abgabe von Stoffen an das Blut versteht, so muß man zugeben, daß jede einzelne Zelle eine innere Sekretion besitzt, daß sie Substanzen produziert, die vom Blute aufgenommen werden und die Blutbeschaffenheit ändern. Es gehört ja zu den Aufgaben der Blutbahn, die durch die Tätigkeit der lebenden Zelle gebildeten Zerfallsprodukte in sich aufzunehmen und den Ausscheidungsorganen zuzuführen. Die Blutbahn ist ferner auch das Vehikel für das Nähr- und Kraftmaterial der Zelle, und so kann man, um ein Beispiel anzuführen, der Leber, die eine äußere Sekretion besitzt, auch eine innere Sekretion zuschreiben. Sie ist das Depot und die wahrscheinliche Bildungsstätte des Zuckers und gibt diesen ständig an die Blutbahn ab.

In den letzten Jahren wurde aber der Begriff der inneren Sekretion wesentlich eingeschränkt. Die inneren Sekrete müssen bestimmten chemischen Bedingungen entsprechen, sie dürfen weder durch Kochen, noch durch Einwirkung von Säuren zerstört werden und sind wichtige Faktoren des Stoffwechsels in weitem Sinne. Sie regen die feinsten Arbeiter des menschlichen Organismus — die Fermente — zur Tätigkeit an und werden deshalb als Hormone (Erreger) bezeichnet. Die Organe, die die Hormone produzieren, bezeichnet man als Drüsen mit innerer Sekretion oder Blutdrüsen. Ihnen gehören an:

1. Die Schilddrüse (Glandula thyreoidea). Sie findet sich am Halse, besteht aus zwei längsovalen Lappen, die zu beiden Seiten der Luftröhre dem Schildknorpel anliegen und durch eine schmale Gewebsbrücke miteinander verbunden sind.

2. Die Epithelkörperchen (Glandulae parathyreoideae), im ganzen vier erbsengroße Gebilde, von denen zwei ungefähr in der Mitte der Schilddrüse an der Hinterfläche derselben und zwei am unteren Pole derselben oder unterhalb derselben zu finden sind.

3. Das Briesel (Thymus), das unterhalb der Schilddrüse beginnt und sich in den Brustraum bis zum Herzbeutel erstreckt.

4. Die Bauchspeicheldrüse (Pankreas). Sie liegt unterhalb des Magens, zum Teil vom Zwölffingerdarm eingeschlossen, an der hinteren Bauchwand.

5. Die Nebennieren (Glandulae suprarenales), von denen je ein Organ der Niere zipfelmützenartig aufsitzt.

6. Die Keimdrüsen. Die männlichen Keimdrüsen, die Hoden (Testis), ein paariges Organ, und die Nebenhoden (Epididymis) sind vom Hodensack eingeschlossen; die weiblichen Geschlechtsdrüsen (Ovarium und Parovarium) liegen im kleinen Becken zu beiden Seiten der Gebärmutter (Uterus).

7. Der Hirnanhang (Hypophysis cerebri). Derselbe liegt an der Schädelbasis in einer als Türkensattel bezeichneten Skelettvertiefung und steht mit einer trichterförmigen Fortsetzung des Gehirns in Verbindung.

8. Die Zirbel (Conarium), die mit dem vorderen Vierhügelpaar des Gehirns in Verbindung steht (vgl. Kap. XI).

Die Existenz dieser Organe war zum größten Teile schon den alten Ärzten bekannt. Dagegen blieb die Funktion der meisten Blutdrüsen bis in die letzten Jahrzehnte unbekannt. Man hielt sie zum Teil mit Rücksicht auf ihre Kleinheit für bedeutungslose embryonale Gebilde oder schrieb ihnen eine Funktion zu, die sich aus ihrer anatomischen Lage und dem starken Blutgehalte ergab. So z. B. hielt man die Schilddrüse für einen Polster, der dem Halse eine schönere Konfiguration verleihen sollte, den Kehlkopf vor Erkältung schützte und auch für die Stimmbildung von Bedeutung wäre. In einer späteren Zeit, die die große und schwankende Blutfülle der Schilddrüse berücksichtigte, glaubte man die Aufgabe des Organs darin sehen zu müssen, daß es durch Aufnahme größerer Blutmengen das Gehirn vor Blutüberfüllung bewahre, resp. daß es dem Gehirn größere Blutmengen entziehe und so durch Anämisierung den Schlaf herbeiführe.

Einen großen Schritt nach vorwärts in der Erkenntnis der Funktion der Blutdrüsen gestattete die Vervollkommnung der chirurgischen Technik. Bald nach den ersten Kropfoperationen kam man zu der Erfahrung, daß selbst eine krankhaft veränderte Schilddrüse nicht ohne funktionelle Bedeutung ist. Man beobachtete nach einer vollständigen Entfernung des Schilddrüsenkropfes Störungen, die man als Vergiftung des Organismus auffaßte, und stellte sich vor, daß die Schilddrüse dazu bestimmt sei, durch die Stoffwechselvorgänge im Körper entstehende Gifte, die ihr auf dem Wege der Blutbahn zugeführt werden, zu zerstören, oder daß die Schilddrüse einen Stoff produziere, der, an die Blutbahn abgegeben, die Stoffwechselgifte am Orte ihrer Bildung entgiften würde. Die aus dieser Vorstellung resultierenden therapeutischen Schlüsse waren geeignet, die Richtigkeit der Vorstellung zu stützen. Durch Darreichung von Schilddrüsensubstanz gelang es, die Folgeerscheinungen der Schilddrüsenoperation wieder zum Rückgang zu bringen. Die Annahme einer entgiftenden Funktion wurde dann auch auf die übrigen Blutdrüsen ausgedehnt. Durch die Entdeckung des Adrenalins als Sekret der Nebenniere wurde der Beweis erbracht, daß die Blutdrüsen tatsächlich Stoffe produzieren, die sie ständig und unmittelbar an das Blut abgeben. Außer dem Adrenalin ist in den letzten Jahren auch das Sekretionsprodukt des Hirnanhanges rein dargestellt worden. Es ist wohl verständlich, daß die Reindarstellung der wirksamen Substanzen das Studium der Blutdrüsen wesentlich förderte, und die Erkenntnis der sehr komplizierten Verhältnisse wenigstens anbahnte. So weit sind wir allerdings noch nicht, um ein klares Bild entwerfen zu können, wie die Blutdrüsen arbeiten, aber wir sind in der Lage, auf Grund einer ziemlichen Anzahl feststehender Tatsachen uns nicht nur eine Gesamtvorstellung von der Bedeutung der Blutdrüsen zu machen, sondern sogar die Aufgabe einzelner der zugehörigen Organe in zahlreichen Details zu analysieren. Wie hoch dieser Erfolg einzuschätzen ist, läßt sich aus den großen Schwierigkeiten erkennen, die der Erforschung dieses Gebietes im Wege stehen. Bei jedem anderen Organe erkennen wir eine Funktionsstörung schon an einer Veränderung seiner äußeren Beschaffenheit. Bei den Blutdrüsen ist dies entweder nicht der Fall, oder die Veränderung kann so feine Strukturdetails betreffen, daß eben erst die vollendete Untersuchungstechnik der letzten Jahre sie entdecken konnte. Andererseits sehen wir bei einzelnen dieser Organe, wie z. B. der Schilddrüse, recht auffällige Veränderungen, ohne daß diese irgendeine Störung bedingen würden. Der Schilddrüsenkropf ist eine sehr häufige Erscheinung, und sein Träger braucht weder im subjektiven noch objektiven Befinden gestört zu sein. Ferner wissen wir heute schon, daß in jedem einzelnen Organe eine Anzahl verschiedener Funktionen vereinigt ist, deren Summe erst den ganzen Apparat darstellt. Ein Mechanismus wird in verschiedene Teile zerlegt und jeder einzelne an einer anderen Körperstelle etabliert. Selbstverständlich ist für eine entsprechende Verbindung der einzelnen Teile untereinander gesorgt, so daß sie so prompt arbeiten, als ob sie in einem Organe vereinigt wären. Und gerade diese Gefahr wird dabei vermieden. Das Prinzip der Arbeitsteilung, das im Organismus überall, wo es nur angeht, durchgeführt ist, verhindert nach Möglichkeit die Anhäufung lebenswichtiger Funktionen in einem Organe. Dadurch werden die Gefahren, die sonst die Existenz des Organismus in hohem Grade bedrohen würden, wesentlich vermindert. Wenn nur ein Teil des Mechanismus geschädigt ist, so ist der Schaden gewiß nicht so groß, als wenn der ganze Mechanismus unbrauchbar würde. Aber eben der Umstand, daß die Drüsen mit innerer Sekretion erst in ihrer Gesamtheit einen abgeschlossenen Mechanismus darstellen, erschwert die Erforschung der Funktion eines einzelnen Organs. Wenn z. B. eine Blutdrüse erkrankt, so dürfen wir nicht alle Erscheinungen, die dabei zutage treten, auf die Funktionsstörung dieses einen Organs allein beziehen; es sind ja nur Teilfunktionen geschädigt worden. Ein großer Teil der Störung kommt auf Rechnung der gestörten Wechselbeziehungen, die die Blutdrüsen als Bestandteile eines Mechanismus untereinander unterhalten. Daraus geht schon hervor, daß wir heute weit tiefer in das Verständnis der Tätigkeit des Gesamtmechanismus eingedrungen sind, als in die Details der Funktion der einzelnen Organe.

Die neuere Forschung lehrt uns nun, daß der Gesamtapparat der Blutdrüsen eine wichtige Rolle in der Regulierung der Stoffwechselvorgänge spielt, und zwar in jenem Abschnitte derselben, der als intermediärer Stoffwechsel bezeichnet wird. Aufgabe des Apparates ist es, dafür zu sorgen, daß die arbeitende Zelle das Brennmaterial, dessen sie bedarf, erhält. Wie dies geschieht, wurde schon gelegentlich der Besprechung der Stoffwechselregulation an einzelnen Beispielen erörtert. Ob die Blutdrüsen auch Beziehungen haben zu dem Vorgange des Zellersatzes, ist gegenwärtig noch unbekannt, hingegen nehmen sie sicher Einfluß auf die dem Zellersatz im Wesen nahestehende Zellneubildung — das Wachstum des Organismus. Da dieses jedoch zeitlich beschränkt ist, so ergibt sich daraus die Notwendigkeit, daß die betreffende Kraft, die das Andauern des Wachstums edingt, mit seinem Abschluß sistiert, oder richtiger gesagt, das Sistieren des Wachstums zeigt das Erlöschen einer Funktion an. Tatsächlich ist die Funktionsdauer der einzelnen Blutdrüsen eine verschiedene. Die Bauchspeicheldrüse und die Nebennieren sind zeitlebens tätig. Die Funktion der Schilddrüse nimmt im späteren Lebensalter ab. Das Briesel verliert seine Funktion nach wenigen Jahren, und unter normalen Verhältnissen ist von seinem Gewebe schon vor dem 15. Lebensjahre so gut wie nichts zu finden. Um diese Zeit dürfte auch die Funktion des Hirnanhanges stark eingeschränkt werden. Hingegen begrenzt das Einsetzen der Keimdrüsentätigkeit das Kindesalter und bedingt den Eintritt in die Pubertät. Mit der Reifung der Keimzellen geht die Entwicklung der sog. sekundären Geschlechtscharaktere einher, und bald darauf kommt das Wachstum zum Stillstand. Aus dieser Beobachtung geht schon hervor, daß zwischen einzelnen Blutdrüsen Beziehungen nach der Richtung bestehen, daß die Tätigkeit des einen Organs die eines anderen einschränkt oder aufhebt. Was die letzte Ursache dieser Vorgänge ist, welche Kraft sie weckt oder unterdrückt, das ist allerdings noch ganz rätselhaft. Ferner erstreckt sich die Tätigkeit der Drüsen mit innerer Sekretion auch auf das Zentralnervensystem. Idiotie, melancholiche Zustände und manische Erregung müssen als Folgeerscheinungen von Erkrankungen bestimmter Blutdrüsen aufgefaßt werden. Auch auf die Erregbarkeit der peripheren Nerven erstreckt sich der Einfluß dieses Apparates, und weiterhin werden auch die Blutverteilung in den einzelnen Organen und die Blutdruckverhältnisse in den Blutgefäßen zum großen Teile durch die inneren Sekrete bestimmt.

Dieser allgemeine Überblick soll in großen Zügen zeigen, wie bedeutungsvoll die Funktion der Blutdrüsen für den normalen Ablauf der Vorgänge im Körperinnern ist, und es ist verständlich, daß sich das Interesse der medizinischen Forscher gegenwärtig diesem Gebiete in hohem Maße zuwendet. Wie bereits erwähnt, sind wir heute noch nicht imstande, den ganzen Apparat in seine einzelnen Elemente zu zerlegen und die Aufgaben eines bestimmten Organs erschöpfend zu definieren. Nur bezüglich einiger Organe sind wir in der Kenntnis weiter vorgedrungen. Es sind dies die Schilddrüse, Bauchspeicheldrüse und die Nebenniere.

Da nachgewiesen ist, daß die Blutdrüsen dauernd ihr Sekret an die Blutbahn abgeben, so können wir uns von vornherein vorstellen, daß eine Erkrankung eines einzelnen Organs eine Vermehrung oder Verminderung der Sekretproduktion zur Folge hat, wie wir dies ja auch bei Drüsen mit einer äußeren Sekretion, z. B. Speicheldrüsen, beobachten. — Dabei nehmen wir nur eine quantitative Veränderung an. In früheren Jahren glaubte man, daß das erkrankte Organ auch ein qualitativ verändertes Sekret liefere, diese Annahme ist aber gegenwärtig verlassen, da die Möglichkeit, die Menge des sezernierten inneren Sekrets der Nebennieren zu bestimmen, uns darüber belehrt hat, daß unter bestimmten Bedingungen das Adrenalin mit gleichen chemischen Eigenschaften in wechselnder Menge produziert wird. Diese Erkenntnis weist uns auch den Weg, den wir zur Erforschung der Blutdrüsenfunktion betreten müssen. Wir müssen bestrebt sein, die Funktionen eines Organs zu vermehren oder zu vermindern, und werden dann aus den zutage tretenden Erscheinungen bestimmte Schlüsse ziehen dürfen. — Dieses Ziel erreichen wir durch Darreichung des inneren Sekrets einer Blutdrüse, sofern dasselbe bekannt ist, oder durch Verfütterung der Drüsensubstanz, und können so eine Überfunktion eines bestimmten Organs nachahmen, andererseits können wir durch Ausschaltung einer Blutdrüse ihre Funktion aufheben. Diese Versuche erfolgen selbstverständlich am Tiere. Ihre Resultate lassen sich aber mit den Erscheinungen vergleichen, die das natürliche Experiment, die Krankheit, zur Folge hat. Allerdings dürfen wir nicht vergessen, daß die Natur mit weit feineren Werkzeugen arbeitet als der Experimentator, daß insbesondere die Natur imstande ist, bestimmte Funktionen außer Dienst zu stellen, d. h. bestimmte Zellgruppen in einem Organe zu zerstören, während der Experimentator nur das ganze Organ entfernen kann und dadurch die Gesamtzahl von Funktionen, die in diesem Organe niedergelegt sind, ausschalten muß. — So finden wir z. B. bei der Zuckerkrankheit bestimmte Zellgruppen der Bauchspeicheldrüse — die sog. Langerhansschen Inseln — verändert, während die übrige Funktion des Organs ziemlich gut erhalten bleiben kann. — Wenn wir aber bei einem Hunde eine Zuckerkrankheit erzeugen wollen, so sind wir nicht imstande, die mikroskopisch kleinen Gebilde, die beim natürlichen Prozeß erkrankt sind, aufzusuchen und zu schädigen, sondern wir sind darauf angewiesen, das ganze Organ operativ zu entfernen, und schalten damit auch andere Funktionen, z. B. die äußere Sekretion des Organs, aus. Nichtsdestoweniger hat dieser Weg uns bei der Erforschung der Blutdrüsenfunktion wertvolle Dienste geleistet.

Wir kennen einen Zustand, bei dem die Natur ebenso vorgeht wie der experimentelle Versuch. Es gibt ein Krankheitsbild, das dadurch zustande kommt, daß die Schilddrüse vollständig fehlt. Das so betroffene Individuum zeigt nun dieselben Erscheinungen wie ein jugendliches Tier, dem man die Schilddrüse operativ entfernt hat. Es zeigt auffällige geistige Störungen, ist verblödet, bleibt im körperlichen Wachstum weit hinter den Altersgenossen zurück, die Haut erhält durch Ablagerungen eines schleimartigen Gewebes ein eigenartiges Aussehen (Myxödem). Es besteht hochgradige Blutarmut, hartnäckige Darmträgheit und ein Nabelbruch. Ferner sind die Geschlechtsorgane nur sehr mangelhaft entwickelt. Diese Störungen gehen bei frühzeitiger Darreichung von Schilddrüsensubstanz zum großen Teil zurück — ein Beweis hierfür, daß ihr Entstehen auf einen Mangel des Schilddrüsensekrets zurückzuführen ist.

Auch beim Erwachsenen treten Erscheinungen auf als Folge einer Schilddrüsenerkrankung im Sinne einer Verminderung ihrer Funktion. Sie können selbstverständlich nicht so hochgradig sein wie bei einem ganz jungen Individuum. — Da das Wachstum abgeschlossen ist, fehlt die Wachstumshemmung des Knochensystems, und auch der Einfluß auf den Intellekt ist bei weitem nicht so ersichtlich, aber trotzdem ist eine Hemmung der psychischen Qualitäten und des Gemütes hier unverkennbar. Dagegen sind die Störungen des Stoffwechsels sehr ausgesprochen. Die Verbrennungen sind wesentlich herabgesetzt und besonders die Eiweißzersetzung vermindert. Im Unterhautzellgewebe kommt es zur Ablagerung einer gelatinösen Substanz, nach der der Zustand seine Bezeichnung — Myxödem — erhalten hat. Nach Entfernung der Schilddrüse bei einem erwachsenen Hunde lassen sich dieselben Erscheinungen provozieren und hier ebenso wie beim Menschen durch Darreichung von Schilddrüsensubstanz wiederum zum Schwinden bringen.

Aus diesen Verhältnissen gehen die Beziehungen der Schilddrüsenfunktion zum Stoffwechsel klar hervor, die Schilddrüse mobilisiert das Eiweiß, Fett und Kohlehydrat des Organismus und regt deren Verbrennung an. Das umgekehrte Bild der Folgeerscheinungen bei Schilddrüsenmangel sehen wir in Zuständen, bei denen die Schilddrüsentätigkeit vermehrt ist. Experimentell erzeugen wir diesen Zustand durch eine längerdauernde Verfütterung von Schilddrüsensubstanz. So behandelte Hunde magern rasch ab und zeigen eine Steigerung der Verbrennungen, die auch in einer sehr beträchtlich vermehrten Eiweißzersetzung zum Ausdruck kommen. Beim Menschen bezeichnet man den Zustand, der aus einer Hyperfunktion der Schilddrüse hervorgeht, als Basedowsche Krankheit. Im Vordergrunde des Prozesses steht auch hier eine Steigerung der Oxydationen mit ihren Folgeerscheinungen. Eine Steigerung der Verbrennungen bedingt einen Mehrverbrauch von Material; wenn derselbe nicht durch die Nahrungszufuhr gedeckt wird, wird Körpersubstanz in Anspruch genommen. Daraus resultiert eine Abmagerung. Bei dieser, nicht durch eine Arbeit bedingten Steigerung der Verbrennungen verläßt die Hauptmenge der Spannkräfte den Organismus in Form der Wärme. Die vermehrte Wärmeproduktion erfordert eine entsprechende Tätigkeit des wärmeregulatorischen Apparates. Wir sehen also die Schweißdrüsen stärker arbeiten (starkes Schwitzen), die Wasserdampfabgabe durch die Lungen ist vermehrt, die Herztätigkeit ist hierbei, wie in jedem Falle einer gesteigerten Verbrennung, stark beschleunigt. Die Wassersekretion in den Darm ist bei diesen Zuständen häufig vermehrt, und sie bezweckt vielleicht die Ausscheidung von Salzen, die den Weg über die Nieren nicht nehmen können. Charakteristisch ist für den Zustand ein feines Zittern der Finger und ein starkes Vortreten der Augenäpfel. Worauf dieses zurückzuführen ist, ist noch unerforscht. Höchstwahrscheinlich ist es auf eine sicher nachgewiesene Vermehrung der Nebennierenfunktion zurückzuführen, die durch die mangelhafte Schilddrüsenfunktion bedingt wird. Die gesteigerte Tätigkeit der Schilddrüse drückt sich anatomisch in einer mehr oder weniger, gelegentlich aber sehr stark ausgeprägten Vergrößerung des Organs (Kropfbildung) aus. Zu dem Krankheitsbilde gehört auch eine stärkere psychische Erregbarkeit. Die Untersuchungen über den Einfluß des Schilddrüsensekrets auf den Blutdruck sind noch nicht abgeschlossen. Höchstwahrscheinlich wirkt das Sekret erregend auf die gefäßerweiternden Nerven und dadurch blutdruckherabsetzend.

Im Gegensatz hierzu sind die Beziehungen des Adrenalins — des Sekretionsproduktes des Nebennierenmarkes — sehr genau studiert. Es erregt die gefäßverengernden Nerven (sympathische Fasern) in den Gefäßen der Haut und Schleimhäute und bedingt dadurch eine Blutdrucksteigerung. Dagegen wirkt es auf die das Herz und die Leber versorgenden Gefäße im Sinne einer Erweiterung. Die Lungen und die ·Hirngefäße werden davon nicht beeinflußt. Die Zweckmäßigkeit dieser Einrichtung läßt sich leicht begründen. Das Herz darf auf keinen Fall in der Blutversorgung geschädigt werden. Besteht die Notwendigkeit einer stärkeren Adrenalinwirkung, d. h. ist der Bedarf an Kohlehydraten, deren Ausschwemmung das Adrenalin bedingt, ein größerer, so muß das Herz stärker arbeiten, einmal deshalb, weil es eine größere Menge von Energieträgern zu transportieren hat, und ferner deshalb, weil die Zerfallsprodukte, die ebenfalls auf dem Wege der Blutbahn abgeführt werden, in gesteigerter Menge entstehen. Die Erweiterung der Lebergefäße ermöglicht den Zutritt größerer Blutmengen zu dem Materialdepot der Leber. Dadurch gestalten sich die Transportbedingungen für das dem Blute zugeführte Brennmaterial bedeutend günstiger. Da jedoch der Organismus im gegebenen Falle nur über eine bestimmte Blutmenge verfügt, so kann die Vermehrung derselben in einem Organ nur durch ihre Verminderung in anderen Organen erfolgen, und dies ist nur möglich, wenn das Gefäßgebiet sich hier verkleinert. Daraus erklärt sich die Zweckmäßigkeit der gefäßverengernden Wirkung des Adrenalins in den ausgebreiteten Gefäßgebieten der Haut und Schleimhäute. Der Einfluß des Adrenalins auf den Stoffumsatz wurde in dem Kapitel der Stoffwechselregulationen besprochen. Hier wurde auch die Funktion der Bauchspeicheldrüse bereits erörtert.

Unter den übrigen Drüsen mit innerer Sekretion ist noch die Funktion der Epithelkörperchen in ihren Details genauer studiert. Der Einfluß auf den Stoffwechsel ist auch hier bei jüngeren Individuen ein bedeutend größerer als bei Erwachsenen. Er ist aber bei weitem nicht so ausgesprochen wie der der Schilddrüse. Jugendliche Individuen, die an einer Insuffizienz der Epithelkörperfunktion leiden, bleiben im Wachstum etwas zurück. Es entwickeln sich auch Störungen in den sog. ektodermalen Gebilden, d. h. die Nagelbildung ist geschädigt, an der Linse des Auges etablieren sich an bestimmten, stets gleichen Stellen Verdichtungen der Kapsel (Starbildung), hingegen treten hier ebenso wie beim erwachsenen Menschen Störungen im Gebiete der peripheren Nerven auf, die charakterisiert sind durch eine hochgradige Steigerung der Erregbarkeit derselben, die Muskelkrämpfe von einer bestimmten Form zur Folge hat. Bei schwerer Schädigung der Epithelkörperfunktion, die früher, da man ihre Bedeutung noch nicht kannte, bei operativer Entfernung des Schilddrüsenkropfes oft erfolgte, traten schwere, zum Tode führende Krämpfe auf.

Weit weniger detailreich sind unsere Kenntnisse über die Funktion der Hypophyse; ein aus einem bestimmten Abschnitt dieses Organs dargestelltes Sekret besitzt die Fähigkeit bei Einführung in die Blutbahn den Blutdruck zu steigern. Der Hauptanteil unserer weiteren Erfahrungen rekrutiert aus der Analyse eines Krankheitsbildes, das sich ziemlich typisch an eine Erkrankung des Hirnanhanges anschließt. — Hierbei beobachten wir ein stärkeres Wachstum der Knochen und der Weichteile bestimmter Körperabschnitte und Störungen in der Genitalsphäre. Die bereits ausgebildete Geschlechtsfunktion und die sekundären Geschlechtscharaktere werden zur Rückbildung gezwungen. Eine operative Entfernung des erkrankten Organs — eine Errungenschaft der allerletzten Zeit — hat zur Folge, daß alle die angeführten Störungen wieder zurückgehen. Da nun die operative Entfernung des Organs identisch ist mit der Ausschaltung seiner Funktion, so sind wir berechtigt, anzunehmen, daß die Hypophyse erstens in Beziehung steht mit den Vorgängen des Wachstums, und zweitens die frühzeitige Entwicklung der Geschlechtsfunktion verhindere.

Über die Aufgaben der Zirbeldrüse sind wir noch weit weniger orientiert, nur das eine scheint festzustehen, daß dieses Organ einen Hemmungsapparat darstellt, der das verfrühte Einsetzen der Geschlechtstätigkeit unmöglich macht.

Auch die Tätigkeit der Keimdrüsen läßt sich noch nicht detailliert darstellen. Sie liefern ein äußeres Sekret — Samen, resp. Ei — und besitzen außerdem noch eine sehr wichtige innere Sekretion. Diese bezieht sich nicht nur auf die Funktionen des Geschlechtsapparates, sondern auch auf den Stoffwechsel. Hier ist allerdings noch nicht festgestellt, ob dieser Einfluß ein direkter ist, oder ein indirekter, d. h. ob er erst durch Vermittlung der vorher erwähnten Stoffwechseldrüsen (Schilddrüse, Nebenniere, Bauchspeicheldrüse) erfolgt. Es würde in diesem Falle — was sehr wahrscheinlich ist — die Keimdrüse die vorgenannten Organe nach einer Richtung hin beeinflussen. Zur selben Zeit, da die Keimdrüsen ihr äußeres Sekret produzieren, gehen im Körper durchgreifende Veränderungen vor sich. Es entwickeln sich die sekundären Geschlechtscharaktere; die Scham- und Achselhaare wachsen. Beim Manne setzt auch der Bartwuchs ein, die Stimme verändert sich, während beim weiblichen Geschlecht Milchdrüse und Brustwarze sich entwickeln. Mit dem Einsetzen dieser Tätigkeit der Keimdrüsen kommt das Wachstum, wie früher erwähnt wurde, zum Abschluß. Entfernt man im Experiment beim jugendlichen Tiere die Keimdrüsen, so wird der Abschluß des Knochenwachstums verzögert, besonders der Schädel und die Extremitätenknochen wachsen sehr stark. Dasselbe tritt auch beim gleichen Eingriff am Menschen ein; die Eunuchen zeichnen sich durch ihre Körpergröße und den Fettreichtum aus.

Im späteren Alter sistiert die Keimdrüsentätigkeit bei der Frau, während sie beim Manne viel länger erhalten bleiben kann; dabei etablieren sich häufig nervöse Störungen vielfacher Art (Parästhesien, Kongestionen, psychische Anomalien), ferner tritt eine Neigung zum Fettansatz auf, die in einer Herabsetzung der Verbrennungen begründet erscheint. Andererseits kann die Funktion der weiblichen Keimdrüsen gesteigert sein, die Folgen dieses Zustandes sind am Knochensystem ersichtlich, das seine Konsistenz einbüßt (Knochenerweichung).

Zehntes Kapitel.

Die Ausscheidungen des Organismus.

Von Dr. **Leo Hess** und Dr. **Albert Müller.**

Anatomie und Leistung der Harnorgane. Der Harn. Pathologie der Niere und
der Harnwege. Schweiß- und Talgsekretion. Die Hautatmung.

I. Die Niere und die Harnwege.

Die Niere ist das wichtigste Ausscheidungsorgan. Sie produziert
den Harn, in welchem alle stickstoffhaltigen Schlacken des Eiweißstoffwechsels, sowie die übergroße Mehrzahl der Salze und des Wassers
den Körper verlassen.

Der Harnapparat setzt sich aus drei Organen zusammen: der
Niere mit dem Harnleiter, der Harnblase und der Harnröhre. Eng
angeschlossen an den Harnapparat sind bei beiden Geschlechtern
die Geschlechtsorgane und in frühen Stadien der embryonalen Entwicklung münden die Ausführungsgänge beider Organsysteme gemein-
schaftlich an der Körperoberfläche aus. Niere und Harnleiter sind
paarig angelegt. Nur ausnahmsweise kommt es vor, daß bloß eine
Niere zur vollen Entwicklung gelangt, während die andere im
Wachstum zurückbleibt, oder daß beide Nieren zu einem Organ,
zur sog. Hufeisenniere, verschmelzen. Dem oberen Pol der rechten
sowohl, als auch der linken Niere angelagert findet sich eine bei
verschiedenen Menschen verschieden stark entwickelte Drüse, die
man bloß wegen ihrer räumlichen Beziehungen zur Niere als
Nebenniere bezeichnet. Ihr Bau und ihre Leistungen, in die erst
Untersuchungen aus jüngster Zeit Licht gebracht haben, sind völlig
verschieden von denen der Niere. Dieser schreiben wir, dem heutigen
Stande unseres Wissens zufolge, in erster Linie eine sekretorische
Aufgabe zu, die Ausscheidung des Harns, die wir als einen Filtrations-
vorgang auffassen; in den merkwürdigen Blutgefäßschlingen der
Nierenrinde, von denen später die Rede sein wird, werden jene
Stoffe aus dem Blute abfiltriert, die als unnütze Endprodukte des
Stoffwechsels den Körper verlassen sollen. Inwieweit die Niere

15*

außerdem Anteil nimmt an der Bereitung gewisser Harnbestandteile, ist eine bisher noch nicht völlig geklärte Frage.

Die Nebenniere hingegen reihen wir jenen Organen an, welche,
wie Pankreas und Schilddrüse, intern sezernieren, d. h. lebenswichtige Stoffe in die Blutbahn hinein abscheiden (s. Kap. IX).

Die Nieren sind zu beiden Seiten der Lendenwirbelsäule gelegen.
Sie besitzen beim erwachsenen Menschen ungefähr Faustgröße. Ihre
Gestalt erinnert an eine Bohne. Von ihren konvexen Flächen ist
die eine nach vorn, die andere nach hinten gekehrt. Die Vorder-

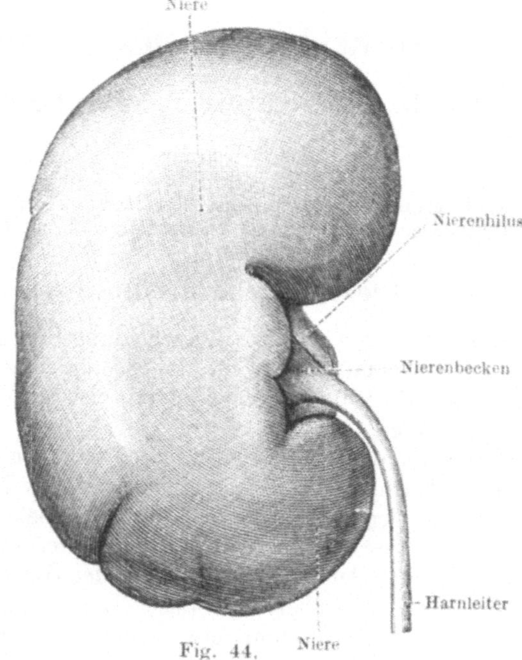

Hinterfläche der Niere. (Nach Toldt.)

fläche der rechten Niere wird teilweise vom rechten Leberlappen, die
der linken vom unteren Pol der Milz überlagert. An der der
Wirbelsäule zugewendeten Seite und zwar etwa in ihrer Mitte, befindet
sich eine Einsenkung, der sog. Nierenhilus: hier tritt die Nieren-
arterie ein, die Nierenvene mit dem Harnleiter aus. Auf einem
Längsschnitt der Niere lassen sich zwei anatomisch und funktionell
voneinander zu trennende Anteile unterscheiden: die dunkelgefärbte
Rinde und das hellere, radiär gestreifte Nierenmark. Das letztere
setzt sich beim Menschen aus acht bis zwölf voneinander wohl zu
isolierenden Abschnitten, den Malpighischen Pyramiden, zusammen,
deren konvex gekrümmte Basis gegen die Peripherie des Organs,
die Rinde gekehrt ist, während ihre zugespitzten, nach innen ge-

richteten Enden, die sog. Nierenpapillen, in einen gemeinsamen Raum, das Nierenbecken, ausmünden. Dieses stellt ein vorläufiges Harnreservoir dar, das den aus dem Nierenbecken hervorgehenden Harnleiter speist. Schon mit freiem Auge kann man an der Spitze einer jeden Nierenpapille eine Anzahl feinster Öffnungen wahrnehmen. Es sind dies die Mündungen der mikroskopisch kleinen Harnkanälchen, welche in der Rinde entspringen, hier vielfache Windungen beschreiben, dann das Mark durchziehen, und, nachdem sie sich hier mit anderen Kanälchen zu größeren Röhren, „Sammelröhren", vereinigt haben, im sog. Porenfeld der Papille frei endigen (Fig. 45). Die Harnkanälchen stellen die Bahn dar, welche der Harn von seiner Bildungsstelle (in der Rinde) bis zu seiner Einmündung in Nierenbecken und Harnleiter durchlaufen muß. Da sie von einem dichten Netz von Kapillaren um-

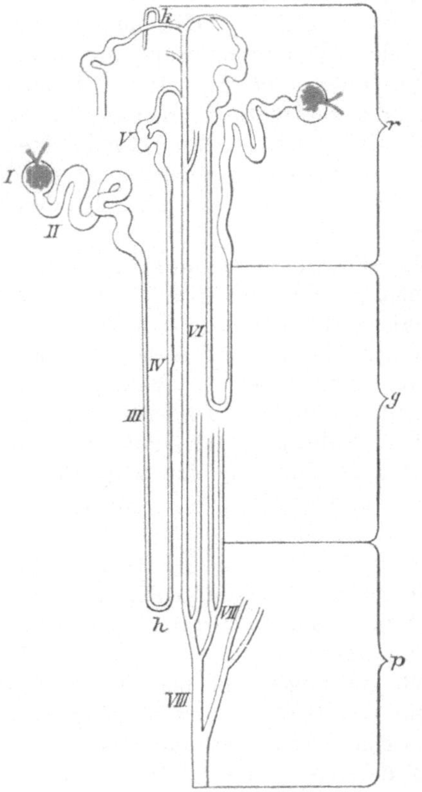

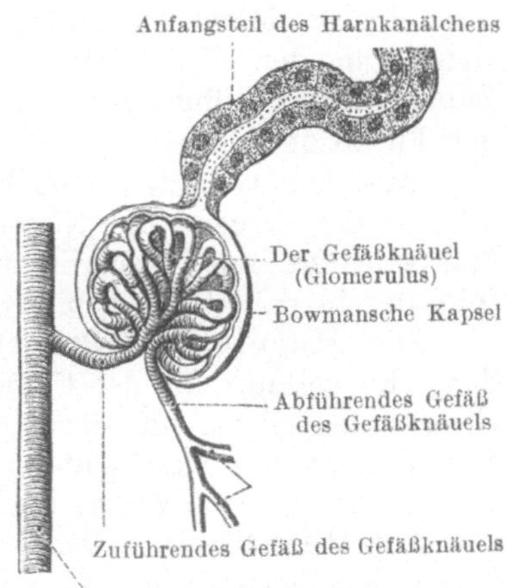

Fig. 45.

Die absondernden und ableitenden Elemente der Niere. (Schematisch nach Ludwig.)

I Bowmansche Kapsel. *II* Gewundenes Harnkanälchen. *III, IV, V* Gerade Harnkanälchen. *VI, VII, VIII* Sammelröhren. *r* Rinde. *g* Mark. *p* Papille.

Fig. 46.

Malpighisches Körperchen (Glomerulus-Apparat). (Nach Toldt.)

sponnen werden, ist es klar, daß auf diesem ganzen Wege ein beständiger Austausch von Blut- und Harnbestandteilen vor sich gehen kann.

Die Bildung des Harns erfolgt in eigenartigen Organen der Nierenrinde. Der Anfangsteil eines jeden Harnkanälchens besitzt nämlich eine bläschenförmige Erweiterung, die Bowmansche Kapsel. In diese ist ein feiner Arterienzweig eingestülpt, der sogleich nach seinem Eintritte in die Bowmansche Kapsel durch Abgabe zahlreicher kleinster Ästchen einen Gefäßknäuel, den Glomerulus, bildet. Die Schlingen des Glomerulus vereinigen sich alsbald wieder zu einem gemeinsamen Stämmchen, das neben dem zuführenden Arterienzweig die Bowmansche Kapsel wieder verläßt und nach kurzem Verlauf sich in Kapillaren auflöst. Die Kapillaren sammeln sich ihrerseits zur Nierenvene, welche ihr Blut in die untere Hohlvene ergießt. Das Lumen der Bowmanschen Kapsel steht in direkter Kommunikation mit dem Lumen des Harnkanälchens. Ihr Durchmesser beträgt etwa 0,2 mm. Dadurch, daß, wie bereits erwähnt, die Bowmansche Kapsel durch die Glomerulusschlinge eingestülpt wird, besitzt ihre Wand eine doppelte Lage von Zellen; die innere überzieht unmittelbar den Gefäßknäuel und setzt sich an der Eintrittsstelle des Gefäßes in den Glomerulus in die äußere Lage fort.

Welche Bedeutung kommt nun diesem merkwürdig gebauten Blutgefäßknäuel zu? Es kann keinem Zweifel unterliegen, daß wir im Glomerulus ein Filter vor uns haben, das den Übertritt von Substanzen aus dem Blute in das Lumen der Harnkanälchen ermöglicht. Nun ist es klar, daß unter sonst gleichen Bedingungen die Diffusion um so ausgiebiger wird, je größere Dimensionen die durchlässige Membran besitzt. Die Auflösung der zuführenden Arterie in den Gefäßknäuel bedeutet in der Tat eine wesentliche Zunahme der diffundierenden Fläche und somit eine Begünstigung der Filtration.

Aus dem Gesagten geht hervor, daß der harnbereitende Abschnitt des Organs die Nierenrinde, bzw. der Glomerulus ist; die Marksubstanz mit ihren Sammelröhren dient vorwiegend der Ausfuhr des in der Rinde gebildeten Sekrets.

Der Harnleiter (Ureter) stellt ein enges, abgeplattetes Rohr dar. Er verläuft an der Seitenwand des Beckens und mündet am Grunde der Blase in diese ein. Seine Wand besteht aus einer Schleimhaut mit geschichtetem Epithel, einer Lage glatter Muskelfasern und einer lockeren, bindegewebigen Hülle.

Die Harnblase befindet sich auf dem Grunde des Beckens hinter dem Schambein. Ihre Form und Größe wechseln nach dem Füllungszustande. An der Hinterfläche des Blasengrundes mündet rechts und links der Harnleiter ein. Dieser durchsetzt die Blasenwand in schiefer Richtung. Seine Einmündungsstelle wird von einer Schleimhautfalte begrenzt, die als Klappe wirkt und den Rücktritt des Harns in den Harnleiter verhindert. Die Wand der Blase besteht aus einer Schleimhaut, die ein geschichtetes Epithel trägt, und aus einer dreifachen Lage glatter Muskelfasern; diese verlaufen in der äußeren und der schwach entwickelten innersten Lage in der Längsrichtung, während die mittlere Schicht aus quer angeordneten Bündeln besteht. An der Einmündungsstelle der Harnröhre, am

Boden der vorderen Blasenwand, sind diese am kräftigsten entwickelt und bilden hier den sog. „inneren Schließmuskel" der Blase. Außerdem gibt es einen aus quergestreiften Muskelfasern bestehenden „äußeren Schließmuskel", der sich unmittelbar in die muskulöse Wandung der Harnröhre fortsetzt.

*   *
*

Die Niere nimmt die Stoffe, aus denen sich der Harn zusammensetzt, aus dem Blute auf. Sie sezerniert sie, wie die Speicheldrüse den Speichel sezerniert. Die einzelnen Substanzen werden an verschiedener Stelle abgeschieden; so unterliegt es keinem Zweifel, daß die Hauptmenge des Wassers in den Gefäßknäueln geliefert wird, während eine Reihe von Salzen erst in den Harnkanälchen zur Abscheidung gelangt. Die Niere hat die Fähigkeit, ihre Sekretion den Bedürfnissen des Organismus anzupassen, aus den Bestandteilen des Blutes jene auszuwählen, deren Ausscheidung eben erforderlich ist. So folgt einem reichlichem Flüssigkeitsgenuß in kürzester Zeit die Ausscheidung, reichliche Eiweißnahrung vermehrt die stickstoffhaltigen Produkte, Salzaufnahme dessen Elimination. Die Harnbestandteile durchfließen das Kanälchensystem, in dessen Verlaufe sie Veränderungen — durch Aufnahme neuer Produkte, wahrscheinlich auch durch Rückresorption bereits abgeschiedener — erleiden und gelangen ins Nierenbecken. Wir können die Tätigkeit der Niere durch harntreibende Mittel, „Diuretika", steigern. Von diesen wirken einige dadurch, daß sie die Nierengefäße erweitern, also den Blutzufluß zur Niere und damit deren Tätigkeit steigern, während andere die Nierenzelle selbst, ihre Sekretionstätigkeit reizen.

Vom Nierenbecken wird der Harn, der seine definitive Zusammensetzung gewonnen hat, durch die peristaltischen Bewegungen des Harnleiters tropfenweise in die Blase befördert.

Fragen wir nun nach den Bedingungen und der Mechanik der Nierenarbeit, der Harnsekretion, so ist zunächst zu bemerken, daß die Harnausscheidung vou der Durchblutung der Niere abhängt. Steigerung des Blutdruckes, Erweiterung der Nierengefäße erhöhen die Menge des gelieferten Harns; so ist auch die Wirkung der harntreibenden Mittel von einer Erweiterung der Nierengefäße begleitet. Über die Art der Harnbereitung ist vollkommen Sicheres nicht bekannt. Wir haben im anatomischen Teil gehört, daß die Niere im wesentlichen einen Filtrierapparat darstellt. Und es unterliegt keinem Zweifel, daß im Glomerulusapparat, wo die Kapillarschlingen der Nierengefäße in die Erweiterung der Harnkanälchen eingestülpt sind, eine Art Filtration des Blutes erfolgt, wobei das Filter für einzelne Stoffe, wie z. B. die Eiweißkörper des Blutes, undurchlässig ist, während andere Stoffe, z. B. Wasser oder Harnstoff dasselbe ohne Schwierigkeiten passieren; solche Stoffe

15b

werden eben als harnfähig bezeichnet. Will man diese Filtration als den wichtigsten Vorgang auffassen, so ist jedenfalls zu erwägen, daß ein Filtrat Stoffe nicht in höherer Konzentration enthalten kann, als die Ausgangsflüssigkeit. Nun finden sich aber im Harn Stoffe, welche im Blute nur in sehr geringer Konzentration enthalten sind, z. B. Harnstoff oder Harnsäure unter Umständen in sehr hoher Konzentration. Wir müssen daher annehmen, daß eine Eindickung des sehr verdünnten Filtrats erfolgt und ein derartiger Prozeß wurde tatsächlich in die langen und gewundenen Harnkanälchen verlegt. Man nahm an, daß auf diesem Wege einzelne Harnbestandteile, in erster Linie Wasser, wieder ins Blut aufgenommen würden, daß eine Rückresorption stattfände, die aus dem dünnen, wasserreichen Filtrat das Endprodukt des Harns gestalte. Nach dieser Theorie wäre durch Filtration und Rückresorption die Harnsekretion auf rein mechanischem Wege erklärt. Nun ist es aber schwierig, sich vorzustellen, wie auf diesem Wege die Niere sich den verschiedensten Umständen anpaßt, wie z. B. die Menge einzelner Harnbestandteile sich in ganz verschiedenen Richtungen bewegen könnte, wie die einzelnen harntreibenden Mittel durchaus nicht in gleicher Weise auf die Ausscheidung verschiedener Harnkörper einwirken.

Es wurde berechnet, daß die Blutmenge, die die Niere passieren müßte, um auf dem Wege der Filtration die ausgeschiedene Harnstoffmenge zu liefern, eine ganz ungeheuer hohe sein müßte, insbesondere bereiteten aber manche Details der Ergebnisse physiologischer Experimente dem Verständnis solche Schwierigkeiten, daß von anderer Seite diese rein physikalischen Vorstellungen fallen gelassen wurden. Die Niere liefere den Harn im wesentlichen durch eine spezifische Tätigkeit der Nierenzelle, die die Harnbestandteile so sezerniert, wie etwa die Speichelzelle den Speichel.

Die wechselnde Beschaffenheit des Harns ist auf die Auswahl der Harnbestandteile durch die Niere zurückzuführen. Die Körper werden teils in dem Glomerulusapparate, teils in den Harnkanälchen zur Ausscheidung gebracht.

Die relative Menge derselben hängt einerseits von ihrer Konzentration im Blute, anderseits aber von der auswählenden, elektiven Tätigkeit der Nierenzellen ab, wobei es ganz gut zu verstehen ist, daß diese z. B. durch Diuretika in verschiedener und ungleichartiger Weise beeinflußt wird. Bewiesen schien diese Auffassung, als es gelang, bei der Ausscheidung einzelner Farbstoffe bei mikroskopischer Untersuchung den Farbstoff nur in den Kanälchen, nicht aber in den Glomerulis zu finden. Freilich muß betont werden, daß diese Bilder sehr schwierig und nicht sicher zu deuten sind, immerhin hat aber diese Lehre, die eine spezifische Tätigkeit der Nierenzelle für die Harnbereitung in Anspruch nimmt, im Laufe der Zeit immer mehr und mehr an Wahrscheinlichkeit gewonnen.

Die Fortbewegung des Harns durch den Harnleiter erfolgt teils durch seine Schwere, teils durch den Druck der im Nierenbecken sich ansammelnden Flüssigkeit. Überdies löst der eintretende Harn rhythmische Kontraktionen der Harnleitermuskulatur aus. Auch der ausgeschnittene Ureter zeigt rhythmische Bewegungen und man nimmt daher an, daß seine Peristaltik von einer automatischen Tätigkeit seiner Muskelfasern bedingt ist.

Den Schließmuskeln der Blase obliegt die Aufgabe, die Blase gegen die Harnröhre abzusperren, d. h. also, den Harn in der Blase zurückzuhalten, die längsverlaufenden Muskelfasern dagegen besorgen die Austreibung des Harns. Der in der Regel bestehende permanente Abschluß der Blase, der selbst noch nach dem Tode fortdauert, ist eine Leistung des glatten Schließmuskels. Ist die Flüssigkeitsmenge in der Blase so groß, daß der innere Schließmuskel sie nicht mehr zurückzuhalten vermag, dann sind wir noch imstande, durch willkürliche Kontraktion des äußeren, quergestreiften Muskels dem Harndrang Widerstand zu leisten.

Harndrang stellt sich beim gesunden Menschen dann ein, wenn das in der Blase angesammelte Quantum Harn ein gewisses Maß überschritten hat. Der Harndrang unterliegt großen individuellen Schwankungen. Während manche Menschen in relativ kurzen Pausen ihren Harn entleeren, sind andere in der Lage, viel größere Harnmengen zurückzuhalten. Ebenso findet man bei künstlicher Füllung der Blase in manchen Fällen schon bei 150 bis 200 ccm Flüssigkeit imperatorischen Harndrang, andere wieder vertragen 600 bis 700 ccm Flüssigkeit, ohne Beschwerden zu empfinden und ohne daß der Druck im Innern der Blase erheblich ansteigt. In manchen Krankheiten, namentlich bei Affektionen der hinteren Harnröhrenwand (Entzündung, Druck eingeklemmter Steine) kann der Harndrang enorm gesteigert sein. Anderseits sind uns Zustände bekannt, in erster Linie Krankheiten des Rückenmarks, die zu Verminderung oder völligem Fehlen des Harndrangs führen. Der Harndrang kommt durch die Dehnung der Blasenwand und die Kontraktion ihrer Muskeln zustande. Durch die wachsende Spannung der Blasenwand werden sensible Nervenfasern erregt. Diese leiten die Erregung zum Rückenmark. Im untersten Abschnitt desselben, und zwar im Kreuzmark befindet sich ein „Blasenzentrum“, das auf reflektorischem Wege Kontraktionen der Blasenmuskulatur auslöst. Im Gehirn werden diese Kontraktionen als Harndrang empfunden. Innerhalb weiter Grenzen ist es unserer Willkür anheimgestellt, dem Harndrang Folge zu leisten oder ihm zu widerstehen.

In ersterem Falle übernehmen die Längsmuskelfasern der Blase die Austreibung des Harns. Diese kann aber erst dann erfolgen, wenn der Verschluß durch den inneren, glatten Schließmuskel aufgehoben ist. Die willkürliche Harnentleerung setzt also mit einer willkürlichen Erschlaffung des inneren Schließmuskels ein. Dieser, sowie der Akkommodationsmuskel des Auges scheinen die einzigen glatten Muskelfasern zu sein, die unserem Willen gehorchen; alle anderen vollziehen ihre Leistungen, ohne daß sie uns zum Bewußtsein kommen und unabhängig von unserem Willen.

Der Harn.

Bekanntlich besitzen unter normalen Bedingungen Blutplasma und Blutserum annähernd konstante Zusammensetzung. Wir müssen uns hiebei daran erinnern, daß entsprechend dem jeweiligen Funktionszustande der einzelnen Organe, in verschiedener Menge Stoffwechselprodukte aus diesen an das Blut abgegeben werden; anderseits ist jede vermehrte Arbeitsleistung eines Organs mit einer besseren Durchblutung verbunden, welche eine reichlichere Entnahme von Nährmaterial aus dem Blute ermöglicht. Wenn trotz alledem das Blutserum im großen und ganzen eine konstante chemische Zusammensetzung aufweist, so ist dies die Leistung gewisser regulatorischer Einrichtungen, die für die Ausscheidung körperfremder Bestandteile Sorge tragen und außerdem darüber wachen, daß die quantitativen Beziehungen der Normalstoffe des Blutes keine erheblichen Schwankungen erleiden. In diese regulatorische Aufgabe teilen sich der Darm, die Drüsen und die Nieren.

Der Harn ist eine wässerige Flüssigkeit, in der eine große Zahl organischer und unorganischer Stoffe gelöst enthalten sind. So verschieden seine perzentuelle Zusammensetzung bei verschiedenen Personen unter wechselnden Ernährungsbedingungen ist, so konstant ist sie bei konstanter Ernährung bei einem und demselben Individuum.

Seine Menge unterliegt großen Schwankungen. Die durchschnittliche Harnmenge im Laufe von 24 Stunden pflegt man auf 1200 bis 1500 ccm zu veranschlagen. Die unterste Grenze des Normalen dürfte bei 600 ccm liegen. Sie hängt hauptsächlich von der Flüssigkeitsaufnahme ab. Normalerweise wird nachts weniger Harn sezerniert als am Tage; das Maximum der Ausscheidung liegt in den Nachmittagsstunden. Bei manchen Krankheiten kann dieses regelmäßige Verhalten eine Umkehrung erfahren. Die Aufnahme großer Flüssigkeitsmengen, die Gegenwart gewisser, harnfähiger Stoffe, z. B. des Zuckers, oder gewisser Arzneisubstanzen, ferner die Steigerung des arteriellen Blutdruckes haben eine Vermehrung der Harnmenge zur Folge. Auch nervöse Einflüsse, wie freudige Erregung, ferner Verletzungen bestimmter Stellen am Boden der vierten Gehirnkammer steigern die Harnquantität. Dabei muß berücksichtigt werden, daß die bei vielen nervösen Menschen und bei vielen lokalen Erkrankungen der Harnwege vorkommende häufige Harnentleerung durchaus nicht immer mit Vermehrung der 24stündlichen gesamten Harnmenge verbunden ist; denn die durch den gesteigerten Harndrang zur Ausscheidung gelangenden Einzelportionen sind oft ziemlich gering. Gelegentlich werden ungeheure Harnmengen, bis 10 Liter im Tage, entleert. Diesen Zustand bezeichnet man im Gegensatz zum Diabetes mellitus, der Zuckerkrankheit, als Diabetes insipidus.

Vermindert ist die Harnmenge dann, wenn bei geschwächter Herzkraft die Zirkulation in den Nieren verlangsamt ist. Die Blutmenge, die in solchen Fällen in der Zeiteinheit die Glomerulusschlingen durchfließt, ist kleiner als im gesunden Zustande, der Druck, unter dem sie strömt, geringer. Beide Umstände beeinträchtigen den Filtrationsvorgang im Glomerulus und setzen auf diese Weise die Harnmenge herab. Eine andere Ursache verminderter Harnproduktion stellen starke Schweiße oder Durchfälle dar; durch Schweiß und diarrhoische Entleerungen kann der Körper zuweilen ganz bedeutende Flüssigkeitsmengen verlieren, die Einschränkung der Nierentätigkeit ist daher ein Regulationsvorgang, der den Organismus vor Austrocknung bewahrt.

Mit der Harnmenge und zwar ihr umgekehrt proportional, schwankt das spezifische Gewicht, die Harndichte. Im Durchschnitt entfernt sich dasselbe nicht weit von dem des Wassers und beträgt 1015—1025. Je größer die Tagesmenge des Harns ist, je weniger feste Bestandteile in ihm gelöst sind, um so niedriger ist es. Der Morgenharn, der am konzentriertesten ist, hat auch das größte spezifische Gewicht. Durch hohe Konzentration und großes spezifisches Gewicht zeichnet sich der Harn der Fiebernden aus. Durch gewisse pathologische Bestandteile, namentlich durch Zucker, wird gleichfalls das Gewicht erhöht.

Im Gegensatz zu fast allen Körperflüssigkeiten reagiert der Harn des gesunden Menschen, sowie der fleischfressenden Tiere sauer. Die saure Reaktion ist bedingt durch die Anwesenheit saurer Salze, insbesondere des Natriumsalzes der Phosphorsäure. Bei längerem Stehen wird die saure Reaktion schwächer und geht endlich durch die Zersetzungstätigkeit von Bakterien in alkalische über (ammoniakalische Harngärung). In Krankheiten kann es schon in der Blase zur ammoniakalischen Harnzersetzung kommen. Der Harn der Pflanzenfresser reagiert stets alkalisch. Während der Verdauung ist die saure Reaktion des Harns am wenigsten stark ausgesprochen. Auch der Genuß von kohlensauren Alkalien, z. B. des doppelkohlensauren Natrons als Speisepulver oder von pflanzensauren Salzen, wie sie im Obst und Gemüse enthalten sind (als zitronensaures, weinsaures oder apfelsaures Kalium), können schon beim normalen Menschen bewirken, daß der Harn neutrale oder schwach alkalische Reaktion annimmt.

Frisch gelassener Harn eines gesunden Menschen ist vollkommen klar. Nach längerem Stehen scheidet sich zuweilen aus konzentriertem Harne ein Bodensatz ab, dessen Farbe an Ziegelmehl erinnert. Er besteht aus harnsaurem Natron und kommt dadurch zustande, daß dieses im körperwarmen Harne leicht lösliche Salz beim Abkühlen ausfällt. Eine pathologische Bedeutung kommt dieser Erscheinung nicht zu. Erwärmt man den Harn, so löst sich der Niederschlag wieder vollständig auf.

Je dünner der Harn ist, d. h. je mehr Wasser er enthält, um so lichter ist seine Farbe. Der Harn des Fötus und des neugeborenen Kindes ist hell wie Wasser; nach reichlichem Trinken ist der Harn lichtgelb, konzentrierter Harn, z. B. im Fieber, hat eine intensiv gelbe bis gelbrötliche Farbe. Mischen sich dem Harne abnorme Bestandteile bei, z. B. Blut oder Eiter aus den Harnmengen, oder Gallenfarbstoff, so erleidet seine Farbe eine entsprechende Veränderung. Nach Genuß von Senna wird der Harn rot, bei Resorption von Karbolsäure, wie sie früher zur Desinfektion von Wunden angewendet wurde, dunkelbraun bis schwärzlich.

Die normale gelbe Harnfarbe stammt vom sog. Urochrom. Außer dem gelben gibt es im Harn einen roten und einen braunen Farbstoff. Alle drei Harnfarbstoffe lassen sich genetisch auf die Eiweißkörper zurückführen. Der rote Farbstoff steht, wie man heute annimmt, in Beziehung zum Indol, jenem Fäulnisprodukt des Eiweißes, das im Darmkanal unter dem Einfluß von Bakterien gebildet wird. Der braune Farbstoff, Urobilin genannt, zeigt chemische Verwandtschaft zum Bilirubin. Da das Bilirubin sich vom Blutfarbstoff ableitet, so geht in letzter Linie dieser Harnfarbstoff auf das Hämoglobin zurück. Es ist daher nicht zu verwundern, daß ein vermehrter Zerfall roter Blutkörperchen, wie er durch manche Blutgifte herbeigeführt wird, eine vermehrte Urobilinausscheidung im Harn nach sich zieht. Auch der Harn von Fieberkranken enthält viel Urobilin. Die Umwandlung des Gallenfarbstoffes in Urobilin erfolgt im Darme durch die Tätigkeit gewisser Bakterien. Vom Darme aus wird das Urobilin zum Teil resorbiert, gelangt in das Blut und von hier mit den anderen Harnbestandteilen in den Harn. Ein anderer Teil geht mit dem Stuhl ab und bedingt die bekannte braune Stuhlfarbe. Besteht jedoch ein kompletter Verschluß des großen Gallenganges, z. B. durch einen Stein, so kann kein Gallenfarbstoff in das Darmlumen einfließen, und die Bildung von Urobilin im Darme bleibt aus. Der Harn ist dann frei von Urobilin und enthält an dessen Stelle unveränderten Gallenfarbstoff. Die Farbe des gallenfarbstoffhaltigen Harns ist gelb bis gelbbraun.

Dem Harne kommt ein charakteristischer Geruch zu. Erleidet der Harn eine bakterielle Zersetzung durch längeres Stehen, so ändert sich auch sein Geruch und wird ammoniakalisch. Gewisse Medikamente verleihen ihm einen eigentümlichen Geruch, z. B. Terpentin Veilchengeruch.

Normaler Harn besitzt die Fähigkeit, die Ebene des polarisierten Lichtes ein wenig nach links zu drehen. Diese Fähigkeit wird gesteigert, wenn der Harn, wie es manchmal in Krankheiten vorkommt, abnorme, linksdrehende Stoffe enthält, z. B. linksdrehenden sog. Fruchtzucker. Der Traubenzucker, der bei der Zuckerkrankheit in oft großen Mengen zur Abscheidung gelangt, dreht rechts, und die Größe der Rechtsdrehung, die mit Hilfe eigener Apparate, der Saccharimeter, ermittelt werden kann, gestattet eine genaue perzentuelle Bestimmung des im Harn ausgeschiedenen Zuckers.

Der Untersuchung des Harns kommt für ärztliche Zwecke eine hohe Bedeutung zu. Zunächst darf darauf verwiesen werden, daß die stickstoffhaltigen Reste der Nahrungsstoffe, die aus dem Stoffwechsel resultieren und als unverwendbare Schlacken den Körper verlassen müssen, zum weitaus größten Teil mit dem Harne abgegeben werden, während nur ein verschwindend kleiner Rest im Schweiß und Stuhle erscheint. Jede vermehrte Zufuhr stickstoffhaltiger Nahrung hat eine vermehrte Ausscheidung stickstoffhaltiger Bestandteile im Harn zur unmittelbaren Folge. Ebenso gibt sich der erhöhte Zerfall von Körpersubstanz, wie er z. B. als Folge von fieberhaften Erkrankungen eintritt, im Harne durch vermehrte Stickstoffausschwemmung zu erkennen. Überdies ist die Verteilung des Stickstoffes auf die einzelnen Harnbestandteile eine konstante. Wie wir später hören werden, erscheint beim Menschen normalerweise der größte Teil des Stickstoffes als Harnstoff, während die übrigen Stickstoffträger in viel geringeren Quantitäten vertreten sind.

Eine Änderung dieser Verteilung kann uns ein Hinweis darauf sein, daß sich die Stoffwechselvorgänge in abnormen, pathologischen Bahnen bewegen.

Die Substanzen, die den Harn zusammensetzen, sind, wie schon erwähnt wurde, teils organischer, teils unorganischer Natur. Die organischen Harnbestandteile sind Produkte chemischer Umwandlungen, die die Nahrungsmittel im Körper erfahren haben. Aus kompliziert gebauten Molekülen, z. B. aus Eiweißmolekülen der Nahrung hervorgegangen, besitzen sie zumeist einen relativ einfachen Bau. Daneben finden sich auch hochmolekulare Verbindungen, z. B. Spuren nicht dialysierbarer Stoffe, ferner äußerst geringe Mengen von Eiweiß.

Die unorganischen Salze des Harns stammen zum großen Teil aus der Nahrung und verlassen den Körper, ohne in ihm Veränderungen erfahren zu haben, z. B. das Kochsalz. Andere gehen aus der Zerlegung des Eiweißmoleküls hervor, z. B. die schwefelsauren und phosphorsauren Salze.

Abgesehen davon, daß die Mengenverhältnisse der normalen Harnbestandteile Abweichungen zeigen können, die uns auf pathologische Vorgänge im Körper schließen lassen, kommt es vor, daß der Harn Stoffe enthält, die direkt auf bestimmte Erkrankungen hinweisen. So gewinnt die Harnuntersuchung diagnostische Bedeutung. Eiter oder Blut im Harn — letzteres nur, wenn es sich nicht um den Harn menstruierender Frauen handelt, — deuten auf eine Affektion der Niere oder der Harnmenge. Von Blutharn zu unterscheiden ist die Beimischung von gelöstem Hämoglobin infolge von Blutzersetzung durch Gifte (z. B. chlorsaures Kali). Über das Auftreten von Eiweiß und Zucker soll später die Rede sein. —

Der wichtigste stickstoffhaltige Bestandteil des menschlichen Harns ist der Harnstoff, eine Verbindung von Kohlensäure und Ammoniak. Er macht ungefähr 85 Proz. des ganzen mit dem Harn zur Ausscheidung gelangenden Stickstoffs aus. Seine ausschließliche Quelle sind die Eiweißkörper, und zwar sowohl die Albuminate der Nahrung, als auch die der zugrunde gehenden Körperzellen. Demzufolge steigt seine Menge, wenn die Menge der zugeführten Eiweißkörper steigt oder wenn, wie im Fieber, ein mächtiger Zerfall von Körpersubstanz Platz greift. Befindet sich dagegen der Körper im Stickstoffgleichgewicht, so ist die Harnstoffbildung eine konstante und die als Harnstoff ausgeschiedene Stickstoffmenge ist ungefähr dem Nahrungsstickstoff gleich. Die Bildung des Harnstoffs erfolgt vorzugsweise in der Leber, und zwar aus Ammoniakverbindungen, die aus Eiweiß abstammen. Der Beweis hierfür läßt sich experimentell erbringen.

Wird die Leber eines eben getöteten Tiers mit Blut durchströmt, dem man kohlensaures Ammon zugesetzt hat, so läßt sich nach einiger Zeit in diesem Harnstoff nachweisen. Außer in der Leber dürfte auch in anderen Organen, besonders den Muskeln, Harnstoff gebildet werden. Unter allen organischen Verbindungen war der Harnstoff diejenige, die zuerst außerhalb des Tierkörpers künstlich dargestellt werden konnte. Da man vordem angenommen hatte, daß organische Substanzen Produkte einer „Lebenskraft" seien und deshalb ausschließlich im lebendigen Organismus entstehen können, kommt dieser Synthese eine prinzipielle Bedeutung zu.

Von den übrigen, stickstoffhaltigen Bestandteilen des Harns seien hier erwähnt die Harnsäure, die Hippursäure, das Kreatinin, das Ammoniak.

Die Harnsäure wird im Harn des Menschen in relativ geringen Quantitäten ausgeschieden, ungefähr $1—1^1/_2$ g pro Tag. Viel reichlicher ist sie vertreten im Harn der Vögel und Reptilien, während sie im Harn der Pflanzenfresser vollkommen fehlt. Ihre Muttersubstanz ist das Eiweiß der Zellkerne, bei deren Zerfall sie frei wird, und zwar sowohl der Zellkerne, die wir mit der Nahrung aufnehmen, als der Körperzellen. Denn, wenn wir dem Körper eine Kost geben, die möglichst wenig oder gar keine Harnsäure liefert, so setzen wir zwar die gesamte Harnsäureausscheidung herab, heben sie aber niemals vollkommen auf. Von der aus der Nahrung stammenden „exogenen" Harnsäure ist also die „endogene", im Stoffwechsel selbst entstandene Harnsäure zu unterscheiden, die eine für jedes Individuum konstante Größe repräsentiert. Für den gesunden, erwachsenen Menschen beträgt sie ungefähr 0,3—0,6 g pro 24 Stunden.

Die Hauptquelle der endogenen Harnsäure scheinen die Muskeln zu sein. Mehrere Stunden nach angestrengter Muskeltätigkeit beobachtet man im Harn eine vermehrte Harnsäureausfuhr. Des weiteren läßt sich mit Hilfe von Durchströmungsversuchen an überlebenden Hundemuskeln in diesen eine Bildung von Harnsäure nachweisen. Es ist aber auch gelungen, aus den verschiedensten anderen Organen Fermente zu isolieren, welche Harnsäure zu bilden befähigt sind. Daneben existieren in manchen Organen, so in Leber, Muskeln, Niere, vielleicht auch im Knochenmark, harnsäure-

lösende Fermente, denen die Zerstörung der Harnsäure obliegt.
Auf Grund dieser Tatsachen sind wir daher nicht mehr berechtigt,
aus der Menge der im Harn ausgeführten Harnsäure einen Schluß
zu ziehen auf den Umfang der Harnsäureproduktion. Bei der
Gicht oder harnsauren Diathese liegt eine Störung im Harn-
säurestoffwechsel vor, die sich in Schmerzanfällen und in der Ablagerung von harnsauren Salzen (Gichtknoten) an den kleinen Gelenken
der Zehen und Finger dokumentiert. Es scheint sich dabei in
erster Linie um eine Retention der Harnsäure im Blute und nicht
um Überproduktion derselben zu handeln. Während das Blut des
Gesunden höchstens Spuren von Harnsäure enthält, finden sich beim
Gichtiker darin relativ beträchtliche Mengen. Da der Knorpel ein
besonders großes Absorptionsvermögen für harnsaure Salze besitzt,
schlagen sich dieselben aus dem Blute an den Gelenken nieder und
erzeugen hier durch lokale Reizwirkung entzündliche Veränderungen.
Aufgabe der Therapie der Gicht ist es, einerseits die Ausfuhr der
Harnsäure, bzw. ihre Löslichkeit, zu unterstützen, anderseits dem
Körper in der Nahrung möglichst wenig harnsäurebildendes Material
zuzuführen. Aus vermehrter Harnsäureausscheidung im Harn läßt
sich ohne genaue Kenntnis der Zufuhr kein berechtigter Schluß auf
Gicht ziehen.

Die Kristallformen der Harnsäure sind ungemein mannigfaltig.
Bald bilden sie rhombische Täfelchen, bald Rosetten oder Spieße.
Im Harn findet sie sich zum geringen Teil als freie Säure, ihre
Hauptmenge bilden Kalium- und Natriumsalze. In reinem Wasser
ist sie fast unlöslich, dagegen löst sie sich leicht in einer wässrigen
Harnstofflösung, wie sie der Harn darstellt. Auch Alkalien fördern
ihre Löslichkeit.

Ein regelmäßiger und wichtiger Bestandteil des Pflanzenfresser-
harns ist die Hippursäure. Im Harn des Menschen kommt sie
gewöhnlich nur in geringen Quantitäten, nach Genuß von Gemüse
etwas reichlicher vor. Sie entsteht durch Vereinigung von Benzoesäure mit dem Glykokoll (Amidoessigsäure), einem Spaltprodukte
des Eiweißes. Gewöhnlich wird dieses im gesunden menschlichen
Körper zu Harnstoff weiter abgebaut und als solcher eliminiert.
Findet sich aber im Körper Benzoesäure nach Genuß von Vegeta-
bilien oder die ihr nahe verwandte Oxybenzoesäure oder Salizyl-
säure, die ja häufig zu Heilzwecken, z. B. beim Gelenkrheumatismus,
einverleibt wird, so reißt diese das Glykokoll an sich, ehe es der
Verbrennung unterliegt, und erscheint, an Glykokoll gebunden, als
Hippursäure bzw. Oxyhippursäure im Harn. Bei Vögeln wird durch
Benzoesäure nicht das Glykokoll fixiert, sondern ein anderes Spalt-
produkt des Eiweißes, das Ornithin. Beobachtungen solcher Art
haben großes physiologisches Interesse. Denn sie beweisen uns, daß
die Zerlegung des Eiweißes in Aminosäuren, wie wir sie im chemischen
Experimente durchführen, einen Weg darstellt, den auch der physiologische Eiweißabbau in den Geweben nehmen kann.

Die Synthese der Hippursäure wird beim fleischfressenden Tiere durch die Niere vollzogen, beim Pflanzenfresser dürfte sie auch in anderen Organen vor sich gehen. Bei gemischter Kost beträgt ihre Tagesmenge im menschlichen Harn etwa 0,7 g, bei vegetarischem Regime kann sie bis auf 2 g ansteigen.

Außerordentlich wechselnd ist der Gehalt des Harns an Ammoniak. Während im Harn des gesunden Menschen bloß 2—5 Proz. des ganzen Harnstickstoffs auf Ammoniak entfallen, kann es in Krankheiten zu viel bedeutenderen Mengen ansteigen. Eine vermehrte Ammoniakausfuhr entspringt aber nicht einer gesteigerten Produktion; außerdem ist bekannt, daß dann, wenn wir auch in großen Quantitäten Ammoniakverbindungen verfüttern, das Ammoniak im Harn nicht wesentlich vermehrt erscheint. Ammoniak tritt dann im Harn vermehrt auf, wenn es seiner gewöhnlichen Aufgabe, Harnstoff zu bilden, entzogen wurde. Dies ist der Fall, wenn sich im Organismus große Säuremengen anhäufen, deren Neutralisation durch Ammoniak erreicht wird. Alle Gewebe und Gewebsflüssigkeiten, alle Zellen und Zellprodukte reagieren schwach alkalisch. Es scheint eine gewisse alkalische Reaktion des Plasmas für die Erhaltung des organischen Lebens unbedingt notwendig zu sein. Führen wir im Experiment größere Mengen von Säure zu, und zwar in einer Konzentration, die nicht lokal Ätzwirkungen erzeugt, so müssen diese neutralisiert werden. Da die Alkalien des Bluts für die Aufnahme und Ausfuhr der Kohlensäure bestimmt sind, die aus den Geweben stammt, fällt dem Ammoniak diese entgiftende Aufgabe zu. Solange die Ammoniakvorräte ausreichend sind, bleiben schädliche Folgen aus. Ist aber die Säuremenge größer, so entwickelt sich ein schweres Vergiftungsbild; es treten Störungen der Atmung ein, die Atemzüge werden abnorm tief und langsam, das Bewußtsein wird getrübt und schließlich erfolgt unter Krämpfen der Tod der Tiere.

Zustände ähnlicher Art können wir am kranken Menschen beobachten. In schweren Fällen des Diabetes mellitus entstehen beim Abbau des Eiweißes organische Säuren in oft bedeutenden Mengen. Ihre Anhäufung im Organismus erzeugt das „diabetische Koma", ein Krankheitsbild, welches große Ähnlichkeit mit der experimentellen Säurevergiftung besitzt. Auch im diabetischen Koma trachtet der Organismus, der Übersäuerung seiner Gewebe durch das Ammoniak Herr zu werden. Tatsächlich finden wir auch hier im Harn das Ammoniak vermehrt.

Da die Ammoniakvermehrung dem Ausbruch des Komas um Tage vorausgehen kann, sind wir in der Lage, das Heilbestreben der Natur durch rechtzeitige Darreichung großer Alkalidosen zu unterstützen. —

Das Kreatinin, das aus dem Muskel stammt, erscheint in ganz geringen Quantitäten im Harne. Besondere Bedeutung kommt ihm nicht zu.

Wenden wir uns nunmehr den unorganischen Harnbestandteilen zu, den Harnsalzen. In Frage kommen wesentlich drei Gruppen: die Chloride, die Phosphate und Sulfate.

Der größte Teil der Chloride erscheint im Harn gebunden an Natrium, als Chlornatrium oder Kochsalz und stammt wohl ausschließlich aus der Nahrung. Das Kochsalz gehört zu den harntreibenden Stoffen. Genießen wir mehr Kochsalz, so wird auch entsprechend mehr mit dem Harn abgegeben, zugleich steigt die Harnmenge an.

Reichlicher Genuß von Kochsalz stellt also erhöhte Anforderungen an die Nieren. Ein geschwächtes oder krankes Organ ist diesen nicht jedesmal gewachsen, und es kann leicht zur Retention des Kochsalzes im Serum und in den Gewebsflüssigkeiten kommen. Damit würde dem Körper eine Steigerung der Salzkonzentration drohen. Der Organismus begegnet dieser Gefahr durch gleichzeitige Retention von Wasser. Indem das Wasser im Blute zurückbleibt, wächst die Menge der Flüssigkeit, die der Motor des Kreislaufs, das Herz, zu treiben hat. Gleichzeitig nimmt das Blut wässerige Beschaffenheit an und kann daher leichter durch die Kapillarwand in das umgebende Gewebe hindurchsickern. Sinkt etwa zur gleichen Zeit die Herzkraft, dann entwickeln sich — in verschiedenem Ausmaß — in den Höhlen des Körpers und in den Maschen der Gewebe Ansammlungen von Flüssigkeit, die sog. Ödeme. Für ihre Entstehung können noch zahlreiche andere Ursachen maßgebend sein. Näheres hierüber wird an anderer Stelle mitgeteilt werden.

Die schwefelsauren und phosphorsauren Salze nehmen ihren Ursprung zum Teil aus der Nahrung, zum Teil sind sie Stoffwechselprodukte abgebauter Eiweißkörper.

Bezüglich der Phosphate muß bemerkt werden, daß beträchtliche Mengen derselben auch im Stuhl den Körper verlassen, und daß daher ihre Bestimmung im Harn allein keinen Maßstab für die Beurteilung des Phosphorsäurestoffwechsels abgeben kann.

Es wurde bereits erwähnt, daß in Krankheiten Eiweiß im Harn erscheinen kann. Das Filter der gesunden Niere ist eiweißdicht, d. h. es gestattet den Eiweißkörpern des Serums nur in äußerst geringen Spuren den Durchtritt in die Harnkanälchen.

Ausnahmsweise kann auch der gesunde Mensch, z. B. nach einem kalten Bade, oder nach angestrengter körperlicher Arbeit geringe Eiweißmengen mit dem Harn abscheiden. Erkrankt aber der Epithelüberzug der Malpighischen Schlingen, dann kann es geschehen, daß selbst relativ große Eiweißmassen das Filter passieren.

*   *
*

Entfernt man einem Tiere beide Nieren, so geht es nach kürzerer Zeit zugrunde. Das gleiche geschieht, wenn man die Nieren beläßt, die Harnleiter aber unterbindet, d. h. die Harnausscheidung unmöglich macht. Die Ursache hierfür liegt in der Retention der Harnbestandteile, die giftig wirken. Dagegen kann man eine Niere, sogar noch ein Stück der zweiten Niere ohne weiteres entfernen. Das Tier bleibt am Leben, die erhaltene Niere übernimmt die Funktion der zweiten. Ganz ähnlich liegen die Verhältnisse beim Menschen. Ziehen wir die Konsequenzen daraus, so ergibt sich, daß wir bei schwerer Erkrankung einer Niere, etwa Krebs oder Tuberkulose, diese entfernen dürfen, wenn die zweite intakt ist. Entfernung oder Zerstörung beider Nieren kommt praktisch selten in Frage, dagegen gibt es Zustände, wo infolge einer hochgradigen narbigen Verengerung der Harnröhre oder bei einem Verschluß beider Harnleiter durch eine wachsende Geschwulst oder durch die Unmöglichkeit, Harn zu lassen, die Entleerung des Harnes unterbleibt. Sind derartige Zustände von längerer Dauer, und gelingt es nicht, auf künstlichem Wege, etwa durch Einführung einer Röhre, eines Katheters, in die Blase dem Harn Abfluß zu verschaffen, so erfolgt der Tod unter Bewußtlosigkeit und Krämpfen. Nicht so selten treten an der Niere Entzündungserscheinungen auf, die die Tätigkeit der Organe schädigen können. Kommt es z. B. im Verlauf von Infektionskrankheiten zu einer schweren, akuten Nierenentzündung, so kann die Harnbildung fast sistieren, und in den schwersten Fällen, wo eine Anregung derselben nicht gelingt, tritt der Tod ein. Häufiger heilt eine solche Affektion jedoch aus oder geht in einen chronischen Zustand über. Derartige Zustände können durch viele Jahre stationär bleiben oder sie können die Nierenfunktion mehr und mehr beeinträchtigen. Im letzteren Falle kommt es, wenn die Salz- und Wasserausscheidung ungenügend ist, zur Ansammlung von Wasser unter der Haut und in den Körperhöhlen, jenen Ödemen, von denen wir schon gesprochen haben. Bei anderen Formen von chronischer Nierenentzündung ist die Wasser- und Salzausscheidung durch lange Zeit intakt. Diese zeichnen sich, wie wir ebenfalls bei der Besprechung der Herzaffektionen gehört haben, durch eine enorme Blutdrucksteigerung aus. Letztere beruht aller Wahrscheinlichkeit nach darauf, daß durch eine allgemeine Kontraktion der kleinen Gefäße der Widerstand für das Herz gesteigert wird. Die Gefäßkontraktion ist als toxisch, als durch Gifte verursacht, zu bezeichnen, die schuldigen Gifte sind voraussichtlich in retinierten, nicht im Harne ausgeschiedenen, stickstoffhaltigen Körpern zu sehen, vielleicht aber auch in giftigen Produkten der erkrankten Niere selbst. Nochmals muß betont werden, daß Nierenerkrankungen ausheilen oder durch Jahrzehnte stationär bleiben können. Die Therapie der Nierenkrankheit muß darin bestehen, das erkrankte Organ durch zweckmäßige Ernährung und Lebensweise zu schonen und zu kräftigen. Die Folgezustände schwerer Erkrankung beeinflussen durch die Stauungszustände (Ödeme), resp. durch die vermehrte Herzarbeit, das Allgemeinbefinden, sie können zu Herzschwäche führen. Anregung der Nierentätigkeit durch Diuretika oder entsprechende physikalische Prozeduren, Behandlung der Herzschwäche, unter Umständen mechanische Entfernung der Ödeme wird da die

Aufgabe der Therapie sein. Die Retention von Harnbestandteilen in Fällen schwerer Erkrankung führt zu einer Änderung der Zusammensetzung des Blutes, das durch die Aufnahme derselben konzentrierter wird. Die zurückgehaltenen Gifte stören das Allgemeinbefinden, sie führen zu Kopfschmerzen und anderen Krankheitserscheinungen. Gelingt es nicht, die Nierentätigkeit ausreichend zu erhöhen, bleiben auch Aderlässe ohne Wirkung, so erfolgt endlich unter tiefer Bewußtlosigkeit, unter Krämpfen der Tod durch Urämie, der Tod durch Harngifte.

Während die gesunde Niere gewöhnlich für Eiweiß undurchlässig ist, während also normalerweise nichts von den Eiweißkörpern des Blutes in den Harn gelangt, ist der Harn bei der Nierenentzündung fast immer eiweißhaltig. Die kranke Niere ist nicht mehr eiweißdicht, sie läßt Eiweiß teilweise durchtreten. Gleichzeitig treten in der Regel noch andere zellige Produkte der Entzündung in den Harn. Abgestoßene Nierenzellen, rote und weiße Blutzellen, längliche Kanälchenausgüsse der Niere, die von geronnenem Eiweiß herrühren — die sog. Harnzylinder — sind in wechselndem Ausmaße bei mikroskopischer Untersuchung darin zu finden. Es muß aber mit aller Schärfe betont werden, daß es auch ganz harmlose Eiweißausscheidungen im Harne gibt, die nicht entzündlicher Natur sind, und daß die Schwere einer Nierenerkrankung durchaus nicht von der Eiweißmenge im Harne abhängt.

Was die Krankheiten der Harnwege anlangt, so ist zu bemerken, daß diese, insbesondere Blase, Nierenbecken und Harnröhre, häufig Sitz von Entzündungen werden können. Die entzündungserregenden Bakterien können auf verschiedenartige Weise an Ort und Stelle gelangen, so von außen durch die Harnröhre vordringen, mit dem Harne ausgeschieden werden, vom Mastdarm überwandern, auf dem Blutwege transportiert werden. Haben sie sich eingenistet, so erregen sie eine Entzündung verschiedenster Intensität, die sich entweder nur in häufigerem Harndrang und geringer Harntrübung äußert, aber auch in schwerer Weise die Schleimhaut zerstören, Fieber erzeugen, den Harn zersetzen und in eine Eitermasse verwandeln kann, sie kann akut vorübergehend oder chronisch sein. Danach wird sich auch ihre Behandlung zu richten haben.

Nicht so selten sind Nierenbecken und Blase der Sitz von Steinbildungen, von Ablagerungen harter Massen, deren Material dem Harne entstammt. Der Harn ist als eine Salzlösung von wechselnder, oft hoher Konzentration der einzelnen Bestandteile zu betrachten. Der bekannte rote Satz, der nicht so selten beim Stehen des Harns sich absetzt, sind harnsaure Salze. Hier genügt die Abkühlung, um diese zum Ausfallen zu bringen. Dieser Satz hat im Gegensatz zu verbreiteter Meinung gar keine pathologische Bedeutung, insbesondere beweist er nicht das Bestehen einer sog. harnsauren Diathese, eines Harnsäureüberschusses, sondern er ist nur ein Zeichen einer hohen Konzentration des Harnes. Die Löslichkeit der Harnbestandteile hängt nicht nur von der Menge der einzelnen Bestandteile, sondern auch von der Reaktion, dem Säuregrade des Harnes ab. So fallen Harnsäure und ihre Salze leicht bei stark saurer Harnbeschaffenheit aus, phosphorsaure Salze bei wenig saurer oder alkalischer. Kommt es nun durch Zufall, z. B. durch Zusammentreffen einer hohen Konzentration eines Salzes und ungünstige Reaktion des Harnes, zum Ausfallen von Kristallen desselben im Nierenbecken oder Blase, so können sich im Laufe der Zeiten diese durch Anlagerung immer neuer Schichten vergrößern und zu Gebilden von oft stattlicher Größe, den Steinen, heranwachsen. Ebenso wie eine konzentrierte Salzlösung leichter zum Kristallisieren gebracht wird, wenn man einen kleinen Kristall des Salzes hineinwirft, wenn man sie „impft“, oder wenn man nur einen Fremdkörper, einen Wollfaden etwa hineinhängt, so erfolgt das erste Ausfallen häufig um einen Fremdkörper, z. B. abgestoßene Zellen, herum, und so begünstigt das Vorhandensein von Konkrementen, von Steinen das Entstehen neuer. Ihre chemische Zusammensetzung kann verschiedenartig sein. Am häufigsten sind Uratsteine, Steine, die aus Harnsäurederivaten bestehen. Ebenfalls häufig sind Phosphatsteine, aus phosphorsauren Salzen zusammengesetzt. Diese entstehen am leichtesten bei alkalischer oder sehr wenig saurer Harnreaktion. Sie wird häufig dadurch herbeigeführt, daß die alkalischen Sekrete einer Entzündung oder die Tätigkeit von Bakterien, die den Harn zersetzen, die saure Harnreaktion abstumpfen. So sind Phosphatsteine oft, doch durchaus nicht immer Folgeerscheinungen einer Entzündung. Die Steinbildungen anderer chemischer Zusammensetzung sind seltener.

Die Folgeerscheinungen solcher Steinbildungen sind wechselnd. Sie können ganz symptomlos verlaufen, selbst wenn sie eine bedeutende Größe erlangt haben. Kleine Konkremente, sog. Harngrieß, können ohne weiteres abgehen. Etwa größere, im Nierenbecken entstandene durchwandern unter Umständen den engen Harnleiter. Dies ist meistens mit großen Schmerzen, den Nierenkoliken, verbunden. Verletzt der oft scharfkantige Stein die zarte Wandung der Schleimhaut, so kommt es zu Nierenblutungen. Möglich ist es auch, daß Steine sich vor die Mündung des Harnleiters legen und so zur Ursache von Harnstauung im Bereiche einer Niere werden, ein Zustand, der sehr lästig und wegen der Gefahr einer Entzündung nicht unbedenklich ist. Große Steine können den engen Harnleiter nicht durchwandern, sie können, aber sie müssen nicht, durch ihre Lage und ihren Druck zur Quelle großer Beschwerden werden.

Was die Therapie der Steinbildung anlangt, so wird man zunächst durch Zufuhr reichlicher Flüssigkeitsmengen die Lösungsbedingungen zu verbessern trachten, durch eine geeignete Kost wird man die Menge jener Bestandteile zu vermindern suchen, die das Material zur Steinbildung abgeben. Durch Verordnung von Medikamenten, resp. Mineralwasserkuren wird man die für die Lösung günstige Harnreaktion herbeiführen. So wird man bei Uratsteinen, z. B. durch alkalische Wasser, den Harn weniger sauer machen, bei Phosphatsteinen die oft begleitende Entzündung bekämpfen.

Trotzdem wird die Therapie nicht immer mit Medikationen ihr Auslangen finden. Größere bereits gebildete Konkremente wird man nur in den seltensten Fällen zur Auflösung bringen. Blasensteine, die durch Blasenschmerzen und steten Harndrang lästig fallen, wird man mit geeigneten Instrumenten im Innern der Blase so zu zertrümmern versuchen, daß die Stücke spontan abgehen können. Bleibt dies erfolglos, so wird man häufig dabei, wie bei den Konkrementen des Nierenbeckens, die nicht abgehen, aber heftige Beschwerden verursachen, zur Operation schreiten müssen und so den Stein entfernen.

In ähnlicher Weise, wie wir etwa durch Spiegel den Kehlkopf betrachten können, gelingt es auch, mittels Einführung eines Spiegelapparats durch die Harnröhre in die Blase das Innere der Harnblase zu Gesicht zu bekommen und Entzündungen oder Geschwülste zu erkennen. Ja, durch Einführung von feinen Röhrchen in die Harnleiter gelingt es sogar, den Harn der beiden Nieren getrennt aufzufangen und zu untersuchen. Wenn nun eine einseitige Nierenerkrankung vorliegt, so werden sich nur in dem Harne dieser Seite abnorme Harnbestandteile, etwa Blut oder Eiter, finden. So wird die Diagnose und Ortbestimmung einseitiger Nierenerkrankungen ermöglicht.

Wie wichtig dies unter Umständen sein kann, wird durch eine einfache Überlegung klar. Wir können eine schwer erkrankte Niere entfernen, nie aber beide, wir dürfen eine Niere nur entfernen, wenn die zweite gesund befunden wird, da eine kranke Niere nicht die Leistung beider übernehmen kann. Unter Umständen kann diese Untersuchung, die wir eben beschrieben haben, die einzige Möglichkeit sein, festzustellen, in welcher Niere ein krankhafter Prozeß, etwa Krebs oder Tuberkulose oder Eiterung lokalisiert ist, und ob die zweite gesund ist. Dabei kann man die Funktion der Nieren noch auf andere Weise beurteilen; injiziert man z. B. einen Farbstoff unter die Haut, so wird derselbe im allgemeinen von der kranken Niere verspätet ausgeschieden im Vergleich zur gesunden, was an der Farbe des getrennt aufgefangenen Harns leicht zu sehen ist. Dies ist eine der Methoden zur Prüfung der Funktion der Nieren.

II. Schweißsekretion und Hautatmung.

Allenthalben in der Haut zerstreut liegen die Mündungen der Schweiß- und Talgdrüsen. Sie sind an einzelnen Stellen sehr dicht angeordnet, so in den Achselhöhlen, an der Stirn, fehlen an anderen.

Die Talgdrüsen sind fast durchweg Anhänge der Haare und finden sich in der ganzen Haut des Körpers mit Ausnahme der Hohlhand und der Fußsohle. Sie stellen einfache oder gebuchtete Schläuche dar. Ihre Wand wird von hellen, flachen Zellen ausgekleidet, die sich teilen und ein vielgeschichtetes, sehr leicht der Verfettung unterliegendes Epithel bilden. Die verfetteten und abgestorbenen Zellen werden ausgeschieden und bilden den sog. Talg, eine ölige Flüssigkeit, die an der Oberfläche der Haut leicht erstarrt. Der Talg erhält Haut und Haare geschmeidig und verhütet das Aufquellen der Haut im Wasser. Seiner chemischen Zusammensetzung nach besteht er vorwiegend aus Fett und Eiweißstoffen.

Die Schweißdrüsen bestehen aus einem Drüsenschlauch, dessen blindes Ende knäuelförmig zusammengerollt ist. Dieser Knäuel ist in den untersten Schichten der Lederhaut gelegen, die Mündung des Drüsenganges an der Oberfläche der Epidermis ist die sog. Schweißpore.

Der Drüsenknäuel wird von einem feinsten Netz von Blutgefäßen umsponnen, dessen Bau eine große Ähnlichkeit besitzt mit mit dem Bau der Glomerulusschlingen der Niere. Die Wand des Drüsenschlauchs besitzt eine einfache Lage platter oder zylindrischer, zum Teil fettführender Zellen. Schweißdrüsen kommen überall in der Haut des menschlichen Körpers vor, besonders reichlich an der Stirn, an den Fußsohlen und dem After. Manche Tiere schwitzen überhaupt nicht, andere, wie die Katze, nur an der Sohlenfläche der vier Gliedmaßen. Das Sekret der Schweißdrüsen, der Schweiß, ist eine klare Flüssigkeit von unangenehmem Geruch. Seine Reaktion ist bald neutral, bald sauer, bald alkalisch. Er besteht seiner Zusammensetzung nach zum größten Teile aus Wasser (99,0 Proz.), in Spuren enthält er Salze, Harnstoffe, Fette.

Die Aufgabe der Schweißdrüsen ist die Produktion des Schweißes. Sie erfolgt stetig, wenn auch in wechselndem Ausmaß. Gewöhnlich verdunstet das ausgeschiedene Wasser sogleich, ohne daß wir es merken, nur wenn die Schweißproduktion, z. B. bei Hitze oder bei körperlicher Arbeit, gesteigert ist, oder wenn, bei sehr schwüler, wasserreicher Luft, die Wasserabgabe behindert ist, sammelt sich der Schweiß in sichtbaren Tropfen. Bei der Verdunstung des Wassers, aus dem der Schweiß fast ausschließlich zusammengesetzt ist, wird Wärme verbraucht, und so ist die Schweißproduktion in erster Linie ein Mittel der Wärmeregulation. Sehr großen Wert legt die Volksmeinung und auch die Naturheilkunde auf die Ausscheidung von schädlichen Stoffen im Schweiße. Dabei läuft aber viel Übertreibung mit. Es soll nicht geleugnet werden, daß die Schweißausscheidung einen mächtigen, im einzelnen noch nicht vollständig zu überblickenden Einfluß auf das Allgemeinbefinden haben kann, daß im Schweiß neben Wasser, Harnstoff und spärlichen Salzen auch schädliche Stoffe den Körper verlassen, nur spielt die Menge der so entfernten Bestandteile gegenüber der durch die Niere herausbeförderten kaum eine Rolle, bloß die Wassermenge kann bedeutend sein. Wo die Nierentätigkeit daniederliegt, wird man sich der Steigerung der Schweißsekretion unter Umständen als eines wertvollen, aber durchaus nicht ausreichenden Hilfsmittels bedienen können. Schweißtreibende Prozeduren werden vielfach auch als Entfettungsmittel betrachtet. Freilich, der Schweiß der Arbeit ist ein gutes Entfettungsmittel, wenn das bei der Arbeit verbrannte Fett nicht durch Steigerung der Nahrungsaufnahme wieder ersetzt wird, aber die künstlich erzeugten Schweiße haben geringen Wert. Der Wasserverlust täuscht in kürzester Zeit eine beträchtliche Gewichtsabnahme vor, aber reichliche Flüssigkeitsaufnahme paralysiert diese in kürzester Zeit, und das Ziel einer Entfettungskur ist Fettverlust, nicht Wasserabnahme. Daß die Schweißproduktion von äußeren Umständen abhängt, ist bekannt, Temperatur und Arbeit haben wir als solche angeführt, die psychische Einwirkung als Angstschweiß ist jedem geläufig, ebenso daß die Schweißproduktion individuell variiert, daß sie durch Medikamente (Tees, Pilokarpin) gesteigert oder unterdrückt werden kann (Atropin); daß krankhafte Zustände nicht ohne Einfluß auf die Schweißproduktion sind, beweist die heiße, trockene Haut des Fieberanstieges, der Schweißausbruch der sog. Krise, es beweisen dies die Nachtschweiße der Lungenkranken, das halbseitige Schwitzen mancher nervöser Personen.

Eine ähnliche übertriebene Rolle wie die Entfernung schädlicher Stoffe durch den Schweiß spielt in der Vorstellung vieler die Hautatmung, die Abgabe von Gasen durch die Haut. Es braucht nicht hervorgehoben zu werden, wie mächtig die Wirkung von Hautreizen, etwa eines kalten Bades, auf das Allgemeinbefinden ist, daß eine große Anzahl schädlicher Reize an der Haut angreifen, und daß wir durch Pflege und Abhärtung derselben Krankheiten vorbeugen können, aber die Rolle der Hautatmung ist gering. Unterbindet man einem Frosch die Lungen, so bleibt er leben, er ist imstande, so viel Sauerstoff durch die Haut aufzunehmen und Kohlensäure abzugeben, daß er die Lungenatmung entbehren kann. Auch beim Menschen erfolgt ein Teil des Gaswechsels durch die Haut, der Bruchteil ist aber so gering, daß er wenig in Betracht kommt. Ein alter Versuch soll die große Wichtigkeit von Schweiß und Hautatmung für das Leben demonstrieren. Überzieht man die Haut eines Tieres mit einem undurchlässigen Überzug, firnißt man sie etwa, so geht das Tier nach einiger Zeit zugrunde. Dieser Versuch ist in dem eben erwähnten Sinne gedeutet worden. Dies ist aber unrichtig. Schützt man diese Tiere vor Wärmeverlust, hüllt man sie in Watte oder setzt sie in einen Wärmekasten, so bleiben sie am Leben. Sie sterben daran, daß unter der Firnisdecke die Hautgefäße sich maximal erweitern, dadurch wird die Wärmeabgabe ungemein gesteigert, die Tiere können ihre Bluttemperatur nicht aufrecht erhalten, sie sterben am Wärmeverlust. So beweist dieser Versuch nichts anderes, als die große lebenswichtige Bedeutung, die der Haut, insbeson dere den Hautgefäßen als Organ der Wärmeregulation zukommt. In der Pflege und Abhärtung der Haut wird man in erster Linie ein Mittel sehen müssen, diese für ihre Hauptaufgabe, der Regelung der Wärmeabgabe, vollkommen geeignet zu machen.

Elftes Kapitel.

Das Nervensystem.

Von Dr. **Max Schacherl.**

Gewebselemente des Nervensystems und deren Funktionen. Entwicklung, Aufbau und Funktionen des Großhirns, Zwischenhirns, Mittelhirns, Hinterhirns und Nachhirns, sowie des Rückenmarks. Reflexvorgänge, Bahnen. Die peripheren Nerven, ihre Funktionsweise und deren Störungen.

Das Nervensystem hat seit langem das Interesse wissenschaftlicher und Laienkreise in hohem Grade in Anspruch genommen, eine Tatsache, die dadurch zu erklären ist, daß diesem Organkomplex nicht nur eine Fülle der wichtigsten körperlichen Funktionen, sondern auch die Gesamtheit psychischer (seelischer) Tätigkeiten zugeschrieben wird.

Sollen wir nun Einblick gewinnen in die ungeheure Mannigfaltigkeit der Tätigkeit des Nervensystems, so müssen wir uns einigermaßen über den Bau desselben orientieren. Wir haben zunächst zwischen einem zentralen Anteil des Nervensystems, dem Gehirn und Rückenmark, und einem peripherischen Teil, den peripheren Nerven, die das zentrale Nervensystem mit den verschiedenen Organen und indirekt mit der Außenwelt verbinden, zu unterscheiden. Als vorgeschobenen Posten des zentralen Nervensystems haben wir noch das Eingeweide- oder sympathische Nervensystem anzusehen.

Über die Funktionsweise des sympathischen Systems wird an anderer Stelle in diesen Abhandlungen gesprochen, und ich kann mich daher hier auf die Besprechung des zentralen und peripheren Nervensystems beschränken.

Das zentrale Nervensystem, dem wir uns zunächst zuwenden wollen, läßt an ihm eigentümliche Gewebselemente unterscheiden: die Nervenzelle mit der Nervenfaser und eine Stützsubstanz, die Neuroglia oder Glia schlechtweg.

Die Nervenzelle.

Das charakteristische Element des Nervensystems ist die Nervenzelle. Sie erscheint in der einfachsten Gestalt nahezu kuglig, kann aber ihre Gestalt durch das Vorhandensein einer oft bedeutenden Anzahl von Fortsätzen ändern. Die Nervenzelle zeigt einen großen, blasigen, mit einem sehr deutlichen, kleinste Hohlräume, sog. Vakuolen, enthaltenden Kernkörperchen ausgestatteten Kern. Für das Kernkörperchen wird eine bis jetzt nicht näher zu präzisierende sekretorische Funktion zur Erhaltung der Zelle angenommen, deren Vermittlung der Kern der Nervenzelle dient. Im eigentlichen Protoplasma der Zelle lassen sich drei morphologische Bestandteile unterscheiden: Die Schollen, die bald gröber, bald feiner über die ganze Zelle verstreut sind, die Primitivfibrillen und die interfibrilläre Substanz.

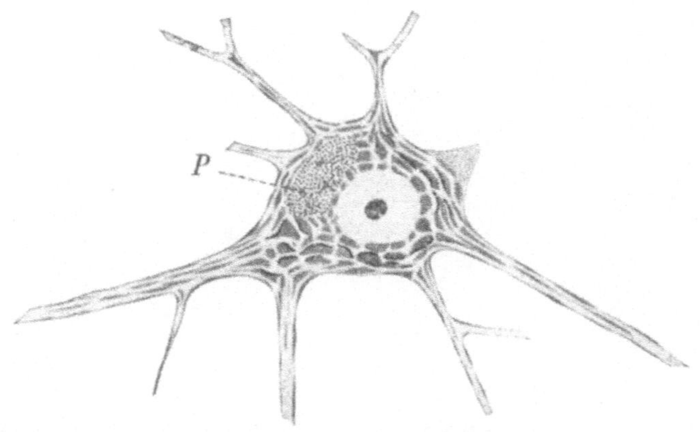

Fig. 47.

Nervenzelle. (Nach Obersteiner.) Schollen deutlich wahrnehmbar.

Die Schollen (Fig. 47) werden gegenwärtig als Apparate zur Aufspeicherung von Nahrungssubstanz für die Zelle angesehen, doch wird ihnen auch insofern eine wichtige Beteiligung an der spezifischen Funktion der Zelle zugeschrieben, als sich in ihnen chemische Vorgänge abspielen, die eine modifizierende Kraft auf die die Zelle passierende Welle nervöser Erregung (s. S. 250) ausüben sollen.

Die Primitivfibrillen (Fig. 48), die sich als feinste, in der Zelle gewöhnlich zu einem unentwirrbaren Netzwerk angeordnete Fäserchen präsentieren, liegen zwischen den Schollen und werden voneinander noch durch die interfibrilläre Substanz isoliert. Aller Wahrscheinlichkeit nach haben wir es in der Primitivfibrille mit dem die Erregung leitenden Element im Nervensystem zu tun.

Betrachten wir nun die Fortsätze der Nervenzelle, so können

wir eine reiche Anzahl von anscheinend auch noch scholliges Material
der Nervenzelle enthaltenden, sich reichlich baumförmig verzweigenden Fortsätzen, den sog. Baumfortsätzen oder Dendriten, von einem
einzelnen, glasig aussehenden, lediglich fibrilläre und interfibrilläre
Substanz enthaltenden, sich zunächst nicht verzweigenden Zellfort-
satz, dem Achsenzylinderfortsatz, unterscheiden.

Während die Dendriten lediglich zur Vergrößerung der Auffang-
fläche der Zellen für ihr zukommende Erregungen dienen und bestimmt erscheinen, diese Erregungen in die Zelle zu leiten, dient
der Achsenzylinderfortsatz der spezifischen Funktion seiner Ursprungs-
zelle und leitet die ihrer Funktion entsprechende Erregung von ihr
weg an das gewollte Ziel. Dieses kann auch meterweit entfernt

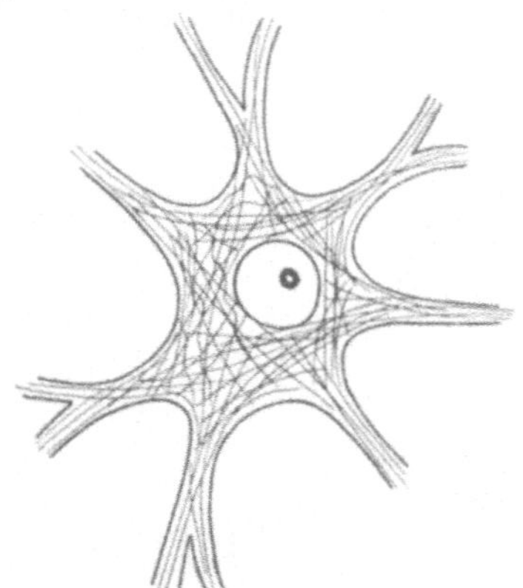

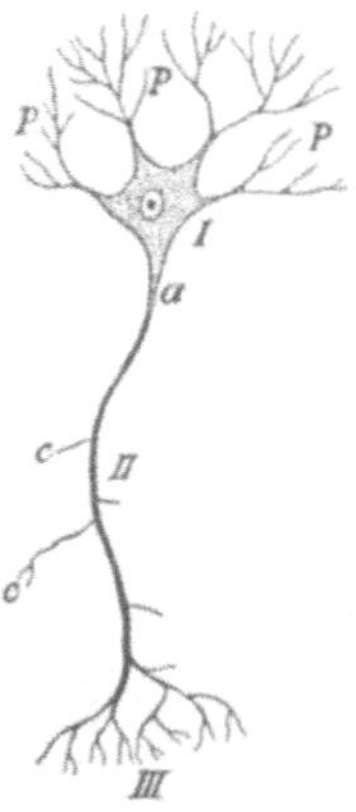

<table>
<tr><td align="center">Fig. 48.</td><td align="center">Fig. 49.</td></tr>
<tr><td align="center">Nervenzelle (etwas schematisiert).
Kern und Kernkörperchen mit der Va-
kuole, sowie die Fibrillen deutlich er-
kennbar.</td><td align="center">Das Neuron. (Nach Obersteiner.)
I Zelle, II Nervenfaser, III Endbäumchen,
a Achsenzylinderfortsatz, c Kollateralen,
P Dendriten.</td></tr>
</table>

sein, die Kontinuität des Achsenzylinderfortsatzes erleidet keine
Unterbrechung. Am Ziele angelangt, fasern sich die Primitivbündel
des Achsenzylinders zu einem sog. Endbäumchen auf. Häufig zweigen
sich vom Achsenzylinderfortsatz Fäserchen ab, die Kollateralen,
die dazu dienen, den Wirkungskreis der einzelnen Zelle noch zu vergrößern.

Wir bezeichnen die Zelle mit ihrem Achsenzylinderfortsatz und
dem Endbäumchen mit dem Ausdruck Neuron. Das Neuron (Fig. 49)
stellt sowohl anatomisch als funktionell die Einheit im Nervensystem
dar. Rein histologisch müssen wir das ganze Neuron als eine einzige
Zelle auffassen.

Entsprechend der früher angeführten, dem Kern und seinem
Inhalt zugeschriebenen zellernährenden Funktion ist es begreiflich,
daß jeder Abtrennung eines Teiles der Zelle von dem kernhaltigen

Zellanteil ein Absterben jenes Teiles folgen muß. In der Tat sehen wir, daß bei Verletzungen des Achsenzylinders der mit der Zelle in Zusammenhang stehende Teil des Achsenzylinderfortsatzes erhalten bleibt, der andere abstirbt. Da, wie wir gehört haben, der Achsenzylinder aus der Zelle leitet, so ergibt sich daraus ganz allgemein der Satz, daß das Absterben des Achsenzylinders in dessen Leitungsrichtung erfolgt, worauf wir noch ausführlicher zurückzukommen haben werden.

Das Absterben erstreckt sich selbstverständlich auf das Endbäumchen und bis zu einem gewissen Grade auch auf das Organ, an dem sich das Endbäumchen festsetzt. Wenn es dabei auch nicht zum vollständigen Absterben kommen muß, so lassen sich doch in dem betreffenden Organ schwere Krankheitserscheinungen nachweisen.

Das beste Beispiel dafür gibt die Degeneration des Muskels bei Erkrankungen der peripheren Nerven oder der Vorderhörner (s. d.) des Rückenmarks. Der erhaltende Einfluß der Nervenzelle, den man auch als deren trophische Funktion zu bezeichnen pflegt, dehnt sich also auch auf den Organteil aus, mit dem sie in Verbindung steht, den sie, wie man zu sagen pflegt, innerviert. Dieser trophische Einfluß ist bis zu einem gewissen Grade ein gegenseitiger. Wir sehen nach einer Störung des innervierten Organs ganz gewöhnlich krankhafte Veränderungen in den zugehörigen Zellen des zentralen Nervensystems auftreten.

Mit der ernährenden Funktion ist aber die Bedeutung der Nervenzelle nicht erschöpft. Sie ist außerdem noch imstande, vermittelst der früher erwähnten Dendriten Erregungen von außen aufzunehmen und darauf mit der ihr speziell zukommenden Funktion zu reagieren. Der Reiz kann dabei von der Peripherie her wirken, er kann von einem anderen Neuron übergeleitet sein oder er kann auch endlich durch den persönlichen Willen des betreffenden menschlichen Individuums hervorgerufen werden.

Was den Achsenzylinderfortsatz anbelangt, so umhüllt dieser sich in vielen Fällen bald nach seinem Ursprung aus der Zelle mit einer Scheide, die aus einer fettartigen Substanz, dem Myelin oder Nervenmark, besteht. Kurz vor seiner Aufsplitterung in das Endbäumchen verliert er diese sog. Markscheide wieder. Diese Scheide scheint der Isolierung der Leitung im Achsenzylinder dienen zu sollen und findet sich nicht an allen, sondern lediglich an solchen Achsenzylindern, die eine besonders exakte und sichere Leitung durchzuführen haben.

Da man den Achsenzylinder auch als Nervenfaser zu bezeichnen gewöhnt ist, so unterscheidet man nach diesem Verhalten die marklosen oder nackten von den markhaltigen Nervenfasern. Über die Struktur des Endbäumchens sind wir noch nicht genauer orientiert.

Neuroglia.

Was die Bindesubstanz des Nervengewebes anbelangt, die Neuro-glia, so unterscheidet sich dieselbe von den anderen Bindesubstanzen im Körper sowohl durch ihr Aussehen, als auch durch einen Teil ihrer Funktionen. Die Glia (Fig. 50) besteht aus weitverzweigten Zellen, die ein oder mehrere große, reich struktrurierte Kerne besitzen. Mit ihren Ausläufern, von denen sich einzelne Teile nach besonderen Methoden isoliert färben lassen und als Sekretionsprodukt des Kerns

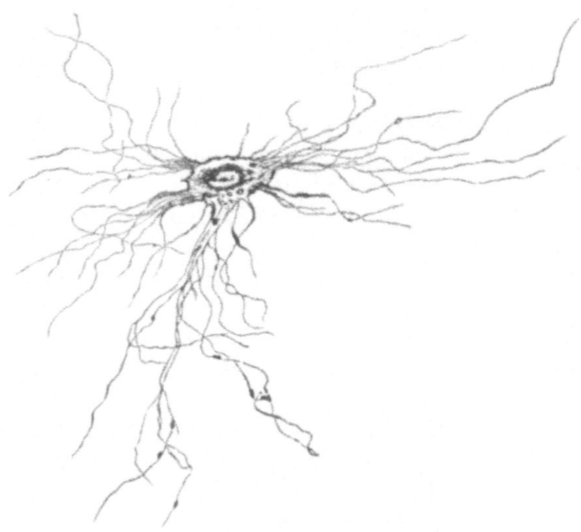

Fig. 50.
Neurogliazelle. (Nach Obersteiner.)

aufgefaßt werden, dringt sie zwischen die nervösen Elemente ein und bildet ein festes Gefüge, in das diese eingelagert sind. Auch überzieht sie mit mehr oder weniger dichten Schichten die Gesamt-oberfläche der nervösen zentralen Organe.

Wo Nervenzellen, nackte Achsenzylinder und Glia gehäuft vor-kommen, erscheint die betreffende Partie des zentralen Nerven-systems für das freie Auge grau und wird auch kurzweg als graue Substanz bezeichnet. Wo dagegen markhaltige Nervenfasern in größerer Anzahl sich vorfinden, erscheint die Region dem freien Auge infolge der Anwesenheit des Myelins milchweiß, und wir be-zeichnen diese Partie als weiße Substanz.

Da wir in den Nervenzellen, wie wir gehört haben, den Aus-gangspunkt der nervösen Erregungen zu sehen haben, so müssen wir die graue Substanz gewöhnlich als den Ort betrachten, von dem aus spezifische Funktionen eingeleitet oder verarbeitet werden. Wo eine Gruppe von der gleichen Funktion dienenden Ganglienzellen beisammen liegt, pflegen wir von einem Zentrum für die betreffende Funktion zu sprechen.

Von diesem Zentrum aus ziehen die dazugehörigen Nervenfasern ebenfalls zu einer Gruppe geordnet, also weiße Substanz formierend, an den Ort ihrer Bestimmung. Wir pflegen derartige, einem Zentrum entspringende und einem Ziele zustrebende Fasergruppen, soweit sie im zentralen Nervensystem gelegen sind, als

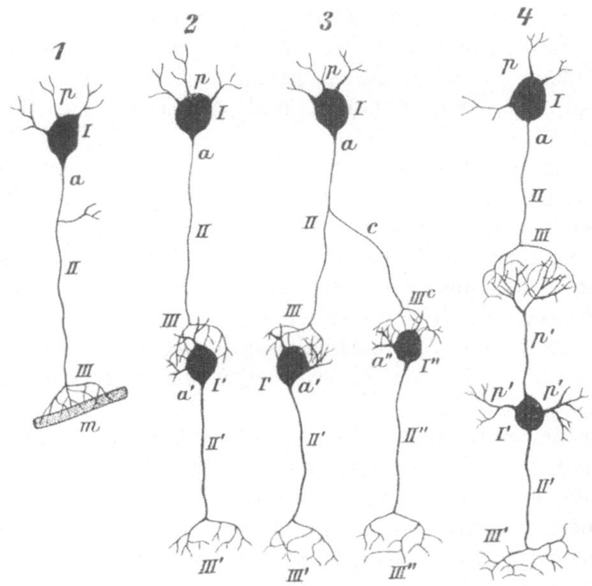

Fig. 51.

Verhalten der Neurone zueinander. (Nach Obersteiner.) *I, I', I''* Zellen, *II, II', II''* Nervenfasern; *III, III', III''* Endbäumchen; *p, p'* Dendriten; *a, a', a''* Achsenzylinderfortsätze; *c* Kollaterale; *III c* Endbäumchen der Kollaterale; *m* Muskel. *1* direkte Innervation des Muskels; *2* Übertragung der Erregung von einem Neuron auf ein zweites; *3* Übertragung der Erregung von einem Neuron auf zwei andere; *4* Übertragung auf ein zweites Neuron, wobei dieses auf dem Wege frei bleibender Dendriten noch von anderen Neuronen her innerviert werden kann.

Bahnen zu bezeichnen. Nach ihrem Austritt aus dem zentralen Nervensystem bezeichnen wir sie als periphere Nerven, von denen wir später zu sprechen haben werden.

Wir haben im zentralen Nervensystem Bahnen, die z. B. Gehirnzellen mit Zellen des Rückenmarks in Verbindung setzen und diesen eine Erregung übermitteln, die die Rückenmarkzellen weiter an die Peripherie schicken. Die Berührung zwischen den dabei in Funktion tretenden beiden Neuronen stellte man sich früher entweder als eine ganz oberflächliche vor oder als eine Verwachsung des Endbäumchens des ersten mit einem Teil der Dendriten des zweiten (Fig. 51). Gegenwärtig neigt man der Annahme zu, daß mindestens ein Teil der Fibrillen des ersten Neurons sich in das zweite Neuron fortsetzt.

Das Endbäumchen im periphersten Anteil sollte sich nach dieser Anschauung wieder mit einem weit auslaufenden Dendriten einer Nervenzelle verbinden, die ihren Achsensylinderfortsatz nicht aus dem, sondern weiter in das zentrale Nervensystem schickt und schließlich so die allerdings nicht mehr gleichwertige Erregung dem ursprünglichen Neuron wieder mitgeteilt werden.

Diese, etwa dem Blutkreislauf analog zusetzende, nervöse Zirkulation sei nur der Vollständigkeit halber erwähnt. Wir werden uns, da diese Fibrillentheorie, wenigstens für die höheren Tiere, noch durchaus nicht in allen Teilen geklärt erscheint, im vorliegenden lediglich an das Neuron halten und dieses als ein für sich abgeschlossenes Ganzes betrachten.

Wir sind im früheren auf die Leitungsrichtung der Neurone zu sprechen gekommen und haben gesehen, daß ein Teil derselben vom Zentrum weg, ein Teil zu ihm zurückleitet. Die zentrifugalleitenden Neurone sind dazu bestimmt, durch Übertragung des Reizes auf Muskelfasern diese zur Kontraktion zu bringen und so einen Bewegungseffekt zu erzielen.

Wir nennen die Komplexe dieser Neurone motorische Bahnen, bzw., soweit sie das zentrale Nervensystem verlassen, motorische Nerven.

Außer der rein motorischen Funktion können zentrifugalleitende Neurone auch zur Sekretion und zur Bewegungshemmung Beziehungen haben. Die von der Peripherie zum Zentrum leitenden Nerven, bzw. Bahnen, vermitteln die Empfindungen.

Wir nennen diese Nerven, soweit sie die Haut-, Muskel- und Gelenks-Schmerz- und Wärmeempfindungen leiten, sensibel, soweit ihnen die Leitung von Eindrücken der höheren Sinne obliegt, sensorisch.

Sensible Eindrücke können, auch ohne zum Bewußtsein gelangt zu sein, einen motorischen oder sekretorischen Effekt herbeiführen.

So kommt es bei Einführen eines Bissens in den Mund zur Speichelabsonderung, bei Eindringen eines Fremdkörpers in den Kehlkopf zu Hustenbewegungen; so kommt es, wenn man am schlaff herabhängenden Unterschenkel die unterhalb der Kniescheibe gelegene Sehne der Kniegelenksstrecker beklopft, zu einer Zuckung derselben, die ein Vorschnellen des herabhängenden Unterschenkels zur Folge hat. Wir nennen derartige, auf einer direkten Überleitung vom zentripetalen zum zentrifugalen Neuron begründete, ohne Mitwirkung von höchsten Zentren zustande kommende Bewegungen oder Sekretionseffekte Reflexvorgänge.

Als höchste Zentren haben wir diejenigen zu verstehen, die

in der die Oberfläche des Großhirns bildenden grauen Substanz, der sog. Gehirnrinde (Cortex = Rinde), gelegen sind.

Wir bezeichnen diese Zentren als kortikale, alle übrigen Zentren als subkortikale.

Außer den erwähnten spezifischen Bestandteilen des Zentralnervensystems finden wir dort noch in reicher Zahl Blutgefäße, die aber die Eigentümlichkeit haben, untereinander wenig oder gar nicht zu anastomosieren, d. h. miteinander in Verbindung zu treten. (Es handelt sich um sog. Endarterien.) Daher wird bei Unterbrechung der Blutzufuhr in einer Arterie die von dieser versorgte Region absterben. Eine solche abgestorbene Region ist von ihrer Funktion deshalb für immer ausgeschlossen, weil es eine Wiederherstellung zerstörter Partien im Zentralnervensystem nicht gibt.

Mit diesen Grundbegriffen ausgerüstet, wollen wir nunmehr an das Studium des zentralen Nervensystems herangehen.

Der Bau des Gehirns und Rückenmarks ist ein sehr komplizierter und wird vielleicht am einfachsten so weit, als es zum Verständnis der Funktion dieser Organe notwendig ist, zu überblicken sein, wenn wir uns eine kurze Exkursion auf das Gebiet der Entwicklung dieser Teile des Körpers gestatten.

In seiner ersten Anlage wird das Zentralnervensystem durch eine geringe, strichförmige Verdickung des sog. äußeren Keimblattes dargestellt, durch den Primitivstreifen. Die Ränder des Primitivstreifens wachsen allmählich ein wenig empor, und es entsteht aus dem Primitivstreifen die Primitivrinne. Indem die Ränder weiter und gegeneinander wachsen, um sich schließlich zu treffen, entsteht im Körperanteil des Embryo ein röhrenförmiges Gebilde, das Medullarrohr, das dem späteren Rückenmark entspricht.

Weniger einfach sind die Vorgänge im Kopfanteil der Primitivrinne. Auch hier kommt es zu einem Auswachsen der Ränder, zu einem schließlichem Verwachsen; aber da dieses Wachstum kein gleichmäßiges ist, so entsteht kein einfaches Rohr, sondern eine Anzahl von miteinander verbundenen Bläschen, deren Hohlräume miteinander in offener Kommunikation stehen (s. Fig. 52).

Es gibt usprünglich drei solcher sog. Hirnbläschen: ein Vorder-, Mittel- und Hinterhirnbläschen. Bei ihrem weiteren Wachstum teilen sich das Vorder- und das Hinterhirnbläschen noch weiterhin,

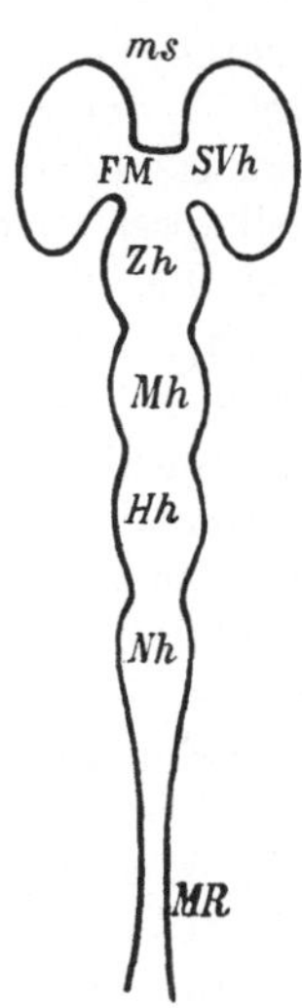

Fig. 52.

Die Gehirnbläschen. *SVh* Großhirnbläschen, *Zh* Zwischenhirnbläschen, *Mh* Mittelhirnbläschen, *Hh* Hinterhirnbläschen, *Nh* Nachhirnbläschen, *MR* Medullarrohr, *FM* Verbindungsstelle des *SVh* mit dem *Zh*, *ms* Spalt zwischen den beiden *SVh*.

und es entsteht so das sekundäre Vorderhirn- oder Großhirnbläschen und das primäre Vorderhirnbläschen oder das Zwischenhirn; das Mittelhirnbläschen bleibt einfach, das Hinterhirnbläschen teilt sich aber weiterhin in das eigentliche Hinterhirn und das Nachhirn, welch letzteres den Übergang zum Medullarrohr, zum Rückenmark also, vorstellt.

Die fünf Hirnbläschen liegen, ich wiederhole es, im Kopfanteil des Embryo und finden innerhalb der Schädelkapsel ziemlich ungünstige Verhältnisse für ihr Weiterwachsen.

Zunächst interessiert uns das Schicksal des Großhirnbläschens. Dieses, das ursprünglich eine einfache Ausstülpung des primären Vorderhirnbläschens darstellt, wächst gegen die Schneide einer sichelförmig von der Gegend der Nasenwurzel nach hinten durch die Schädelhöhle gespannten bindegewebigen Lamelle, eine Falte der späteren harten Hirnhaut, und wird durch diese in ein rechtes und ein linkes Bläschen geteilt, die beiden späteren Hälften oder Hemisphären des Großhirns. Diese wachsen nun — so können wir uns die Sache der größeren Einfachheit halber vorstellen —, wie eben gewöhnlich alles wächst, d. h. nach der Richtung des geringsten Widerstandes. Sie wachsen so lange nach oben, bis sie an den Scheitelteil der Schädelkapsel stoßen und nicht weiter können, dann wachsen sie nach hinten so lange, bis ihnen der Hinterhauptteil der Schädelkapsel wieder Halt gebietet, und dann wenden sie im Weiterwachsen ihre Pole wieder nach vorn und füllen den Schläfeteil der Schädelkapsel aus. So liegen nunmehr die Pole der beiden Großhirnbläschen fast ganz dem Punkte an, von dem sie aus dem Zwischenhirnbläschen hervorgewachsen sind, und werden von diesem Punkte nur durch eine tiefe Grube, die nach ihrem ersten Beschreiber so genannte Sylviussche Grube getrennt. Beim Weiterwachsen der Großhirnbläschen wird diese Grube zu einer tiefen Spalte (Fig. 53, $rah + raa + sh + rpa$) zusammengedrückt, und wir haben damit die erste Furche in dem später so komplizierten Relief der Oberfläche des Großhirns entstehen gesehen.

Die Wachstumsenergie der Großhirnbläschen ist aber damit noch keineswegs erschöpft. Da es aber nunmehr nach außen hin schon völlig an Raum zu weiterer Entwicklung fehlt, so geschieht, was auch geschehen würde, wenn wir ein gestrecktes Band auf einen kleineren Raum zusammenschieben wollen, es faltet sich, und zwar senkrecht auf die Schubrichtung. So faltet sich auch in etwa gleichen Abständen zweimal die gewölbte Oberfläche der beiden Großhirnbläschen, und es entstehen zwei tiefe Furchen, die obere und die untere Primordialfurche, die die Großhirnoberfläche, von der Stirn angefangen, über die Scheitel- und Hinterhauptpartie weg bis nach vorn wieder an den Schläfepol in drei parallele Wülste oder Windungen teilen. Eine weitere, ebenfalls so entstandene Furche teilt die durch die erwähnte sichelförmige Falte der harten Hirnhaut voneinander geschiedenen, einander gegenüberliegenden Flächen der

Großhirnbläschen in zwei Windungen, von denen die obere die einfache Fortsetzung der obersten Windung der gewölbten Großhirnoberfläche ist.

Dieses einfache Drei-, bzw. Vierwindungsystem, das wir auch
beim ausgewachsenen Raubtier noch ganz erkennbar vorfinden und
das einem gleichförmigen Wachstum der gesamten Hirnoberfläche
entsprechen würde, erfährt bei höheren Tieren und vor allem beim
Menschen dadurch eingreifende Modifikationen, daß entsprechend
der höheren Entwicklung bestimmter Funktionen einzelner Hirnteile
diese mehr als andere wachsen. Eine der wichtigsten derartigen
Partien liegt in der Scheitelgegend des Gehirns, und dem entsprechend

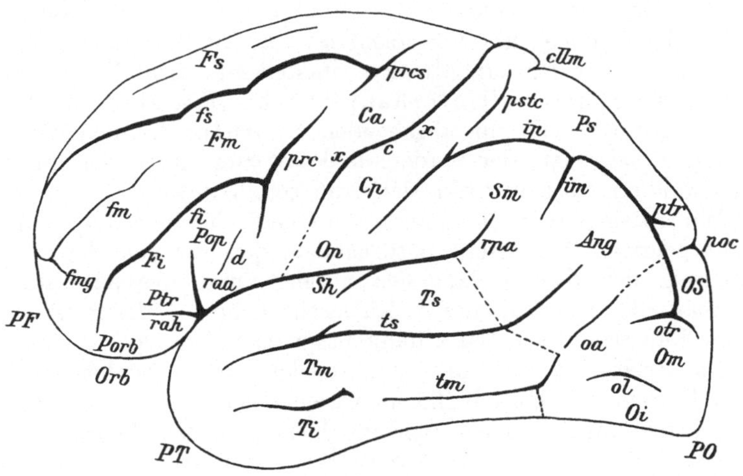

Fig. 53.

etabliert sich dort noch eine tiefe Furche, die Zentralfurche (Fig. 53, c),
die auf den früher besprochenen senkrecht steht und die gleichmäßigen
Windungen durch zwei von der Scheitelregion gegen die Sylviussche
Grube ziehende parallele Windungen, vordere und hintere Zentralwindung (Fig. 53, Ca, Cp), unterbricht. Unberührt von diesem
Entwicklungsvorgange bleibt nur der Stirn- und Schläfeteil des Gehirns, dessen ursprüngliche Windungen wir auch am entwickelten
Gehirn als obere, mittlere und untere Stirn- (Fig. 53, Fs, Fm, Fi),
bzw. Schläfenwindung (Fig. 53, Ts, Tm, Ti) noch erkennen.

Weiterhin entwickelt sich die Region in der Umgebung der
Sylviusschen Grube mächtig und erfährt noch zahlreiche Teilungen
der dem Stirnteil angehörigen Partie, die der Auswachsungstelle der

Großhirn- aus dem Zwischenhirnbläschen entspricht und nicht mehr an der Oberfläche, sondern infolge der Schließung der Sylviusschen Grube zum Spalt in dessen Tiefe liegt und als Insel, ihre Windungen als Inselwindungen bezeichnet werden. Die Sylvius'sche Furche verlängert sich immer mehr nach hinten, drängt den hinter den Zentralwindungen liegenden Teil der ursprünglichen unteren Furche empor und läßt so die Zwischenscheitelfurche (Fig. 53, *ip*) entstehen, während die obere Primärfurche, in einzelne unzusammenhängende Stücke zerrissen, dem oberen Scheitelanteil des Großhirns sein eigentümliches Gepräge verleiht. Um die empordringenden Teile der Sylviusschen und oberen Schläfenfurche aber bilden sich die Rand- (Fig. 53, *Sm*) und die Eckwindung (Fig. 53, *Ang*) aus.

Auch an der Innenfläche des Großhirns ist das Wachstum kein gleichmäßiges geblieben. Vor allem ist eine an dem Übergang von der Scheitel- zur Hinterhautregion entstehende tiefe Furche zu erwähnen, die Scheitel-Hinterhauptfurche (Fig. 53, *poc*), die zusammen mit der von ihr abgehenden Spornfurche den Hinterhauptkeil begrenzt; der vordere und unterste Anteil der innersten Primärwindung aber verdickt sich zum sog. Hacken.

Wir haben damit die wichtigsten Oberflächenteile des Großhirns kennen gelernt. Ich betone ausdrücklich, daß wir von der feineren Gliederung derselben vollkommen absehen und überhaupt nur auf die Anatomie jener Hirnteile Rücksicht nehmen, deren Funktion wir im Rahmen dieser Darstellung besprechen können.

Die Erkenntnis von der funktionellen Verschiedenheit der einzelnen Partien der Hirnoberfläche ist eine keineswegs alte. In den ersten Zeiten medizinischen Denkens hielt man das Gehirn für eine Drüse und hielt den beim Nasenkatarrh aus der Nase fließenden Schleim für Hirnmasse, eine Anschauung, für die wir noch heute in der französischen Bezeichnung für den Schnupfen Rhume de cerveau ein deutliches Dokument besitzen. In ziemlich unklarer Weise legte man dem Gehirn eine Art psychisch-funktioneller Bedeutung aber auch schon im alten Griechenland bei, indem man ihm eine gewisse dem Herzen, das ja heute noch im Volksmunde mit dem Gemütsleben in Zusammenhang gebracht wird, entgegengesetzte Tätigkeit zumutete. Erst vor etwas mehr als hundert Jahren begann man — ebenfalls noch in sehr abenteuerlicher Weise — der Hirntätigkeit etwas mehr Aufmerksamkeit zuzuwenden. Man lokalisierte dort die verschiedenen psychischen Tätigkeiten, die verschiedenen Veranlagungen und Triebe und ging so weit, diese Tätigkeiten des Gehirns beim lebenden Individuum erkennen zu wollen, indem man annahm, daß der der Veranlagung entsprechend in einzelnen Teilen stärkeren Entwicklung des Gehirns auch eine stärkere Entwicklung des knöchernen Schädels entsprechen müsse und also durch Untersuchung des Schädels bereits die subjektive Veranlagung festgestellt werden könne. Diese Ideen wurden allerdings verlassen, aber erst mit dem genaueren Studium der pathologischen Anatomie des Gehirns kam man zu den ersten sicheren Schlüssen auf die Funktion einzelner Großhirngebiete.

Die Wege, die uns auf diesem Gebiete vorwärtsgebracht haben, sind verschiedene. Zunächst war das Wichtigste die Beobachtung der Kranken. Vor allem kamen dabei Lähmungserscheinungen in Betracht und die Feststellung der anatomischen Veränderungen bei Sektionen Gehirnkranker. Da bekanntlich der mit Lähmung einer Körperseite einhergehende sog. Gehirnschlag eine ziemlich häufige Todesursache darstellt, so ist es begreiflich, daß gerade der anatomische Befund bei Gelähmten der am leichtesten zu studierende war, und man fand, daß bei halbseitigen Lähmungen gewöhnlich die Gegend der Zentralwindungen einer Großhirnhemisphäre durch eine Erkrankung außer Funktion gesetzt war.

Nun konnte man einen anderen Weg betreten und an Tieren, die den menschlichen Zentralwindungen entsprechenden Teile einer Hemisphäre zerstören, oder sie durch den elektrischen Strom reizen und den Effekt beobachten. Auch dabei bekam man — wenn auch aus noch zu erörternden Gründen nicht so ausgesprochen — nach der Läsion das klinische Bild der Halbseitenlähmung, und zwar ebenso wie beim Menschen nach Erkrankung der linken Hemisphäre Lähmung der rechten Seite, und umgekehrt.

Bei elektrischer Reizung der betreffenden Region erzielte man aber Bewegung der kontralateralen Extremitäten.

Es gelang fortgesetzter Beobachtung, noch innerhalb der Zentralwindungen genauer zu lokalisieren, und man brachte in Erfahrung, daß besonders die vordere Zentralwindung für die Bewegungen wichtig ist und etwa das obere Drittel der Zentralwindungen der Bewegung des gegenseitigen (kontralateralen) Beines und das mittlere Drittel der Innervation des gegenseitigen Armes und der Hand dient, sowie daß das unterste Drittel und die angrenzenden Teile der unteren Stirnwindung die Bewegungen des Gesichtes, des Kehlkopfes, der Zunge und der Lippen, sowie die Kaubewegung vermitteln.

Nun gibt es einen Bewegungskomplex, der sowohl die Bewegungen des Kehlkopfes als die der Zunge, der Lippen und der Kaumuskeln umfaßt: das Sprechen. In der Tat fand man, daß nach Funktionsstörungen, die das untere Drittel der Zentralwindungen und den anstoßenden Teil der unteren Stirnwindung betrafen, Sprachlähmung auftritt. Dabei kam man aber zu dem merkwürdigen Resultat, daß bei Lähmungen der rechten Körperhälfte, bei denen man also eine Erkrankung der Bewegungszone der linken Hemisphäre des Großhirns erschließen konnte, Sprachlähmung oder mindestens eine Störung der Sprache recht häufig war, während bei linkseitiger Lähmung, also bei Schädigung der rechten Hemisphäre Sprachstörungen nur in sehr seltenen Fällen zur Beobachtung kamen. Daraus ließ sich schließen, daß hauptsächlich die linke Hemisphäre für die Sprache in Betracht kommt, und genauere Untersuchungen lehrten in der Tat, daß der beim Sprechakt vor sich gehende Bewegungskomplex nur einseitig, und zwar links lokalisiert ist. Diese Lokalisation entspricht einer gewissen Bevorzugung der linken Hemisphäre, die allem Anschein nach mit der höheren Entwicklung der linken motorischen Region infolge der besseren Bewegungsausbildung der rechten Hand zusammenhängt. Daß ursprünglich aber auch das motorische Sprachzentrum beiderseitig veranlagt ist, erhellt aus dem Umstande, daß bei im Kindesalter auftretenden Lähmungen der rechten Körperseite, selbst wenn die Sprache dabei gestört wird, diese nach Jahr und Tag wieder vollkommen hergestellt wird, ein Umstand, der auf das Einspringen und die erhöhte Ausbildung des rechtseitigen Sprachzentrums zurückgeführt werden muß.

Wir sehen, wie erwähnt, bei einem sehr geringen Teile der Fälle linkseitiger Lähmung Sprachstörungen auftreten. Bei diesen ergibt dann die Krankengeschichte und Untersuchung, daß man es mit Linkshändern zu tun hat. Bei solchen ist also, entsprechend der in diesem Falle rechtseitigen höheren Entwicklung der motorischen Region auch das Sprachzentrum rechts zur weiteren Entwicklung gekommen.[1])

Die Tatsache, daß es möglich ist, wie beim Sprechen von einer Hirnhemisphäre sowohl die gleichseitigen als die gekreuzten Muskeln zu innervieren, ließ Untersuchungen über die gekreuzte Innervation wichtig erscheinen, und es gelang, zu konstatieren, daß jeder Hirnteil innerhalb der motorischen Zone sowohl die gleichseitigen als die gegenseitigen zu der betreffenden Bewegung notwendigen Muskeln innervieren kann, daß aber die Gegenseite besser innerviert wird. Im allgemeinen läßt sich der Satz aufstellen, daß eine Bewegung, je feiner sie ist, desto einseitiger lokalisiert ist, so daß beispielsweise die groben Bewegungen der Beine viel leichter durch ein Eintreten der normalen Seite bei Schädigung einer Hemisphäre wieder ersetzt werden können, als die feinen Bewegungen der Finger.

Wir haben an der Wölbung des Großhirns noch eine Anzahl motorischer Stellen, die von Wichtigkeit sind. Zunächst an der Eckwindung. Läsion dieser Partie bewirkt ein Herabfallen des Augenlides der Gegenseite, also eine Lähmung des Hebemuskels des oberen Augenlides. Annähernd in derselben Region, vermutlich etwas weiter

---

[1]) Es läge nahe, bei rechtseitigen, mit Sprachstörung einhergehenden Lähmungen Erwachsener dadurch die Wiederherstellung der Sprachfunktion zu versuchen, daß man die betreffenden zu Linkshändern ausbildet, um so die Weiterentwicklung der rechtseitigen Anlage des Sprachzentrums anzuregen. Die Erfahrung lehrt aber, daß jenseits der Pubertät eine derartige Weiterentwicklung nicht mehr vorkommt. In der Tat müßte sie ja dann in jedem Falle rechtseitiger Lähmung mit Sprachstörung eintreten, da der Kranke, wenn er mit dem Leben davonkommt, schon durch seine Lähmung an und für sich gezwungen ist, sich zum Linkshänder auszubilden. Erwähnt sei hier als interessanter Befund eine Verdopplung der linken unteren Stirnwindung am Übergang in die Zentralwindungen, die am Gehirn des als Redner berühmten französischen Staatsmannes Gambetta, den wir später nochmals anführen müssen, gefunden wurde.

nach vorn liegt eine Stelle, deren Verletzung eine Störung in der
Bewegung beider Augäpfel hervorruft. Es tritt nämlich eine Be-
wegungsunfähigkeit beider Augäpfel nach der der Erkrankungsseite
entgegengesetzten Richtung ein. Infolge der nunmehr ungehemmten
Funktion der Antagonisten (s. S. 90) der gelähmten Muskeln stellen
sich beide Augäpfel extrem nach der Seite der Erkrankung ein

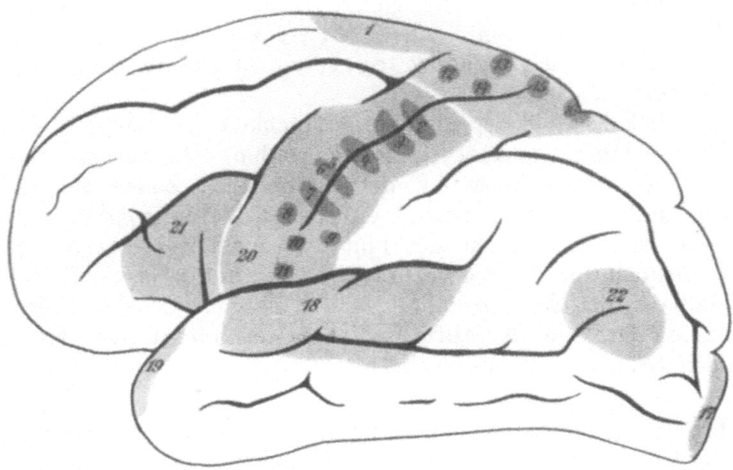

Fig. 54.

Schema der Lokalisation auf der Hirnoberfläche. (Nach Obersteiner.) *1* Rumpf; *2* Schulter;
3 Ellbogen; *4* Handgelenk; *5, 6, 7* Hand; *8, 9, 10* Gesichtsmuskeln; *11* Zunge; *12* Hüfte;
13 Knie; *14* Sprunggelenk; *15, 16* Fuß; *17* Sehen; *18* Hören; *19* Schmecken; *20* Kehlkopf;
21 Sprache; *22* synergische Augenbewegungen.

(Déviation conjugée), sie „sehen" — wie man zu sagen pflegt — „den
Erkrankungsherd an".

Von Bedeutung scheint auch ein in der Nähe des motorischen
Zentrums für die unteren Extremitäten gelegenes Innervationszentrum
für die Harnblase zu sein, daß aber seiner Funktion nach noch nicht
völlig erforscht ist.

Außer diesen motorischen Lokalisationen ist im Laufe der Zeit
auch eine Reihe von Sinneslokalisationen an der Großhirnoberfläche
gelungen.

Am genauesten erforscht ist die Lokalisation des Sehens, die
wir im Hinterhauptskeil, zwischen der Scheitelhinterhaupts- und der
Spornfurche, zu suchen haben. Eine Schädigung des linken Hinter-
hauptkeiles bewirkt Blindheit für die rechte Gesichtsfeldhälfte beider
Augen, und umgekehrt. Die für diese Tatsache in Betracht kommenden anatomischen Bedingungen werden wir bei der Besprechung des
Sehnervenverlaufes (s. S. 268 u. Fig. 56) noch zu besprechen haben,
hier sei lediglich die Tatsache konstatiert.

17 a

Nach Schädigung der oberen Schläfenwindung beobachtete man
Taubheit und bei linkseitiger Läsion eine Sprachstörung, die man
im Gegensatz zu der früher besprochenen motorischen oder Be-
wegungssprachstörung als sensorische oder Sinnessprach-
störung bezeichnet. Der Unterschied zwischen beiden ist, daß der
Kranke im ersten Falle nicht sprechen kann, weil er gelähmt ist,
während er im zweiten Falle nicht oder doch sehr schlecht spricht,
weil er nicht hört oder, besser gesagt, nicht versteht, was er sagt.

Ein Riechzentrum besitzen wir im Hacken. Unsicher ist die
Gehirnlokalisation des Geschmackes, die im Pol des Schläfelappens
zu sein scheint.

Die Lokalisation der Hautempfindlichkeit ist ebenfalls erst in
den letzten Jahren genauer festgelegt worden. Sie scheint sich annähernd mit der Lokalisation der motorischen Zonen zu decken,
so also, daß im oberen Drittel der linken Zentralwindungen, und
zwar wie es scheint mehr der hinteren, auch der Sitz der Hautempfindlichkeit für die rechte untere Extremität ist usw. Es scheint
nur, daß der Sitz der Sensibilität in den oberflächlichsten Teilen der
betreffenden Anteile der Hirnrinde, die Motilität in den darunter-
liegenden Schichten zu suchen ist.

Haben wir bis jetzt rein körperliche Funktionen auf der Großhirnoberfläche lokalisiert, so wollen wir uns nunmehr mit der Lokalisation psychischer Funktionen beschäftigen. Wir sind damit allerdings weit ungünstiger daran. Es sind lediglich zwei Partien des
Großhirns, die wir dabei ins Auge zu fassen haben, und zwar die
Insel und die Wölbung des Hinterhauptteiles hinter der Eckwindung.
Beides sind Zentren für spezifische Tätigkeiten des Gedächtnisses,
und zwar die Insel für das Hören, die andere Region für das Sehen.

Man bemerkt bei Zerstörungen der Insel Verlust des Wortge-
dächtnisses. Ein derartig Kranker vermag zu sprechen, denn sein
motorisches Sprachzentrum ist intakt, er vermag im Gegensatz zu
dem Worttauben vorgesagte Worte nachzusprechen, denn er versteht,
was zu ihm gesprochen wird, aber er vermag die Gegenstände seiner
Umgebung, er vermag seine Empfindungen nicht zu benennen, weil
ihm die Erinnerung für die Bezeichnung abhanden gekommen ist.

Merkwürdig und völlig unerklärt, aber sichergestellt ist die Tatsache,
daß bei einzelnen Sprachkundigen bei Sprachgedächtnisstörung auch lediglich
die Erinnerung für eine Sprache zerstört worden ist, während andere Sprach·
erinnerungen keinerlei Störung aufwiesen.

Bei Zerstörung der früher erwähnten Region der Hinterhaupts-
partie tritt der gleiche Zustand auf dem Gebiete optischer Erinnerung
ein. Ein derartig Kranker verliert z. B. die Fähigkeit zu lesen, weil
er nicht weiß, d. h., weil er vergessen hat, was die Buchstabenzeichen
bedeuten. Er spricht dabei tadellos, etwa von seinen Empfindungen,
weil das akustische Erinnerungsbild für das Wort erhalten, während
das optische verloren gegangen ist. Daß dabei keine Störung des

Sehaktes vorliegt, ist leicht daran zu erkennen, daß derartig Erkrankte ohne Schwierigkeiten imstande sind, die Buchstaben, die sie nicht lesen können, nachzuzeichnen.

Gewiß gibt es auch Erinnerungszentren für den Geruch, denn wir sind ja z. B. imstande, nach bestimmten Gerüchen auf das Vorhandensein gewisser Stoffe zu schließen, ein Erinnerungszentrum für den Geschmack, denn sonst gäbe es keine Lieblingsgerichte, und ganz sicher auch ein Erinnerungszentrum für das Tastgefühl, denn wir erkennen ja auch im Dunkeln die Gegenstände durch Betasten. Leider sind wir aber noch nicht imstande, bestimmte Gehirnteile für diese letztgenannten spezifischen Formen des Erinnerungsvermögens in Betracht zu ziehen.

Wir können das Gebiet der Lokalisationen auf der Großhirnoberfläche nicht verlassen, ohne Untersuchungen zu gedenken, die ein, wie es scheint, im speziellen Falle nicht unglückliches Zurückgreifen auf die eingangs erwähnten ersten Lokalisationsversuche bedeuten. Man nimmt nämlich gegenwärtig eine Beziehung des vordersten Anteils der unteren Stirnwindung (auch dabei scheint die linke Hemisphäre ein wenig zu überwiegen) zur musikalischen und mathematischen Begabung an und behauptet auch, eine stärkere Entwicklung des knöchernen Schädels an der entsprechenden Stelle, es wäre dies der äußere Teil des Augenbrauenbogens und dessen sog. Jochfortsatz, an Musikerschädeln beobachtet zu haben und auch am Lebenden konstatieren zu können.

Überblicken wir nun die Oberfläche des Gehirns, so sehen wir ziemlich ausgedehnte Partien desselben, denen wir bis jetzt keine bestimmte Tätigkeit zuschreiben konnten. Es sind dies vor allem der weitaus größere Teil des Stirnabschnittes des Gehirns und der obere Abschnitt des Scheitelhirns. Diese Teile, deren Zerstörung keinerlei Ausfall einer körperlichen Funktion nach sich zieht, betrachtet man als Sitz der Intelligenz. Man stellte sich vor, daß diese Teile einen bedeutenden Einfluß auf den vom Bewußtsein kontrollierten Ablauf der Hirnfunktionen haben und dazu dienen sollten, die betreffenden Funktionen für unsere seelischen Vorgänge zu verwerten. Besonders ist es schon lange Zeit das Stirnhirn, das man für die Intelligenz seines Besitzers verantwortlich macht, und das Wort „Denkerstirn“ zeigt, daß sich diese Anschauung auch im Volke verbreitet hat. Später zog man allerdings das Scheitelhirn als Sitz der Intelligenz heran, doch sind darüber die Untersuchungen noch keineswegs abgeschlossen. Gewiß ist, daß sowohl nach Zerstörungen des Stirn- als des Scheitelhirns Verblödung auftreten kann, daß aber auch nach einseitigen Zerstörungen großer Partien des Stirnhirns Intelligenzdefekte ganz fehlen können. Dagegen scheint unbegründetes Wohlbefinden und vor allem Witzelsucht ein in der Tat nicht ganz seltenes Symptom von Stirnhirnerkrankung zu sein. Gewiß ist, daß bei organischen Erkrankungen, die mit schweren Intelligenzdefekten einhergehen, vor allem bei der progressiven Para-

lyse der Schwund im Gebiete des Stirnhirns der bedeutendste zu
sein pflegt, und daß die Entwicklung des Stirnhirns, der höchsten
Entwicklung der Intelligenz entsprechend, beim Menschen in der
ganzen Tierreihe die bedeutendste ist.

Man hat sich selbstverständlich bemüht, aus der äußeren
Beschaffenheit des Gehirns Schlüsse auf seine Arbeitsfähigkeit zu
ziehen, und zog vor allem den Windungsreichtum des Gehirns in
Betracht. Das windungsreichere Gehirn sollte das der größeren Intelligenz sein, eine Behauptung, die sicherlich nicht ohne weiteres
den Tatsachen entspricht, da das windungsreichste Gehirn der Tierreihe der sicherlich mit Geistesgaben nicht überreich bedachte Delphin
hat. Daß andererseits Windungsreichtum ein Erfordernis höherer Entwicklung des Gehirns darstellt, haben wir schon eingangs erwähnt,
es scheint dabei aber besonders auch auf die Tiefe der Windungen an-
zukommen. Sicherlich ist bis jetzt eine abnorme Windungsarmut nur
an Idiotengehirnen beobachtet worden.

Eine weitere Methode der Untersuchung der intellektuellen
Funktionstüchtigkeit des Gehirns war die Bestimmung des Gehirn-
gewichts. Eingehende Untersuchungen haben gelehrt, daß das durchschnittliche Gehirngewicht des Mannes 1350 g, das des Weibes 1230 g
beträgt. Es entspricht dieses Defizit des Gehirngewichtes der Frau
deren durchschnittlich geringerer Körpergröße, während das Verhältnis des Gehirngewichtes zum Gesamtgewichte des Körpers,
das sog. relative Hirngewicht bei der Frau, ein größeres ist, wie
denn überhaupt kleinere Wesen derselben Tierfamilie das relativ
größere Gehirngewicht haben (z. B. die Katze ein viel bedeutenderes
als der Löwe). Im allgemeinen wird also wohl nur das absolute
Gewicht in Betracht zu ziehen sein. Dieses wurde auch in der Tat
bei einer Reihe geistig hervorragender Männer recht hoch gefunden.
So wog das Gehirn Turgeniews über 2 kg usw. Doch gibt es auch
hier Ausnahmen, und das schon einmal angeführte Gehirn Gambettas,
eines geistig gewiß hervorragenden Mannes, hatte nur ein Gewicht
von kaum 1000 g. Das schwerste aber bis jetzt gewogene Gehirn
von fast 3 kg Gewicht gehörte ebenso wie das leichteste von etwas
unter 300 g einem Idioten an. Sicherlich lassen sich nur annähernd
untere Grenzen für das Gewicht noch leistungsfähiger Gehirne feststellen, und zwar etwa 1 kg für den Mann und etwa 900 g für das Weib.

Ehe wir die Besprechung der Funktionen des Großhirns ab-
schließen, haben wir noch einer sehr wichtigen Tätigkeit desselben
zu gedenken: der des bewußten Empfindens, des Verstehens unserer
Empfindungen. Wir haben derselben schon bei Besprechung der
Worttaubheit Erwähnung getan. Gemeinhin wissen wir von jeder
Bewegung, die wir machen, von allem, was mit uns geschieht. Wenn
dies nicht der Fall ist, so ist das ein Zeichen einer Störung des
gewöhnlichen Ablaufes unserer Gehirntätigkeit. Diese Störung kann
sozusagen eine physiologische sein, wie im frühesten Kindesalter, wo,
wie der Ausdruck lautet, „unser Bewußtsein noch nicht erwacht ist“,

oder im Schlaf. Dieser stellt jedenfalls eine Ermüdungserscheinung dar und dient der Wiederherstellung der Arbeitsfähigkeit innerhalb des Organismus. Genauer sind wir über seine Bedingungen nicht orientiert. Er tritt sicher um so schneller ein, je weniger aufnahmsfähig unsere Sinne sind, daher der endlose Schlaf der kleinen Kinder, geistig tiefstehender und erschöpfter Menschen, und im Gegensatz dazu die Schlaflosigkeit bei gesteigerter Sinnestätigkeit.

Störungen unserer Bewußtseinstätigkeit auf nichtphysiologischer Basis sind die durch irgendwelche Störungen der Blutzirkulation, Stoß oder Schlag auf den Kopf, Vergiftungen (organisierte oder nichtorganisierte Gifte, so die Narkose), durch schwere Allgemeinerkrankungen des Gehirns oder Hypnose hervorgerufenen.

Eine Folge der Bewußtseinsvorgänge ist das Wollen und die Hemmung.

Über das Wollen auf psychischem Gebiete können wir uns hier nicht weiter verbreiten. Bezüglich des Wollens auf körperlichem Gebiet wissen wir, daß man ganz allgemein willkürliche und unwillkürliche Bewegungen unterscheidet. Wir werden noch sehen, daß diese Bezeichnung auch wissenschaftlich wohl begründet ist, und daß wir die gewollten, mit Hilfe des Gehirns zustande kommenden Bewegungen von anderen durch andere Teile des Zentralnervensystems hervorgerufenen werden zu unterscheiden haben.

Ähnliches gilt bezüglich der Hemmung; auch die Hemmung kann eine psychische sein, und wir werden andererseits noch zu besprechen haben, daß auch körperlich ganz bedeutende Hemmungseinflüsse von seiten des Gehirns ausgeübt werden können. Hier wollen wir nur konstatieren, daß eigentlich jede mit Hilfe der Großhirntätigkeit, also mit vollem Bewußtsein geschehende Bewegung eine gehemmte ist. Darum sehen wir ja, daß Tiere, bei denen die im Großhirn gelegenen Bewegungszentren eine weniger wichtige Rolle spielen, sich weitaus sicherer bewegen als der Mensch. Ich verweise auf die unfehlbare Sicherheit des Raubtiersprunges, das wunderbare Klettern der Gemsen. Auch bei uns gehen ja gewisse Bewegungen nicht immer unter voller Mithilfe des Großhirns vor sich, wie das Gehen und Stehen gemeinhin so in unsere Gewohnheit übergegangen ist, daß wir gewiß nicht immer mit vollem Bewußtsein gehen und stehen. Daher ja auch gewöhnlich die ungehemmte Sicherheit in unserem Gang, während sofort die Hemmung einsetzt, wenn wir auf unser Gehen und Stehen zu achten gezwungen sind. Z. B. beim Gehen über ein Brett, selbst wenn seine Breite nicht unter die Spurbreite unseres gewöhnlichen Ganges herabgeht, und daher auch die größere Häufigkeit von Entgleisungen beim Sprechen, Singen, Musizieren usw. vor der Öffentlichkeit, gegenüber der gewöhnlichen Ausübung dieser Tätigkeiten, wenn der Betreffende, ohne sich dieselben besonders ins Bewußtsein rufen zu müssen, ihnen nachgeht.

Störungen im psychischen Wollen, Störungen der Hemmung sind gemeinhin als die Grundlage psychischer Erkrankungen aufzufassen, auf deren Einzelheiten einzugehen wir uns im Rahmen dieser Abhandlung versagen müssen.

Erwähnt sei hier nur, daß unser individueller Charaktertypus sich sicher zum größten Teil aus unserem Wollen und unserer Hemmung ableiten läßt, und daß beim Ausfall des normalen Ablaufes der Willensäußerungen, beim Steigen oder beim Wegfall der Hemmung, mit einem Wort beim Einsetzen eines psychisch anormalen Verhaltens Zustandsbilder sich entwickeln, die für die von bestimmten Geisteskrankheiten Befallenen innerhalb ihrer Gruppe völlig uniform sind und je nach ihrem Grade die Individualität des Erkrankten, und wäre sie die stärkste gewesen, ganz oder teilweise verwischen können.

Nehmen wir nun unsere unterbrochene anatomische Wanderung wieder auf, so werden wir zur leichteren Orientierung am zweckmäßigsten den Hohlraum des ursprünglichen Großhirnbläschens aufsuchen und auf dem Wege der offenen Kommunikationsöffnungen die Hohlräume der übrigen Hirnbläschen zu gewinnen trachten.

Durchtrennen wir die Oberfläche der Hemisphäre, so bemerken wir, daß dieselbe aus grauer Substanz besteht, und daß sich in die ursprüngliche Bläschenwand eine sehr große Masse weißer Substanz, das Marklager des Großhirns, eingelagert hat, das die Verbindungen der einzelnen Teile der Hirnrinde untereinander, mit der gegenseitigen Hemisphäre und mit tiefer gelegenen Zentren enthält. Die Verbindung der beiden Hemisphären wird durch eine breite Masse von Nervenfasern, den Balken (Fig. 55, Gcc), dargestellt.

Dringen wir unter dem Balken ein, so gelangen wir jederseits in den Hohlraum oder Ventrikel (Fig. 55, $Vla + Vli$) der Hemisphäre, in dessen Seitenwand wir eine an der Basis mit der Großhirnrinde zusammenhängende Masse, den Streifenhügel (Fig. 55, Nc), finden.

Durchschneiden wir noch weiter parallel zur Basis des Schädels das Gehirn, so kommen wir noch auf eine Reihe großer grauer Massen, die zum Teil noch dem Großhirn angehören, zum Teil aber bereits Gebilde des Zwischenhirns sind. (S. Fig. 55.) Ganz vorn in der Wand des Großhirnventrikels liegt, wie erwähnt, der Streifenhügel, in der Insel der linsenförmige Kern (Fig. 55, $Nlf_{1,\ 2,\ 3}$) und nach hinten und innen davon der Sehhügel (Fig. 55, $Nl + Nm + Pu$), die Hauptmasse des Zwischenhirns. Die zwischen diesen grauen Massen liegende weiße Substanz bezeichnet man als innere Kapsel (Fig. 55, $Cia + Cip$). Sie enthält die zu den Hirnnerven und ins Rückenmark absteigenden motorischen Bahnen und in ihrem hintersten Anteil eine große Menge von Haut- und Sinnesempfindungen leitenden Fasern. Es ist leicht zu begreifen, daß eine Schädigung in dieser Region, in die ja die Bahnen aus den motorischen und sensiblen Regionen auf einen relativ kleinen Platz zu-

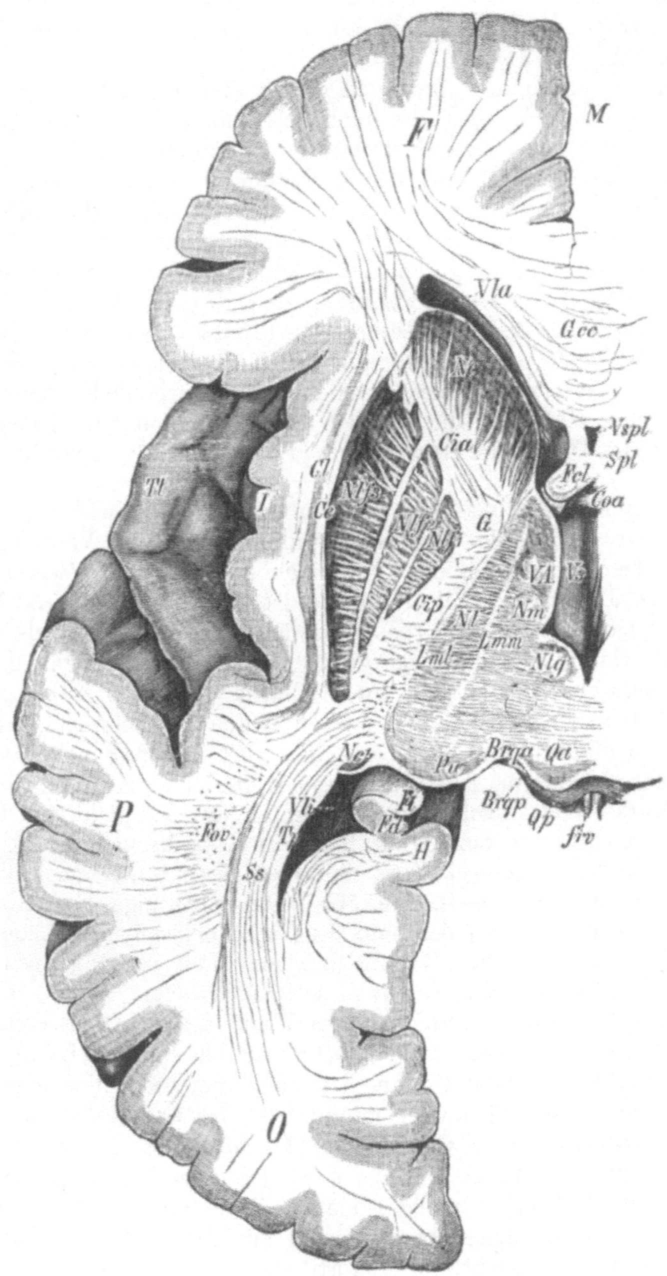

Fig. 55.

Horizontalschnitt durch die linke Großhirnhälfte. (Nach Obersteiner.) *Brqa* Arm des vorderen Vierhügels, *Brqp* Arm des hinteren Vierhügels; *Ce, Cia, Cip, Nl f 1, 2, 3* linsenförmiger Kern mit der umgebenden Markfaserung; *Cia + Cip* innere Kapsel, *F* Stirnteil, *O* Hinterhauptteil, *P* Scheitelteil und *Tt* Schläfeteil des Großhirns; *Nl + Nm + Pu* Sehhügel; *Nc* Streifenhügel; *Qa* vorderer Vierhügel, *Qp* hinterer Vierhügel; *Vla + Vli* Ventrikel des Großhirns; *V3* dritter Ventrikel.

sammenströmen, und an welchen die erwähnten grauen Massen leicht mitgeschädigt werden können, zu sehr schweren klinischen Erscheinungen führen müssen.

Die Funktion des Streifenhügels ist eine vielfache. Es gelingt, von der Oberfläche des Streifenhügels auf elektrischem Wege Bewegungen der gekreuzten Extremitäten auszulösen, und ganz gewiß hat der Streifenhügel mit der Bewegung insofern zu tun, als er dem Körper normalerweise einen Antrieb nach rückwärts, die sog. Retropulsion, erteilt, der durch einen anderen Teil des Zentralnervensystems, durch das Kleinhirn, das Gleichgewicht gehalten wird. Außer seiner Funktion als Retropulsions- und subkortikales motorisches Zentrum besorgt der Streifenhügel auch noch, wenn auch nicht allein, die Regulierung der Körpertemperatur. So sehen wir nach Verletzung eines Streifenhügels gewöhnlich Temperatursteigerungen eintreten, die ziemlich rasch, offenbar nach Einspringen des gesunden Organs der Gegenseite und anderer Zentren, vorübergehen.

Dringen wir längs dem Streifenhügel in die Tiefe vor, so gelangen wir durch die Kommunikationsöffnung des Ventrikels der Großhirnhemisphäre in den Ventrikel des früheren Zwischenhirnbläschens. Dieser Ventrikel, der dritte, ist schlitzförmig (Fig. 53, V_3) und erweitert sich nach oben. Die Seitenwände des III. Ventrikels werden jederseits durch eine mächtige graue Masse, den Sehhügel, gebildet, dessen Lage zu den Ganglien des Großhirns wir schon früher gekennzeichnet haben. Seitlich und hinten laufen die Sehhügel jederseits in eine ebenfalls graue Masse aus, den seitlichen Kniehöcker, von denen aus sich breite, flache, in ihrem weiteren Verlauf sich rundende weiße Markstränge nach vorn und unten um den Sehhügel herumziehen, die Ursprungsbündel des Sehnerven, die sich in der Mitte teilweise kreuzen, teilweise auf derselben Seite weiter nach vorn in die Augenhöhle ziehen (s. Fig. 56). Die x-förmige Kreuzung der Sehnerven umfaßt vorn den untersten trichterförmigen Ausläufer des III. Ventrikels, an dem ein halb drüsiges, halb aus Nervensubstanz bestehendes Gebilde, der Hirnanhang, sich befindet.

Die schief aufsteigende, hintere Wand des III. Ventrikels zeigt an ihrer oberen Begrenzung eine Öffnung, die in die Höhlung des Mittelhirns fährt. Diese Öffnung ist nach oben noch von einer Verbindung der beiden Sehhügel miteinander begrenzt, der ein merkwürdiges zapfenförmiges Gebilde, die Zirbeldrüse, aufsitzt.

Die funktionelle Bedeutung der hier angeführten Gebilde ist zum großen Teil nicht völlig geklärt. Was zunächst den Sehhügel anbelangt, so hat dieser gewiß nichts mit dem Sehen zu tun. Er stellt vielmehr ein wichtiges subkortikales, motorisches Zentrum dar. Besondere Bedeutung scheint ihm für das Zustandekommen der mimischen Ausdrucksbewegungen zuzukommen, vor allem für die Gesichtsbewegungen beim Lachen und Weinen. Ist z. B. infolge einer kortikalen Läsion im unteren Drittel der Zentralwindungen eine

Lähmung einer Gesichtshälfte vorhanden, so können wir, wenn der Sehhügel von der Erkrankung nicht mit ergriffen ist, sehen, daß die gelähmte Gesichtshälfte beim Lachen und Weinen ihre normalen Be-

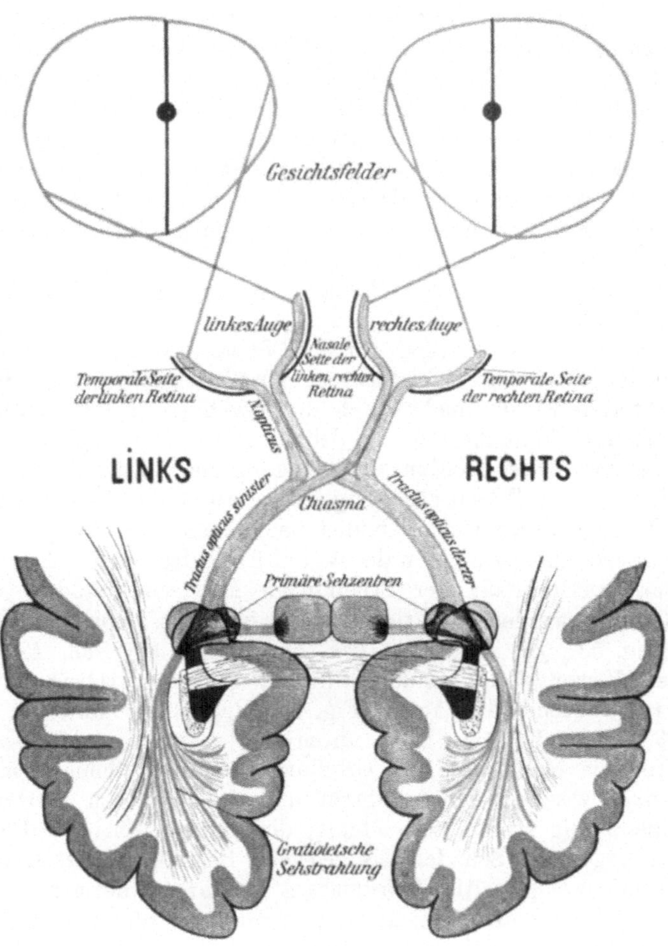

Fig. 56.

Schema der Sehbahn. (Nach Knoblauch.)

Tractus opticus sinister = linker, Tractus opticus dexter = rechter, außerhalb des Gehirns liegender Teil der Sehbahn. Gratioletsche Sehstrahlung: Hirnanteil der Sehbahn. Primäre Sehzentren: die inneren sind die vorderen Vierhügel, die äußeren die äußeren Kniehöcker; temporal = schläfewärts. Nervus opticus = Sehnerv. Die linke Sehbahn ist rot, die rechte blau gedruckt.

wegungen ausführt. Auch der umgekehrte Fall — Störung der mimischen Bewegungen bei erhaltener willkürlicher Bewegung — kommt vor.

Die weitaus wichtigste Funktion des Sehhügels ist zweifellos die als sensibles Zentrum. Hier strömt der größte Teil der sensiblen

Fasern aus dem Rückenmark und von den Hirnnerven her zusammen, und von hier aus geht erst wieder eine reiche Zahl sensibler Fasern an die Großhirnrinde ab. Es scheint dabei ein sehr inniger funktioneller Zusammenhang zwischen den Sehhügeln der beiden Seiten zu bestehen, der auf dem Wege einer an den einander gegenüberliegenden Sehhügelflächen meist vorhandenen Verklebung, der grauen Kommissur, hergestellt werden dürfte. Daraus ist auch die Tatsache zu erklären, daß bei kortikalen Störungen keine oder nur vorübergehende Sensibilitätsstörungen auftreten können, auch gelangt normalerweise ein Teil der Empfindungen nicht ins Großhirn, sondern nur bis zum Sehhügel und wird dort weiter verwertet. Nur intensivere Empfindungen dringen bis zum Großhirn vor, immer gewiß jene Empfindungen, die in uns infolge ihrer Intensität das Gefühl des Schmerzes erregen.

Über die Funktion des Hirnanhangs und der Zirbeldrüse muß ich auf S. 226 verweisen.

Von großer Wichtigkeit für den Sehakt ist der seitliche Kniehöcker, der eines der wichtigsten subkortikalen Sehzentren darstellt.

Schreiten wir nunmehr durch die erwähnte Öffnung am hinteren Ende des III. Ventrikels in die Höhlung der ursprünglichen Mittelhirnblase vor. Diese Höhlung ist ein ganz enges Rohr geworden, das als Sylvius'sche Wasserleitung, Aquädukt, bezeichnet wird. Die dicken Wände dieses Rohres bilden nach oben vier mäßig gewölbte, graue Massen, die zusammen den Vierhügel darstellen. Das vordere und das hintere Paar der Erhebungen sind voneinander, wie wir alsbald hören werden, funktionell völlig getrennt. Von dem vorderen Paar (Fig. 53, Qa) gehen seitlich die Arme (Fig. 53, $Brqa$) der vorderen Vierhügel als runde Markstreifen zum seitlichen Kniehöcker, während die Arme (Fig. 53, $Brqp$) des hinteren Paares (Fig. 53, Qp) sich etwas nach unten und vorn in die Tiefe senken, um durch die Markmasse des Großhirns in dessen Schläfenpartie zu gelangen. Zwischen dem vorderen und dem hinteren Vierhügelarm liegt eine mäßig starke Vorwölbung, der innere Kniehöcker.

Die gegen die Schädelbasis gelegene Begrenzung des Aquädukts wird durch zwei gewaltige Markmassen verstärkt, die sich von vorn über die Sehnervenfaserung konvergierend nach hinten drängen und die Fortsetzung jenes Teiles der Markmasse des Großhirns darstellen, der die Verbindung zwischen diesem und den Nervenursprüngen im Mittel-, Hinter- und Nachhirn, sowie im Rückenmark besorgt, also die Fortsetzung hauptsächlich des motorischen Anteils der inneren Kapsel. Man nennt diese Gebilde die Großhirnschenkel.

An ihrem inneren Rande und teilweise auch noch den Hirnschenkel durchsetzend tritt ein Gehirnnerv aus, dem die Bewegung der beiden Augäpfel nach innen, oben und unten obliegt, der Augenbewegungsnerv. Dieser Nerv hat sein Ursprungsgebiet oder, wie man gewöhnlich sagt, seinen aus Nervenzellen gebildeten Kern am unteren Umfang des Aquädukts und besorgt außer den erwähnten

Funktionen auch noch die Verengerung der Pupillen, bei Belichtung und Akkommodation. Sehr interessant gestalten sich die klinischen Erscheinungen bei Verletzung des Hirnschenkels. Es wird dabei der Augenbewegungsnerv bei seinem Austritt aus dem Gehirn, dagegen die im Hirnschenkel verlaufenden Fasern zur Innervation der tiefer gelegenen Hirnnervenkerne und der motorischen Zentren des Rückenmarks, bevor sie noch auf die Gegenseite gelangt sind — wir haben ja davon gesprochen, daß die Innervation vom Großhirn her gekreuzt geschieht — getroffen. Die Folge davon ist, daß — z. B. bei Läsion des linken Hirnschenkels — der linke Augenbewegungsnerv, aber der Gesichtsnerv und die Extremitäten rechts gelähmt werden. Derartige sog. alternierende Lähmungen kommen in anderen Kombinationen noch bei Läsion anderer Hirnteile vor, doch sei dafür nur das erwähnte Beispiel als eins der leichter anschaulichen angeführt.

Die vorderen Vierhügel dienen dem Sehen, ebenso wie die seitlichen Kniehöcker, mit denen sie ja in Verbindung stehen, die hinteren Vierhügel dagegen sind ein subkortikales Hörzentrum, dem als Ergänzung noch der innere Kniehöcker beigegeben ist.

Dringen wir auf dem Wege des Aquädukts weiter nach hinten in das Gebiet des Hinterhirns vor, so gelangen wir in eine ziemlich geräumige Höhle, den IV. Ventrikel. Dieser ist nach oben von dem mächtigsten Gebilde des Hinterhirns, dem Kleinhirn, bedeckt. Dasselbe besteht aus zwei seitlichen Teilen, den Kleinhirnhemisphären, und einem unpaarigen Mittelstück, dem Wurm des Kleinhirns. Mächtige weiße Markmassen stellen die Verbindung des Kleinhirns mit dem Großhirn und Streifenhügel einerseits, dem Rückenmark andererseits her (vorderer und hinterer Kleinhirnarm) und ein breiter mittlerer Arm, die Brücke, setzt eine Kleinhirnhemisphäre mit der anderen, indem er an der Basis die Hirnschenkel umgreift, in Verbindung. Diese Verbindung ist um so wichtiger, als auf dem Wege derselben zahllose Fasern der Großhirnhemisphäre allem Anschein nach nach mannigfaltigen Umschaltungen in den grauen, in der ganzen Brücke versprengten Massen ins Kleinhirn ziehen. Die Verbindung mit dem Großhirn ist eine gekreuzte und sehr innige, und man sieht nach Zerstörung einer Großhirnhemisphäre gewöhnlich Atrophie der kontralateralen Kleinhirnhemisphäre eintreten.

Auch die übrigen Verbindungen des Kleinhirns, die vorderen oder Bindearme und die hinteren Arme, der Kleinhirnstiel, führen reichlich Fasern, die mit der Muskel- und Gelenkssensibilität, den Gleichgewichtszentren im Rückenmark und mit dem Bewegungsvermögen, der Motilität, in Verbindung stehen, ins Kleinhirn; denn dessen Funktion ist eine sehr wichtige und mannigfaltige.

Es ist ebenso, wie beim Streifenhügel, auch beim Kleinhirn gelungen, auf dem Wege elektrischer Reizung Bewegung, und zwar angeblich auch der gekreuzten Seite, auszulösen; auch hier haben wir es also mit einem subkortikalen, motorischen Zentrum zu tun. Außerdem aber sieht man nach Erkrankung des Kleinhirns sehr komplizierte Bewegungsstörungen. Das Wesentliche aller dieser Störungen ist eine deutliche Unsicherheit im Ablauf der Bewegungen, und zwar derart, daß sich eine Störung der Funktion der synergistisch und antagonistisch arbeitenden Muskeln (s. d.), ein Ausfall der Abrundung der Bewegungen konstatieren läßt. Da wir den tadellosen Ablauf der zu jeder Bewegung notwendigen Einzelbewegungen der Synergisten und Antagonisten als koordinierte Bewegung bezeichnen, so haben wir also als eins der wichtigsten Symptome der Erkrankung des Kleinhirns die Koordinationsstörung, die Ataxie, zu betrachten. Höchst charakteristisch ist aber außerdem die Erscheinung, daß die Orientierung im Raume, die Lagevorstellung des Körpers und der eigenen Glieder im Raume gestört wird. Es kommt dabei zu schweren Schwindelerscheinungen, Unfähigkeit, ruhig zu stehen, zu liegen oder zu gehen (Astasie), Unfähigkeit ferner, mit geschlossenen Augen die Lage der eigenen Glieder und des Körpers zu bestimmen. Die Stellung, der Gang ähneln völlig den entsprechenden Bewegungen bei Betrunkenen. Es handelt sich dabei um eine Störung des sog. statischen oder Gleichgewichtssinnes, eines Empfindungskomplexes, der hauptsächlich in der Verwertung unserer Muskel- und Gelenksempfindungen, zum kleinsten Teil auch in der der Hautempfindlichkeit seinen Ursprung hat. Einer der wichtigsten Anteile des statischen Sinnes ist aber auch die aus einem Teil des inneren Ohres, dem Ohrlabyrinth, hergeleitete Lagevorstellung des Körpers, die von dort durch feine nach den drei Dimensionen des Raumes gerichtete, durch den Bewegungen entsprechende Flüssigkeitsströmungen erregte Tasthärchen dem Kleinhirn auf dem Wege eines am Hinterrand der Brücke ins Zentralnervensystem ziehenden Nerven, des Gleichgewichtsnerven, zugeführt werden.

Bei einseitiger Kleinhirnerkrankung besteht die Tendenz, nach der Seite der Läsion umzufallen, und eine meist gleichseitige, oft aber auch gekreuzte, mit Zittern verbundene Lähmung oder mindestens Schwäche der Extremitäten und des Rumpfes.

Eine ziemlich ausgesprochene Erscheinung der Kleinhirnerkrankung ist auch die der Retropulsion, woraus wir schließen können, daß das normale Kleinhirn ein Propulsionszentrum, also ein Antagonist des Streifenhügels (s. d.) ist. Wir können uns jetzt auch ein Bild der Art und Weise machen, in der unser Körper in aufrechter Ruhestellung erhalten wird. Er steht nicht fest, sondern ist stets im labilen Gleichgewicht und wird durch die zwei Kleinhirnhemisphären einerseits, durch die beiden Streifenhügel andererseits ebenso balanciert, wie ein Stab, der, mit einem Ende auf der Erde aufruhend, durch vier an seinem freien Ende angebrachte, in einem Winkel von je 90° zueinander stehende Schnüre nach vier verschiedenen Richtungen gleichmäßig gezogen wird. Sobald an einer der Schnüre die wirkende Kraft nachläßt, wird sich der Stab nach der entgegengesetzten Seite neigen, sobald die Kraft wächst, aber in

der Richtung des Zuges. So ist in den feinsten Abstufungen jede
Möglichkeit einer Lageveränderung gegeben. Es erklärt dieser Antagonismus zwischen Streifenhügel und Kleinhirn sowohl die Propulsion
bei Überwiegen der Kleinhirnfunktion, als die Retropulsion bei
Überwiegen der Streifenhügelfunktion, je nach Läsion des einen
oder anderen dieser wichtigen Stabilitätszentren. Er erklärt aber
auch das Umfallen nach der Seite der Läsion bei einseitiger Kleinhirnläsion, weil eben auf der betreffenden Seite die Rückstoßgewalt
des Streifenhügels keinen Widerhalt hat.

Sehr interessant gestalten sich die Schädigungen, wenn es nicht
zur Zerstörung des Kleinhirns selbst, sondern lediglich zur Unterbrechung einer seiner erwähnten Verbindungen kommt.

Die Unterbrechung eines der beiden Bindearme hat eine eigentümliche Vorwärts- und Kreisbewegung (Manegebewegung) im Gefolge, die mit dem Überwiegen der aus dem Zusammenhang gerissenen Kleinhirnhemisphäre erklärt wird.

Der Ausfall der mittleren oder Brückenarmfunktion führt aber
zu einer zwangsmäßigen Drehung um die Längsachse. Wir haben
schon davon gesprochen, daß die Brücke u. a. eine sehr mächtige
Verbindung der beiden Kleinhirnhemisphären darstellt. Jedenfalls wird
auf diesem Wege, ähnlich wie auf dem Wege der vorderen Kleinhirnarme die Equilibrierung zwischen hinten und vorn, das Gleichgewicht
zwischen rechts und links hergestellt. Fehlt dieses Gleichgewicht, dann
treibt die führerlose Kleinhirnhemisphäre den Körper mit ziemlicher
Vehemenz um die Längsachse, und zwar nach der kranken Seite.
Diese Bewegung, die Drehung um die Längsachse, die sonst im normalen Zustande eine beinahe rein menschliche ist, da nur der aufrechte Gang sie gewöhnlich gestattet (das Wälzen der Tiere auf dem
Boden kann wohl nicht als Normalbewegung aufgefaßt werden), wurde
nach Verletzung eines Brückenarmes auch bei Tieren, sogar noch viel
ausgesprochener, beobachtet. Normalerweise scheint übrigens — wie
wir das ja entsprechend der differenten Entwicklung der motorischen
Region auch beim Großhirn konstatieren konnten — auch eine Kleinhirnhemisphäre funktionell über die andere zu überwiegen. Vielleicht
ist auf diese Weise die sonst nur sehr gewaltsam aus einer supponierten Differenz der unteren Extremitäten abgeleitete Zirkularbewegung zu erklären. Es ist das die Erscheinung, daß bei pfadlosem Umherirren im Freien und vermeintlicher Fortbewegung in
einer Geraden der Verirrte nach geraumer Zeit wieder auf den Ausgangspunkt seiner Irrfahrt zurückkommt.

Nach Verletzung der hinteren Kleinhirnarme treten ebenfalls
Gleichgewichtsstörungen auf, die wir aber erst im Zusammenhange
mit der Funktion einzelner Rückenmarksteile näher erörtern können.

Der Kleinhirnwurm scheint besonders mit dem Rückenmark zusammenzuhängen und hat auch eine Beziehung zur Nierensekretion.
Wird er nämlich verletzt, so kommt es zur Absonderung eines über

mäßig reichlichen, sehr wässerigen Harns von sonst normalen Bestandteilen.

Diese mannigfaltigen Funktionen des Kleinhirns sind gewiß noch nicht seine sämtlichen, doch sind wir über weiteres bis jetzt noch nicht genügend orientiert.

Erwähnt sei hier der Vollständigkeit halber, daß im Gebiete des Hinterhirns an der Scheitelseite der oberen Kleinhirnarme als dünner Faden der Augenrollnerv austritt, der erst in einem langen Verlauf um den Hirnschenkel an die Seite des Augenbewegungsnerven gelangt. Durch die Brücke tritt der Empfindungsnerv für das Gesicht mit seinem motorischen Anteil, dem Kaunerv, aus. Am unteren Brückenrande erscheinen noch eine Reihe austretender Nerven, die, an der Grenze zwischen Hinter- und Nachhirn gelegen, teils in diesem, teils in jenem ihre Ursprungs-, bzw. Endstätte haben. Es sind dies der Augenauswärtsdrehnerv, der motorische Gesichtsnerv und der vom Hörnerven kaum zu trennende, bereits erwähnte Gleichgewichtsnerv.

Das Gebiet des Nachhirns, das sog. verlängerte Mark, das als kegelförmiger Zapfen den Übergang zum Rückenmark darstellt, beginnt vorn am unteren Rande der Brücke, hinten ist seine Abgrenzung gegen den vom Hinterhirn gebildeten Teil des Bodens des IV. Ventrikels unmöglich. Jedenfalls gehört ihm die ganze hintere Hälfte des sich nach hinten keilförmig verschmälernden Teiles des Ventrikelbodens, der sog. Rautengrube, an.

Am vorderen Umfang des verlängerten Markes bemerken wir zwei aus dem Hinterrand der Brücke austretende Stränge, die sehr verjüngte Fortsetzung der Hirnschenkel. Die motorischen Bahnen für die Hirnnerven, die Fasern an das Kleinhirn haben diesen Teil bereits verlassen, so daß wir hier noch lediglich die tiefer ins Rückenmark ziehenden motorischen Bahnen ziemlich isoliert vor uns haben. Wir sehen hier mit freiem Auge bereits einen Teil der oft besprochenen Kreuzung der motorischen Bahnen vor uns. Diese Stränge, die hier von der Oberfläche weg in die Tiefe dringen, verjüngen sich mehr und mehr gegen den Übergang zum Rückenmark hin und formieren so, allmählich in eine Spitze auslaufend, das Bild einer umgekehrten Pyramide. Man nennt diese Gebilde auch Pyramiden, und dieselben haben den motorischen Bahnen vom Großhirn ins Rückenmark den Namen der Pyramidenbahnen verschafft.

Die Funktion des verlängerten Marks ist eine sehr wichtige. Wir finden in dieser Region nicht nur den Ursprung einer Reihe von für die Nackenmuskeln in Betracht kommenden Nerven, des motorischen Zungen- und des Geschmacksnerven, sondern auch das Atmungszentrum. Eine Verletzung des verlängerten Marks hat Tod infolge Atmungsstillstandes zur Folge. Das Atmungszentrum liegt im Ursprungsgebiete des sog. herumziehenden Hirnnerven (N. vagus), der seinen Namen seiner weiten Verzweigung und der

Fülle der Funktionen verdankt, die er ausübt. Seine wichtigsten Funktionen sind jedenfalls nebst seiner Beziehung zur Eingeweideinnervation die Regulierung der Atmung und die der Herztätigkeit, deren übermäßiger Beschleunigung er vorbeugt. Doppelseitig, wie die Atmung geschieht, ist selbstverständlich auch die Anlage des Atmungszentrums, doch ist die Verbindung der beiden Zentren eine so innige, daß Verletzung eines der beiden Zentren Ausschaltung beider zur Folge hat. Ist die Verbindung der beiden Zentren durch eine frühere Durchtrennung der Mittellinie des verlängerten Marks unterbrochen, so kommt es nach einiger Zeit zu einer ungleichzeitigen Atmung beider Lungen. Wird dann noch eines der Atmungszentren zerstört, so wird nur die eine Seite ihre Atmung einstellen, während die andere weiteratmet. Wir sehen hier also die gewiß merkwürdige Erscheinung, daß eine eigentlich chirurgisch schwerer zu veranschlagende Verletzung nicht absolut tödlich sein muß, während die Verletzung eines Atmungszentrums bei sonst unversehrtem verlängertem Mark den sofortigen Tod herbeiführt.

Bemerkenswert ist noch fernerhin, daß, wenn bei Verletzung des Kleinhirnwurmes der mittlere Anteil des verlängerten Marks mitgetroffen wird, die sich einstellende massenhafte Harnausscheidung ihre normale chemische Beschaffenheit verliert und es zur Ausscheidung eines stark zuckerhaltigen Harns kommt, zur Entstehung der sog. Zuckerharnruhr (Diabetes mellitus). Entgegen diesem nach Verletzung des verlängerten Marks beobachteten Auftreten von Diabetes mellitus sei aber erwähnt, daß die gewöhnlich klinisch beobachtete Stoffwechselerkrankung des Diabetes ohne anatomisch nachweisbare Veränderung in den angeführten Teilen des Zentralnervensystems verläuft und gewiß nicht in solchen ihren Ursprung hat.

Außer den erwähnten Funktionen des verlängerten Marks dient ein an der Grenze gegen die Brücke gelegenes Zentrum der Speichelsekretion. Auch ist im verlängerten Mark ein Wärmeregulierungszentrum gelegen. Der Vaguskern fungiert auch als Brechzentrum und, wie erwähnt, als Zentrum für die Regulierung der Herztätigkeit. Reizung dieses Zentrums führt die für einzelne Erkrankungen, z. B. die Hirnhautentzündung, so charakteristische Verlangsamung des Pulses, Zerstörung des Zentrums übermäßige Beschleunigung der Herztätigkeit herbei.

Gehen wir nunmehr zur Betrachtung des Rückenmarks über. Dieses ursprüngliche Medullarrohr hat seine anfängliche äußere Form noch am deutlichsten bewahrt. Es stellt sich als ein langer Strang dar. der sowohl vorn als hinten eine Reihe austretender Nerven zeigt. Diese Nerven, die zwischen je zwei Wirbeln seitlich austreten, lassen nach ihrem Erscheinen eine Einteilung des Rückenmarks in eine reiche Anzahl von Abschitten oder Segmenten zu. Es läßt sich dabei konstatieren, daß sich in einigem Abstand je immer eine aus der Vorderseite des Rückenmarks austretende Nervenpartie mit der demselben Segment und derselben Seite entspringenden Partie aus dem hinteren Umfange des Rückenmarks vereinigt und so das Gebilde formuliert, das wir als peripheren Nerv oder als Nerv schlechtweg bezeichnen. Die Ursprungspartien bezeichnen wir als Nervenwurzeln und unterscheiden also nach dem früher Gesagten an jedem Rückenmarkssegment eine vordere, ihrer Funktion nach motorische und eine hintere sensible Wurzel. In jede hintere Wurzel ist ein Knötchen grauer Substanz, ein Ganglion, eingelagert, das wir als das einfachste sensible Zentrum anzusehen haben.

Die obersten drei bis vier Halssegmente haben mit der Bewegung der Nackenmuskeln und der Sensibilität der Haut dieser Regionen zu tun. Unterhalb dieser Region wird das Rückenmark massiger, entsprechend der komplizierteren Funktion der Innervation der Arme und Hände.

Das dem Brustanteil der Wirbelsäule entsprechende Rückenmarkstück ist dünn, seine Funktion eine weitaus einfachere, es dient lediglich der Innervation der Brust- und Bauchmuskeln und der sensiblen Innervation der Brust- und Bauchhaut.

Weitaus prägnanter ist das Lenden- und Kreuzmark gebildet. Es ist ein gedrungen gebautes, nach unten in den „Endkeil" sich verschmälerndes Gebilde, dessen kurze Segmente die Austrittsstellen der Nervenwurzeln so nahe aneinanderrücken lassen, daß die Fülle der sich hier um einen kurzen gedrungenen Stiel drängenden Fasern der Gegend wegen ihrer Ähnlichkeit mit diesem Gebilde den Namen „Pferdeschweif" (Cauda equina) eingetragen haben.

Die Lenden- und Kreuzpartie des Rückenmarks besorgt die motorische und sensible Innervation der Beine.

Von besonderer Wichtigkeit ist in dieser Region das Vorhandensein eines mit der Innervation der Harnblase und des Mastdarms in Beziehung stehenden Zentrums im unteren Kreuzmark und eines im Übergangsteile vom Lenden- zum Kreuzmark liegenden der Geschlechtsfunktion dienenden Zentrums.

Bemerkt sei, daß man allem Anschein nach mit Recht die Zentren für die Blase und den Mastdarm in das sympathische Nervensystem verlegt und den erwähnten Rückenmarkszentren nur eine Art höherer regulierender Tätigkeit für die betreffenden Funktionen zuschreibt.

Das Lenden- und Kreuzmark besorgt die sensible Innervation der Beine, das unterste Kreuzmark die der Haut der Geschlechtsorgane, der Aftergegend und des Dammes.

Außer den erwähnten, den einzelnen Segmenten zugeteilten Funktionen ist die Beobachtung gewisser Reflexe von Wichtigkeit, deren Lokalisation im Rückenmark ziemlich genau bekannt ist.

Wir müssen dazu erst einen kurzen Blick auf die Arten der Reflexe werfen, die wir zur Prüfung der normalen Funktion heranziehen.

Wir unterscheiden für die gewöhnliche klinische Untersuchung Haut-, Schleimhaut-, Sehnen- und Beinhautreflexe. Streicht man z. B. mit einem stumpfen Instrument über die seitlichen Anteile der Bauchhaut, so sieht man, daß sich die Muskeln des Bauches auf der gestrichenen Seite kontrahieren. Dieser sog. Bauchdeckenreflex ist ein Hautreflex.

Berühren wir die hintere Rachenwand, so tritt — ein Schleimhautreflex — eine Würg- oder Brechbewegung ein.

Beklopfen wir die schwach gespannte Sehne eines Muskels, so kontrahiert sich — als Folge eines Sehnenreflexes — der betreffende Muskel.

Beklopfen wir die innere Schmalseite des Handgelenkes, so wird die herabhängende Hand gehoben. Der sensible Reiz wird dabei auf die Beinhaut des unteren Armspeichenendes einwirken gelassen.

Eine besondere Stellung nehmen die Reflexe am Auge ein, der Lidschluß bei Berührung der Hornhaut und die Verengerung der Pupille bei Belichtung.

Wir haben schon davon gesprochen, daß die Reflexe dadurch zustande kommen, daß sensible Eindrücke ohne Mitwirkung höherer Zentren einen Bewegungsimpuls auslösen. Das Endbäumchen des betreffenden sensiblen Neurons überträgt seinen Reiz auf ein motorisches Neuron, dessen Achsenzylinder wieder den Reiz auf die Muskelfaser fortpflanzt. Wir bezeichnen die motorische Grundlage für das Zustandekommen des Reflexes, also: sensibles Auffangsorgan an der Peripherie, sensibles Neuron, motorisches Neuron, Muskel, als den Reflexbogen. Der Reflex wird aufgehoben, wenn irgendein Teil dieses Bogens nicht funktioniert. Können wir nun aus der Untersuchung des peripheren Teiles des Reflexbogens erkennen, daß dieser intakt ist, so sind wir berechtigt, ein Fehlen des Reflexes auf eine Störung des Reflexbogens im Rückenmark, bzw. bei den Reflexen, die mit Hilfe der Hirnnerven zustande kommen, auf eine zentrale Störung der betreffenden Partie zu schließen, und können, wenn uns die Segmente, durch welche bestimmte Reflexbogen durchtreten, bekannt sind, die Erkrankung bestimmter Segmente daraus erschließen.

Außer dem Fehlen der Reflexe ist aber sicher auch die Steigerung der Reflexe von Bedeutung. Zu dieser kommt es dann, wenn die Hemmungswirkung des Großhirns, die sich auch auf die Reflexvorgänge erstreckt, ausfällt. So sehen wir ganz gewöhnlich bei Lähmungen, die vom Großhirn selbst oder von Anteilen des zentralen Nervensystems mit Ausschluß des Rückenmarks ausgehen, also immer dann, wenn an irgendeiner Stelle die Leitung zwischen Großhirn und Rückenmark unterbrochen ist, daß die Reflexe, die im Rückenmark lokalisiert sind, abnorm stark auslösbar sind.

Wir kennen aber noch eine andere Rückenmarksfunktion, die durch den Ausfall der Hemmungswirkung des Großhirns wesentlich gestört werden kann.

Wir haben gehört (s. Kap. III, S. 90), daß sich die Muskeln in

einem Zustande der Spannung befinden, der ihre Funktion aus dort
angeführten Gründen erleichtert. Dieser Muskeltonus wird durch
die subkortikalen Zentren und hauptsächlich das Rückenmark reguliert. Zerstörung des Rückenmarks läßt einen Wegfall des Muskeltonus folgen, die betreffenden Muskeln erschlaffen vollkommen. Anders
bei Leitungsstörungen zwischen Großhirn und Rückenmark. Da treten
lebhafte Steigerungen des Tonus ein, und die Folge davon ist übermäßige Anspannung der gelähmten Muskeln, die so stark werden
kann, daß infolge der eintretenden Steifheit der Muskeln, die man
als Kontraktur bezeichnet, jede aktive und passive Bewegung des
befallenen Gelenkes unmöglich wird.

Haben wir es nunmehr versucht, in der Längenausdehnung des
Rückenmarks zu lokalisieren, so erübrigt noch, daß wir die gleichen
Versuche auch auf dem Rückenmarksquerschnitt unternehmen.

Durchtrennen wir ein Rückenmark etwa im unteren Halsanteile
quer, so erblicken wir eine Konfiguration, die etwa der Fig. 57
entspricht. Wir sehen annähernd in Form eines H in der Mitte
des Querschnittes die graue Substanz des Rückenmarks.

Die grauen Massen der beiden Seiten sind durch einen Quer-
balken grauer Substanz, die graue Kommissur, miteinander verbunden.
In der Mitte dieses Querbalkens befindet sich der Ventrikel des Rückenmarks, eine dünne, zum Teil ausgefüllte Röhre, der sog. Zentral-
kanal. Die nach vorn davon liegenden Teile der Seitenbalken des
H bezeichnet man als Vorderhörner, die hinteren als Hinterhörner
des Rückenmarks. Aus den Vorderhörnern, den motorischen Rückenmarkszentren, entspringen die vorderen Wurzeln, während die sensiblen Hinterhörner zu den hinteren Wurzeln in Beziehung stehen.

An der Basis der Hinterhörner, nächst der grauen Kommissur,
sehen wir eine runde Formation, die sog. Clarke'schen Säulen. Dieselben
stehen ebenfalls mit der hinteren Wurzel in engem Zusammenhang.
Sie dienen der Erhaltung des Gleichgewichtes und sind dementsprechend
beim Menschen in der Nähe der Rückenmarkszentren für die Beine,
also über dem Lendenmark im untersten Brustmarkabschnitt am
stärksten entwickelt. Bei Vögeln findet sich eine zweite starke
Entwicklungsstätte im Halsmark, der Flügel wegen, während bei
reinen Flugtieren (Fledermaus) hauptsächlich die Flügelgruppe entwickelt ist.

Die die graue Substanz umgebende weiße Substanz wird einerseits durch eine tief einschneidende vordere Furche im Rückenmark,
andererseits durch die Durchtritte der Wurzeln und durch eine der
vorderen Spalte gegenüberstehende Scheidewand in der hinteren
Rückenmarkspartie deutlich in eine rechte und linke Hälfte und ferner
noch in einzelne Stränge, nach ihrer Lage in Vorder-, Seiten- und
Hinterstrang, eingeteilt. Eine Menge von Bahnen, die wichtigen
Funktionen dienen, finden wir hier.

Zunächst die Pyramidenbahnen. Diese liegen zum größten Teil im hinteren Teile des Seitenstranges, ein Teil aber bleibt im

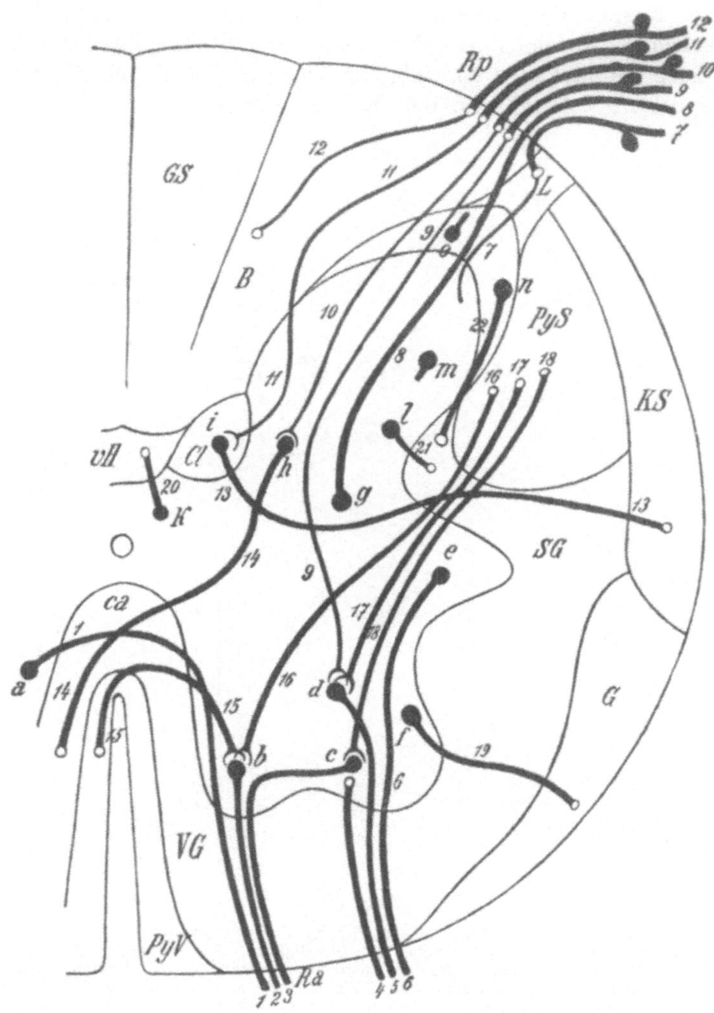

Fig. 57.

Schema des Faserverlaufs im Rückenmark. (Nach Obersteiner.) $B + GS$ Hinterstrang; PyS Pyramidenseitenstrang; PyV Pyramidenvorderstrang; $KS + G$ Rückenmark-Kleinhirnbahnen; *1, 2, 3, 4, 5, 6* vordere Rückenmarkswurzeln (Ra); *7—12* hintere Rückenmarkswurzeln (Rp). Von *9* über Zelle *d* zu *5* Reflexbogen; *10* über *h* nach *14* gekreuzte (Haut-) sensible Faser.; *11* zu *Cl* (Clarke'sche Säule) und von da *13* zum Kleinhirn, statische Empfindungen leitende Faser; *12* Wurzel-Hinterstrangsfaser, gelenks- und muskelsensibel.

kontralateralen Vorderstrang zurück. Mit ihnen verlaufen die sich ihnen schon im Gebiete des Zwischen-, Mittel- und Hinterhirns anschließenden subkortikalen, motorischen Bahnen. Überblicken wir

den Verlauf der Pyramidenbahnen, die uns das anatomische Substrat
für die willkürliche Bewegung darstellen, in ihrem gesamten Verlauf
(s. Fig. 58), so können wir diese Bahnen zunächst von der motorischen Region der Großhirnrinde durch die innere Kapsel in den
Hirnschenkel verfolgen. In der Region der Brücke lösen sich bereits
zahlreiche Bündel von ihr ab, kreuzen in der Mittellinie die Seite
und splittern sich teils an den Kernen der motorischen Hirnnerven

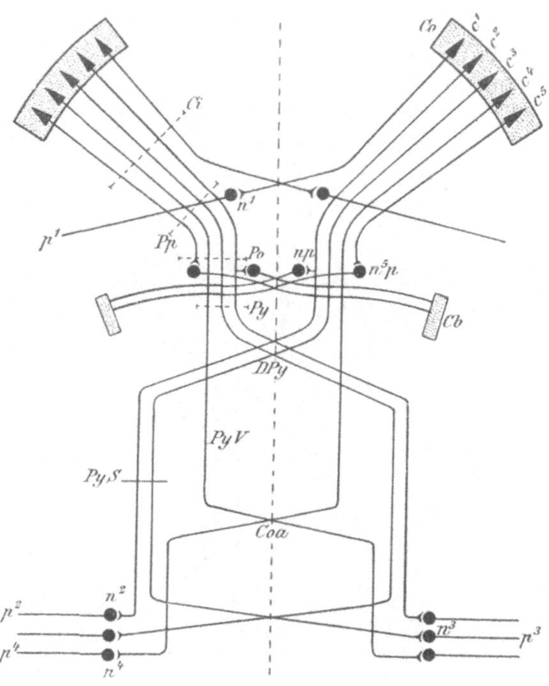

Fig. 58.

Schema der Pyramidenbahnen. (Nach Obersteiner.) Co Großhirnrinde; c^1—c^5 Großhirnrinden-
zellen; Ci innere Kapsel; Pp Hirnschenkel; Po Brücke; Py Pyramiden des verlängerten
Marks; DPy Pyramidenkreuzung; PyV Pyramidenvorderstrang; PyS Pyramidenseitenstrang;
Coa Kreuzung der Fasern im Rückenmark; Cb Kleinhirn; n^1 Kern eines Hirnnerven; p^1 peripheres Ende dieses Hirnnerven; np und n^5p Kerne in der Brücke; n^2, n^3, n^4 Zellen im Vorderhorn des Rückenmarks; p^2, p^3, p^4 periphere motorische Rückenmarksnerven.

auf, teils verlaufen sie ins Kleinhirn. Nach ihrem Austritt aus der
Brücke bilden sie die Pyramiden, kreuzen hier teilweise die Seite,
um von ihrer Position am vordersten Umfang des verlängerten
Marks in den Seitenstrang der Gegenseite zu gelangen (Pyramidenseitenstrang). Ein Teil der Fasern zieht aber auch in den Seitenstrang derselben Seite (Pyramidenvorderstrang). Ein weiterer Teil
bleibt vorläufig im Vorderstrang und kreuzt erst tiefer im Rückenmark vor der grauen Kommissur die Seite in der weißen Kommissur

des Rückenmarks. Der Pyramidenvorderstrang erschöpft seine Fasern schon im Halsmark, während sich der Pyramidenseitenstrang bis ins Kreuzmark verfolgen läßt. Die Fasern der Pyramidenbahn ziehen zu den Nervenzellen des Vorderhorns, splittern sich an diesen auf und übertragen so die von der Hirnrinde ausgehende motorische Erregung auf die Vorderhornzellen, die den Impuls durch die aus ihnen entspringenden vorderen Wurzeln an die Muskeln gelangen lassen.

Die sensible Faserung teilt sich der Spezifität ihrer Funktion entsprechend.

Die der Muskel- und Gelenkssensibilität dienenden Fasern verlaufen größtenteils im Hinterstrang, ein Teil der Fasern zieht aber in die Clarke'sche Säule. Von hier aus ziehen die Fasern an die Peripherie des gleichseitigen Seitenstranges und als Kleinhirnseitenstrangbahn durch die Kleinhirnstiele ins Kleinhirn.

Ein Teil der sensiblen Fasern endlich zieht aus der hinteren Wurzel durch die graue Substanz des Hinterhorns zum Vorderhorn: die sensiblen Fasern des Reflexbogens.

Es erübrigt noch, einer Art der Sensibilität zu gedenken, die wir bis jetzt überhaupt außer acht gelassen haben: der Sensibilität der Eingeweide.

Eingeweideempfindungen haben wir nur unter besonderen Umständen. Wir wissen, wann es an der Zeit ist, Blase und Mastdarm zu entleeren, und es mag sich dabei um Empfindungen in den Schließmuskeln des betreffenden Organs handeln. Immerhin kommen uns von Zeit zu Zeit auch andere Eingeweideempfindungen zu Bewußtsein, meist allerdings solche recht unangenehmer Natur. Es sind meist Störungen der Eingeweidefunktion, die von uns empfunden werden, ich verweise auf das Gefühl der Brechneigung, auf das Gefühl der gesteigerten Peristaltik, auf das Herzklopfen usw. Allem Anschein nach verlaufen die Bahnen für diese Empfindungen ebenfalls durch die Hinterwurzeln in die Clarke'sche Säule, ihr weiterer Verlauf ist bis jetzt unbekannt.

Was die Funktionsstörungen des Rückenmarks anbelangt, so haben wir einen Teil derselben bereits gestreift. Sie sind aber zu zahlreich, auch viel zu kompliziert, um im Rahmen dieses Buches eingehender besprochen zu werden. Wir wollen uns nur mit dem Funktionsausfall in einem ganz geringen Teile der Rückenmarkserkrankungen in Kürze befassen: mit den Störungen der Wurzelfunktionen.

Erkranken z. B. die Vorderhörner des Rückenmarks, so werden die aus ihnen entspringenden Fasern ebenfalls erkranken und die von ihnen innervierten Muskeln in Mitleidenschaft ziehen. Die klinischen Symptome sind eine die betreffenden Muskeln befallende Lähmung.

Viel komplizierter ist das klinische Bild der Erkrankung der hinteren Rückenmarkswurzeln. Es kommt zu einer Störung der

Sensibilität, und zwar sowohl zur Störung der Haut-, als auch der Muskel- und Gelenksempfindlichkeit.

Infolge der letzteren Störungen ist aber auch die Bewegungsmöglichkeit eine ungünstigere. Die Gelenke werden in übermäßig starker Exkursion gebraucht, die Glieder schleudernd bewegt, weil der Betreffende außer stande ist, die richtige Stärke der Innervation zu treffen (Ataxie). Auch fehlt natürlich die Lagevorstellung für die Glieder bei geschlossenen Augen.

Der hier skizzierte Symptomenkomplex entspricht einem Teile des Krankheitsbildes der Rückenmarksdarre (Tabes). Diese sogenannte Rückenmarksataxie unterscheidet sich von der früher besprochenen Kleinhirnataxie dadurch, daß ein Schwanken des Körpers bei offenen Augen nur bei sehr vorgeschrittener Erkrankung vorkommt. Es gelingt sogar, die schleudernden Bewegungen durch Kontrolle mit den Augen allmählich wieder auf ein normales Maß zu bringen und durch stete Übung eine Art Muskel- und Gelenkssinn dem Kranken trotz des anatomischen Ausfalls der betreffenden Wurzeln wieder anzuerziehen. Der Segen dieser sog. Übungstherapie hat der Tabes in den letzten Jahren viel von ihren Schrecken genommen.

Wird auf irgendeine Art der ganze Rückenmarksquerschnitt zerstört, so hören die unterhalb der Läsionsstelle gelegenen Rückenmarkspartien zu funktionieren auf. Es tritt z. B. nach einer Querschnittsläsion im Brustmark eine totale Lähmung beider unterer Extremitäten, Fehlen jeder Empfindung an Unterleib und Beinen, Lähmung der Blase und des Mastdarms ein. Gewöhnlich kommt es rasch auch zu Störungen der Blutzirkulation in den gelähmten Teilen und infolge des Wegfalls der erhaltenden Funktion der Nervenzellen auf die Gewebe zu rasch eintretendem Druckbrand (Aufliegen). Der Tod tritt dann binnen kurzer Zeit infolge allgemeiner Sepsis ein.

Mit einem Worte wollen wir noch der Hüllen des Zentralnervensystems, der Gehirn- und Rückenmarkshäute, gedenken. Sie umgeben als mehrere ineinandergeschobene Säcke das Gehirn und das Rückenmark und dienen teils der Ernährung des das Zentralnervensystem umgebenden Knochengerüstes, teils der Blutversorgung des Zentralnervensystems selbst.

Sie sind häufig Sitz von Entzündungen und rufen dann durch sehr reichliche Abscheidung entzündlicher Extravasate, die aus der knöchernen Hülle des Zentralnervensystems natürlich keinen Ausweg finden, schwere Druckerscheinungen hervor. Das hervorstechendste Merkmal des eintretenden Hirndrucks ist die Pulsverlangsamung infolge der Reizung des Vaguszentrums im verlängerten Marke, wo sich als am Ausgang aus der Schädelhöhle die Druckwirkung am deutlichsten äußert. Gewöhnlich sind schwere Störungen des Bewußtseins und Unregelmäßigkeiten der Atmung. In den schwersten Fällen tritt der Tod infolge Lähmung der Atmung ein.

Peripheres Nervensystem.

Wie wir im vorhergehenden Abschnitte gehört haben, haben wir es im peripheren Nervensystem mit jenem Anteil der motorischen oder sensiblen Bahnen zu tun, der aus dem Rückenmark oder dem Hirnstamm austritt, bzw. in diesen Teil des zentralen Nervensystems zieht. Was die Hirnnerven anbelangt, so ist deren Bedeutung an anderer Stelle besprochen.

Die Rückenmarknerven entspringen aus den vorderen und hinteren Rückenmarkwurzeln, die sich zu einem peripheren Nerven vereinigen. Diese einfachsten Verhältnisse finden sich jedoch nur bei den aus dem Brustanteil des Rückenmarks entspringenden Zwischenrippen oder Interkostalnerven, die die Innervation der Zwischenrippen und Bauchmuskulatur zu besorgen haben. Bei den für die Extremitäten bestimmten Nerven aber wird der Nervenstamm nicht aus einer vorderen und hinteren Rückenmarkwurzel hergestellt, sondern durch eine innige Durchflechtung der Ursprungsnerven aus mehreren Segmenten formiert.

Es geht aus dem früher Gesagten, aus der Konstituierung aus vorderer und hinterer Rückenmarkwurzel hervor, daß die peripheren Nerven gemischt, d. h. sensibel und motorisch funktionierende Nerven sind.

Es gelingt dabei nicht, die sensiblen von den motorischen Fasern im normalen Nerven anatomisch oder histologisch zu unterscheiden.

Jeder periphere Nerv besteht aus einer reichen Anzahl von markhaltigen Nervenfasern, von denen jede mit einer Bindegewebshülle überzogen ist, der Bindegewebsscheide, die kernhaltig ist. Diese Bindegewebsscheide unterscheidet histologisch die Nervenfaser an der Peripherie von der des zentralen Nervensystems. Die Markscheide erscheint an einzelnen Stellen unterbrochen und läßt den Achsenzylinder frei, aller Wahrscheinlichkeit nach zur Erleichterung des Herantrittes ernährender Gewebssäfte an demselben.

Auch beim Studium der Funktionen des peripheren Nervensystems sind wir auf Versuche der Reizbarkeit derselben mittels elektrischen Stromes angewiesen. Natürlich entzieht sich der Effekt der Reizung der sensiblen Nervenanteile eher unserem Einblick, und wir sind daher vorwiegend auf Beobachtungen im motorischen Anteil beschränkt. Selbstverständlich muß dabei der Nerv im Zusammenhange mit dem von ihm innervierten Muskel untersucht werden.

Reizen wir nun an dem frischen Nerv-Muskelpräparat eine Stelle des Nerven, so zuckt der Muskel blitzartig. Allerdings setzt die

Zuckung nicht im Moment der Reizung ein, sondern um Bruchteile von Sekunden später. Die zwischen Reizung und Reizungseffekt liegende sehr kurze Zeit bezeichnet man, wie wir in der Abhandlung über Bewegung gehört haben, als Latenzzeit. Hat man eine sehr lange Nervenfaser vor sich und reizt zuerst an einer entfernten Stelle, dann ganz nahe am Muskel, so kann man aus der Differenz der Latenzzeiten und der bekannten Distanz zwischen den Reizstellen die Schnelligkeit der Nervenleitung berechnen. Diese beträgt beim Menschen wahrscheinlich etwa 33 m in der Sekunde.

In jüngster Zeit sind allerdings Berechnungen für eine noch größere Geschwindigkeit der Reizleitung aufgestellt worden, doch erscheinen dieselben noch nicht genügend geprüft. Die Reizstärke darf zur Erzielung eines Reizeffekts nicht unter eine bestimmte Grenze sinken.

Die Reizdauer darf, vorausgesetzt, daß es sich nicht um außerordentlich starke Ströme handelt, auch nicht unter eine bestimmte, allerdings sehr kurze Zeit herabgehen. Jedenfalls wirkt bei der Reizung des Nerven mittels des konstanten Stromes, wie wir das im Abschnitt über Bewegung beschrieben haben, das Durchtreten des Stromes allein nicht erregend, sondern lediglich die Schwankungen in der Stromes-Intensität. Wir haben an der angeführten Stelle auch gehört, daß die Eintritts-, bzw. Austrittsstelle des Stromes sich bezüglich des gesetzten Reizes sich nicht gleich verhält.

Auch für die Reizung vom Nerven aus haben wir zwischen diesen beiden Stellen zu unterscheiden.

Von Wichtigkeit ist, daß nicht immer der ganze Nerv für die einmalige Erregung in Anspruch genommen wird, sondern daß, wenn man die, verschiedenen Rückenmarksegmenten entspringenden, Wurzeln eines Nerven einzeln reizt, der betreffende Muskel jedesmal zuckt. Reizt man dabei eine Wurzel bis zur Ermüdung des Muskels und dann eine andere Wurzel, so sieht man, daß der früher ermüdete Muskel wieder ganz normal reagiert. Es ist dies ein Beweis dafür, daß nicht immer mit der ganzen Kraft des Muskels gearbeitet wird und die einzelnen Partien eines und desselben Muskels imstande sind, einander in der Funktion abzulösen, was die Ermüdungsmöglichkeit des Muskels sehr wesentlich herabsetzt.

Es ist hier nicht der Ort, auf die feineren Unterschiede in der elektrischen Erregbarkeit des Nerven und Muskels unter krankhaften Verhältnissen einzugehen. Erwähnt sei nur, daß bei Erkrankungen des Nerven die elektrische Erregbarkeit vom Nerven aus vollkommen erlöschen kann, während die Erregbarkeit des Muskels selbst zunächst keine Änderung erfahren muß. Gewöhnlich verwandelt sich aber alsbald die normale, blitzartige Zuckung des Muskels in eine träge, schleichende und kann nach einem ursprünglichen Anstieg der Muskelreizbarkeit durch den konstanten Strom, ebenfalls vollkommen erlöschen.

Wir werden diese Zustände am besten an einem Beispiel erörtern. Wählen wir einen rein motorischen Nerven, z. B. den motorischen Gesichtsnerv. Lähmungen dieses Nerven auf entzündlicher Grundlage sind nicht so selten. Erkrankt dieser Nerv, so ist die eine Gesichtshälfte mit Ausnahme der von einem anderen Nerven versorgten Kaumuskulatur gelähmt. Auf der gelähmten Seite sind die Stirnrunzeln verschwunden, das Auge kann nicht völlig geschlossen werden, die Lidspalte erscheint weiter als die andere, der Mundwinkel steht tiefer, die Nasenlippenfalte ist verschwunden, die Lippen können nicht gespitzt, nicht gehoben werden. Zumeist ist auch die Sprache infolge der Bewegungsstörung der Lippen etwas verändert. Noch ist die elektrische Erregbarkeit vom Stamme des Nerven hinter und unter dem Ohr und von seinen einzelnen Ästen aus möglich. Bald aber, bei vollständigen Lähmungen meist im Laufe der dritten Krankheitswoche, schwindet die Erregbarkeit vollständig.

Interessant ist das Verhalten des Muskels während dieser Zeit. Nachdem die Herabsetzung der elektrischen Erregbarkeit auch am Muskel manifest geworden ist, läßt sich auch deutlich eine Änderung in der Zuckung erkennen: während die normale Zuckung eine blitzartige ist, geschieht nunmehr die Kontraktion des Muskels langsam und träge.

Man hat in sehr anschaulicher Weise die Art der Zuckung mit dem Sichzusammenschieben des kriechenden Wurmes verglichen.

Und während nun die Erregbarkeit für den faradischen Strom mehr und mehr schwindet, steigt sie merkwürdigerweise für den konstanten Strom auch über das Normale. Solange eine Erregbarkeit des Muskels noch möglich ist, besteht auch die Hoffnung auf eine Wiederherstellung der Funktion am Muskel und Nerven.

Erst wenn auch vom Muskel aus weder galvanisch noch faradisch eine Erregung möglich ist und sich auch nach drei bis zehn Monaten nicht wieder einstellt, erscheint die Wiederherstellung der Funktion ausgeschlossen, wenngleich man in einzelnen Fällen auch noch nach zwei bis drei Jahren ein Wiederauftreten der Zuckung und einen Rückgang der Lähmungserscheinungen beobachtet hat. Interessant ist, daß das Auftreten, wenn auch träger Zuckungen auf elektrische Reizung im Lähmungsgebiete dem Wiederauftreten der willkürlichen Innervation derselben vorangeht. Die Wiederherstellung der Funktion geht Hand in Hand mit dem Auftreten neuer Achsenzylinder und neuer Markscheiden in den durch die Erkrankungen mehr oder weniger vollständig zugrunde gegangenen Nerven.

Diese Erscheinung der Regeneration der Nervenfasern ist eine spezifische Erscheinung des peripheren Nerven, während, wie wir ja gehört haben, eine Wiederherstellung zerstörter Teile des zentralen Nervensystems ausgeschlossen ist. Merkwürdigerweise scheint der Zusammenhang mit der Nervenzelle für das Auftreten neu gebildeter Achsenzylinder nicht unbedingt notwendig zu sein, denn es liegen einwandfreie Beobachtungen dafür vor, daß auch nach vollständiger Durchtrennung des peripheren Nerven, selbst wenn eine Wiedervereinigung der beiden Stümpfe unmöglich geworden ist, im peripheren Stumpf neue Achsenzylinder sich bilden. Die Erklärung für diese Tatsache steht noch aus.

Als wichtiger Unterschied gegenüber den zentralen Lähmungen ist, abgesehen von der Sensibilitätsstörung, der anzusehen, daß sich die Lähmung nicht auf ganze Extremitäten, sondern nur auf einzelne von den erkrankten Nerven innervierte Muskelgruppen beschränkt.

Es gibt ganz ähnliche, vom Rückenmark ausgehende Lähmungen, denen gegenüber aber die Sensibilitätsstörung bei peripheren Lähmungen einen wichtigen Unterschied bildet.

Die Sensibilitätsstörung ist bei Erkrankungen des peripheren Nerven in den von dem betroffenen Nerv versorgten Hautpartien eine sehr deutliche. Auch besteht sie gewöhnlich ebenso lange, wie die Lähmung selbst, was nach dem im vorhergehenden Gesagten ebenfalls eine wichtige Unterscheidung gegenüber zentralen Lähmungen darstellt. Die Untersuchung der sensiblen Lähmungen kann allerdings nicht durch eine elektrische Reizung des peripheren Nerven geschehen, sondern man ist darauf beschränkt, den Ausfall der Empfindung zu kontrollieren. Es ist dabei wichtig, daß sowohl die Berührungs-, als auch die Schmerz- und Wärmeempfindlichkeit der betroffenen Partien untersucht wird.

Interessant ist, daß die für die einzelnen Empfindungsqualitäten in Betracht kommenden sensiblen Auffangsapparate der Haut nicht gleichmäßig verteilt vorkommen, und daß sie überhaupt räumlich voneinander getrennt sind, wenn diese Trennung auch eine sehr geringfügige ist.

Bei Erkrankung rein sensibler Nerven, z. B. des sensiblen Gesichtsnerven, ist die sensible Lähmung die seltenere Erscheinung, das Gewöhnliche ist die Schmerzhaftigkeit im befallenen Gebiete, der Nervenschmerz, Neuralgie. Diese äußert sich in manchmal ganz außerordentlich heftigen Schmerzparoxysmen; dabei kann trotz der spontanen Schmerzhaftigkeit die Empfindlichkeit der betreffenden Hautstellen für feinere Berührungen stark herabgesetzt sein. Häufig kommt es im befallenen Gebiete zu Störungen in Haut und Schleimhaut, die auf nicht empfundene schädigende Einwirkungen zurückzuführen sind. So z. B. sind bei Lähmung des sensiblen Gesichtsnerven Bisse in die unempfindliche Wangenschleimhaut nicht so selten, deren Folgen erst spät bemerkt werden. Auch Brandwunden durch Zigaretten an den unempfindlichen Lippenteilen sind häufig. Von weit größerer Bedeutung sind aber die nicht empfundenen Schädigungen der Hornhaut des Auges, die in weiterer Folge zur Vereiterung der Hornhaut und ev. zum Verlust des Sehvermögens des befallenen Auges führen können. Abgesehen von diesen auf Empfindungsstörungen beruhenden Erkrankungen, treten bisweilen im befallenen Gebiete auch ohne äußere Schädigung Veränderungen ein,

die man mit dem Ausfall der trophischen Funktion des Nerven
(s. S. 251) zu erklären versueht hat.

Bezüglich der Muskel- und Gelenkssensibilität haben wir bei
peripheren Nerven deshalb weniger Anhaltspunkte für die Lokali-
sierung auf einen bestimmten Nerven, weil die sensible Innervation
der Muskeln und Gelenke, wie es scheint, von sehr zahlreichen
Nerven verschiedenen Ursprungs besorgt wird und daher ein eventueller
Ausfall eines Nerven nur schwer oder gar nicht zu konstatieren
ist, während wir andererseits bei Rückenmarkerkrankungen, die die
Hinterstränge betreffen, schwere Muskel- und Gelenkssensibilitäts-
störungen finden. Die Wiederherstellung der Funktion im erkrankten
Nerven geschieht auf sensiblem Gebiete unter denselben Bedingungen,
wie wir sie für den motorischen Nervenanteil erörtert haben.

Anhang.

Das sympathische Nervensystem.

Von Dr. Carl Rudinger.

Wir können die Bewegungstätigkeit des Organismus in zwei
Arten zerlegen: in willkürliche und unwillkürliche. Als willkürliche
Bewegungen bezeichnen wir alle jene, die einem durch unsere
Sinnesorgane kontrollierbaren Effekt zustreben. Hierher gehören alle
Leistungen des quergestreiften Muskelapparates. Wenn wir gehen,
so innervieren wir willkürlich unsere Beinmuskeln. Wir können
durch unseren Willen die Gangart verändern und sind uns ferner
auch der Veränderung bewußt, wenn wir unsere Aufmerksamkeit
darauf lenken. Hingegen haben wir in der Regel gar keinen Einfluß
auf den Rhythmus unserer Herzarbeit, auf die Tätigkeit unseres
Darmes. Diese und viele andere im Innern des Organismus sich
abspielenden Vorgänge werden als unwillkürliche Bewegungen bezeichnet. Dieser Begriff bedarf aber einer kleinen Einschränkung.
Denn erstens gibt es, wenn auch sehr selten, Individuen, die imstande sind, durch ihren Willen z. B. die Pupillen spielen zu lassen
oder den Rhythmus ihrer Herzarbeit zu verändern. Und zweitens
beherrscht das Bewußtsein doch indirekt wenigstens in Form des
Affekts diese Vorgänge (Beschleunigung der Herztätigkeit im Schreck,
Anregung der Darmtätigkeit usw.). Die Pupillenbewegung selbst
spielt bei einem willkürlichen Vorgang eine große Rolle; wenn wir
einen Gegenstand in der Nähe fixieren, verengert sich die Pupille.
Der sonst der Willkür entrückte Pupillenverschließer wird in diesem

Falle direkt dem Willen unterstellt. Auch die Tätigkeit der Magen-
und Darmdrüsen kann gelegentlich bewußt angeregt werden (vgl.
Appetitsekretion, Kapitel V). Abgesehen aber von diesen Ein-
schränkungen, darf man sagen, daß die Bewegungen und die Arbeit
des Zirkulations- und Verdauungsapparates unwillkürlich erfolgen. Sie
unterstehen einem eigenen Nervensystem, das als das sympathische
bezeichnet wird und das seine Fasern entlang den Blutgefäßen bis
an die periphersten Körperstellen ausmündet und sämtliche Eingeweide
versorgt. Es geht aus dem Mittelhirn, dem verlängerten Mark und
dem Rückenmark hervor. Aus dem Mittelhirn entspringen jene Fasern,
die zwei innere Augenmuskel, durch deren Aktion die Pupille verengert wird, innervieren. Aus dem verlängerten Mark gehen Nerven
hervor, die den Erweiterer der Pupillen, das Herz und die Schleim-
hautgefäße des Kopfes und die Speichel- und Tränendrüsen versorgen.
Ferner gehen auch von hier aus Fasern für die Luftröhre, die Lungen,
den Magen-Darmkanal, die Leber und die Bauchspeicheldrüse hervor.
Aus dem Rückenmark entspringen die Fasern, die die Innervation
der peripheren Blutgefäße, der Blutgefäße der Eingeweide und Drüsen
der Haut, sowie der inneren Geschlechtsorgane besorgen. Aus dem
tiefsten Abschnitt des Rückenmarkes gehen Fasern für die Gefäße
und Muskeln des Mastdarms, der Blase und der äußern Geschlechtsorgane hervor.

Das sympathische Nervensystem zeichnet sich durch eine große
Summe an der Peripherie isoliert angelegter, aber gegenseitig ver-
knüpfter Ganglien aus. Diese Ganglien besitzen die Bedeutung
von Schutzvorrichtungen für das zentrale Nervensystem. Durch sie
werden die normalen Reize, die durch die Tätigkeit der Organe entstehen, und die zu nervösen Erregungen führen würden, aufgehalten
oder auf andere Leitungen abgelenkt. — Die Aufgaben des sympathischen Nervensystems sind mannigfach. Bestimmte Fasern vermitteln den Eintritt von Empfindungen in das Rückenmark und das
Gehirn. Andere regen die glatte Muskulatur zur Kontraktion an.
Andere besorgen die Innervation der sezernierenden Drüsenapparate,
und zwar sowohl die äußere als die innere Sekretion. Daraus geht
schon hervor, daß das sympathische Nervensystem die engsten Beziehungen zu dem Stoffwechselmechanismus besitzt. Das sympathische
Nervensystem, dessen Funtionen eben besprochen wurden, zerfällt in
mehrere anatomisch isolierte Abschnitte, von denen als Hauptrepräsen-
tanten der Nervus vagus und sympathicus hervorgehoben werden
sollen. Das Ausbreitungsgebiet des ersteren erstreckt sich auf die
Atmungsorgane und das Herz. In die Versorgung des Magens teilen
sich beide Nerven, während der übrige Verdauungsapparat vorwiegend
vom Sympathicus im engeren Sinne versorgt wird.

Zwölftes Kapitel.

Allgemeine Pathologie.

Von Dr. **Leo Hess** und Dr. **Paul Saxl.**

Begriff des Normalen und Pathologischen. — Innere und äußere Krankheitsursachen: Angeborene und erworbene Disposition; thermische, mechanische
Krankheitsursachen; Gifte; Infektion. — Krankhafte Vorgänge in den Zellen:
Progressive und regressive Veränderungen an denselben. — Gestörte Organfunktionen. — Das Fieber. — Ausgänge von Krankheiten.

Vorbemerkungen.

Krank nennen wir Menschen oder deren Organe, die ein von
der Norm abweichendes Verhalten zeigen. Dieses kann an eine
Änderung des Baues oder der chemischen Leistungen der Organe
geknüpft sein (organische Erkrankung), oder es betrifft bloß
Störungen der Funktion, ohne daß mit unseren heutigen Hilfsmitteln
eine anatomische oder chemische Alteration nachweisbar wäre (funktionelle Erkrankung). Mit dem Fortschritte der Wissenschaft
und der Verbesserung ihrer Forschungsmethoden wird die Gruppe
der letztgenannten Erkrankungen mehr und mehr eingeschränkt. Die
organischen Erkrankungen haben nach unseren heutigen Anschauungen
in erster Linie ihren Sitz in den geformten Elementarbestandteilen
unseres Körpers, den Zellen; daneben bestehen chemische Veränderungen der Körpersäfte.

Der Feststellung einer Krankheit muß die Kenntnis des Normalen
zugrunde gelegt werden, wobei als normal jene Leistung eines Organs,
bzw. eines Individuums angesehen wird, die dem Betreffenden nach
Geschlecht und Lebensbedingungen allgemein zukommt. Schon daraus
geht hervor, daß der Begriff des Normalen oder Physiologischen
und daher auch der des Kranken oder Pathologischen ein relativer ist. So werden wir ein Herz, das in seinen Leistungen dem
eines Kindes entspricht, beim Erwachsenen als „krank" bezeichnen,
während es eben beim Kinde als normal anzusehen wäre. Der schmale

Brustkorb, der dem weiblichen Körper zukommt, muß beim Manne als krankhafte Veranlagung aufgefaßt werden.

Krankhafte Veränderungen festzustellen, ist nächst dem Bestreben, sie zu heilen, die Hauptaufgabe der medizinischen Forschung wie der ärztlichen Tätigkeit. Schon von alters her war man bemüht, aus dem Aussehen des Menschen, aus dem Verhalten seiner Organe im Leben und nach dem Tode, aus seiner Stimmung, seiner Ausdünstung, endlich auch durch Beobachtung der Temperatur, der Atmung, des Pulses und seiner Ausscheidungen Rückschlüsse auf die Funktionstüchtigkeit seiner Organe zu ziehen. Der modernen Heilkunde steht ein großer Apparat zur Beurteilung der Funktionen auch der inneren Organe zur Verfügung.

Durch Beklopfen und Behorchen des Brustkorbes gewinnen wir Anhaltspunkte für die Beurteilung von Herz und Lungen. Mit feinen Instrumenten beobachten wir das Verhalten des Pulses und des Blutdruckes und gewinnen so Aufschluß über die Herzarbeit. Der Chemie verdanken wir die Untersuchung der Sekrete und Exkrete, wobei wir die ersteren zuweilen durch Einführung von Sonden (Magen-, Harnleitersonde) entnehmen und auf diese Weise den zeitlichen und qualitativen Ablauf der Organtätigkeit erkennen. Bakteriologische Untersuchungen lehrten uns allerorten im Organismus Bakterien suchen und finden und gestatten uns oft, durch Auffindung der mikroskopisch kleinen Krankheitserreger die letzte Ursache verschiedener Erkrankungen festzustellen. Von größter Bedeutung endlich ist die Sichtbarmachung von Organen, die dem Auge des Untersuchers nicht direkt zugänglich sind (Anwendung von Spiegeln für die Untersuchung des Augenhintergrundes, des Trommelfells, des Kehlkopfes und der Nase, der Blase, des Mastdarmes, ferner die Durchleuchtung mittelst Röntgenstrahlen). Neben diesen am lebendigen Menschen anzustellenden Untersuchungen hat das Studium der pathologischen Veränderungen an der Leiche vielfach wichtige Aufklärungen gebracht und die grundlegenden Anschauungen geschaffen, die uns ein Organ als gesund oder „krank" erkennen lassen. Eine wichtige Ergänzung zu den klinischen und anatomischen Beobachtungen stellen die Experimente am Tiere dar. Aufgabe der experimentellen Pathologie ist es, im Tierkörper experimentell jene krankhaften Zustände hervorzurufen, die die Natur am Menschen schafft. Gelingt es, durch jene Ursache, die nach unserer heutigen Auffassung einer menschlichen Erkrankung zugrunde liegt, am Tiere den analogen pathologischen Zustand herbeizuführen, so ist neben der auf diese Weise gesicherten Erkenntnis der Krankheitsursache die Möglichkeit gegeben, den Ablauf, bzw. die Heilung dieser Krankheit zu studieren und zu beeinflussen.

Krankheitsursachen.

Dem Ausbruch der Krankheit geht die krankmachende Ursache voraus. Wir verstehen unter Krankheitsursachen jene Momente, die eintreffen müssen, um eine Krankheit auszulösen. Viele, jedoch keineswegs alle Krankheitsursachen sind bekannt: bei vielen Krankheiten kennen wir sie nur teilweise, bei einzelnen gar nicht.

Die Krankheitsursachen können in Faktoren gelegen sein, die dem erkrankten Körper schon vor seiner Krankheit innewohnten — oder die von der Außenwelt in ihn gelangen; die ersteren sind die inneren, die letzteren die äußeren Krankheitsursachen. In der Regel ist ein Zusammentreffen beider nötig, eine Krankheit hervorzurufen.

Die inneren Krankheitsursachen liegen in jener Beschaffenheit der Organe oder des ganzen Körpers, die wir als Disposition oder Neigung für bestimmte Erkrankungen bezeichnen.

Eine derartige Disposition zur Erkrankung, wenn wir sie nach dem Stande unseres Wissens auch nicht immer konstatieren können, fehlt wohl bei keiner Krankheit. Wir sind ja von so vielen äußeren Krankheitsursachen umgeben, daß wir viel häufiger erkranken müßten, wenn nicht eben erst die Disposition notwendig wäre, ohne die die Erkrankung nicht statthat.

Es kann keinem Zweifel unterliegen, daß unter den gleichen Bedingungen gewisse Menschen eher erkranken als andere. Diese „Disposition", zu erkranken, betrifft oft nur ein Organ, während die übrigen viel mehr befähigt sind, äußeren Schädlichkeiten Widerstand zu leisten. Im Säuglingsalter sehen wir z. B. besonders häufig die Neigung zu Erkrankungen des Darmes; gewisse Menschen sind zu tuberkulösen Erkrankungen der Lungen disponiert, andere mit leicht erregbarem Nervensystem neigen zur Erkrankung desselben usw. Wenn wir in dieser Art der Disposition eine minderwertige Veranlagung der betreffenden Organe erblicken müssen, so ist anderseits eine verminderte Widerstandsfähigkeit des gesamten Körpers bekannt, die wir als Hypoplasie bezeichnen.

Es gibt eine ererbte und eine erworbene Disposition. Daß ein Mensch mit angeborenem schmalem und flachem Brustkorb zur Tuberkulose neigt, ist eine angeborene, daß der normal gebaute Alkoholiker der gleichen Erkrankung leicht unterliegt, eine erworbene Veranlagung. Die erstere dürfte in dem Keimplasma angehörigen Veränderungen ihre Ursache haben. Dies führt uns zur Frage der Vererbung von Krankheiten der Eltern auf Kinder. Ihre Bedeutung für die Pathologie wurde im II. Kapitel besprochen.

Die erworbene Disposition zu allen möglichen Krankheiten tritt meist dann auf, wenn eine Schädlichkeit irgendwelcher Art längere Zeit auf den Körper einwirkt, oder aber, wenn dem Körper jene Bedingungen nicht gegeben werden, die er zur Erhaltung seiner Gesundheit benötigt. So bedingt Unterernährung, mangelhafte Entwicklung des Skeletts und der Muskulatur, schlechte Pflege der Haut durch Unreinlichkeit usw. eine erworbene Disposition zur Erwerbung vieler Krankheiten. Chronische, ja zuweilen auch akute Vergiftung des Körpers mit Alkohol disponiert ihn für zahlreiche

Erkrankungen. Zuweilen disponiert auch eine Erkrankung den erkrankten Körper für andere Krankheiten. So neigen viele mit Erkrankungen des Nervensystems behaftete Patienten zu Hautkrankheiten, Zuckerkranke zu Eiterungen aller Art usw.

Bevor wir auf die äußeren Krankheitsursachen eingehen, sei ein kurzer Überblick auf die große Zahl von Schädlichkeiten gestattet, denen wir ausgesetzt sind. Es sei zunächst an die mechanischen Schädlichkeiten aller Art erinnert, durch deren Einwirkung mehr oder minder weitreichende Verletzungen gesetzt werden können. Thermische Schädlichkeiten bewirken Verbrennungen und Erfrierungen der Haut und der darunter liegenden Gebilde. Ihnen reihen sich die Gifte an, die teils der unbelebten, teils der belebten Welt angehören.

Die Welt des Lebenden schafft äußere Krankheitsursachen für uns in den Bakterien, Protozoen und Pilzen; aber auch höhere Lebewesen, sowie von ihnen erzeugte Produkte können krankmachende Ursachen darstellen. Wir erinnern nur an viele pflanzliche Produkte, an das Schlangengift, an die Eingeweidewürmer usw.

Bei den mechanischen Krankheitsursachen wollen wir uns kurz fassen. Man nennt das Einwirken einer mechanischen Krankheitsursache (Druck, Schlag, Stoß, Stich) ein Trauma[1]). Das Trauma kann je nach seiner Art zu einer Erkrankung an der Stelle seiner Einwirkung, oder aber auch zu Erkrankung fern gelegener Organe führen. An der Stelle der Einwirkung kann es zu Rötung der Haut, Blutaustritt unter die Haut, oder zu Verletzung der Haut und der darunter gelegenen Partien, also des Unterhautzellgewebes, des Muskels, der Blutgefäße und Nerven, der Beinhaut des Knochens, des Knochens selbst, der Gelenke und ihrer Bestandteile usw. kommen. Es kann endlich auch, ohne daß die Haut verletzt wird, zu Zerreißungen tiefer gelegener Organe kommen: es können Muskel und Bänder reißen, Knochen gebrochen werden; bei Traumen gegen den Brustkorb kommt es zuweilen zur Zerreißung der Lungen, bei Traumen gegen den Bauch zur Zerreißung innerer Organe, der Leber, Nieren usw. — Besteht eine Verletzung der Haut oder einer Schleimhaut, so kann die Wunde, wenn Bakterien hinzutreten, infiziert werden, und es kommt zu bisweilen sehr weit vorschreitenden Eiterungen. — Ein Trauma gegen den Kopf oder eine starke Erschütterung des ganzen Körpers kann zur Gehirnerschütterung führen. Es kommt dabei zu kleinsten Blutaustritten in das Gehirn, die zu Bewußtlosigkeit, Erbrechen usw. führen.

Thermische Schädlichkeiten. Verbrennungen führen zunächst zur Rötung der Haut, dann zur Entzündung, endlich zur Verkohlung der Haut und der darunter liegenden Gebilde.

Es ist für die Heilkunde von Bedeutung, daß trockene Hitze — also Hitze ohne Zutritt von Feuchtigkeit — bis zu hohen Tempe-

---

[1]) Trauma = Verletzung.

raturen (150⁰) vom Körper ohne Schaden vertragen wird; auf diesem Umstande beruht die Heißluftbehandlung.

Erfrierungen führen zunächst zu Blässe, dann zum Absterben der Haut. Hier sei erwähnt, daß Kaltblüter und ihre Organe nicht selten nach völligem Durchfrieren wieder zum Leben auftauen; Warmblütergewebe aber wird durch Erfrieren zerstört.

Gifte.

Ungemein zahlreiche Substanzen sind bekannt, die, in den Tierkörper gebracht, auf chemisch-physikalischem Wege Schädlichkeiten setzen, die sich auf einzelne Teile des Tierkörpers erstrecken oder den ganzen Körper ergreifen können. Eine derartig schädigende Wirkung nennen wir Giftwirkung, und die Substanzen, die diese auszuüben imstande sind, Gifte; wobei wir aber bemerken müssen, daß sich der medizinische Begriff der Gifte nicht mit der landläufigen Bedeutung dieses Wortes deckt. So ist Wasser nach vulgärer Erfahrung kein Gift; nach medizinischer kann es ein Gift sein, wenn es als destilliertes Wasser in den Magen gebracht wird, wo es infolge seiner Salzarmut Salze aus der Magenschleimhaut anzieht und dadurch reizend und schädigend auf sie einwirkt. — Auch Kochsalz oder Soda gelten nicht als Gifte. In konzentrierter Lösung in den Magen gebracht oder unter die Haut injiziert, wirken sie aber als solche, indem sie stark Wasser an sich ziehen und dadurch entzündungserregend wirken. Diesen Substanzen, deren Giftwirkung sozusagen nur eine fakultative ist, da sie nur in bestimmter Anwendungsform als Gifte wirken, während ihnen in anderer eine das Leben fördernde Wirkung zukommt, stehen jene Gifte gegenüber, die unter allen Umständen als Gifte wirken, vorausgesetzt, daß sie in wirksamer Menge mit der lebendigen Substanz in Berührung gebracht werden. Solche Gifte gehören dem Mineralreiche an: Säuren, insbesondere die starken Säuren (z. B. Salzsäure, Schwefelsäure, Salpetersäure) schon in schwacher Konzentration; ferner Basen (z. B. Lauge); Phosphor; Arsen und viele andere. Oder sie gehören dem Pflanzenreiche an. An Zahl und Bedeutung stehen hier die Alkaloide voran (chemische Verbindungen, die in den verschiedensten Organen der Pflanzen vorkommen, z. B. Strychnin in den Blättern von Strychnusarten, Morphin im Safte des unreifen Mohns, Koffein in den Kaffeebohnen).

Die Gifte tierischer Abstammung sind gleichfalls sehr mannigfaltig. Von den giftigen Produkten, die manche tierische Parasiten im Körper ihres Wirtes, des erkrankten Menschen, erzeugen, wird an späterer Stelle die Rede sein. Hier seien bloß jene tierischen Gifte erwähnt, die außerhalb des menschlichen Körpers von nicht parasitären Tieren erzeugt werden (Gift der Schlangen, der Kreuzspinnen, der Miesmuscheln, mancher Fische usw.). Zieht man in Rücksicht, daß bei den durch Mikroben hervorgerufenen Krankheiten ebenfalls giftige Substanzen von diesen erzeugt werden, so müssen auch die sog. Infektionskrankheiten in gewissem Sinne den Vergiftungen zugezählt werden.

Schon oben wurde erwähnt, daß die Gifte in wirksamer Menge einwirken müssen, um ihre Giftwirkung auszuüben; wir verstehen darunter, daß die Menge des Giftes genügend groß sein muß, um ihre Giftwirkung zu entfalten. In kleinerer Menge als in dieser für die Giftwirkung nötigen ist ihre Wirkung unter Umständen so gering, daß sie entweder gar nicht zur Geltung kommt oder aber in dieser geringen Dosis nicht nur keine Giftwirkung, sondern sogar eine das Leben fördernde Wirkung ausübt. Wählen wir zwei Beispiele. Lauge wirkt, in den Magen gebracht, giftig. Ist die Lauge aber sehr verdünnt, so macht sich ihre Giftwirkung nicht bemerkbar. Phosphor ist in größeren Dosen ein schweres Gift. In ganz kleinen Dosen (0,0001 g) innerlich gegeben, wirkt er anregend auf die Knochenbildung usw. Den letztgenannten Fall, daß ein Gift in kleinen, therapeutisch gegebenen Dosen nicht nur keine Giftwirkung, sondern im Gegenteil eine das Leben anregende Wirkung ausübt, finden wir sehr häufig; aus ihm hat die Arzneikunde (Pharmakologie) großen Nutzen gezogen: sie verwendet die Gifte in kleinen therapeutischen Dosen, in denen sie anregend auf diesen oder jenen Lebensvorgang im Körper wirken.

Giftwirkung. Da alle krankhaften Vorgänge, sei es nun durch was immer für Schädlichkeit veranlaßt, sich in den Zellen abspielen, so ist es klar, daß auch die Giftwirkung in letzter Hinsicht eine Wirkung auf die Zelle ist. Es kann nun diese Wirkung des Giftes im Mikroskop sichtbare Veränderungen des Zellprotoplasmas hervorrufen, die Gifte können die Struktur des Protoplasmas zerstören — dann sprechen wir von Ätzgiften; oder die Gifte setzen keine sichtbaren anatomischen Schädigungen der Zelle, und der Ausdruck der Giftwirkung ist nur die Funktionsstörung der Zelle — dann sprechen wir von Plasmagiften.

Bevor wir auf das unterschiedliche Verhalten dieser beiden Giftarten eingehen, wollen wir an zwei Beispielen den Vorgang einer Ätzwirkung und einer Plasmawirkung klarmachen. Trinkt ein Mensch Laugenessenz, so finden wir ausgedehnte Verschorfungen im Munde, in der Speiseröhre, im Magen. Die Schleimhaut ist gequollen, stellenweise von Geschwüren bedeckt. Untersuchen wir diese geschädigten Partien unter dem Mikroskop, so finden wir die Gewebe und Zellen in ihrer Struktur gestört: denn die Lauge wirkt, wo sie mit Eiweißsubstanzen zusammenkommt, größtenteils auflösend auf diese. Das sehen wir auch im Reagenzglase. Schon in der Kälte, noch mehr in der Wärme löst die Lauge Eiweißsubstanzen auf. Demnach löst die Lauge auch das Zelleiweiß und ruft die schwersten Strukturänderungen des Protoplasmas hervor (Ätzwirkung). — Hingegen ruft z. B. die Blausäure, von der ein Mensch nur eine Spur einzuatmen braucht, um daran zu sterben, keine irgendwie nachweisbare anatomische

Änderung in den Zellen hervor. Die Zellen sind in ihrer Funktion gestört, nicht aber in ihrer Struktur (Plasmawirkung).

Verweilen wir zunächst bei den Ätzgiften. Sie zerstören die Struktur der Zelle durch Einwirken auf deren Eiweißsubstanzen. Sie wirken hier ebenso auf die Eiweißsubstanzen wie im Reagenzglase, in dem wir sie mit Eiweiß zusammenbringen. So wirken Lösungen von Metallsalzen (Sublimat, Lapis, Alkohol, Säuren usw.) fällend auf das Eiweiß: aus einer Eiweißlösung können wir mit diesen Agenzien Eiweiß ausfällen. Dasselbe geschieht in der Zelle, auf die wir diese Substanzen einwirken lassen. Das gelöste Eiweiß wird ausgeflockt, ausgefällt; seine Gerinnsel erfüllen die Zelle. Dazu kommt noch, daß einzelne dieser Ätzgifte (Alkohol, Karbolsäure, Schwefelsäure) wasseranziehend wirken, wodurch die Gerinnsel noch kompakter werden. Anderseits wird aber durch die Bildung dieser geronnenen Eiweißmassen eine dichte Schichte geschaffen, durch die das Gift am weiteren Vordringen behindert wird. — Jener Gruppe von Ätzgiften (z. B. Lauge) wurde schon gedacht, die auflösend auf das Eiweiß der Zelle wirken. Gemeinsam ist allen Ätzgiften, wie gesagt, die sichtbare schwere Schädigung der Zellstruktur.

Neben dieser Zerstörungsarbeit der Ätzgifte kennen wir eine leichtere Form ihrer Einwirkung. In entsprechender Verdünnung üben diese Gifte einen Reiz auf die Gewebe in dem Sinne aus, daß Heilungsvorgänge in erkrankten Partien angeregt werden. Vor allem können durch diese Substanzen entzündete und eiternde Gewebe in günstigem Sinne beeinflußt werden. So wird durch Gerbsäure, salpetersaures Silber (Lapis) oder Wismut usw. die Eiterbildung herabgesetzt, es kommt zur Verengerung von entzündlich erweiterten Blutgefäßen, zur Anregung von Wundheilung etc. Zusammenziehende oder adstringierende Wirkung der Ätzgifte wird diese Wirkung genannt. Sie findet vielfach in der Behandlung von Krankheiten Anwendung.

Von ungleich größerer Bedeutung ist aber die Einwirkung der Ätzgifte auf Bakterien, die sie als Zellen ebenso angreifen wie die Zellen des menschlichen Organismus. Die zerstörende Wirkung der Ätzgifte auf Bakterien, die sog. antiseptische Wirkung, spielt im Kampfe gegen die Bakterien die allergrößte Rolle. Als Substanzen, die zu diesem Zwecke häufig angewendet werden, seien erwähnt: Karbolsäure, Lysol, Sublimat, Formalin usw. Es gibt Antiseptika, die das Wachstum bloß einschränken (z. B. Toluol), andere töten sie direkt ab (Sublimat noch in 3000facher Verdünnung). Leider ist es uns nicht möglich, die außerhalb des Körpers so sicher wirkenden Antiseptika zur Keimtötung im Innern des lebenden Organismus gegebenenfalls in Anwendung zu ziehen, da dies die Gefahr der Schädigung der eigenen Körperzellen verbietet.

Im Gegensatze zur sichtbaren Strukturveränderung, die die Ätzgifte erzeugen, steht, wie bereits erwähnt, die Wirkung der Protoplasmagifte. Mit den bisherigen Hilfsmitteln ist oftmals eine anatomische Veränderung der Zellen durch Protoplasmagifte nicht nachweisbar gewesen, und dennoch werden von ihnen die Zellfunktionen aufs schwerste beeinträchtigt. Diese Schädigung äußert sich im lebendigen Körper in verschiedenen Ausfallserscheinungen, je nachdem alle Zellen des Körpers oder nur bestimmte, für das Leben mehr oder minder wichtige Zellgruppen ergriffen wurden. Als ein klassisches Beispiel einer allgemeinen Zellschädigung kann die Vergiftung durch Blausäure angeführt werden. Als Gifte, die auf bestimmte Zellgruppen besonders intensiv, auf andere in viel geringerem Grade wirken, seien erwähnt: Curare, das auf die Nervenendigungen im quergestreiften Muskel, narkotische Gifte, die auf das Zentralnervensystem wirken usw.

Trotz des Mangels anatomischer Anhaltspunkte ist es dennoch möglich, sich über die Wirkung mancher Plasmagifte bestimmte Vorstellungen zu bilden. In vielen Fällen dürften sie an den Fermenten der Zellen angreifen und diese beeinträchtigen. Alle lebendigen Zellen sind beispielsweise vermöge eigenartiger Fermente, der sog. Oxydasen, imstande, Oxydationen auszuführen. Bei der Vergiftung mit Blausäure geht diese Fähigkeit verloren. Dieser Einfluß der Blausäure ist nicht beschränkt auf die Oxydase des lebendigen Protoplasmas, sondern er stört auch die oxydative Fähigkeit der unbelebten Substanz. Auf elektrolytischem Wege fein zerstäubtes Platinmohr wirkt zersetzend auf Wasserstoffsuperoxyd; eine Spur von Blausäure, in die Platinmohraufschwemmung eingetragen, hebt nicht nur diese Wirkung auf, sondern schlägt das Platinmohr sofort nieder: das leblose Ferment ist zerstört.

Es wurde bereits hervorgehoben, daß die Gifte nicht nur nach der Art ihrer Wirkung, sondern auch nach ihrer Affinität zu bestimmten Zellen oder Organen sich in Gruppen fassen lassen. Die Vorliebe von Giften, an bestimmten Organen oder Zellgruppen anzugreifen, wird als elektive Giftwirkung bezeichnet.

So gibt es Gifte, die nur oder vorwiegend nur auf das Herz- und Gefäßsystem wirken (Alkohol, Nikotin, Digitalis), andere wirken vorwiegend auf das Nervensystem (Curare, Chloralhydrat, Atropin usw.); wieder andere wirken auf die glatte Muskulatur (Ergotin usw.). Aber auch zu einzelnen Zellgruppen dieser Organe haben die einzelnen Gifte verschiedene Affinitäten. So führt z. B. das Blei, das im Körper während einer Bleivergiftung kreist, unter Umständen zu einer Lähmung bestimmter, vom Blei anscheinend bevorzugter motorischer Nerven der Arme (N. radialis), während andere motorische Nerven vom Blei nicht ergriffen zu werden pflegen. Das Ergotin greift die glatte Muskulatur der Gebärmutter an und führt zu Kontraktionen derselben, zur Wehentätigkeit der schwangeren Gebärmutter, es greift ferner die glatte Muskulatur der Wände der Blutgefäße an — die glatte Muskulatur des Darmes aber wird von ihm nicht gereizt. — Diese Affinität der Gifte zu einzelnen Organen und Zellgruppen macht sich die Arzneikunde zunutze, indem sie Gifte als

Arzneimittel verwendet, die an jenem Organ angreifen, wo die Giftwirkung erfordert wird, wo durch diese jeweilig ein Reiz oder eine Lähmung ausgeübt werden soll. Aus diesen und anderen Gründen finden die Plasmagifte vielfach zu Heilzwecken Verwendung.

Infektion.

Jede Erkrankung, die durch das Einwandern eines belebten Organismus hervorgerufen wird, nennen wir Infektion. Die Invasion eines lebendigen Organismus in unseren Körper bedeutet natürlich noch keine Infektionskrankheit. Auf den Schleimhäuten der Luftwege leben Tausende kleiner Parasiten, die mit der Atemluft eindringen und zunächst keine krankmachende Wirkung entfalten. Im Darmkanal des Erwachsenen wohnen Millionen von Bakterien, die für unseren Körper nicht nur keine schädliche, sondern sogar eine im Laufe der Verdauung überaus nützliche Aufgabe erfüllen. Die Invasion von Mikroben wird erst dann zur Krankheitsursache, wenn diese durch ihre Lebensprozesse dem Körper des Wirtes Schaden zufügen. Es geschieht dies dadurch, daß zahlreiche Bakterien imstande sind, giftige Substanzen zu erzeugen und abzuscheiden. In diesem Sinne lassen sich zahlreiche Infektionen auf Vergiftungen durch Bakteriengifte zurückführen.

Im Kampfe gegen seine Feinde stehen dem Organismus eine Reihe von Schutzvorrichtungen zu Gebote. Von der Haut aus ist ein Eindringen von Bakterien nur durch Verletzung möglich; die unverletzte Epidermis gestattet Bakterien keinen Eintritt. Häufig gehen Verletzungen mit einer Blutung einher, die sowohl mechanisch Bakterien wegzuschwemmen vermag, als auch durch das Blut gewisse Schutzstoffe an die verletzte Stelle schafft, die als Gegengifte gegen die Produkte der Bakterien wirken. Alle Körperöffnungen münden mit Schleimhäuten an die Oberfläche, und diese wirken wie eine Schutzmauer gegen bakterielle Schädlichkeiten, indem der Schleim die Bakterien einzuhüllen und fortzuschaffen imstande ist. Außerdem findet sich an der Oberfläche zahlreicher Schleimhäute, z. B. der Mundschleimhaut, eine dichte Lage von Epithelzellen, deren Bau ein Durchtreten der Bakterien erschwert. An vielen Schleimhäuten, namentlich solchen, die vermöge ihrer Lage besonders gefährdet sind, sind spezielle Schutzapparate ausgebildet: In der Mundhöhle wird durch Schleim- und Speicheldrüsen reichlich Flüssigkeit erzeugt, die sowohl durch ihre große Menge, als auch vermöge ihrer — wenn auch nicht großen — antiseptischen Kraft Bakterien unschädlich zu machen in der Lage ist. In der Nase wird die Atemluft durch die vielfach gebuchtete Schleimhaut von Staub und Keimen gereinigt und zugleich vorgewärmt. Nunmehr stößt sie auf das Epithel der Luftröhre, das Flimmerhaare trägt. Zeitlebens sind diese in ständiger rhythmischer Bewegung. Sie bewegen sich hin und her, fangen Partikelchen ab oder schaffen sie fort. Auf diese Weise gelangt eine nahezu keimfreie Luft in die tieferen Atemwege. — Eine Unzahl von Bakterien wird mit der Nahrung, sofern diese nicht durch Kochen desinfiziert wurde, aufgenommen. Von der Keimtötung im Munde wurde bereits gesprochen. Unterstützt wird sie durch die Salzsäure des Magens. — In die Schleimhaut eingelagert oder in ihrer Nachbarschaft finden sich häufig Anhäufungen von lymphoidem Gewebe, sog. Lymphknötchen, die durch die in ihnen enthaltenen Lymphkörperchen die Bakterien abtöten. Andere Organe verfügen über andere Schutzvorrichtungen, durch die sie die Wirksamkeit der Schleimhäute unterstützen. So ist z. B. die Schleimhaut der Lider von Wimperhaaren umgeben und wird beständig von der Tränenflüssigkeit bespült usw.

Als allgemein im Körper verbreitete Schutzvorrichtung müssen wir die weißen Blutkörperchen ansehen, die als Wanderzellen den Bakterien gegenüber ein besonderes Verhalten zeigen. Von diesen und von der Fähigkeit aller Körperzellen, Gegengifte zu bilden, wird an anderer Stelle die Rede sein. Wenn es trotz aller dieser Schutzvorrichtungen dennoch häufig zur Erkrankung kommt, so ist die Ursache hiefür darin gelegen, daß eine oder mehrere derselben versagen. Dieses Versagen kann durch eine angeborene Minderwertigkeit der betreffenden Schutzvorrichtung herbeigeführt werden, die bei individueller Disposition der betreffenden Menschen für bestimmte Krankheiten statthat, oder durch eine auslösende Gelegenheitsursache ermöglicht werden. Solche können sein: Verletzungen, Erkältung, Erschöpfung usw.

Nur einige Worte seien dem Wesen der Infektionserreger und ihrer Stellung im Reiche der Lebewesen gewidmet. Wir müssen vier Gruppen von Infektionserregern unterscheiden: 1. die Bakterien; 2. die Protozoen; 3. die Pilze; 4. die Würmer. Die letzte Gruppe sind in reifem Zustande mit freiem Auge sichtbare, der Klasse der Würmer, also einer höheren Tierart angehörige Parasiten, die als reife Tiere oder als Embryonen schädigend auf uns einwirken können. Von ihnen war bereits im Abschnitt über die Erkrankungen des Verdauungskanals die Rede und es soll auch weiter unten noch einiges über sie gesagt werden. — Die Pilze gehören dem Pflanzenreiche an; eine verhältnismäßig kleine Anzahl spielt als Erreger von Krankheiten eine Rolle. Es gibt Erkrankungen der Hautdecken, der Haare, doch auch des Mundes (Soor), der Lunge, die durch Pilze hervorgerufen werden. Die Pilze sind mikroskopisch kleine Wesen und werden mit den Protozoen und Bakterien wegen dieser mikroskopischen Kleinheit als Mikrobien angesprochen. — Die Protozoen spielen als Erreger von Krankheiten eine große Rolle. Bestimmte Protozoenarten sind die Erreger der Malaria (Wechselfieber), vielleicht auch der Syphilis, gewisser Formen der Dysenterie und einiger besonders in den Tropen vorkommenden Krankheiten. Die Protozoen sind einzellige Wesen, die dem Tierreiche angehören; ihr Zellcharakter ist meist deutlich ausgeprägt und läßt Kern und Protoplasma deutlich unterscheiden. — Die Bakterien sind ebenfalls einzellige Wesen, die jedoch dem Pflanzenreiche angehören dürften. Ihr Zellcharakter ist nicht so deutlich wie der der Protozoen. Es gibt ungemein viele Bakterienarten. Wir wollen eine größere Zahl, die als Erreger von

Fig. 59.

Diphtheriebazillen.
(Nach Hager-Mez.)

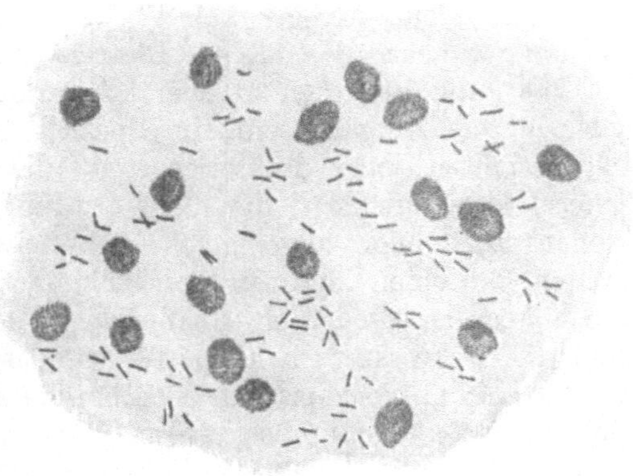

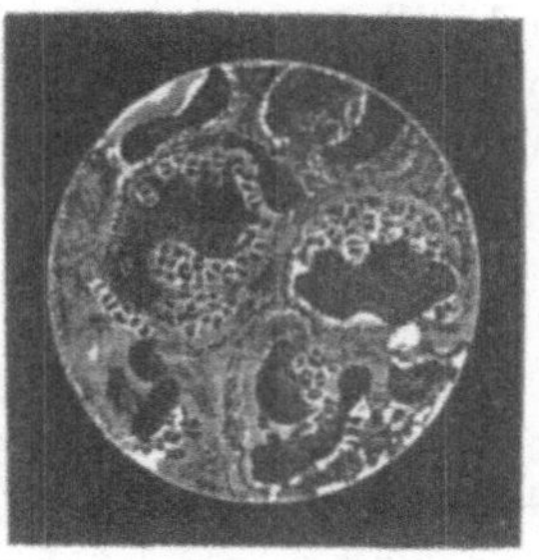

Fig. 60.

Tuberkelbazillen liegen rings um Eiterzellen. Aus einem
Sputumpräparat. (Nach Hager-Mez.)

Krankheiten häufig auftreten, aufzählen: Bazillen der Diphtherie, Tuberkulose, Cholera, des Typhus, der Pest, Lungenentzündung, Influenza, Gonorrhöe, Hirnhautentzündung, des Milzbrand, Eiterbazillen der verschiedensten Art usw. — Nicht alle Bakterien, die sich im Orga-

Fig. 61.

Choleraerreger (Choleravibrionen).
(Nach Hager-Mez.)

Fig. 62.

Gonokokken aus Trippereiter.
(Nach Hager-Mez.)

nismus ansiedeln, rufen krankhafte Vorgänge in ihm hervor. So wurde schon oben erwähnt, daß in unserem Darm sehr zahlreiche Bakterien leben, die nicht nur nicht schädlich für uns sind, sondern auch an dem Verdauungsgeschäft des Darmes teilnehmen. Das wichtigste von diesen im Menschendarme lebenden Bakterien ist das Bacterium coli.

Die Darmbakterien können jedoch gelegentlich im Organismus krankhafte Vorgänge hervorrufen, wenn sie aus dem Darme austreten
und in andere Körperregionen gelangen, was z. B. beim Durchbruch
des Darmes infolge von Geschwüren usw. vorkommt. — Endlich
gibt es eine Reihe von Krankheiten, die aller Wahrscheinlichkeit
nach bakterielle Erreger haben, bei denen jedoch diese Bakterien
noch nicht bekannt sind, so: Blattern, Scharlach, Masern usw.

Es kann natürlich in dem bescheidenen Rahmen dieses Buches
nicht unsere Aufgabe sein, im Speziellen auf das Aussehen und die
Eigenschaften jener Bakterienarten, die wir erwähnt haben, und
jener sehr zahlreichen, die nicht erwähnt wurden, einzugehen. Wir
wollen nur einige allgemeine Eigenschaften der Bakterien heraus-
greifen, die einen knappen Überblick über die Wege und Forschungs-
ergebnisse der modernen Bakteriologie geben sollen: Die Bakterien
sind alle mikroskopisch kleine Wesen, deren Größe nicht selten an der
Grenze der mikroskopischen Sichtbarkeit steht. Da jedoch fast alle
Bakterienarten sich mit gewissen Farbstoffen färben lassen, können
sie im gefärbten mikroskopischen Präparat zur besseren Ansicht
gebracht werden. Hier zeigen sich nun deutlich Größen- und Form-
unterschiede der Bakterien; auch ihre Anordnung zu zweien oder
mehreren usw. ist charakteristisch für die einzelnen Bakterienarten.
Können diese Differenzen schon zur Unterscheidung von Bakterienarten führen, so wird diese Unterscheidungsmöglichkeit noch bedeutend
dadurch gefördert, daß die einzelnen Bakterienarten und -gruppen
von den verschiedenen Farbstoffen unter verschiedenen Bedingungen
färbbar sind: die einen nehmen diese, die anderen jene Färbung an,
so daß es gelingt, die Bakterienarten durch die für sie charakteristischen Färbemethoden voneinander zu unterscheiden. So hat der
Tuberkelbazillus eine spezifische Färbung, der Diphtheriebazillus usw.

Noch auf ganz andere Weise als durch bloße mikroskopische
Betrachtung können wir uns von der Anwesenheit von Bakterien
überzeugen, können wir ihre Gruppenzugehörigkeit erkennen: durch
Züchtung und Kultivierung der Bakterien. Es gelingt zuweilen sehr
leicht, zuweilen sehr schwierig, Bakterien zu züchten. Zu diesem
Zwecke muß man sie auf einen geeigneten Nährboden bringen, auf
dem sie wachsen. Als solche Nährböden werden verwendet: Agar-
Agar, Gelatine, Zucker, Bouillon, Milch, Kartoffel usw. Einzelne Bakterienarten sind wenig wählerisch in den Nährböden, auf denen sie
wachsen, einzelne sind sehr schwer kultivierbar und wachsen nur auf
bestimmten Nährböden. Diese Vorliebe bestimmter Bakterienarten für
bestimmte Nährböden, ferner die charakteristische Art, in der gewisse
Bakterien auf Nährböden wachsen, wird ebenfalls vielfach verwendet,
um den Nachweis für die Anwesenheit einer bestimmten Bakterien-
art zu erbringen. So können aus Blut, aus Harn, aus Stuhl, aus
Speichel, aus Gewebsstücken Bakterien gezüchtet werden.

Infektionswege. Infektionen kommen, wie erwähnt, zustande
durch Eindringen von lebenden Krankheitserregern in unseren Körper.

Dieses erfolgt entweder durch Aufnahme von Mikroben mit der Atmungsluft, den Nahrungsmitteln; die Infektion von Wunden erfolgt durch Staub, Schmutz usw., oder es kommt eine Infektion durch die Übertragung von Mensch auf Mensch oder von Tier auf Mensch zustande. Außerdem ist eine Infektion einer Körperstelle durch Berührung einer anderen, erkrankten, oder durch Verschleppung von Keimen auf dem Blutwege möglich. Mikroorganismen finden sich überall in unserer Umgebung, manche halten sich mit besonderer Vorliebe an bestimmten Örtlichkeiten auf. In der Gartenerde lebt der Erreger des Wundstarrkrampfes, der Typhusbazillus in manchen Fluß- und Quellwässern, der Erreger der Cholera in den Abwässern der Kanäle, der Milzbrandbazillus in Hadern und Fellen; der Strahlenpilz an den Getreidearten; hustende Lungenkranke können die Luft geschlossener Räume infizieren.

Außer den genannten gibt es zahlreiche andere Keime, von denen wir allerorten umgeben sind, die wir sowohl mit der Atmung, als auch in der Speise in uns aufnehmen, die sich aber auch an der Oberfläche des Körpers ansiedeln können. Infektionskrankheiten, die von Mensch auf Mensch übertragbar sind, werden als ansteckende Krankheiten im engeren Sinne bezeichnet. Bei manchen von ihnen sind die Erreger bisher nicht nachgewiesen (Blattern, Masern, Scharlach), ihr gehäuftes Auftreten, sowie ihr Verlauf lassen jedoch keinen Zweifel darüber aufkommen, daß es sich auch hier um echte Infektion handelt. Manche jener Keime, die von Mensch auf Mensch übertragen werden, können sich außerhalb des menschlichen Körpers nicht lange erhalten. Die Übertragung muß daher in diesen Fällen durch direkte Berührung mit den Kranken oder mit ihren Ausscheidungen erfolgen, in denen sich die Erreger, solange die Ausscheidungen feucht sind, lebend erhalten (Syphilis und andere venerische Krankheiten). Gelegentlich kann eine Infektionskrankheit auch durch Mittelspersonen übertragen werden, die selbst gesund bleiben (Masern). Viele andere Mikroben haften außerhalb des menschlichen Körpers an Fußböden, Wäsche- und Kleidungsstücken, widerstehen der Austrocknung und sogar höheren Graden der Erwärmung. So kann hier auf indirektem Wege ohne unmittelbare Berührung mit dem Kranken Infektion vermittelt werden. Eine weitere Quelle der Ansteckung ist darin gelegen, daß Parasiten, die sich im Tierkörper aufhalten, auf den Menschen übergehen. Dabei ist es möglich, daß der Krankheitserreger im Tier zu ähnlichen Erscheinungen Anlaß gibt, wie im Menschen — ein Beispiel hierfür kann uns die Wutkrankheit sein, die durch den Biß wütiger Tiere auf den Menschen übergeht; ihr Erreger ist freilich bisher nicht gefunden worden. Der häufigere Fall ist jedoch der, daß die Entwicklungsform des Parasiten im Tier eine andere ist als im Menschen, und daß auch das durch ihn hervorgerufene Krankheitsbild sich von der menschlichen Krankheit unterscheidet. So wurde (im Abschnitte über die Erkrankungen des Darmes) darauf hingewiesen, daß die Schweinefinne, die sich im Muskelfleisch des Schweines findet, die Larve jenes Bandwurmes ist, der sich im menschlichen Darm nach Genuß von rohem finnigen Schweinefleisch entwickelt. Die Finne des Schweinefleisches ist demnach der Embryo (die Larve) eines Bandwurmes, der sich erst im menschlichen Darm zum reifen Tier entwickelt; hier produziert er seine Eier, die mit dem Kote des Menschen abgehen und abermals in den Körper des Schweines (durch seine Nahrung) gelangen; hier durchwandern sie die Darmwand und gelangen in die Muskulatur, wo sie sich zur Finne ent· wickeln; eine Weiterentwicklung ist im Körper des Schweines nicht möglich; erst wenn das finnige Schweinefleisch (im ungekochten Zustande) vom Menschen genossen wird, kommt es zur Weiterentwicklung der Larve: es entwickelt sich der Bandwurm. Ebenso entwickelt die Rinderfinne ihre Larven in den Muskeln des Rindes. Diese Bandwürmer sind demnach Parasiten, die zu ihrer Entwicklung zweier Wirte bedürfen. —

Es erübrigt noch, der Infektionsquellen zu gedenken, die der eigene Körper bietet. Jene Bakterien, die physiologisch den Dickdarm bewohnen und dort unschädlich sind, können von hier in den Dünndarm einwandern, die Gallenwege infizieren oder in das Nierenbecken austreten, vielleicht auch den Darm verlassen und in der freien Bauchhöhle oder im Blute sich ansiedeln und vermehren. Im untersten Teile des Dickdarms finden sich öfter Würmer oder deren Eier, die bei Kindern leicht durch Beschmutzen der Hände mit Kot in den Mund gelangen und zur frischen Infektion Veranlassung geben können.

Krankhafte Vorgänge in den Zellen.

Wie die Zelle der Sitz des Lebens ist, so spielen sich auch an ihr sämtliche Krankheitsprozesse ab. Die normale Funktion der Zellen ist gebunden an ihre normale Struktur, zwischen beiden besteht ein inniger Zusammenhang; es läßt sich daher erwarten, daß Störungen ihrer Struktur zu Störungen der Funktion führen, und daß umgekehrt bei bestehenden Funktionsstörungen eine Strukturveränderung Platz greift, ob diese nun mit den uns heute zu Gebote stehenden Mitteln nachweisbar ist oder nicht. Die Kenntnis der normalen Struktur und Funktion der Zellen und der Gewebe ist Aufgabe der normalen Anatomie und Physiologie, während die Pathologie uns den krankhaft veränderten Bau und die abnormen Funktionen der Zellen aufzudecken hat.

Beschäftigen wir uns zunächst mit den durch Krankheit hervorgerufenen anatomischen und chemischen Veränderungen der Zellen. Diese können sich entweder auf den ganzen Körper erstrecken oder auf einzelne Organe beschränken. Paarig angelegte Organe erkranken oft beide dadurch, daß gewisse allgemeine Schädigungen beide in gleicher Weise ergreifen (beiderseitige Nierenerkrankung nach Scharlach). Auch die einzelnen Organe sind nicht immer als Ganzes betroffen, sondern es können bloß einzelne Gewebe oder Teile krankhaft verändert sein, während andere verschont bleiben: wir kennen Erkrankungen der äußeren Hirnhaut ohne Erkrankung der Hirnsubstanz selbst, es kann das Nierenbecken erkranken ohne die Niere. Ist ein bestimmtes Gewebe ergriffen, so ist die Affektion oft lokalisiert auf eine Zellgruppe, während andere Zellgruppen desselben Organs verschont bleiben. Besonders häufig finden wir dieses Vorkommen bei Erkrankungen des zentralen Nervensystems. So erkranken z. B. bei der Rückenmarkschwindsucht die Hinterstrangsfasern des Rückenmarks, während die übrigen Zellgruppen und Faserbündel des Rückenmarks gesund bleiben. Es gibt Krankheiten, bei denen mehr oder minder sämtliche Vorderhornzellen des Rückenmarks erkranken, während alle übrigen Zellen und Nervenfasern des Rückenmarks gesund bleiben usw. Wir müssen hier — ebenso wie bei den Giften, die wir oben besprochen haben — eine elektive Wirkung der krankheiterregenden Gifte annehmen, die bestimmte Zellgruppen angreifen, während sie zu anderen keine Affinität haben.

Wie es bei der Erkrankung des ganzen Körpers nicht gleichgültig ist, welches Organ betroffen wird, ebenso ist es bei der Erkrankung jedes einzelnen Organs von Bedeutung, welches seiner Gewebe gelitten hat. Im allgemeinen hat die Erkrankung desjenigen Gewebes, das die Funktionen trägt, größere Wichtigkeit. Eine Schädigung, die die Zellen der Leber betrifft, wird bedeutungsvoller sein als etwa eine Erkrankung der ausführenden Gallengänge, die die Leber durchziehen. Nicht alle im Verlaufe von Krankheiten auftretenden Änderungen der Funktion und Struktur der Organe sind als Schädigung und Ausfallserscheinung zu betrachten, sondern es gibt eine Reihe von Veränderungen, die berufen sind, Schädigungen auszugleichen (Kompensationserscheinungen).

Wenn Zellen eines Organs zugrunde gegangen sind, so wird häufig ihr Verlust durch Neubildung junger Zellen wettgemacht, wobei sich der Ersatz zumeist ausgiebiger gestaltet als der Verlust. Dieser Ersatz wird an sämtlichen Organen beobachtet, mit Ausnahme des Zentralnervensystems, wo jeder Verlust ein bleibender ist. Hier wie überall dort, wo eine Regeneration des zugrunde gegangenen Gewebes nicht möglich ist, kommt es zur Narbenbildung, die darin besteht, daß an die Stelle des geschwundenen Gewebes Bindegewebe tritt, das in die entstandene Gewebslücke hineinwuchert und den entstandenen Defekt ausfüllt. — Andere Kompensationsvorgänge sind darauf gerichtet, den Ausfall der Funktion eines Organs durch Steigerung der Funktion eines anderen auszugleichen, und zwar kann ein gleichartiges Organ die Funktion des erkrankten übernehmen (die rechte, gesunde, für die linke, kranke Niere), oder irgendein anderes Organ steigert seine Leistungen, um den Ausfall des kranken zu decken. So kommt es im Verlaufe chronischer Nierenerkrankungen zu vermehrter Herzarbeit und zur Hypertrophie des Herzmuskels,

wodurch der Kreislauf gebessert und die Ausscheidung giftiger Stoffwechselprodukte gewährleistet wird. Ein Kompensationsvorgang in
einem anderen Sinne ist die durch vermehrte Arbeitsleistung hervorgerufene Arbeitshypertrophie mancher Organe, wobei wir unter Arbeitshypertrophie die Massenzunahme eines Organs über die Norm hinaus
zu verstehen haben, die einer wirklichen Zunahme der arbeitenden
Zellen entspricht; diese Hypertrophie entsteht durch langandauernde
erhöhte Anforderungen an die Leistungen eines Organs. Wie aber
die Muskeln des Turners durch dauernde erhöhte Inanspruchnahme
nicht nur in ihrer Leistung kräftiger werden, sondern auch an
Masse zunehmen — auch hier handelt es sich um eine Arbeitshypertrophie —, so nehmen auch andere Organe, an die erhöhte
Arbeitsanforderungen gestellt werden, an Masse zu. Daß sie das
können, ist ein Zeichen dafür, daß die Organe unter normalen
Lebensbedingungen nicht zur vollen Höhe ihrer Leistungsfähigkeit
entwickelt sind. Es steckt eine Reservekraft in ihnen, die erst
im Bedarfsfalle in Anspruch genommen wird.

Damit der Speisebrei aus dem Magen in den Dünndarm gelangen
kann, muß die Passage durch den Pförtner des Magens frei 'sein.
Ist aber dieser durch eine Narbe verengt, so muß die Muskulatur
des Magens kräftiger arbeiten, um das Hindernis zu überwinden,
d. h. sie muß hypertrophieren.

Die Summe all dieser Vorgänge, zu denen sich Ausheilungs-
und Abwehrvorgänge hinzugesellen, macht das aus, was wir als Erkrankung des Organismus bezeichnen.

Jene Veränderungen, die zu einer verminderten Funktion der
Zellen führen, begreifen wir als regressive Veränderungen im
weitesten Sinne des Wortes, dagegen jene, die zu einer gesteigerten
Tätigkeit in Beziehung stehen, als progressive Veränderungen.

Regressive Veränderungen.

Das Alter ist jene regressive Veränderung, die an der Grenze
von Gesundheit und Krankheit steht. Es findet seinen anatomischen
Ausdruck in der Veränderung einer großen Zahl von Organen: Ausfall und Ergrauen der Haare, Verkalkung der Gefäße, Nachlassen
der Körper- und Geisteskräfte im allgemeinen gehören hierher. Die
Zeit des Eintritts ins Greisenalter ist ungemein wechselnd, und die
Faktoren, die das physiologische Altern zur Folge haben, sind nicht
völlig bekannt; noch weniger lassen sich die Ursachen des vorzeitigen
Alterns in jedem Einzelfalle klarlegen.

Gehört demnach das Altern ebensosehr der Physiologie wie der
Pathologie an, so steht ihm eine Anzahl regressiver Veränderungen
gegenüber, die durchaus krankhafter Natur sind. Es sind dies
Strukturveränderungen der Zellen, die, wenn sie nicht hochgradig
sind, einer Restitution fähig sind, während höhere Grade in den
Zelltod übergehen. Solche Vorgänge sind das Auftreten von Eiweiß-

körnern im Protoplasma der Zelle (trübe Schwellung), von Fett-
tröpfchen (Verfettung der Zelle), ferner Verschleimung, Ver-
hornung, Verkalkung der Zelle durch Auftreten von reichlichem
Schleim, Horn- und Kalkmaterial in den Zellen. Von besonderer
Wichtigkeit sind die „trübe Schwellung" und die „Verfettung der
Zelle" als Degenerationserscheinungen, die unter dem Einfluß einer
Reihe von Giften zustande kommen. — Doch können Zellen auch ohne
die genannten Strukturveränderungen einfach atrophieren, d. h. kleiner
werden; häufig trägt schlechte Gewebsernährung Schuld an der
Atrophie. Eine besondere Form der Atrophie ist die Inaktivitäts-
atrophie, jener Vorgang, bei dem die Organe durch den Nichtgebrauch kleiner werden und schließlich verkümmern. So wird ein
Muskel, den wir nicht gebrauchen, atrophisch usw. — Bekannt ist,
daß die wohl ausgebildeten Augen des Maulwurfs durch Nichtgebrauch atrophisch werden.

Der höchste Grad der regressiven Veränderung ist der Zelltod.
Er kann in verschiedener Form erfolgen. Meist geht — von Schädigungen, wie Ätzung u. dgl., abgesehen — die Auflösung des Zellkerns
dem Tode des Plasmas voraus. Der letztere kann entweder in Form
der Auflösung eintreten oder in Form einer starren Gerinnung. Der
physiologische Tod ist ein allmählich ablaufender Prozeß, der in
einer Verlangsamung und Einschränkung aller Lebensvorgänge besteht
und nicht in allen Organen mit gleicher Geschwindigkeit abläuft.
Der Tod des Organismus als Ganzen tritt ein, wenn seine lebenswichtigen Organe ihre Tätigkeit einstellen — vor allem, wenn das
Herz zu schlagen aufhört. Das Zusammenleben und -arbeiten der
Organe hat dann sein Ende gefunden; man kann aber die Fortdauer
einzelner Lebensfunktionen verschiedener Organe noch durch Wochen
verfolgen. Es ist von besonderem Interesse, daß die Zellen der anscheinend toten Organe noch durch längere Zeit die Fähigkeit bei-
behalten, ihr eigenes Eiweiß abzubauen.

Progressive Veränderungen.

Ein Vorgang von progressivem Charakter ist die Entzündung.
Ihre Erscheinungsformen sind sehr mannigfaltig, je nach dem Grade,
Orte und Erreger der Entzündung. Eine infizierte Wunde an der
Hand, eine Lungen- oder Rippenfellentzündung, die tuberkulösen
Abszesse der Gelenke bieten ein ganz verschiedenes Aussehen dar,
dennoch liegen ihnen im Prinzip gleiche Prozesse zugrunde. Die Ent-
zündung kann sich in allen Geweben abspielen, sie kann akut oder
chronisch sein. Die akute schwindet bald, wenn der Reiz aufhört zu
wirken, die chronische beruht auf lange dauernden oder immer wiederkehrenden Reizzuständen oder endlich auch auf Reizen von kurzer
Dauer, wenn der Organismus nicht imstande ist, sie zu überwinden.
Die Entzündung setzt einen Erreger voraus: Dieser kann entweder

ein chemisches Gift oder ein organisierter Erreger, bzw. das von diesem produzierte Gift sein. Die Entzündung ist die Reaktion des Organismus auf den dieser Art gesetzten Reiz.

Die entzündlichen Erscheinungen lassen sich mit besonderer Deutlichkeit an der Schwimmhaut des Frosches studieren, die ausgespannt bei Körpertemperatur der mikroskopischen Untersuchung unterworfen wird, nachdem man in ihr durch bestimmte Schädlichkeiten eine Entzündung erregt hat. Die erste Äußerung der Entzündung ist die Erweiterung der Kapillaren und die Verlangsamung des Blutstromes in diesen. Alsbald beobachtet man, daß aus dem Blutstrom weiße Blutkörperchen sich isolieren, an die Wand der Kapillare treten und diese schließlich durchwandern. Zugleich mit ihnen passiert auch Blutserum die Kapillarwand. Rote Blutkörperchen beteiligen sich nur in geringerem Ausmaß an der Auswanderung. Man bezeichnet die aus den Kapillaren ausgetretenen Zellen samt der Blutflüssigkeit als Exsudat. Ist dieses besonders reich an weißen Blutkörperchen, so nennt man es Eiter. Die Wanderung der weißen Zellen ist eine aktive vermöge ihrer Fähigkeit, Füßchen auszustrecken und diese durch Lücken der Wandung durchtreten zu lassen. Abgesehen von diesem Vorgang an den Kapillaren, spielen sich im erkrankten Gewebe selbst Veränderungen ab, die in einer Wucherung junger Zellen bestehen. Häufig produzieren diese Zellen in Gemeinschaft mit den ausgewanderten weißen Blutkörperchen rings um den Entzündungsherd eine Membran, die denselben abkapselt. Einen von einer Membran abgeschlossenen Eiterherd nennt man Abszeß.

Die Entzündung verläuft an der Oberfläche von Organen oder in deren Innerem. Die oberflächlichen Entzündungen der Schleimhäute heißen Katarrhe. Sie gehen meist mit bedeutender Schleimbildung, oft mit Eiterung einher. Die entzündliche Exsudation führt im Verein mit der Schleimbildung zur Entstehung der sog. Beläge. — Die Eiterung führt zur Einschmelzung des Gewebes, in dem sie sich etabliert hat. Verläuft eine derartige Einschmelzung des Gewebes in den Schleimhäuten oder in der Haut, so kommt es zu einem oberflächlichen Substanzverlust, den wir Geschwür nennen. Geschwüre können aber auch ohne vorhergehende Eiterung auftreten, wenn in irgend andrer Weise ein oberflächlicher Gewebsdefekt entsteht, z. B. bei mangelhafter Blutversorgung von Haut oder Schleimhautpartien usw. — Bindegewebsbildung kann zur völligen Vernarbung und Verödung des Abszesses und des Geschwüres führen. In dem vernarbten Herde des Abszesses können sich Kalkpartikelchen ablagern. — Neben der akuten mit Exsudat- und Eiterbildung einhergehenden Entzündung gibt es auch eine chronische Form der Entzündung, bei der im Vordergrunde die Neubildung von Bindegewebe steht. Hierher gehören gewisse Formen der Leberverhärtung, der chronischen Nierenentzündung und viele Formen der Arteriosklerose, bei der es zur Bindegewebsvermehrung in der Wand der arteriellen Blutgefäße, häufig auch zu Kalkablagerungen daselbst kommt.

Neubildungen.

Ein weiterer Prozeß von progressivem Charakter ist die Neubildung. Das Wesen der Neubildung besteht in einer gesteigerten
Wachstumstendenz der Gewebe. Während unter normalen Verhältnissen die Wachstumsgeschwindigkeit und der Ersatz zugrunde gegangener Zellen mit zunehmendem Alter abnimmt, kann durch
krankhafte Reize ein Wachstum erfolgen mit einer Geschwindigkeit,
die an embryonale Verhältnisse erinnert. Die auf diese Weise
gebildeten Zellen unterscheiden sich oftmals in ihrer Form nicht von
den Zellen des Muttergewebes, dagegen ist ihre Anordnung oft
wesentlich abweichend von der Norm. Der starke Wachstumstrieb
der Neubildungen kann fürs erste zur Deformierung des Nachbar-
gewebes führen; oft wächst aber die Neubildung direkt in die
Nachbarschaft hinein. Da die Neubildungen zuweilen übermäßig
schnell wachsen, zerfallen ihre Elemente, die vom Blut schlecht versorgt sind, sehr leicht. Der Zerfall geht meist vom Zentrum der
Geschwulst aus. Hier kommt es dann zur Ansiedlung von Bakterien,
die die Vereiterung und Verjauchung der Geschwulst herbeiführen.
In der Neigung, zu zerfallen und zu vereitern, kann man den Ausdruck einer allerdings unvollkommenen Selbstheilung des Organismus
erblicken.

Es gibt Neubildungen, die relativ langsam wachsen, ihr Wachstum auf den Ort der Entstehung beschränken und ihre Nachbarschaft
nur wenig in Mitleidenschaft ziehen. Sie müssen als gutartig bezeichnet werden, da der Schaden, den sie dem erkrankten Körper
zufügen, geringfügig ist, sofern nicht ihre Lokalisation ein lebens-
wichtiges Organ betrifft. Jene Geschwülste dagegen, die ein rasches
Wachstum zeigen, von ihrem Ausgangspunkt zerstörend in die Umgebung eindringen, ja sogar von dem Orte ihrer Entstehung aus
durch Blut- und Lymphbahnen in ferne Organe verschleppt werden
und hier aufs neue zu Wucherungen Anlaß geben, nennen wir bösartig. Sie schädigen den Körper nicht bloß dadurch, daß sie allenthalben Organe zerstören oder deren Funktion beeinträchtigen, sondern
auch dadurch, daß sie zu ihrem intensiven Wachstum großer Mengen
von Nährstoffen bedürfen, die sie dem Körper entziehen. Sowohl
dieser Umstand als auch die früher erwähnte Beeinträchtigung der
Organfunktionen führen zu schwerer Abmagerung. Zugleich ist in
den zerfallenden Neubildungen Gelegenheit zur Ansiedlung von Bakterien gegeben, deren giftige Produkte noch weiterhin schädlich wirken.
Entsteht z. B. eine Neubildung im Magen, so kann sie einerseits die
Verdauung der Speisen im Magen selbst, andererseits deren Fort-
schaffung in den Darm hindern. So leidet durch die gestörte Funktion
des Magens die Nahrungsaufnahme. Die Neubildung kann vom
Magen aus direkt auf die Leber übergreifen und auch ihre Funktion
stören. Es können aber auch Partikelchen der Geschwulst mit dem
Lymphstrom in andere Organe, z. B. in die Lunge, verschleppt

werden (Metastasenbildung), daselbst wuchern und auch die Lunge in Bau und Funktion schädigen. Neubildungen können von allen Geweben des Körpers ausgehen: vom Bindegewebe, Knochen, Knorpel, Epithel, von der Nervensubstanz, den Drüsen. Es ist dabei interessant, daß die Neubildungen nicht nur den Bau, sondern auch die Funktion des Muttergewebes nachahmen. So produzieren Neubildungen der Leber manchmal Galle, Neubildungen der Brustdrüse Milch.

Wir kennen zwei Arten bösartiger Neubildungen; die vom Epithel ausgehenden nennen wir Krebse (Karzinome), die vom Zwischengewebe ausgehenden Fleischgeschwülste (Sarkome).

Die Anschauungen über die Ursache der Neubildungen sind geteilt. In zahlreichen Fällen entwickeln sich Neubildungen auf dem Boden chronischer Entzündungen. In vielen anderen ist man genötigt, anzunehmen, daß Zellen, die im Verlaufe der Entwicklung aus ihrem Verbande gelöst wurden, an anderen Stellen des Körpers in Wucherung gerieten. Im allgemeinen neigt der alternde Organismus mehr zur Entstehung von Neubildungen als der jugendliche. Es ist auch die Ansicht ausgesprochen worden, daß den Neubildungen Infektionen zugrunde liegen. Eine Stütze hierfür boten jene tierischen Geschwülste, die in jüngster Zeit häufig bei Mäusen und Ratten konstatiert wurden, und wo es sich zeigte, daß eine Übertragung von Tier zu Tier sowohl experimentell durch Verimpfung kleiner Geschwulstpartikelchen, als auch durch direkte Ansteckung vorkommt.

Störungen der Organfunktionen.

Daß die eben besprochenen anatomischen und chemischen Veränderungen der Zellen zu Störungen ihrer Funktion führen müssen, ist ohne weiteres klar. Doch wurde schon eingangs darauf hingewiesen, daß zahlreiche Funktionsstörungen im kranken Körper vorkommen, bei denen derzeit chemisch-anatomische Zellveränderungen nicht bekannt sind. Der Störung der Funktion kommt für den kranken Menschen eine größere Bedeutung zu als den lokalen anatomischen Veränderungen, weil die gestörte Zellfunktion in der Regel Fernwirkungen ausübt, die eventuell sich im ganzen Organismus fühlbar machen. Eine Erkrankung der Niere beeinträchtigt nicht nur die Funktion des kranken Organs, sondern führt zu Veränderungen am Herzen, am Auge, am gesamten Zirkulationsapparat. Wir dürfen aber die krankhaft veränderte Funktion nicht auschließlich als eine Herabsetzung der normalen Funktion auffassen, sondern es können als Ausgleich für den Ausfall mancher Organe andere ihre Funktion steigern oder verändern. Wir nennen derartige Vorgänge Kompensationsvorgänge. Bei Erkrankung einer Niere kann die andere die Arbeit für beide leisten, sie paßt sich in Bau und Funktion den gesteigerten Anforderungen an und erscheint deshalb vergrößert.

Störungen der Funktion äußern sich in mechanischen, chemischen, nervösen Ausfallserscheinungen. Als Beispiel einer mechanischen

Funktionsstörung sei angeführt die Steifheit von Gelenken, die nach Erkrankungen der Gelenke in den umgebenden Weichteilen sich entwickelt. Die Erzeugung des Magensaftes von bestimmtem Gehalt an Salzsäure und Pepsin ist die chemische Leistung der Magendrüsen. Erkranken dieselben, so kommt es zu mangelhafter oder zu vermehrter Produktion eines oft abnorm zusammengesetzten Magensaftes, der seine Aufgabe als Verdauungssekret ungenügend erfüllt. Als Ausdruck der nervösen Ausfallserscheinungen finden wir Lähmungen und Defekte der Sensibilität. Zahllose Beispiele ließen sich hier anführen von Störungen, die in erster Linie lokale Wirkungen äußern.

Von der Stelle aus, wo sich die Funktionsstörung zunächst lokal fühlbar macht, können sich die Störungen weithin im Organismus erstrecken. Eine ausgedehnte Erkrankung der Lunge stört zuerst die Funktion der Lunge, die Atmung. Durch Hinderung der Zirkulation in der Lunge leidet aber die Herzarbeit. Die herabgesetzte Arbeit des Herzens führt zu geringerer Tätigkeit der Niere, diese zu Wasseransammlung zunächst in der Blutbahn, dann in den Geweben.

An früherer Stelle wurde gesagt: das Leben ist ein Zusammenwirken aller Organe. Der Organismus ist sorgsam bemüht, dieses Zusammenarbeiten aufrecht zu erhalten. Fällt die Leistung eines seiner Organe aus, so werden andere Organe herangezogen, die Leistung zu übernehmen oder, wo dies nicht möglich ist, ihren Ausfall zu ersetzen. Daß die Niere als paariges Organ die Funktion der anderen, falls diese erkrankt, übernehmen kann, wurde schon erwähnt. Ebenso kann eine Lunge für die erkrankte andere eintreten. Wenn im Fieber die Regulierung der Körpertemperatur gestört ist, so wird durch beschleunigte Atmung eine vermehrte Wärmeabgabe bewerkstelligt. Dauernde Erschwerung des Blutkreislaufes in der Lunge führt allmählich zur Verstärkung der rechten Herzkammer.

Aber auch im erkrankten Organ selbst können kompensatorische Vorgänge eintreten, sofern nur ein Teil desselben erkrankt ist. Erkrankt z. B. eine Herzklappe, so wird die Strömung des Blutes in eine falsche Richtung gelenkt. Nun setzen mannigfache Ausgleichungsvorgänge im Herzen ein, um den Schaden soweit als möglich zu mildern. Der Herzmuskel hypertrophiert, um die gesteigerte Arbeit bewältigen zu können, es ändern sich Art und zeitliche Folge der Kontraktionen.

In das Bereich der funktionellen Störungen sind ferner gewisse Reizerscheinungen zu rechnen, die zumeist im Nervensystem entspringen und sich teils auf motorischem, teils auf sensiblem Gebiete äußern. Die motorischen Reizerscheinungen finden ihren Ausdruck in krampfartigen Bewegungen und Zuckungen der Muskulatur sowohl der Extremitäten als auch der inneren Eingeweide, z. B. der Därme. Krämpfe können lokalisiert oder allgemein auftreten. Ist ein Muskel dauernd im Krampfzustande, so ist er ebenso funktionsuntüchtig wie ein gelähmter. Reizerscheinungen im sensiblen Gebiete äußern sich als Gefühl von Eingeschlafensein, Ameisenlaufen, Kribbeln und als Schmerz. Wie in einem späteren Kapitel gezeigt wird, wird die Schmerzempfindung durch besondere Nerven vermittelt. Schmerzen können alle krankhaften Zustände begleiten. Der lokale Schmerz kann durch Fernwirkung andere Organe beeinflussen: die Pupillen werden weit, die Tränensekretion kann gesteigert, die Herztätigkeit unregelmäßig werden usw.

Zweck der Narkose und aller Bemühungen, sie zu ersetzen, ist die zeitweilige Aufhebung der Schmerzempfindung. Dies wird erreicht entweder durch künstliche Ausschaltung der Schmerzzentren im Gehirn (Narkose im engeren Sinne durch Chloroform, Äther usw.) oder durch Lähmung von peripheren Nerven (z. B. Einspritzung von Kokain in die Nähe der Nervenendigungen). In jüngster Zeit wurde auch versucht, die Schmerzleitung im Rückenmark durch Einspritzung von Kokain in den Wirbelkanal zu unterbrechen. — —

Es erübrigt noch, eine Gruppe von pathologischen Vorgängen in Betracht zu ziehen, die zum Blutkreislauf in Beziehung stehen. Von der Verschleppung (Metastasierung) war schon im früheren Abschnitte die Rede. Ebenso wie Partikel von Geschwülsten können geformte Bestandteile anderer Art mit dem Kreislauf verschleppt und anderwärts zur Ansiedlung gebracht werden. Depots von Fremdkörpern, z. B. Kohlepartikelchen in der Lunge, können mit dem Lymphstrom in die Milz oder das Knochenmark fortgetragen werden. Aus Eiterherden können Eiterkörperchen, zusammen mit Bakterien, verschleppt werden und zu neuen Abszessen Anlaß geben („Blutvergiftung"). Von größter Bedeutung wird die Verschleppung dann, wenn sie zur Verstopfung kleiner Arterien führt. Der Schaden wird um so größer, wenn das betroffene Gewebe ausschließlich von dem einen Gefäß Blutzufuhr erhält. Derartige Gefäßverschlüsse und ihre Folgezustände, der lokale Gewebstod, spielen namentlich im Gehirn eine große Rolle (Schlaganfälle usw.). Eine Verstopfung von Venen ist deshalb unmöglich, weil das Blut die Kapillaren passieren muß, ehe es in die Venen gelangt und sich daher in den engen Haarröhrchen alle Partikel bereits ablagern müssen.

Der Verstopfung von Arterien vergleichbar ist der Verschluß von Venen durch Blutgerinnsel. Er wird veranlaßt durch entzündliche Erkrankung der Venenwand. Von den Gerinnseln in den Venen können wieder Verschleppungen in die Arterien hinein erfolgen.

Das Fieber.

Im Gegensatz zu den Kaltblütern, deren Temperatur der der Umgebung gleich ist und alle ihre Schwankungen teilt, ist die Körpertemperatur der Warmblüter von der Umgebung in weiten Grenzen unabhängig. Sie stellt eine relativ konstante Größe dar, schwankt aber mit der Tageszeit insofern, als sie in den Morgenstunden niedriger zu sein pflegt als am Nachmittag. Sie schwankt beim Menschen zwischen 36,2° und 37,2°; Temperaturen unterhalb der angegebenen Grenze werden als subnormal, Temperaturen über 37,2° als fieberhaft bezeichnet.

Der Organismus ist bestrebt, diese Temperatur zu bewahren, die allem Anschein nach für den Ablauf der Lebensvorgänge am günstigsten ist; worin diese Begünstigung liegt, ist nicht vollkommen aufgeklärt: Die Fähigkeit, seine Temperatur auf der erwähnten Höhe konstant zu erhalten, schützt den Körper vor der Gefahr einerseits der Überhitzung, anderseits der Unterkühlung. Wärmegrade über 40° führen zur Gerinnung gewisser Eiweißkörper des Protoplasmas, Temperaturen unter 0° würden die Gewebsflüssigkeit zum Gefrieren bringen.

Wie erhält nun der Körper die ihm eigene Temperatur? Im Körper findet fortwährend Wärmebildung und Wärmeabgabe statt. Beide Vorgänge sind derart aufeinander eingestellt, daß die Normaltemperatur resultiert. Die Quelle der tierischen Wärme sind Verbrennungsvorgänge. Ein großer Teil der Nahrungsstoffe besteht aus hoch komplizierten Verbindungen, bei deren Zerfall Wärme frei wird. Wenn z. B. Kohlehydrate wie Zucker zu ihren Endprodukten Kohlensäure und Wasser zerfallen, so wird hierbei dieselbe Wärmemenge wieder frei, die bei ihrer Bildung gebunden wurde. Gebildet wurden die Kohlehydrate in der Pflanze unter dem Einflusse des Sonnenlichtes, wobei dieses als Wärmequelle diente. Wenn nun im Tierkörper Zucker verbrennt, so wird jene Wärmemenge wieder frei, die bei seiner Entstehung gebunden wurde. Dieser Zerfall des Kohlehydratmoleküls in seine Bestandteile erfolgt unter Aufnahme von Sauerstoff. Allgemein nennt man Vorgänge, die mit Aufnahme von Sauerstoff einhergehen, Verbrennungen. Bei allen Verbrennungen auch außerhalb des Körpers wird Wärme frei (z. B. Verbrennung der Kohle). Es sind also Verbrennungen oder Oxydationen, die die Wärmebildung veranlassen. Als Brennmaterial dienen Eiweißkörper, Fette und Kohlehydrate. Verbrennungen finden im Körper überall statt, am intensivsten jedenfalls in der Leber und in den Muskeln.

Da Verbrennungen permanent stattfinden, muß, um Wärmestauung zu verhüten, Wärme wieder abgegeben werden. Die Wärmeabgabe erfolgt durch die Haut und die Lungen, zum geringen Teil durch die Exkrete. Die Kleidung erschwert die Wärmeabgabe durch die Haut und spart dadurch dem Organismus Brennmaterial.

Die Regulierung der Körpertemperatur ist im Gehirn zentralisiert. Am Boden der vierten Hirnkammer findet sich eine Stelle, bei deren Verletzung es zu Störung der Körpertemperatur kommt. Die Regulierung der Körpertemperatur erfolgt in erster Linie durch die Blutgefäße der Haut; erweitern sich dieselben, so wird die Wärmeabgabe erhöht, ziehen sie sich in der Kälte zusammen, so wird weniger Wärme abgegeben. Weitere Mittel, Wärme abzugeben, sind der Schweiß, die Beschleunigung der Atmung. Das Zittern dient als Muskelarbeit, bei der es zu Verbrennungen kommt, dazu, Wärme zu produzieren.

Herabsetzung der Körpertemperatur kommt nicht selten bei geschwächten Personen vor, namentlich bei Säuglingen im Verlauf schwerer Infektionen. Tritt sie kombiniert mit Herzschwäche auf, so bildet sie den schweren Zustand des „Kollaps“.

Von viel größerem Belang für die Pathologie sind jene Zustände, die mit Erhöhung der Temperatur und Steigerung des Stoffwechsels einhergehen, die wir Fieber nennen.

Die Temperatur kann im Fieber bei manchen Krankheiten bis 41° ansteigen. Gewöhnlich zeigt sie die gleichen Schwankungen wie die normale Temperatur, indem sie abends höher ist als am Morgen. Manche Fieber besitzen einen eigenartigen Typus. So gibt es Fieber, die jeden zweiten Tag, sogar zu ganz bestimmten Stunden auftreten, während der Tag dazwischen normale Temperaturen aufweist. Gesetzmäßig und interessant ist der Abfall des Fiebers, der bei manchen Infektionen ein allmählicher ist, bei anderen plötzlich erfolgt (Krisis).

Jedes Fieber geht mit einem Verlust an Körpersubstanz einher. Dieser betrifft in erster Linie die Eiweißkörper, während das Fett, namentlich bei chronischem Fieber, auffallend geschont wird. Insbesondere die Muskulatur wird stark angegriffen. Wenn im Verlaufe einer fieberhaften Krankheit auch das Fett schwindet, so ist der gleichzeitige Hungerzustand infolge des darniederliegenden Appetits daran schuld, der überdies auch die Eiweißmasse anzugreifen imstande ist. Die größten Gewichtsverluste werden in der Rekonvaleszenz beobachtet. Dies hängt damit zusammen, daß auf der Höhe des Fiebers die Wasserausscheidung stark eingeschränkt ist und erst in der Rekonvaleszenz wieder in Gang kommt. Die Störung des Eiweißstoffwechsels, die in gesteigerter Verbrennung besteht, bedeutet eine erhöhte Wärmeproduktion. Wäre ihr entsprechend auch die Wärmeabgabe gesteigert, so könnte daraus kein Fieber hervorgehen. Nun findet sich aber in gewissen Stadien des Fiebers nicht bloß keine normale, sondern sogar eine verringerte Wärmeabgabe. Die Einschränkung der Wärmeabgabe im Verein mit der vermehrten Wärmebildung muß eine erhöhte Temperatur veranlassen.

Außer der Erhöhung der Temperatur gibt sich das Fieber zu erkennen durch Beschleunigung des Pulses und der Atmung, durch Rötung der Haut, Trockenheit des Mundes und der Schleimhäute, Appetitlosigkeit, Störungen von seiten des Gehirns (Apathie oder Aufregungszustände, allgemeines Krankheitsgefühl usw.). Im Beginn des Fiebers findet sich oft Schüttelfrost, während dessen trotz des subjektiven Kältegefühls die Temperatur bereits erhöht ist.

Über die Bedeutung des Fiebers haben seit jeher gegenteilige Anschauungen geherrscht. Während auf der einen Seite die Ansicht vertreten wird, die Erhöhung der Temperatur sei als solche ein Schaden und eine Gefahr für den Körper, wird auf der anderen darauf hingewiesen, daß das Fieber in dem Sinne ein Abwehrvorgang sei, daß das Wachstum der Krankheitserreger durch die fieberhafte Temperatur gehemmt werde. Während demzufolge die Anhänger der ersten Ansicht das Fieber in Krankheiten bekämpfen, unterlassen die Bekenner der zweiten Anschauung seine Bekämpfung.

Das Experiment lehrt, daß viele chemisch wohl definierte Stoffe, wenn sie unter die Haut eingespritzt werden, fiebererregend wirken. (Albumosen, Tetrahydronaphthylamin). Die häufigsten Fiebererreger sind Bakterien, und zwar sowohl lebendige, von denen wir annehmen dürfen, daß sie Gifte erzeugen und so Fieber veranlassen, als auch abgetötete. Wie Bakterien, so wirken auch andere niedrige, tierische Lebewesen (Protozoen), die wir als Erreger des Wechselfiebers und des Rückfallfiebers kennen. Auch die Zellen des eigenen Körpers können bei ihrem Zerfall Fieber erregen (Fieber bei großen inneren Blutungen, bei Knochenbrüchen usw.). Gewisse Krankheiten des Gehirns, namentlich solche, die ihren Sitz in der Gegend des Wärmezentrums haben, ferner Verletzungen des Halsmarks sind mit starkem Fieber verbunden.

Wie das Fieber zu charakteristischer Abmagerung und Blutarmut führt, ebenso äußert jede schwere Allgemeinerkrankung ihre Wirkung dahin, daß Kräfteverfall, Schwund der Körpersubstanz, Blässe der Haut die unmittelbaren Folgen sind. Während aber in der Rekonvaleszenz nach Fieber die Gewichtsverluste oft rasch wieder ersetzt werden, führen die chronischen Zehrkrankheiten zu unaufhaltsamer Einschmelzung des Körpereiweißes, fast wie der Hungerzustand (Kachexie).

Fieber und Kachexie sind allgemeine Begleiterscheinungen vieler Krankheiten. Neben ihnen müssen noch Folgezustände erwähnt werden, die sich am Herzen und am übrigen Zirkulationsapparat geltend machen können. Wir haben bereits erwähnt, daß im Fieber der Puls beschleunigt ist. Bei langdauerndem, hohem Fieber kommt das Herz den gesteigerten Anforderungen an seine Arbeitskraft nicht mehr nach, der Puls wird unregelmäßig und schwach. Infolgedessen wird die Blutbewegung, insbesondere in den abhängigen Partien des Körpers, erschwert. Indem die Wand der Blutgefäße leidet, tritt Flüssigkeit aus den Gefäßen in die Gewebsspalten und Körperhöhlen und sammelt sich dort an. Diesen Zustand nennt man Wassersucht. Die beschriebenen Störungen der Zirkulation kommen nicht nur bei fieberhaften, sondern auch bei allen anderen schweren Krankheitsprozessen vor.

Der Verlauf einer Krankheit heißt akut, wenn sie nicht länger als einige Wochen dauert, chronisch, wenn sie sich auf viele Monate oder Jahre erstreckt. Die Möglichkeit zur Heilung ist in der Regenerationsfähigkeit der Zellen gelegen. Zugrunde gegangene Zellen können durch neue gleiche oder ähnlich geartete ersetzt werden, allerdings nicht in allen Geweben. Wunden der Haut pflegen sich leicht zu schließen, Knochenbrüche heilen zusammen, indem neu gebildetes Knochengewebe die Fragmente wieder verbindet. Im Zen-

tralnervensystem hingegen kann ein Defekt niemals durch vollwertiges
Nervengewebe ersetzt werden, im Hirn und Rückenmark kommt es
bei der Heilung zur Entwicklung eines dem zugrunde gegangenen
nicht gleichartigen Gewebes, dem keine spezifische Funktion zukommt. Jede zentrale Nervenkrankheit organischer Natur führt zum
dauernden Ausfall von Funktionen.

Überall, wo ein vollwertiger Ersatz zerstörter Substanz unmöglich
ist, kommt es zur Narbenbildung. Sie besteht darin, daß ein
faseriges, an Zellen armes Gewebe die Lücke ausfüllt, an dessen
Bildung das Bindegewebe der Nachbarschaft in erster Linie beteiligt ist.

Dreizehntes Kapitel.

Immunitätserscheinungen.

Von Dr. Leo Hess.

Die Grundlagen der natürlichen Resistenz des Organismus gegenüber Bakterien und deren Giften. — Erworbene Immunität und Erscheinungsformen derselben. — Künstliche Immunisierung: a) aktive Immunisierung und ihre Anwendung (Impfung gegen Blattern, Tollwut); b) passive Immunisierung und ihre Verwendung in der Heilserumtherapie (Diphtherie-Heilserum).

Die Widerstandsfähigkeit, die verschiedene Menschen den Gefahren gegenüber besitzen, die ihrem körperlichen oder geistigen Wohlbefinden drohen, ist ungemein wechselnd. Alter, Geschlecht, Ernährung, viele andere Umstände beeinflussen sie in erheblichem Maße. Vom allgemein biologischen Standpunkte aus erscheint es begreiflich, daß der im Kampfe ums Dasein gestählte Körper des Erwachsenen Schädlichkeiten kräftiger widersteht als der untentwickelte, jugendliche Organismus. Offenbar handelt es sich hier um Schutzkräfte, die im Laufe des Lebens erworben und angesammelt werden, die die Erhaltung der Art gewährleisten. Voraussetzung für ihre Entwicklung ist die Gegenwart einer gewissen angeborenen Widerstandsfähigkeit, die schon dem Keimplasma zugesprochen werden muß. Diese durch das Keimplasma von den Eltern auf das Kind vererbte Widerstandskraft nennen wir angeborene oder natürliche Resistenz zum Unterschied von der aus der Überwindung von Krankheiten resultierenden Immunität.

I. Natürliche Resistenz.

Wie bereits angedeutet wurde, ist eine gewisse natürliche Resistenz unbedingt notwendig, wenn überhaupt eine Entwicklung des Embryos bis zur Reife erfolgen soll. Schon während der embryonalen Phase der Entwicklung machen sich ja Schädlichkeiten verschiedener Art geltend: so können Traumen den Leib der Mutter und den Embryo bedrohen, oder Erkrankungen der Mutter während der Zeit der Schwangerschaft wirken schädigend auf ihn ein. Akute, hoch fieberhafte Krankheiten der Mutter führen sehr häufig zu vorzeitiger Unterbrechung der Schwangerschaft und zum Tode der Frucht, Konstitutionskrankheiten der Mutter (wie Syphilis) haben zumeist eine derartige Schädigung des Keimplasmas zur Folge, daß entweder die Frucht schon in den ersten Monaten der Entwicklung abstirbt oder am normalen Schwangerschaftsende lebensschwache Kinder zur Welt gebracht werden, die bald den geringsten Schädigungen erliegen. Die hohe Sterblichkeit der Säuglinge und Kinder in den ersten Lebensjahren erklärt sich aus ihrer geringen Widerstandskraft. Im späteren Leben tritt scheinbar die Bedeutung der angeborenen Resistenz hinter den erworbenen Schutzkräften zurück; dennoch läßt sich nie verkennen, wie der kräftig angelegte Organismus, selbst noch im hohen Alter, mit Leichtigkeit Gefahren überwindet, denen die schwächere Konstitution oft nur geringen Widerstand entgegenzusetzen vermag.

Es ist bekannt, daß manche Gifte, die für bestimmte Tierklassen schädlich sind, auf andere keinerlei Einfluß ausüben. Der Igel z. B. ist angeborenerweise resistent (giftfest) gegen den Biß giftiger Schlangen, die Vögel gegen Opium und Atropin, der Skorpion gegen sein eigenes Gift, das Huhn gegen das Gift, das der Bazillus des Wundstarrkrampfes produziert („Tetanusgift"). Da wir bei den Infektionskrankheiten den Giften eine große Bedeutung zuerkennen, die deren Erreger erzeugen, läßt sich wohl annehmen, daß die Unempfindlichkeit des Menschen gegen gewisse Infektionen (z. B. gegen den Rotlauf der Schweine) auf einer natürlichen Giftfestigkeit gegenüber den Giften der betreffenden Bakterien beruht. Damit ein Gift seine Wirksamkeit entfalten kann, muß es einen Angriffspunkt finden, d. h. es muß mit gewissen Molekülgruppen des Protoplasmas sich chemisch binden; erst dann kann es auf das Plasma der Zelle erregend oder lähmend wirken. Wir nennen diese giftempfindlichen Molekülgruppen Rezeptoren. Wird einem empfänglichen Tiere, z. B. einer Maus, Tetanusgift eingespritzt, so wird das Gift vom Nervensystem gebunden. Es läßt sich daher an dem getöteten Tiere in sämtlichen übrigen Organen, die keine Rezeptoren für das Tetanusgift besitzen, freies Gift nachweisen, mit Ausnahme des Gehirns und Rückenmarks, mit dem es feste Bindungen eingegangen ist.

Wodurch unterscheidet sich also der giftempfindliche vom giftfesten Organismus? Der erstere bietet dem Gifte Angriffspunkte dar, der Mangel an Rezeptoren ist der Grund für die angeborene Resistenz des letzteren.

Abgesehen von den Erkrankungen, die durch unorganische Gifte hervorgerufen werden, und jenen infektiösen Prozessen, wo giftige Produkte von Bakterien eine Rolle spielen, kennen wir manche anderen Infektionen, z. B. den Milzbrand, wo eine ungemein rasche Vermehrung der Mikroben und eine Überschwemmung des erkrankten Organismus mit diesen im Vordergrunde steht. Auch gegenüber Erkrankungen solcher Art gibt es eine natürliche Resistenz: so ist der

Hund gegen die Infektion mit Milzbrand nicht empfänglich; diese Form angeborener Widerstandsfähigkeit, die sich nicht auf Gifte, sondern auf lebende Keime erstreckt, bezeichnen wir als natürliche Bakterienresistenz. Sie findet ihre Grundlage zunächst in allen jenen Schutzvorrichtungen, die ein Eindringen von Bakterien erschweren oder unmöglich machen.[1] Haben sich trotzdem Mikroben in einem Organismus angesiedelt, so strömen die Wanderzellen herbei, den Vernichtungskampf gegen sie aufzunehmen (Phagozytose). Freilich ist mit der Phagozytose nicht jedesmal auch die Tötung des Bazillus vollzogen; zuweilen kommt es vor, daß der im Innern der weißen Blutkörperchen liegende Bazillus noch seine Wachstums- und Vermehrungsfähigkeit behält. Soll in derartigen Fällen eine endgültige Überwindung der Keime erfolgen, so müssen noch anderweitige Schutzkräfte in Wirksamkeit treten. Es sind dies die bakterienfeindlichen Stoffe des Serums, die sog. Alexine.

Das von Leukozyten vollkommen freie Blutserum besitzt nämlich die Fähigkeit, gewisse Bakterien abzutöten. Je nach der Tierart, der das betreffende Serum entstammt, lassen sich in ihm verschiedene Alexine nachweisen, das eine Mal z. B. gegen die Erreger des Milzbrandes, das andere Mal gegen die Bazillen der Tuberkulose usw. Die Alexine sind äußerst labile Stoffe, die durch längeres Aufbewahren des Serums, namentlich aber durch Erwärmen zerstört werden. Woher sie stammen, ist ungewiß. Wahrscheinlich sind neben den anderen Körperzellen die Leukozyten an ihrer Bildung beteiligt. Dies geht daraus hervor, daß leukozytenhaltige Sera höhere bakterientötende Kraft besitzen als zellfreie.

Außer den Alexinen sind noch andere natürliche Schutzstoffe bekannt. So lassen sich aus weißen Blutkörperchen künstlich Stoffe extrahieren, die im Gegensatz zu den Alexinen durch Erhitzen nicht zerstört werden und die auch Keime abtöten, auf die das Serum des gleichen Tieres keinerlei Einfluß ausübt. Ferner ist es gelungen, aus den Blutplättchen hoch wirksame Schutzkörper zu gewinnen.

Das Zusammenwirken aller dieser Faktoren setzt den Körper in den Stand, den Kampf gegen die Mikroben aufzunehmen. Je vollkommener die Abwehrmechanismen funktionieren, um so sicherer ist der Schutz. Die individuellen Schwankungen, die in dieser Richtung bestehen, sind ziemlich groß. Bei Epidemien kommt es gelegentlich vor, daß trotz wiederholter Gelegenheit zur Infektion gewisse Menschen von der Krankheit verschont bleiben. Im allgemeinen pflegt sich jedoch die natürliche Resistenz nur in gewissen Grenzen wirksam zu erweisen. Werden diese überschritten, so kommt es trotzdem zum Ausbruch der Krankheit. In dieser Beziehung spielen die Menge der eindringenden Bakterien, sowie verschiedene schwächende Einflüsse (z. B. Erschöpfung, ungenügende Ernährung, psychische Momente) eine wichtige Rolle.

---

[1] S. das vorhergehende Kapitel.

II. Immunität.

Jede Infektionskrankheit, die wir durchmachen, äußert sich nicht allein in den für sie charakteristischen Krankheitszeichen, sondern auch darin, daß sie für kürzere oder längere Zeit die Empfänglichkeit des Körpers spezifisch abändert. In vielen Fällen resultiert aus dem Überstehen einer Infektionskrankheit ein Schutz, der verschieden lange, manchmal das ganze Leben hindurch, anhält; ein Mensch z. B., der einmal Blattern überstanden hat, wird ein zweitesmal nicht wieder daran erkranken; das gleiche gilt für viele andere Infektionen (z. B. Scharlach, Masern, Syphilis usw.). Dabei ist es von Wichtigkeit, daß oft schon die leichteste Infektion einen überaus wirksamen Schutz verleihen kann. In vielen anderen Fällen ist von einer vermehrten Widerstandskraft nichts zu bemerken (z. B. Diphtherie, Influenza), ja, manche Krankheiten, wie der Rotlauf, steigern sogar die Disposition in so regelmäßiger Weise, daß wir eine Wiederholung der Krankheit mit großer Sicherheit vorhersagen können; allerdings pflegt auch da das Rezidiv milder zu verlaufen als die erstmalige Erkrankung.

Die erhöhte Resistenz nach einer Erkrankung, die Immunität, ist eine Reaktion des lebendigen Organismus auf die Krankheitsursachen ebenso wie die Erkrankung selbst; sie stellt die mehr oder weniger langdauernde Nachwirkung der Krankheit dar. Da wir alle krankhaften Vorgänge in die lebenden Zellen verlegen, so muß auch die Immunität als eine Funktion der Zelle aufgefaßt werden. Die Zelle, die einem krankhaften Reiz unzugänglich ist, weil ihr die Angriffspunkte für denselben fehlen, ist außerstande, Immunität zu erzeugen. Die Reizbarkeit der Zelle, die die Vorbedingung für ihre Erkrankung ist, ist auch die Quelle der Immunität. Da jeder Reiz die Zelle spezifisch beeinflußt, ist auch sein Folgezustand, die Immunität, eine spezifische; daher schafft beispielsweise die Erkrankung an Blattern Immunität nur gegen Blattern und nicht etwa gegen Diphtherie. Dadurch unterscheidet sich die Immunität von der natürlichen Widerstandskraft, die sich auf verschiedene Schädlichkeiten gleichmäßig erstreckt. Die Reaktion der Zellen auf den infektiösen Reiz führt zur Erzeugung von gewissen „Immunstoffen", deren Einverleibung einen zweiten Organismus vor dem Ausbruch der gleichen Krankheit bewahren oder im Kampfe gegen sie zu unterstützen vermag. So kann das Serum eines Menschen oder eines Tieres, das Diphtherie überstanden hat, zu Heilzwecken Verwendung finden.

Von der im Verlaufe von Krankheiten erworbenen (aktiven) Immunität ist der durch künstliche Immunisierung herbeigeführte Schutz (Impfschutz) zu unterscheiden.

A. Erworbene Immunität.

Die Eigenschaft, von Reizen angegriffen zu werden und auf sie zu reagieren, ist eine der kardinalen Eigenschaften der lebendigen Substanz; ohne sie kann das Leben, das eine stete Wechselbeziehung zwischen Plasma und Umgebung bedeutet, überhaupt nicht gedacht werden. Diese Reaktion der Zelle tritt daher nicht bloß auf pathologische Reize hin in Erscheinung, sondern auf jede beliebige Reizwirkung. Jeder Reiz, der eine Zelle angreifen kann, wird von seiten der Zelle mit einer Reaktion beantwortet, die bei Wiederholung des gleichen Reizes Änderungen der Quantität und vielleicht auch Qualität aufweist. Die Muskelfaser, der durch den motorischen Nerven ein Bewegungsimpuls zufließt, beantwortet ihn mit einer Kontraktion, die bei Wiederholung des gleichen Reizes energischer ausfällt. Mehr oder minder deutlich tritt an sämtlichen anderen Organen die gleiche Erscheinung zutage, daß der einmal gesetzte Reiz in der Zelle Spuren hinterläßt, die diese bei seiner Wiederholung reaktionsfähiger gestalten. Jeder pathologische Reiz weckt die Schutzkräfte des Organismus, jede Wiederholung der gleichen Krankheit steigert die Abwehrvorgänge, d. h. immunisiert den Körper. Die aktive Immunität beruht in letzter Linie auf der Reproduktionsfähigkeit der Zelle; in diesem weitesten Sinne des Wortes stellt die Immunisierung eine allgemeine Funktion der organisierten Materie dar.

In welcher Weise die Änderung der Reaktion zustande kommt, wenn irgendwelche Reize gleicher Art sich wiederholen, ist nicht bekannt; bloß jene Reaktionsänderung, die die Einverleibung von lebendigen Zellen oder von Produkten lebendiger Zellen nach sich zieht, die Immunität im engeren Sinne, ist durch Forschungen der letzten Jahre in ein helleres Licht gerückt worden. Ebenso, wie ich einem Tiere Bakterien einverleiben und eine Reaktion von seiten des Tierkörpers auf diesen Eingriff provozieren kann, die immer kräftiger erfolgen wird, je öfter ich dieses Experiment vornehme, ebenso kann ich ihm Zellen anderer Art (z. B. Blutkörperchen einer anderen Tierart, Epithelzellen, Spermatozoen) oder bakterielle Gifte oder Eiweißlösungen (z. B. Milch einer anderen Tierart) einspritzen und durch methodische Wiederholung des gleichen Vorganges einen kräftigeren Schutz, eine energischere Reaktion hervorrufen. Derartige Agenzien organischer Abstammung nennen wir allgemein Antigene, und wir können sagen: Antigene haben die Eigenschaft, bei wiederholter Einverleibung Immunität zu erzeugen.

Worauf beruht nun diese Immunität?

Hier muß zunächst vorausgeschickt werden, daß auch unorganische Gifte, wenn sie wiederholt gereicht werden, besser und selbst in größerer Quantität vertragen werden als bei einmaliger Einverleibung. Der Morphinist, der Kokainist, der Arsenikesser haben sich im Laufe der Zeit oft in erstaunlicher Weise an ihre Gifte gewöhnt. Von Mithridates geht die Sage, daß er, der beständig für sein Leben fürchtete, durch täglichen Genuß verschiedener giftiger Stoffe sich vor dem Vergiftungstode zu schützen suchte. Diese erworbene Giftfestigkeit (Mithridatismus) scheint in vielen Fällen darauf zu beruhen, daß der Körper es lernt, sich der Gifte rasch zu entledigen; eine veränderte Reaktion auf unorganische Gifte im Sinne von Immunität existiert nicht.

Darin liegt aber der prinzipielle Unterschied zwischen der Wirkung unorganischer Gifte und der Wirkung der Antigene: jedes Antigen erzeugt im reaktionsfähigen Körper dadurch Immunität, daß es ihn zur Bildung gewisser Stoffe veranlaßt, die wir Antikörper nennen. Ist das Antigen ein Bakteriengift oder Toxin, so erzeugt der Körper ein Antitoxin, das geeignet ist, das Toxin unschädlich zu machen; ist das Antigen ein Mikrobe (Bazillus) oder sonst eine lebende Zelle (Blutkörperchen, Epithelzelle, Samenkörperchen usw.), so entsteht ein Reaktionsprodukt, das die fremde Zelle durch Auflösung (Lysis) zerstört, ein sog. Lysin (Bakteriolysin, Hämolysin, Zytotoxin). Eine häufig vorkommende Nebenerscheinung der Immunität gegen lebende Zellen besteht darin, daß diese durch das Serum zu Klümpchen zusammengeballt werden (Verklumpung oder Agglutination); am schönsten läßt sich dieses Phänomen beobachten, wenn es sich um gut bewegliche Bakterien handelt. In klassischer Weise kommt dem Blutserum eines an Typhus erkrankten Menschen die Fähigkeit zu, noch in starker Verdünnung die lebhaft beweglichen Typhusbazillen zu Klumpen zusammenzuballen. Diese Eigenschaft ist derart konstant, daß wir sie für die Diagnose verwerten können; entnehmen wir einem fiebernden Menschen Blut und finden wir, daß sein Serum Typhusbazillen agglutiniert, so können wir daraus auf eine Infektion des betreffenden Kranken mit Typhusbazillen schließen. Die Agglutination der Bakterien ist nicht identisch mit ihrer Abtötung. Agglutinierte Bakterien können wachsen und sich vermehren. Ferner kann ein Serum gewisse Bakterien auflösen, ohne sie zu agglutinieren, und umgekehrt. Ebenso kann durch wiederholte Einspritzung von Blutkörperchen einer fremden Tierart ein Serum befähigt werden, diese zu agglutinieren, ohne sie zu lösen; häufig geht allerdings die Agglutination der Lösung voraus.

Antitoxinbildung, Agglutination und Lysis stellen die Hauptformen der Immunität dar. Alle drei erfolgen in spezifischer Weise, derart, daß aus dem Nachweis der Reaktionsprodukte die jeweiligen Antigene erschlossen werden können. Die Reaktionsprodukte (Antitoxine, Agglutinine, Lysine) finden sich im Serum des infizierten Organismus, an das sie am Orte ihrer Entstehung, den reaktionsfähigen Zellen, abgegeben werden. Ein antikörperhaltiges Serum nennen wir Immunserum.

1. Antitoxische Immunität.

Das Prinzip der antitoxischen Immunität, die Entgiftung der Toxine durch Antitoxine, liegt klar vor unseren Augen. Schwieriger ist die Frage nach dem Ursprung der Antikörper und der Art ihrer Wirkung.

Wird eine giftempfindliche Zelle der Wirkung eines Toxins ausgesetzt, so findet, wie schon dargelegt wurde, eine Bindung zwischen Toxin und Rezeptor statt. Der Rezeptor, der, als ein Bestandteil des Protoplasmas, im normalen Zelleben bestimmten Funktionen dient, z. B. der Bindung von gewissen Nährstoffen, wird so seiner physiologischen Aufgabe entzogen. Um den Defekt auszugleichen, produziert die Zelle an Stelle des an das Toxin gebundenen Rezeptors Molekülgruppen von gleicher Beschaffenheit. In der Regel fällt aber die Kompensation reichlicher aus als der Defekt, und die überreichlich neugebildeten Rezeptoren werden an das Serum abgegeben. Indem diese hier auf die Toxine stoßen, binden sie dieselben und machen sie unwirksam, ehe sie die Zellen schädigen können. Wenn die Antikörper an Quantität die Toxine übertreffen, ist der durch sie gelieferte Schutz wirksam: der Körper überwindet die Toxinwirkung, die Krankheit geht in Heilung aus. Ist hingegen die Menge der Toxine sehr groß, so erliegen die Zellen ihrem verheerenden Einfluß; ihre Schutzstoffe erweisen sich dem Angriffe gegenüber machtlos, der Ausgang der Erkrankung ist der Tod durch Vergiftung. Da die Antitoxine nichts anderes sind als überkompensierte und an das Serum abgegebene Rezeptoren, sind sie für jedes Toxin ebenso spezifisch, wie der normal vorgebildete Rezeptor; jeder Rezeptor ist nur ein Gift fähig zu binden; und wir müssen daher einer jeden Zelle so viel Rezeptoren zusprechen, als sie sich Giftwirkungen zugänglich erweist. Die elektive Wirkung mancher Toxine ist darin begründet, daß Rezeptoren für dieselben nur in bestimmten Zellgruppen vorhanden sind; diese sind auch die alleinigen Antitoxinbildner. Beim Meerschweinchen z. B. besitzen nur Gehirn und Rückenmark Rezeptoren für das Toxin des Starrkrampfbazillus; hier findet daher ausschließlich seine Bindung, hier allein die Produktion der Antikörper statt. Der Beweis hierfür läßt sich durch einen schönen Versuch erbringen. Spritzt man einem Meerschweinchen Starrkrampfgift in geeigneter Dosis ein, so erkrankt es nach einer gewissen Zeit an Starrkrampf; wird aber mit dem Gift gleichzeitig eine Aufschwemmung von Meerschweinchengehirn injiziert, so bindet dieses vermöge seiner Rezeptoren das Gift, und es bleiben alle Krankheitserscheinungen aus; eine Aufschwemmung eines beliebigen anderen Organs, das keine Rezeptoren besitzt, vermag eine derartige Schutzwirkung nicht zu entfalten.

Beim Kaninchen, wo außer dem Gehirn auch Milz und Leber Rezeptoren für das Tetanusgift besitzen, erfolgt seine Bindung und Entgiftung auch in diesen Organen.

Dem Eindringen eines Toxins, bzw. des betreffenden Bazillus in unseren Körper folgt der Ausbruch von Krankheitserscheinungen und die Immunisierung nicht unmittelbar auf dem Fuße. Vielmehr wissen wir, daß zwischen Infektion und Beginn der Erkrankung eine gewisse

Zeit verstreicht, die für die verschiedenen Infektionen verschieden lange dauert. Wird z. B. auf ein gesundes Kind durch unmittelbare Berührung mit einem Scharlachkranken oder durch eine Mittelsperson das „Scharlachgift" übertragen, so vergehen durchschnittlich etwa fünf Tage, ehe die ersten Krankheitserscheinungen auftreten. Bei den Masern pflegt diese Frist viel länger zu dauern. Der Zeitraum zwischen Infektion und sichtbarem Krankheitsanfang, innerhalb desssen die Bindung des Toxins an die Körperzellen erfolgen dürfte, heißt Inkubationszeit; schon während derselben wird aller Wahrscheinlichkeit nach die Immunität angebahnt, die dann durch verschieden lange Zeit die manifesten Krankheitserscheinungen überdauern kann.

Die Aufhebung der Toxinwirkung durch das Antitoxin kommt nicht dadurch zustande, daß eine Zerstörung des Toxins stattfindet. Setzt man nämlich einem Toxin eine gewisse Menge Antitoxin hinzu, so kann man eine Mischung erzeugen, die für manche Tierarten vollkommen unwirksam, für andere jedoch giftig ist. Wird ein derartiges Toxin-Antitoxin-Gemisch auf 80^0 erhitzt, so tritt in jedem Falle durch Zerstörung des hitzeempfindlichen Antitoxins die volle Giftwirkung wieder hervor. Die schützende Kraft des Antitoxins kann also nicht in einer Zerstörung des Toxins gelegen sein, sondern es handelt sich wahrscheinlich bloß um eine lockere, chemische Bindung beider Substanzen, deren Produkt für den Körper indifferent ist.

2. Immunität durch Lysis.

Die Erzeugung von Immunität durch Antitoxin ist naturgemäß auf jene Infektionen beschränkt, deren Erreger Toxine bilden. Das bekannteste Beispiel hierfür liefern uns der Wundstarrkrampf (Tetanus) und die Diphtherie des Rachens; in beiden Fällen handelt es sich um Giftwirkungen, die durch die spezifischen Antikörper hintangehalten werden. Auf die Krankheitserreger selbst, die Bazillen des Tetanus und der Diphtherie, nehmen die Antitoxine keinen Einfluß. Komplizierter ist der Mechanismus jener Art von Immunität, die auf die Zerstörung körperfremder Zellen gerichtet ist. Sie ist für die Pathologie dort von Bedeutung, wo eine Schädigung des Körpers nicht durch bakterielle Toxine, sondern durch eine Überschwemmung mit lebenden Mikroorganismen stattfindet. Während nämlich manche toxinbildenden Bakterien, wie der Tetanus- und Diphtheriebazillus (der Bacillus tetani z. B. auf eine offene Wundfläche am Bein, der Diphtheriebazillus auf die Rachengegend), auf ihre Eintrittspforte lokalisiert bleiben und die Allgemeinwirkung auf den Organismus durch die im Serum kreisenden Toxine und nicht durch die Bazillen selbst zustande kommt, findet in anderen Fällen eine Ausbreitung der lebenden Bakterien im ganzen Körper statt. Hier handelt es sich darum, diese unschädlich zu machen.

Die auflösende Wirkung auf Bakterien läßt sich sehr schön beobachten am Cholera-Immunserum, d. h. an dem Serum von Menschen oder Tieren, die Cholera durchgemacht haben. Spritzt man einem gesunden Meerschweinchen in die Bauchhöhle gleichzeitig eine Aufschwemmung von Cholerabakterien und Immunserum ein und entnimmt man sodann nach Ablauf von etwa 20 Minuten Tropfen der Bauchhöhlenflüssigkeit zur Untersuchung, so sieht man, daß die vorher beweglichen Bakterien unbeweglich geworden sind, zu Kügelchen aufquellen und endlich sich vollständig auflösen; das Versuchstier wird durch das Immunserum geschützt und übersteht die Infektion. Ein normales Serum dagegen kann bei gleichzeitiger Einverleibung mit den Cholerabazillen weder diese zur Auflösung bringen, noch den Tod des Tieres verhüten. Zweifellos besitzt also das Immunserum einen Schutzstoff, der dem normalen Serum fehlt. Dieser Schutzstoff wirkt spezifisch lösend nur auf einen bestimmten Krankheitserreger, das Choleraserum also bloß auf Choleraerreger und nicht auf andere Bakterien. Wird ein derartiges Serum auf 56° erwärmt, so verliert es seine lösende Kraft, es wird inaktiv; durch Zusatz eines beliebigen normalen Serums, das selbst nicht zu lösen imstande ist, gewinnt das Immunserum sein Lösungsvermögen wieder; es wird reaktiviert. Der Schutzstoff des Immunserums besteht demnach aus zwei Komponenten: aus einer hitzebeständigen Substanz, dem sog. Immunkörper, und aus einer durch Hitze zerstörbaren Substanz, dem sog. Komplement. Das Zusammenwirken beider Komponenten ist unerläßlich nötig, um Lysis herbeizuführen. Während das Komplement sich in jedem normalen Serum findet, charakterisiert der Immunkörper das Immunserum. Durch den gleichen Mechanismus, durch den die Auflösung von Bakterien erfolgt, kann die Auflösung beliebig anderer, dem Körper einverleibter Zellen vor sich gehen. Die Bakteriolyse ist ein Spezialfall jener Allgemeinreaktion des Organismus gegen ihm fremde Zellen, die man Zytolyse nennt. Sie ist ein Abwehrvorgang genau so wie die Antitoxinproduktion. Während aber die letztere durch Neutralisation der Gifte einen Heilfaktor von enormer Wichtigkeit darstellt, kann die Auflösung von Bakterien unter Umständen geradezu verhängnisvoll werden, indem aus den gelösten Bakterienleibern Gifte frei werden, die in diesen eingeschlossen waren (sog. Endotoxine). Die schweren Krankheitserscheinungen der Cholera führt man allgemein auf die Wirkung derartiger, durch Lysis frei gewordener Endotoxine zurück. Ein Immunserum besitzt daher nur dann Heilkraft, wenn es gleichzeitig bakteriolytisch und antitoxisch wirkt.

B. Künstliche Immunisierung.

Das Studium der Reaktionsvorgänge, die im Organismus nach Eintritt einer Infektion ablaufen, hat unserer Therapie neue Bahnen gewiesen. Während in zahlreichen, namentlich chronischen Erkrankungen der Arzt sich mit der Bekämpfung der Symptome begnügen muß, ohne die Krankheitsursachen, bzw. die durch sie gesetzten anatomischen Veränderungen beseitigen zu können, hat die Bakteriologie und die moderne Immunitätslehre eine rationelle Therapie mancher akuter Infektionskrankheiten ermöglicht. Einige von ihnen, wie z. B. die Diphtherie des Rachens, die zuweilen in mörderischen Epidemien auftritt, haben ihren Schrecken verloren, seitdem wir gelernt haben, die Krankheit in ihrem Beginn zu erkennen und durch Anwendung spezifischer Schutzstoffe, „Heilsera", zu unterdrücken. In anderen Fällen, wie bei der Tollwut, deren Erreger bis heute ebenso unbekannt ist wie der der Blattern, sind wir imstande, den infizierten Körper im Laufe der Inkubationszeit, die sich auf viele Wochen erstreckt, allmählich zu immunisieren, so daß es zum Ausbruch manifester Krankheitserscheinungen überhaupt nicht kommt. Von noch viel größerer, praktischer Bedeutung ist die Schutzimpfung gegen die Blattern, die bereits in der vorbakteriologischen Ära von dem Engländer Jenner im Jahre 1798 begründet wurde und sich als eine der segensreichsten Entdeckungen aller Zeiten bewährt hat. Vergegenwärtigt man sich die ungeheure Häufigkeit der akuten Infektionskrankheiten und bedenkt man ferner, daß eine große Zahl chronischer Krankheiten, z. B. die Klappenfehler des Herzens, Folgezustände akuter Infektionen sind, so tritt die Wichtigkeit jener Heilbestrebungen deutlich hervor, die eine rationelle Bekämpfung der Infektionen zum Ziele haben. Derselbe Schutzstoff, der im Beginn und manchmal sogar auf der Höhe gewisser Krankheiten seine wunderbare Heilkraft entfaltet, gibt uns aber auch oft die Möglichkeit an die Hand, wirksame Prophylaxe zu üben und den Ausbruch der Erkrankung zu verhüten; so können wir, um ein Beispiel anzuführen, durch rechtzeitige Darreichnng des Diphtherieheilserums die weitere Ausbreitung der Diphtherie in Familien oder in Schulen aufhalten. Freilich sind bei einer nicht geringen Zahl infektiöser Prozesse, z. B. bei der Syphilis, der Tuberkulose, dem Gelenkrheumatismus, dem Rotlauf, der Lungenentzündung usw., die Versuche zur Begründung einer kausalen Therapie bisher erfolglos geblieben, es unterliegt aber keinem Zweifel, daß früher oder später auch hier die gleichen Prinzipien zum Ziele führen werden. Viel größere, vielleicht kaum überwindliche Schwierigkeiten bieten in dieser Hinsicht die Neubildungen. Hier, wo die Erkenntnis der Krankheitsursachen noch sehr im argen liegt und eine namentlich prophylaktisch sehr wichtige Frage, die Frage nach der Infektiosität, noch lange nicht endgültig geklärt ist, ist derzeit die einzig radikale Therapie die operative.

Da, wie im vorhergehenden auseinandergesetzt wurde, die natürliche Immunität eine spezifische ist, ist die ihr nachgebildete künstliche Immunisierung gleichfalls nur gegen eine bestimmte Infektion gerichtet, ja, es kann merkwürdigerweise diese Spezifität so weit gehen, daß sich die künstlich herbeigeführte Immunität nur jenem Infektionsmodus gegenüber wirksam erweist, der bei der Immunisierung in Anwendung gezogen wurde. Wurde beispielsweise ein Tier gegen Starrkrampf dadurch immunisiert, daß ihm Starrkrampfgift zu wiederholten Malen, und zwar in steigender Dosis, unter die Haut

gespritzt wurde, so ist es bis zu einem gewissen Grade gegen die
subkutane Einverleibung dieses Giftes geschützt, nicht aber gegen
eine Einspritzung desselben direkt ins Gehirn.

Jenner hatte die Beobachtung gemacht, daß zuweilen das Überstehen einer leichten Blatterninfektion den Körper vor einer schweren
gleichartigen Erkrankung bewahren kann. Indem er diese Beobachtung
zum Prinzip erhob, wurde er zum Begründer einer neuen Heilmethode,
der sog. aktiven Immunisierung.

1. Die aktive Immunisierung.

Bei der aktiven Immunisierung handelt es sich darum, die Widerstandskraft des Körpers gegen eine bestimmte Erkrankung dadurch
zu erhöhen, daß dieser die betreffende Krankheit in abgeschwächter
und für ihn ungefährlicher Form übersteht. Sie ist eine aktive deshalb, weil die Immunsubstanzen dem Organismus nicht direkt einverleibt, sondern von ihm selbst produziert werden. Es muß infolgedessen geraume Zeit verstreichen, ehe ein wirksamer Schutz erreicht
ist; dieser pflegt aber dann sich durch Jahre hindurch zu erhalten.
Ihre Domäne ist daher die Prophylaxe, während zu kurativen Zwecken
die passive Immunisierung meist bevorzugt wird.

Das klassischste Beispiel einer aktiven Immunisierung ist die
Schutzimpfung gegen die Blattern (Vakzination oder Jennerisation,
Jenner 1798).

Es war schon lange vor Jenner bekannt, daß Menschen, die eine
leichte Blatternerkrankung durchgemacht hatten, vor einer schwereren
Infektion bewahrt blieben. Nichts lag daher näher, als den Versuch
zu machen, diese Tatsache praktisch zu verwerten; war jemand an
Blattern leichten Grades erkrankt, so übertrug man den Inhalt seiner
Pockenbläschen auf die Haut gesunder Menschen und hoffte, auch
bei diesen eine leichte, ungefährliche Infektion und auf diese Weise
Schutz gegen eine schwere zu erzielen. Der Erfolg dieses Verfahrens
war aber außerordentlich wechselnd, und nicht selten kam es vor,
daß die Schutzimpfung ihren Zweck verfehlte und statt der erhofften
leichten eine schwere Blatternerkrankung sich entwickelte. Eine den
menschlichen Blattern ähnliche Krankheit kommt auch bei den Haustieren vor, und Jenner hatte bemerkt, daß die mit dem Melken der
Kühe beschäftigten Mägde, die oft einer Infektion mit Kuhpocken
ausgesetzt waren, auffallenderweise bei Blatternepidemien gesund
blieben. Dies ließ ihn vermuten, daß möglicherweise die künstliche
Infektion mit Kuhpocken dem Menschen Immunität gegen die gefürchteten Menschenblattern verleihen konnte. Der Erfolg, den schon
die ersten Impfungen hatten, war eklatant; die mit dem „Vakzin“,
d. i. dem Bläscheninhalt der Kuhpocken-Pustel, behandelten Menschen
konnten, nachdem sie die völlig harmlosen Kuhpocken überstanden
hatten, sich in verseuchten Gebieten aufhalten, ohne je an Blattern
zu erkranken. Allerdings stellte sich in der Folge heraus, daß der
Impfschutz nicht lebenslänglich dauert, sondern nach Ablauf von etwa

zehn Jahren eine Wiederholung der Impfung notwendig ist. Während man früher für die Impfung die Vakzine von Mensch auf Mensch übertrug (sog. humanisierte Lymphe), wobei die Geimpften immer wieder an Kuhpocken und nie an menschlichen Blattern erkrankten, wird heutzutage, um die Gefahr anderweitiger Ansteckung auszuschalten, der Pustelinhalt von Kühen (animale oder Kuh-Lymphe) hierfür angewendet. Indem wir einen Menschen „impfen", infizieren wir ihn also absichtlich; tatsächlich geht ja jede Blatternimpfung mit einer lokalen Reaktion (Rötung und Bläschenbildung) und einer geringen Allgemeinerkrankung einher; aber die gefahrlose, künstlich herbeigeführte Infektion ist der sicherste und erfolgreichste Schutz gegen eine Krankheit, die vor den Tagen Jenners eine furchtbare Geißel der Menschheit war, während sie heute in den Ländern mit Impfzwang beinahe erloschen ist.

Von nicht geringerem Interesse ist das Immunisierungsverfahren, das seit Pasteur zur Bekämpfung der Tollwut Verwendung findet.

Im Prinzip gleichfalls eine aktive Immunisierung, unterscheidet es sich dadurch von der Vakzination, daß es nicht wie diese prophylaktisch, sondern direkt kurativ wirkt.

Die Tollwut, die durch den Biß wütiger Tiere auf den Menschen übertragen wird, kommt nicht sogleich nach der Infektion zum Ausbruch, sondern es vergehen viele Wochen (20—80 Tage), ehe sich die ersten Krankheitssymptome melden (sog. Inkubationszeit). Gelingt es innerhalb dieses Zeitraumes, den Menschen eine abgeschwächte Infektion überstehen zu lassen, so ist er gegen die schwere, beinahe immer tödliche Erkrankung immunisiert. Nun wissen wir, daß das Wutgift — der Erreger der Wut ist bis heute unbekannt — im Zentralnervensystem des wutkranken Tieres oder Menschen haftet. Entnimmt man einem Kaninchen, das künstlich mit Hundewut infiziert wurde, das Rückenmark, so kann man den Giftgehalt des Marks um so mehr verringern, je länger man es trocknen läßt. Rückenmark, das 14 Tage trocknen gelassen wurde, ist beinahe giftfrei. Bei der Immunisierung eines Menschen, der von einem wutkranken Hunde gebissen wurde, geht man in der Weise vor, daß zuerst eine Aufschwemmung von giftfreien, dann von immer mehr gifthaltigem Mark eingespritzt wird. Der Organismus, der jede Einverleibung von Wutgift mit Bildung von Antikörpern beantwortet, ist schließlich derart mit Schutzstoffen gesättigt, daß das Gift der Hundswut nach Ablauf der Inkubationszeit keinen Angriffspunkt an seinen Zellen findet. Es ist klar, daß das geschilderte Heilverfahren nur dann von Erfolg begleitet ist, wenn es möglichst kurze Zeit nach der Infektion begonnen wird, denn nur dann ist Aussicht vorhanden, daß der Impfschutz vor Ablauf der Inkubationszeit zur vollen Entwicklung gelangt.

2. Die passive Immunisierung (Serum-Therapie).

Auf wesentlich anderen Prinzipien ist die moderne Serumbehandlung aufgebaut, Sie geht von der Tatsache aus, daß in dem empfänglichen Organismus, auf den ein bestimmtes Toxin eingewirkt hat, eine Reaktion in dem Sinne erfolgt, daß schädliche Antitoxine produziert werden, die eine Entgiftung der Toxine herbeiführen. Da alle Giftwirkung ausschließlich an Zellen zur Geltung kommt, die Angriffspunkte für das betreffende Gift besitzen, ist auch die Bildung der Antikörper an diese Zellen geknüpft. Diese werden von den Zellen abgegeben und zirkulieren im Blute.

Nehmen wir beispielsweise an, ein Tier, das künstlich mit Diphtherie-Bazillen infiziert wurde, hätte diese Erkrankung überstanden. Dies war nach unserer Auffassung nur so möglich, daß es der von den Bakterien erzeugten Toxine durch ausgiebige Antitoxinbildung Herr wurde. Da das Serum dieser Tiere auch noch längere Zeit nach der Erkrankung Antitoxine enthält, ist man imstande, durch Einverleibung eines derartigen Serums an ein zweites Tier diesem Antikörper, d. h. Schutzstoffe gegen Diphtherie zuzuführen. Dem mit Serum behandelten Tiere bleibt daher die Reaktion auf das Toxin erspart; ohne Mitwirkung des erkrankten Organismus werden die Gifte, die der Krankheitserreger bildet, durch die Schutzstoffe des Heilserums unschädlich gemacht; der erkrankte Organismus wird passiv geschützt (immunisiert).

Soll dieser Schutz ein wirksamer sein, so ist es notwendig, daß eine möglichst große Menge von Antikörpern zugeführt werden. Da jede Einverleibung von Toxin mit Antitoxinbildung beantwortet wird, ist es klar, daß man hochwirksame Heilsera am besten durch wiederholte Vorbehandlung eines Tieres mit dem betreffenden Toxin gewinnen kann.

Zur Gewinnung des Diphtherie-Heilserums, das in eigenen, der staatlichen Kontrolle unterstellten Anstalten, den Serum-Instituten, hergestellt wird, bedient man sich gewöhnlich der Pferde. Filtriert man eine Kultur von Diphtheriebazillen, die mehrere Wochen hindurch im Brutofen wachsen gelassen wurden, durch ein dichtes Porzellanfilter, dessen enge Poren den Bazillen keinen Durchtritt gewähren, so erhält man ein klares Fluidum, das die Stoffwechselprodukte der Diphtheriebazillen, die Toxine, enthält. Durch mehrere Monate hindurch werden nun anfangs sehr kleine, später immer größere Dosen einer derartigen Toxinlösung einem Pferde unter die Haut gespritzt. Jede Einspritzung ist von einer Antikörperbildung gefolgt. Während anfänglich nur kleinste Toxinquantitäten injiziert werden dürfen, wenn das Leben der Versuchstiere nicht gefährdet werden soll, steigt allmählich die Immunität der Tiere so bedeutend an, daß große Mengen unverdünnten Toxins schadlos vertragen werden. Nach mehrmonatiger, methodischer Vorbehandlung wird dann dem Tiere durch Aderlaß aus einer Vene des Halses eine größere Blutmenge entzogen, das Blut gerinnen gelassen und schließlich das Serum, das Diphtherie-Heilserum, abgehoben. Mit einer Spur Karbolsäure versetzt, kann dieses in der Kälte durch längere Zeit konserviert werden.

Da verschiedene Stämme von Diphtheriebazillen verschiedene Toxinmengen produzieren, stellen offenbar die Kulturfiltrate, die zur Vorbehandlung verwendet werden, Toxinlösungen der verschiedensten Konzentration dar. Überdies reagieren die Tiere ungleich auf die Injektion von Toxin, und es ist daher von vornherein klar, daß die gewonnenen Sera einen ungleichen Heilwert besitzen werden.

Wie läßt sich nun der Immunisierungswert eines Serums ermitteln? Der einfachste Vorgang wäre offenbar der, seinen Gehalt an Antitoxin rein quantitativ zu bestimmen. Leider stoßen wir aber hier auf unüberwindliche Schwierigkeiten. Die Substanzen, deren quantitative Bestimmung uns die Methoden der analytischen Chemie gestatten, sind Verbindungen, die durch Farbenreaktionen, durch ihre Löslichkeit in bestimmten Solvenzien, sowie durch ihre Fällbarkeit durch bestimmte Fällungsmittel charakterisiert sind. Anders die Toxine und Antitoxine. Ihre Reindarstellung, bzw. ihre Trennung von den Eiweißkörpern des Serums, an die sie chemisch gebunden oder physikalisch angelagert sind, ist bis heute unmöglich gewesen. Ihre leichte Zersetzlichkeit schon bei geringer Erwärmung, ferner bei Anwendung der verschiedensten, auch nur wenig angreifenden chemischen Agenzien erschwert in hohem Maße das Studium dieser so außerordentlich wichtigen Stoffe. Wir sind infolgedessen nicht in der Lage, den Gehalt eines Serums an Toxin oder Antitoxin etwa durch Ausfällung und Wägung des Niederschlages festzustellen. Der einzig gangbare Weg, den Gift-, bzw. den Heilwert eines Serums zu finden, ist der des Tierversuchs. Man spritzt verschiedenen Tieren, z. B. Meerschweinchen von bekanntem, annähernd gleichem Gewicht, verschiedene Quantitäten toxinhaltigen Serums unter die Haut. Die kleinste Serummenge, z. B. 1 ccm, die genügt, den Tod eines 250 g schweren Meerschweinchens im Laufe von vier Tagen herbeizuführen, repräsentiert die letale Dosis. Genügt von einem zweiten Serum z. B. $^1/_2$ ccm, den gleichen Effekt in der gleichen Zeit herbeizuführen, so ist sein Giftwert doppelt so groß; sind 2 ccm erforderlich, so ist er halb so groß wie der des ersten. Als Immunitätseinheit bezeichnet man jene Menge Antitoxin, die die hundertfache, letale Dosis neutralisiert. Um den Gehalt eines Immunserums an Immunitätseinheiten, d. h. seinen Heilwert kennen zu lernen, injiziert man mehreren Tieren gleichzeitig mit der hundertfachen, tödlichen Giftdosis verschiedene Quantitäten eines Heilserums und beobachtet, welche Serummenge den Tod der Versuchstiere zu verhüten imstande ist. Wird beispielsweise durch 1 ccm eines Heilserums die hundertfache tödliche Dosis unschädlich gemacht, so nennt man ein derartiges Serum ein einfaches Immunserum. Die Heilsera, die in der praktischen Medizin verwendet werden, enthalten in der Regel mehrere hundert Immunitätseinheiten im Kubikzentimeter, so daß bei Injektion selbst kleiner Flüssigkeitsmengen den Kranken große Antitoxinquantitäten zugeführt werden.

Ist beispielsweise in einer Familie ein Kind an Diphtherie erkrankt, so kann man die übrigen Mitglieder der Familie durch prophylaktische Einspritzung von Diphtherieheilserum in geeigneter Quantität gegen die Infektion schützen. Außer dem prophylaktischen kommt aber dem Heilserum ein hoher direkter Heilwert zu, wenn es rechtzeitig und in entsprechender Dosis angewendet wird, und so erklärt es sich, daß seit der Einführung des Heilserums in die Behandlung der Diphtherie die Mortalität dieser so gefürchteten Krankheit erheblich abgenommen hat.

Die Heilkraft der antitoxischen Heilsera kommt naturgemäß bloß bei jenen Infektionskrankheiten zur Geltung, bei denen die Toxinwirkung der Bakterien das Krankheitsbild beherrscht. Von Erkrankungen des Menschen gehören in erster Linie hierher die Diphtherie des Rachens und der Wundstarrkrampf. In genau der gleichen Weise, wie man durch methodische Einverleibung steigender Toxinmengen bei Tieren ein antitoxisches Immunserum gewinnen kann, läßt sich durch wiederholte Impfung mit abgetöteten Bakterien ein Serum herstellen, das Bakterien der gleichen Art aufzulösen und somit abzutöten vermag. Um gleichzeitig einen Schutz gegen die Toxinwirkung der Bakterien zu erzielen, pflegt man die Tiere derart vorzubehandeln, daß man sie sowohl mit den abgetöten Bakterien, als auch mit ihrem Toxin impft. Ein solches, zu gleicher Zeit antibakterielles und antitoxisches Pestserum hat sich bei prophylaktischer Anwendung vielfach bewährt.

Der Schutz, den die passive Immunisierung herbeiführt, macht sich sehr bald nach der Einspritzung geltend, da ja das hochwertige Heilserum dem kranken Körper eine große Zahl Immunitätseinheiten alsbald zur Verfügung stellt. Allerdings bleibt er nicht lange erhalten, und schon nach wenigen Wochen sind keine Antitoxine mehr im Serum nachweisbar. Demgegenüber ist die aktiv erworbene Immunität, die freilich viel später als die passive zustande kommt, ein bleibendes Eigentum des Organismus, das ihm jahrelang, in manchen Fällen vielleicht das ganze weitere Leben hindurch eine erhöhte Widerstandskraft einer bestimmten Infektion gegenüber verleiht.

Kleinhirnwurm 271, 277.
Knochen 85.
Knochengewebe 12.
Knochenmark, Anteil an der Blut-
  bildung 101.
Knorpel 85.
Knorpelgewebe 12.
Knospung 42.
Koagulation 17, 162.
Kochen der Speisen, Bedeutung dess.177.
Kochsalz im Harn 241.
— im Organismus 23.
Körperkreislauf 138.
Kohlehydrate 15, 21.
— der Nahrung 159, 199.
— Verdauung 162.
Kohlenoxydvergiftung 141.
Kohlensäure, Abgabe ders. in die Lungen
  115, 130.
— Abgabe durch das Blut 136.
— Bindung durch Hämoglobin 101.
— im Harn 20.
Kohlenstoff 18.
Kollateraler Kreislauf 94.
Kollaps 312.
Kolloide 15.
Koma diabeticum 240.
Kompensationserscheinungen 303.
Komplement 323.
Konduktoren vererblicher Krankhei-
  ten 73.
Konfiguration, sterische des Eiweiß-
  moleküls 18.
Kongenitale Syphilis 70.
Kontraktion der Muskeln 87.
Kortikale Zentren 254.
Krämpfe 309.
Kraftbildner 198, 209.
Krampfstarre des Muskels 87.
Krankheit, Begriff ders. 289.
Krankheitserscheinungen im Magen-
  darmtrakt 78.
Krankheitsursachen 290.
— äußere 291.
— innere 292.
— mechanische 292.
— thermische 292.
Kreatin 20.
Kreatinin 20, 240.
Krebs = Karzinom.
Kreislauf, kleiner 138.
Krisis 312.
Krystalloide 15.
Kugelgelenke 85.

Labferment 162, 168.
Laktase 163, 171.
Lävulose = Fruchtzucker.
Leber 187.

Leber, anatomische Vorbemerkungen
  186.
— als Depot der Nahrungsstoffe 211.
— im Eiweißstoffwechsel 189.
— im Kohlehydratstoffwechsel 188.
— Physiologie ders. 187.
Leberarterie 186.
Leberkrankheiten 191 ff.
Leberpforte 186.
Lebervenen 187.
Leberverhärtung 306, 193.
Leistung des Muskels 88.
Leuchtgasvergiftung 148.
Leukozythen 6, 97 ff.
Lezithin 23.
Linsenförmiger Kern 266.
Lipase des Magensaftes 168.
Lipoide 23.
Luftdruck und Sauerstoffversorgung des
  Blutes 137.
Luftröhre 193 ff.
Luftsauerstoff 135.
Lumen des Darmes 155.
Lungenalveolen 141.
Lungenblähung 150.
Lungenentzündung 149, 153.
Lungenkreislauf 138.
Lungenoberfläche 142
Lymphbrustgang 133.
Lymphdrüsen 133, 298.
Lymphe 133.
Lymphkörperchen = Lymphozyten.
Lymphsystem 133.
Lysine 320, 322.

Magen, Anatomie 152.
— Ausheberung dess. 185.
— Geschwüre 180.
— Motilität dess. 175.
Magensaft 166.
— Zusammensetzung dess. 168.
— Ort der Produktion dess. 166.
Malaria, Erreger ders. 310.
Malzzucker 22.
Maltase 163, 171.
Manegebewegung 273.
Markhaltige Nervenfasern 251.
Marklose Nervenfasern 251.
Markscheide 251.
Medullarrohr 255.
Metastasierung 310.
Milchsäurebildung im Muskel 89.
Milchsäuregärung 22.
Milchzucker 21, 22.
Mißbildung, angeboren 71.
Mitralklappe 119.
Mitralinsuffizienz ders. 119, 130.
Mitralstenose 121.
Mittelhirnbläschen 255.